果树气象服务基础

王景红　等 编著

气象出版社
China Meteorological Press

内容提要

本书较系统地论述了气象条件对果树形成的生理、生态、物理、化学影响机制及其效应，光、温、水、土壤、地形、气象灾害等环境因子与果树生长关系的基础知识。结合果业生产实践和气象服务需求详细介绍了苹果、梨、猕猴桃、柑橘、石榴、葡萄、樱桃、桃、核桃、枣、板栗、柿12种主要果树的地域分布、种植规模、生物学特性、果树生长发育与气候资源的供需矛盾、气象灾害发生规律和防御对策以及果树关键生育期田间管理、病虫害发生气象条件及防治等实用技术方法。简要介绍了陕西苹果产量预报与农用天气指数预报方法、主要果树气候区划与业务服务系统成果、重大果业气象服务效益评估等。

本书可为从事果业生产管理和技术服务的科技人员提供果树气象基础理论和技术方法指导，可供从事果业科研、教学、气象院校师生、涉果企业员工、广大果农参考。

图书在版编目(CIP)数据

果树气象服务基础/王景红等编著. —北京：气象出版社，2010.10

ISBN 978-7-5029-5057-6

Ⅰ. ①果…　Ⅱ. ①王…　Ⅲ. ①果树园艺-气象服务　Ⅳ. ①S162.5

中国版本图书馆CIP数据核字(2010)第192342号

Guoshu Qixiang Fuwu Jichu

果树气象服务基础

王景红　等　编著

出版发行：气象出版社

地　　址：北京市海淀区中关村南大街46号　　**邮政编码**：100081

总 编 室：010-68409142　　**发 行 部**：010-68408042

网　　址：http://www.cmp.cma.gov.cn　　**E-mail**：qxcbs@263.net

责任编辑：吴庭芳　张　斌　　**终　　审**：章澄昌

封面设计：博雅思企划　　**责任技编**：都　平

印　　刷：北京中新伟业印刷有限公司

开　　本：787 mm×1092 mm　1/16　　**印　　张**：20.25

字　　数：510千字　　**彩　　插**：2

版　　次：2010年11月第1版　　**印　　次**：2010年11月第1次印刷

定　　价：60.00元

《果树气象服务基础》编委会

主　　编：王景红

编写人员：李艳丽　刘　璐　颜胜安　栗　柯

李美荣　张　明　高　峰　郭　新

屈振江　郭兆夏

序

果树的生长发育和地域分布在很大程度上取决于气候、土壤和地貌等气候生态条件的综合作用，由于目前人们还难以对大范围气候条件加以有效控制调节，所以气候条件是果树适生分布的主导环境因子，是制约果树生长发育和形成产量品质的前提和基础。气候资源具有无限循环性及单位时间的有限性、波动性和相对稳定性等特点。从总体看，气候条件与果树生长节律之间，经常处于供需矛盾和平衡的无限循环之中，气象服务就是要揭示矛盾，挖掘气候资源潜力，减轻气象灾害影响，促进气候资源和果树生产节律之间的协调平衡，从而实现果树优质高产，提高种植效益。

陕西已成为全国水果生产第二大省。近年来果业生产发展迅速，已成为陕西经济的主导产业之一。截止 2009 年，全省种植面积 2551 万亩。其中鲜果面积 1299 万亩、产量 1091 万吨，干杂果面积 1252 万亩。全省苹果面积达 850 万亩，产量 805 万吨，占世界总产量的 1/8、中国总产量的 1/3，面积和产量双居全国第一。核桃种植面积 463 万亩，居全国第二。猕猴桃种植面积 57.5 万亩，总产量 50 万吨，面积和产量均傲居全球第一。陕西果业种植区既有拔海高度适宜、光照充足、雨热同季、日较差大等有利的气候生态区位优势，同时也存在着气候条件脆弱、气象灾害种类多、危害重等特点。陕西特殊的地理位置与复杂地形，使陕西果区成为气候变化高度敏感区，气候变化给陕西果业发展带来了新的机遇和挑战。

陕西省经济作物气象服务台，多年来坚持深入果业生产第一线，开展调查研究、科学试验和气象服务，在决策气象服务、公众气象服务以及为果农直接服务中取得了可喜成绩，深受各级领导、果业管理部门和广大果农的欢迎和好评。《果树气象服务基础》集合了果树生长发育与气候生态环境的基础理论，凝聚了陕西省经济作物气象服务台多年来果树气象科研成果和果业气象服务的经验总结。本书从气象角度上，较系统地介绍了果树气象服务的基础理论知识，为深化果业气象服务内涵、拓展果业气象服务领域，准备了较为雄厚的理论知识和服务思路。本书从实践出发，分树种介绍了不同果树的生物学特性、果树生长发育与气候资源的供需矛盾特点、气象灾害发生规律和防御对策以及关键生育时段的田间管理、病虫害防治等实用技术方法。书中还简要介绍了陕西主要果树气候区划成果、农用天气指数预报技术以及重大果业气象服务的影响和效益评估等。通过对本书的研读，将进一步开阔果业气象服务思路，提升果业气象服务能力和水平。

本书系统性较强，理论知识雄厚，资料翔实可靠，为建立和改进我国果业气象服务业务提供了一定的基础，可作为果业气象服务的教科书和工具书，供从事果树学、园艺学、农业气象学及果树生产管理部门人员参考，希望能够对基层果业技术人员、果业协会及广大果农学习果树气象知识，趋利避害，加强果园管理，不断提升果树种植效益提供参考和帮助。

2010 年 6 月 19 日于西安

前 言

改革开放以来，我国农业产业结构发生了巨大变化，果业种植面积和规模迅速扩大，逐步成为地方经济和农民致富奔小康的支柱产业，引起了各级政府和广大人民群众的高度关注和认可。据统计，截止2009年陕西省主要果树种植面积达2551万亩，总产量达1200万吨，其中苹果产量达805万吨，占全国产量的1/3，占世界产量的1/8。全省果业总产值达175亿元，果业收入占基地县果农收入的50%以上，人均果业纯收入达2000元左右，苹果基地县果农人均纯收入达4000～6000元，规划到2012年新增果园面积达千万亩，陕西果业的迅速发展，给气象为农服务提出了新的需求和挑战，气象为农服务必须转移到粮棉油与果业气象服务并重的轨道上来。受过去“以粮为纲”的思想影响，有关果树气象方面的科研、业务服务、成果推广等工作基础薄弱，对全方位、系列化、多层次搞好果业气象服务带来了困难，同时，随着大气温室效应加剧，气候变化及其引发的极端天气气候事件和重大气象灾害对果业的影响明显增强，基层果业管理干部、果业技术人员及广大果农等急需了解果业与气象的相关知识，以便准确了解并应用气象信息，适时采取有效措施，充分利用有利气候条件，减缓不利气候条件和灾害影响，促进增产增收，提高种植效益。

陕西省经济作物气象服务台2000年成立以来，在果业气象科研和服务中积极探索和实践，在深入生产一线调查研究中，认真了解基层果业管理干部、技术人员及广大果农对气象、果业气象知识的需求和期盼，在十多年的果业气象服务实践基础上，集广大气象和果业科技人员的智慧，编著了这本《果树气象服务基础》，以求对果业气象服务有所启迪和帮助，对果业提质增效和可持续发展做出积极贡献。

《果树气象服务基础》主要分三部分，第一编为果树气象服务理论基础，概述了气象条件对果树形成的生理、生态、物理、化学影响机制及其效应，较详细地讨论了光、温、水、土壤、地形、气象灾害、病虫害与果树生长的关系。并及时吸取国内外果树气象最新研究成果，力求在理论上深入探索果树生产与气象的关系，在应用上兼顾实践性、可操作性和综合性。第二编为主要果树气象服务概述，结合果树的地理分布、种植规模及市场前景选取苹果、梨、猕猴桃、柑橘、石榴、葡萄、樱桃、桃、核桃、枣、板栗、柿12种果树分别从生物学特性、栽培气候生态条件，气象灾害特点及防御，病虫害发生的气象条件及关键发育期的田间管理要点等方面作了较为详细的叙述，这部分既有理论介绍，又有陕西省经济作物气象服务台果树气象服务的经验积累与总结。第三编为果树气象服务技术方法选编，是陕西省经济作物气象服务台多年来围绕果业生产需求所研究开发的果树气象服务部分成果和技术方法，是一项开创性的工作，对开展气象为农服务具有较强的启迪与参考价值，其中精细化果树气候适应性区划、苹果优质区北扩气候论证及苹果指数预报等技术在当地果业生产实践中产生了显著的经济效益和社会效益，深受各级政府、科技人员及广大果农的欢迎和好评。

本书是集体智慧的结晶，希望书中的内容可以为从事果树气象服务的科技人员、从事果业生产、仓贮、运输、销售的管理与技术人员及广大果农提供知识和帮助，成为不可或缺的工具和参考。

本书在编写过程中得到了陕西省气象局副局长杜继稳研究员、陕西省果业局首席苹果专家郭民主研究员的支持与帮助，陕西省经济作物气象服务台刘耀武研究员审阅了全书，并提出了许多宝贵意见，在此一并表示衷心感谢。

果树气象是既古老又年轻的学科，因而书中难免偏颇之处，敬请读者批评指正。

编著者

2010 年 6 月 18 日

目　录

序

前言

第一编　果树气象服务理论基础

第 1 章　太阳辐射与果树 …… (3)
　1.1　光谱与果树的关系 …… (3)
　1.2　光照长度与果树的关系 …… (6)
　1.3　光照强度与果树的关系 …… (9)
　1.4　提高果树光能利用率的途径 …… (13)
第 2 章　温度与果树 …… (15)
　2.1　气温对果树体温的影响 …… (15)
　2.2　温度的果树生物效应 …… (17)
　2.3　温度与果树的分布和生长发育 …… (21)
　2.4　果园温度调节的农业技术措施 …… (24)
第 3 章　水湿条件与果树 …… (28)
　3.1　水分的气象效应 …… (28)
　3.2　降水对果树的作用 …… (31)
　3.3　空气湿度与果树的关系 …… (32)
　3.4　水湿条件与果树生长发育 …… (34)
　3.5　提高水分利用率的途径 …… (36)
第 4 章　地形气候与果树 …… (37)
　4.1　地形对辐射的影响 …… (37)
　4.2　地形对温度的影响 …… (40)
　4.3　地形对降水的影响 …… (43)
　4.4　地形对风的影响 …… (45)
　4.5　地形气候与果树生长 …… (46)
第 5 章　土壤气候与果树 …… (48)
　5.1　土壤温度 …… (48)
　5.2　土壤水分 …… (51)
　5.3　土壤空气 …… (56)

第 6 章 大气因子与果树……………………………………（58）
6.1 二氧化碳与果树 ……………………………………（58）
6.2 大气污染与果树生产 ……………………………………（60）
第 7 章 果树气象灾害……………………………………（65）
7.1 冷害、冻害、霜冻害 ……………………………………（65）
7.2 干旱与洪涝 ……………………………………（71）
7.3 高温热害 ……………………………………（74）
7.4 大风与冰雹 ……………………………………（75）
第 8 章 果树病虫害与气象条件……………………………………（79）
8.1 果树病害与气象条件 ……………………………………（79）
8.2 果树虫害与气象条件 ……………………………………（82）
8.3 果树病虫害防治与气象条件 ……………………………………（85）
第 9 章 果品贮藏运输与气象条件……………………………………（90）
9.1 果品采摘前后的气象条件与贮藏 ……………………………………（90）
9.2 温度与果品贮藏 ……………………………………（92）
9.3 光、水、风、气体与果品贮藏……………………………………（96）
9.4 果品运输与气象条件 ……………………………………（100）

第二编 主要果树气象服务概述

第 10 章 苹果气象服务 ……………………………………（105）
10.1 苹果树的地域分布……………………………………（105）
10.2 苹果树的生物学特性……………………………………（106）
10.3 苹果树栽培的气候生态条件……………………………………（109）
10.4 苹果树的主要气象灾害及防御……………………………………（110）
10.5 苹果树病虫害与气象条件……………………………………（113）
10.6 苹果树生长发育的气象条件与田间工作……………………………………（119）
第 11 章 梨气象服务 ……………………………………（122）
11.1 梨树的地域分布……………………………………（122）
11.2 梨树的生物学特性……………………………………（122）
11.3 梨树栽培的气候生态条件……………………………………（126）
11.4 梨树的主要气象灾害与防御……………………………………（128）
11.5 梨树病虫害与气象条件……………………………………（129）
11.6 梨树生长发育的气象条件与田间工作……………………………………（135）
第 12 章 猕猴桃气象服务 ……………………………………（137）
12.1 猕猴桃的地域分布……………………………………（137）
12.2 猕猴桃的生物学特性……………………………………（138）
12.3 猕猴桃栽培的气候生态条件……………………………………（142）
12.4 猕猴桃的主要气象灾害与防御……………………………………（143）

12.5 猕猴桃病虫害与气象条件…………………………………………………………(145)
12.6 猕猴桃生长发育的气象条件与田间工作…………………………………………(148)
第13章 柑橘气象服务 ……………………………………………………………(150)
13.1 柑橘树的地域分布………………………………………………………………(150)
13.2 柑橘树的生物学特性……………………………………………………………(150)
13.3 柑橘树栽培的气候生态条件……………………………………………………(153)
13.4 柑橘树的主要气象灾害与防御…………………………………………………(154)
13.5 柑橘树病虫害与气象条件………………………………………………………(155)
13.6 柑橘树生长发育的气象条件与田间工作………………………………………(160)
第14章 石榴气象服务 ……………………………………………………………(162)
14.1 石榴树的地域分布………………………………………………………………(162)
14.2 石榴树的生物学特性……………………………………………………………(162)
14.3 石榴树栽培的气候生态条件……………………………………………………(164)
14.4 石榴树的主要气象灾害与防御…………………………………………………(165)
14.5 石榴树病虫害与气象条件………………………………………………………(166)
14.6 石榴树生长发育的气象条件与田间工作………………………………………(170)
第15章 葡萄气象服务 ……………………………………………………………(172)
15.1 葡萄的地域分布…………………………………………………………………(172)
15.2 葡萄的生物学特性………………………………………………………………(172)
15.3 葡萄栽培的气候生态条件………………………………………………………(177)
15.4 葡萄的主要气象灾害与防御……………………………………………………(179)
15.5 葡萄病虫害与气象条件…………………………………………………………(181)
15.6 葡萄生长发育的气象条件与田间工作…………………………………………(185)
第16章 樱桃气象服务 ……………………………………………………………(187)
16.1 樱桃树的地域分布………………………………………………………………(187)
16.2 樱桃树的生物学特性……………………………………………………………(187)
16.3 樱桃树栽培的气候生态条件……………………………………………………(190)
16.4 樱桃树的主要气象灾害与防御…………………………………………………(191)
16.5 樱桃树病虫害与气象条件………………………………………………………(193)
16.6 樱桃树生长发育的气象条件与田间工作………………………………………(195)
第17章 桃气象服务 ………………………………………………………………(198)
17.1 桃树的地域分布…………………………………………………………………(198)
17.2 桃树的生物学特性………………………………………………………………(198)
17.3 桃树栽培的气候生态条件………………………………………………………(200)
17.4 桃树的气象灾害与防御…………………………………………………………(201)
17.5 桃树病虫害与气象条件…………………………………………………………(202)
17.6 桃树生长发育的气象条件与田间工作…………………………………………(205)
第18章 核桃气象服务 ……………………………………………………………(207)
18.1 核桃树的地域分布………………………………………………………………(207)

18.2 核桃树的生物学特性…………(207)
18.3 核桃树栽培的气候生态条件…………(209)
18.4 核桃树的主要气象灾害与防御…………(210)
18.5 核桃树病虫害与气象条件…………(211)
18.6 核桃树生长发育的气象条件与田间工作…………(215)
第 19 章 枣树气象服务 …………(217)
19.1 枣树的地域分布…………(217)
19.2 枣树的生物学特性…………(217)
19.3 枣树栽培的气候生态条件…………(220)
19.4 枣树的主要气象灾害与防御…………(221)
19.5 枣树病虫害与气象条件…………(222)
19.6 枣树生长发育的气象条件与田间工作…………(224)
第 20 章 板栗气象服务 …………(226)
20.1 板栗树的地域分布…………(226)
20.2 板栗树的生物学特性…………(226)
20.3 板栗树栽培的气候生态条件…………(228)
20.4 板栗树的主要气象灾害与防御…………(229)
20.5 板栗树病虫害与气象条件…………(230)
20.6 板栗树生长发育的气象条件与田间工作…………(233)
第 21 章 柿气象服务 …………(235)
21.1 柿树的地域分布…………(235)
21.2 柿树的生物学特性…………(235)
21.3 柿树栽培的气候生态条件…………(237)
21.4 柿树的主要气象灾害与防御…………(238)
21.5 柿树病虫害与气象条件…………(239)
21.6 柿树生长发育的气象条件与田间工作…………(242)

第三编 果树气象服务技术方法

第 22 章 苹果产量预报方法 …………(247)
22.1 全省苹果单产非线性预测模式…………(247)
22.2 全省苹果产量多因子线性回归预测模式…………(249)
22.3 苹果产量双向差分预测模式原理与应用…………(253)
第 23 章 苹果气象服务指数预报方法 …………(255)
23.1 苹果气象灾害指数的定义和序列建立方案…………(255)
23.2 苹果生长适宜指数的定义和序列建立方案…………(256)
23.3 陕西苹果花期冻害年型划分及预报模型研究…………(258)
23.4 陕西苹果气象指数预报…………(260)

第 24 章 果树与气候变化 …………………………………………………………… (263)
24.1 陕西果树气候适应性区划成果……………………………………………… (263)
24.2 气候变化与陕西果业………………………………………………………… (268)
24.3 气候变化与陕西苹果优质区北扩…………………………………………… (273)
第 25 章 陕西林果气象业务服务系统设计 …………………………………………… (276)
25.1 系统结构……………………………………………………………………… (276)
25.2 基础数据库…………………………………………………………………… (277)
25.3 系统功能……………………………………………………………………… (278)
25.4 陕西林果气象业务服务系统框架…………………………………………… (280)
附录 1 陕西主栽果树种植基地县气象条件(1961—2008) …………………………… (281)
附录 2 陕西主栽果树的物候观测资料 ………………………………………………… (286)
附录 3 重大决策气象服务材料 ………………………………………………………… (295)
参考文献…………………………………………………………………………………… (306)

第一编
果树气象服务理论基础

第1章 太阳辐射与果树
第2章 温度与果树
第3章 水湿条件与果树
第4章 地形气候与果树
第5章 土壤气候与果树
第6章 大气因子与果树
第7章 果树气象灾害
第8章 果树病虫害与气象条件
第9章 果品贮藏运输与气象条件

第 1 章　太阳辐射与果树

太阳辐射是地球上一切生命活动最主要的能量来源，也是果树生命活动过程的主要影响因子。太阳辐射对果树的影响由光谱成分、光照长度、光照强度以及光暗交替周期长短而定。这些特征的变化均能改变果树生长的数量和性质。光合作用的本质是果树把光能转变成生物化学潜能。而果树产量的高低取决于果树对光能的转化和利用，最终还要受光能利用规律的限制。因而，揭示光与光合作用的内在规律是科学估计生产潜力的根本途径，通过各种栽培技术措施最大限度地利用太阳辐射的光量和能量，不断提高光合效率，是果树气象学的主要研究内容之一。

1.1　光谱与果树的关系

太阳辐射光谱的成分也称为光质。对于果树生产，从气象生理、生化机制来认识光谱与光照强度、光照时间以及光周期具有同等重要意义。

1.1.1　光谱与果树

太阳放射出来的能量，包括可见光和不可见光波以及微粒子流，总称太阳辐射。太阳辐射光谱由不同波长的辐射线组成，太阳辐射波长范围很大，能到达地面的波长在 150～5300 纳米之间，其中波长小于 280 微米的波段，在通过大气层后几乎全部被臭氧所吸收。太阳辐射光谱的能量分配，99％集中在 150～4000 纳米范围内。到达植物表面的太阳辐射光谱，其组成受大气的散射作用、臭氧和水汽对紫外线和红外线的吸收作用以及太阳高度角的影响，在不同地方，不同时间，不同天气条件下是不同的。一般随着太阳高度角的升高，红外线含量减少而紫外线和可见光增多。

太阳辐射对于植物的重要性表现为：第一，热效应，植物截获的大部分太阳辐射将转化为热能，用于植物的蒸腾作用以及维持植物的体温来保证各种代谢过程以合适的速率进行；第二，光合作用，植物将吸收的太阳辐射的一部分用于光合作用，光合作用是植物将光能转化成生物化学能并储存在植物的各种器官和组织中，是果树进行生产的基础；第三，光形态建成，太阳辐射的强度和光谱成分在对植物的生长和发育的调整上起着重要作用，影响植物的高低、分布以及器官功能等；第四，诱发突变，如紫外光等波长很短的高能量辐射，对生物有杀伤作用，特别是它们能改变生物遗传物质的结构而引起突变。

到达地面的太阳辐射光谱，可分成的可见光和不可见光的红外光、紫外光三个部分。兹按波长讨论它们对果树具有的不同作用。

(1)紫外光

紫外光波长小于 400 纳米，到达地面的紫外光能量仅为到达地面太阳总辐射的 5％。其中波长小于 280 纳米的短紫外光对果树有伤害作用，波长越短伤害越大，能引起植物的毁灭，故称为灭生性辐射。但因大气的臭氧层对其大量吸收，一般不会到达地面。

波长 280～400 纳米的长紫外光对果树有刺激作用，可促进种子发芽，对土壤有一定的消毒作用。长紫外光对果实着色效果最好，可见光只有微弱的作用，红外光则几乎无作用。长紫外光还可刺激果树树体乙烯的产生，从而促进叶绿素消失和诱导苯丙酸氧化酶活性的提高，促进花青素的形成。山地因长紫外光多，温差大，不仅有利于果实着色、成熟，而且一般蛋白质和维生素含量均高。长紫外光短波部分对果树有强烈的抑制生长，甚至破坏原生质的作用。因此，生长在高山和平原的同一果树，由于高山紫外光较多而生长矮小。

(2)红外光

红外光波长在 760～4000 纳米之间。果树叶片的叶绿体不能直接吸收红外光，对果树的生理过程没有实际作用，所以称为非生物辐射。红外光对果树的影响主要反应在热效应上。到达地面的红外光能量约为到达地面太阳总辐射能 43%，其中：13%被反射，11%透过叶片，19%被吸收。被果树吸收部分用于促进体内循环，通过蒸腾耗热与叶面辐射而全部损失掉。红外光为土壤、水分、空气和树体增热，其热效应对果树萌芽和生长有刺激作用。

(3)可见光

可见光波长在 400～760 纳米之间。可见光对果树的光化学反应和生活机能具有决定性作用。到达植物表面的可见光能量约为到达地面太阳总辐射能量 52%，其中约 5%被反射，3%透过叶片，约 44%被植物吸收。除对植物除产生热效应之外，能够引起多种的特殊生理、生化反应。可见光按其波长又可分为红、橙、黄、绿、青、蓝、紫七色光，不同光的生理效应是由不同颜色的光线来承担的。光线首先要被植物细胞特有的接受体——色素接受后才能发挥作用。叶绿素对各种波长具有选择吸收性。能够被植物色素吸收具有生理活性的波段约在 380～710 纳米之间，称为光合有效辐射或生理辐射。根据 H·A·叶菲莫娃研究，光合有效辐射(RQ)可用在水平面上所测到的太阳直射辐射(S)和散射辐射(D)来计算，其计算式如下：

$$RQ=0.43S+0.57D$$

可见光不同波长的辐射能量，依照波长愈长、频率愈低，则光量子的能量愈低的规律，红光量子的能量低于蓝光量子的能量如表 1.1。

表 1.1 可见光的能量

波长(纳米)	颜色	能量(焦耳/摩尔)
700	红	17.10×10^4
650	橙	18.37×10^4
600	黄	19.94×10^4
500	蓝	23.93×10^4
400	紫	29.92×10^4

(梅镇安等，1987)

光合有效辐射所处的波段与可见光所处的波段基本一致，所以在果树气象学中着重研究可见光与果树生产的关系：

①红光

红光波长所处范围 620～760 纳米，波长典型值为 640 纳米。打破休眠、幼苗叶片的展开与胚芽钩的伸直，长短日照植物的开花结实等，均由红光通过细胞内植物的光敏素的吸收而引起的。绿色叶子对红光的吸收率在 78%左右。

表 1.2 绿色叶子对辐射的光谱特性

光的波长（纳米）	反射率（%）	透射率（%）	吸收率（%）
340	9	0	91
440	11	2	87
510	14	10	76
580	14	10	76
640	13	9	78

（牛文元，1981）

可见红光在 660 纳米左右处叶绿素吸收最强烈，叶绿素 a 在可见光谱中富于吸收波长较长的红橙光。在红光下能形成叶绿素，形成碳水化合物较多，而形成蛋白质较少。果树对红光和远红光的相对强度特别敏感，红光促进种子发芽，远红光促进幼苗的生长伸长。红光穿透力较强，可透射到 2 米深的叶幕，占果树吸收太阳能量的 20%～80%。

②黄橙光

橙光所处的波长范围 585～620 纳米，波长典型值为 600 纳米。黄光所处的波长范围 575～585 纳米，波长典型值为 580 纳米。叶绿素对橙光也有部分吸收，对黄光吸收很少。

③绿光

绿光波长所处范围 505～585 纳米，波长典型值为 530 纳米。叶绿素对绿光吸收最少，而被反射和透射的较多，植物的叶子因此而呈绿色。在绿色光下光合强度较弱。叶片的伸长在绿光中变慢。

④青蓝紫光

青光所处波长范围 485～505 纳米，波长典型值为 495 纳米。蓝光所处波长范围 455～485 纳米，波长典型值为 470 纳米。紫光所处的波长范围 400～455 纳米，波长典型值为 430 纳米。叶绿素 b 在可见光中富于吸收蓝紫光，类胡萝卜素也主要吸收蓝紫光，并将光转给叶绿素进行光合作用，在蓝光下形成蛋白质、脂肪较多，而碳水化合物较少。蓝光有助于果树生长物质的合成，并且还能抑制黄化素。蓝光影响植物的向光性，以波长 465 纳米的蓝光对胚芽鞘的向光作用最有效，波长大于 465 纳米，其有效程度则急剧下降。叶片向光性反应是一种强蓝光反应，而且可由红光与蓝光的相互作用控制叶片的方向。蓝、紫、青光均具有光合成、光呼吸和向光性。从青光开始，对植物伸长生长就显出抑制作用，波长愈短抑制作用愈明显。

气孔对蓝光有特殊的敏感性，据报道，气孔可以在低于光合补偿点的光强下通过它对蓝光的反应而正常开闭。对气孔全部张开而言，464 纳米蓝光的效果是 660 纳米红光的 24 倍。若使气孔在小范围内张开，蓝光的作用只是红光的 4 倍。

由此可见，不同地点、不同时间、不同天气条件下，由于光谱组成成分的不同，光谱、光量对果树木的影响不同。

1.1.2 果树对光谱的响应

光谱对植物的生长发育是十分重要的因素，不同光谱的光照，对植物产生多种效应。不同果树树种对光谱的响应不同，同一树种的不同生育期对光谱的响应也不同。

(1)开花对光谱的响应

不同果树树种开花效应对光谱的响应不同。在全光下对开花有利，而蓝、绿、紫、黄光对单株着花产生明显抑制作用，并依次抑制作用愈加显著。从群体有花株数来分析，红、蓝光无明显的抑制作用，而紫、绿、黄光则有显著的抑制作用，依次抑制作用愈加显著。不同光谱对同一树种的雌雄花的分化效应不同，不同树种的雌雄花对光谱的响应也不同。有研究指出，在任何温度下，黄、红光均能促进雌雄花的分化，而绿光对雄花分化的效应很小，对雌花分化不起作用。

(2)生长对光谱的响应

一些果树幼苗叶绿素 b 含量高，均比较耐荫。蓝、紫光对其高度生长均有明显的促进作用，但成龄树则不然。红光对根系起抑制作用，地下茎的生长受其影响。对茎粗生长除蓝光有明显的促进作用之外，绿、黄光有抑制作用。王建国(1987)试验认为，黄、红光对树高生长有明显的促进作用，而蓝、紫光则有抑制作用，紫光的抑制作用显著。

(3)果树产量品质与光谱

黄红光有促进生长、增加高度、促进分枝、新梢多生叶、叶面积增大的作用。红、黄、蓝、紫光有利于提高坐果率，并且红光和紫光显著地优于其他色光。蓝、紫光对果实的出籽率有促进作用，红、黄光有抑制作用。

1.2　光照长度与果树的关系

光照时间的长短作为生态因子，对果树生产是十分重要的。植物对于昼夜长短的反应，称为光周期现象。光照持续时间的变化，不仅影响植物的地理分布，而且对植物生长的营养期和繁殖期均有影响。日照长短可影响果树生长、花芽分化、开花结实、地上部分发育、休眠和抗寒性等。

1.2.1　光照长度与光周期现象

光照长度又称可照时数，是指某地一天里从日出到日没的可能的日照时数，单位小时。一个地方一天的光照长度只随季节而变化，与天气变化无关。一年中白昼与黑夜时间的长短，是由地球在黄道面上的位置决定的。陕西的春分、秋分白昼时间与黑夜时间光照长短基本相等。夏至白昼时间最长，黑夜时间最短。冬至白昼时间最短，黑夜时间最长。自冬至到夏至白昼时间逐渐延长，黑夜时间逐渐缩短，自夏至到冬至白昼时间逐渐缩短，黑夜时间逐渐延长，一年中周而复始。光照长度与温度条件的季节变化，共同支配着果树物的开花、结实、生长、休眠等周期活动。光照时数与温度条件的纬度变化共同支配着果树的地理分布和生长发育。

由于地轴不垂直于黄道面，使得地球上不同地方光照长度随纬度而变化。离赤道愈远，则夏至日光照时间愈长，黑暗时间愈短；冬至日则反之，光照时间随纬度的升高而缩短，黑暗时间则相应增长。陕西南北狭长，约为北纬 31°～40°之间。最南端北纬 31°冬至可照时数 10.08 小时，春分 12.11 小时，夏至 14.12 小时，秋分 12.09 小时；最北端北纬 40°冬至日照时数 9.27 小时，春分 12.13 小时，夏至 14.96 小时，秋分 12.09 小时。

果树光周期现象，是指果树生长发育对昼夜长短的不同反应，即白天光照与夜晚黑暗的交替与它们持续时间长短对果树开花有很大的影响，称为光周期现象。这是果树长期适应自然界节律变化的反应，是驯化、选择而形成的特性，这种遗传性状也被称为感光性。果树的感光性要求栽培地区昼夜交替符合它的本性，否则不能正常完成生长周期或者使其生物学性状发生较大的变化。果树的感光性，因光照长短而使果树的生育期延长或缩短，是光照时间和强度的综合反应，但由于果树发育要求光照强度很低，即使在阴天也能完成发育，故讨论时常采用光照长度，包括曙暮光时间。

光周期所引起的成花诱导中，重要的因素不是光周期的长短，也不是光、暗期长度的比，而可能是暗期的长度。如不给短日照植物一定时间以上的暗期，就不能进行花芽分化；相反，如给予长日照植物一定时间以上的暗期，也不能进行花芽分化。即使给予足够长的暗期，如暗期中途给予光照，使暗期中断，暗期效果即消失。在植物体内有一种称为光敏色素的激素，是以红光吸收型与红外光吸收型两种形式存在的。红光吸收型对短日照植物的开花有促进作用，而对长日照植物的开花有抑制作用，红外光吸收型则反之。植物在黑暗中时间久，红光吸收型变成红外光吸收型。

1.2.2　光照长度对果树的生态作用

(1)光照长度与开花

根据果树开花所需要光照时间，可把果树分成：

长日性果树，是指光照时间比较长时(通常在 12～14 小时以上)能促进开花者。在春季到夏季期间开花的果树树种，多属于长日性植物，如核桃、杏等。

短日性果树，是指光照时间比较短时(通常是在 12～14 小时以下)能促进开花者。在秋季或早春开花的果树树种多属于短日性植物，如华盛顿脐橙等。

中日性果树，是指只能在光照长度的中间长度(12～14 小时)下开花者，日照长度短于或长于中间长度均不开花。少数的热带果树树种属于中日性植物。

中性果树，是指开花对光照长短要求不严，在长短不同的任何光照条件下均能开花的果树，如板栗、柿树等。

引起长日性植物开花反应的最小光照长度，和引起短日性植物开花反应的最大光照长度，均称为临界光照长度，也称临界日长。短日性果树大多起源于热带或亚热带，原产地纬度低、光照时间短，它们在光照长度短于临界日长条件下才能正常生长发育。原产地纬度高，在生长发育季节昼夜受光时间长，多为长日性果树，在光照长度长于临界日长条件下才能正常生长发育。果树的感光性是长期生态适应的结果，光周期反应是可以逐步驯化改变的。这样的生态型变异具有实践意义，它为不同地区提供了不同的种源，使果树栽培范围扩大。

果树栽培生态条件的光照长度，其实践意义是不要将来自北方长光照品种的种子种到夏季光照短的南部低纬地区，因为从这样的种子发育出来的植株停止生长早，而株形小。但是，在南部低纬高海拔地区，生长季节短的地方可能可以采用这样种子。应避免将来自生长季节长的特殊纬度地方的生态型作为同一纬度而生长季节短的地方的种源，因为这些种子发育出来的植株可能遭受霜冻。由于相同的理由，这样的种子也不应北移和种在长光照的环境中。

(2)光照长度与叶片生长

叶片生长除受水肥条件影响外，与光照长度、温度高低的关系也十分密切。如华盛顿脐橙，在昼、夜温度分别为 24℃、19℃的条件下，以光照长度 8 小时的叶面积为 100%，则 12 小时的为 107.8%，16 小时的为 170.2%；在 30℃、25℃的高温条件下，叶面积也随光照时间的增长而增大，相应地分别有 100%，120.8%，127.4%。在低温条件下叶片数量随光照时间的增长而增多。光照长度对叶片生长的影响要大于温度的影响。

(3)光照长度与高、粗生长

果树生长除受光周期调控外，光的主要功能是给光合作用系统提供能量。许多研究者指出，短日照对果树新梢和幼苗生长产生抑制作用，而长日照则产生促进作用。柑橘类果树枝条生长呈波浪形，在两次快速生长期之间，可因长光照条件而缩短其休眠，有时可以缩短到几乎是连续生长的程度。

对苹果和桃的试验结果，苹果经 16 小时光照处理，新梢相对生长量为 100%，而 8 小时处理的仅为 77/%；桃树相应分别为 100%及 72%。长日照提高新梢生长率和持续时间，对新梢产生明显的促进作用。

茎粗生长是形成层活动的结果，长光照对果树茎粗生长的作用，主要不是光合作用的影响，而是由于在长光照条件下成熟的叶子，可以形成一种形成层刺激剂(植物生长激素)而刺激形成层活性的结果。一些落叶果树树种长光照可延长落叶期，短日照因抑制枝条生长和促进落叶，形成层的活性也随之而受影响，所以短日照抑制果树茎粗生长。

(4)日照长度与果树产量和品质

日照长度不同于光照长度，是一日中实际有太阳照射的时间，受地物、云、雾等遮蔽影响。雨量、温度、光照、施肥等因子对果树的产量和品质起着综合的作用，日照长度与果树产量和品质的关系，因树种以及人们要求的经济性状不同而不同。

①日照长度与产量的关系

对于以果实为主要经济性状的果树，由于日照长度影响到开花、授粉、受精、授粉昆虫的活性以及果实生长发育的全过程，现代植物生理学家认为，昼长对产量具有超过其他一切因子的重大影响。在太阳辐射日总量相同的情况下，光合速率随昼长而增大，经计算，太阳辐射日总量为 16.736 兆焦耳时，昼长从 12 小时增至 16 小时，光合作用速率增大 15%。

落叶果树一般均属于喜光性的树种，方利英(1982)研究指出国光苹果果实生长期，候日照时数在 45～55 小时之间对果实生长有利，小于 42 小时便有可能影响果实生长速度。桃日照处理试验分析，8 小时短日照处理的不仅抑制新梢生长，也抑制了果实的发育，增多了落果。

小林章等(1967)用 4 年生盆栽葡萄，于发芽后 2～3 周进行日照处理，其结果无论哪个品种，短日照处理的其果穗平均产量均极显著地低于长日照处理的。

②日照长度与产品品质的关系

在果实发育期间，日照长度和强度不仅影响果树树体生长和果实产量，而且影响果实的外观和内在品质。

陈耆验等(1989)历时十多年的研究认为，温州蜜柑果实的可溶性固形物含量与成熟期日照长短呈正相关，10 月 11 日至 11 月 10 日期间的日照长短累计值为 58.4 小时，可溶性固形物含量为 10.0%，总糖含量为 7.09%，总酸含量为 0.66%；当累计值为 272.7 小时，则相应为 14.0%，9.93%，0.21%。

方利英(1982)研究河北苹果果实生长过程的气象条件时指出，在积温大致相近的条件下，日照时间长则果实硬度大，含糖量高。

(5)日照长度与抗性和休眠

生长在温带和寒带的果树，在冬季表现出一种抗逆性的适应——休眠。一般情况下短日照条件刺激叶子产生一种刺激物质，传递到芽中抑制芽的生长，可诱发休眠。桃树顶芽在长日照16小时及17～23℃条件下不进入休眠，在13小时条件下一段时间，就进入休眠，叶子很快衰老脱落。梨和苹果生长对日照不大敏感，它们的休眠期开始对于日照也有反应。可见短日照可促进休眠，长日照可延迟或缩短休眠期。

因日照影响，而引起木本果树生长延长到生长季晚期，常因抗寒锻炼不足，比生长正常条件下的更易于受冻。

1.3　光照强度与果树的关系

植物的生长发育除受太阳辐射光谱和光周期调节控制之外，太阳辐射的主要功能在于给植物光合作用系统提供光能。要研究太阳辐射对光合作用与产量的影响，必须确定农业气象指标。

1.3.1　光照强度的农业气象指标

太阳辐射达到植物表面有光通量和辐射通量两个物理量。辐射通量是表示辐射效应的物理量，是在单位时间内垂直投射于单位面积上的辐射能量，单位为瓦/平方米(W/m^2)。光通量是表示光效应的物理量，称为光照强度，是人眼所能感觉到光辐射功率，它等于单位时间的光辐射能量和相对视见率的乘积。照度是物体单位面积上所得到的光通量，表示物体被照亮的程度，单位勒克斯(lx)。太阳辐射强度包括太阳辐射的全部波长，而光照强度即照度，只包括可见光部分，由于人眼对黄绿光最灵敏，对红光和紫光次之，对红外光和紫外光，则无视觉反应。辐射通量与光照强度两者所包含的波长范围不同，数量上没有一定的联系，难以作准确的换算。有人用高强热电弧灯光谱做实验，其换算结果如下，1勒克斯约等于可见光辐射4.96×10^{-3}瓦/平方米、生理辐射5.63×10^{-3}瓦/平方米、总辐射13.38×10^{-3}瓦/平方米。

果树在光合作用中，只同化370～760纳米的可见光，光照强度直接影响到果树的光合作用强度，简称光合强度。常用光照强度指标有两种，一种是单叶的光饱和点、补偿点，另一种是根据田间情况与果树反应而确定的经验指标。

(1)光饱和点与补偿点

光合作用在光照强度一定范围内随着光照强度的增加而增加。当光照强度超过一定限度时，光照强度再增加，植物的光合强度不再增加，而以一个最高值为渐近线，达到饱和值，此时的光照强度称为光饱和点。叶片在光饱和点的光照下才能发挥创造与积累干物质的最大能力。当光照强度减弱到一定程度时，植物的光合强度与呼吸强度相等，光合作用制造的干物质被呼吸作用全部消耗，这时的光照强度称为光补偿点。低于光补偿点，植物的消耗大于积累。

①果树不同光饱和点不同，且差异较大

照射到果树上的光照强度超过光饱和点时，超过部分大部分被反射，即使一部分被吸收，也不能用于光合作用，而以热的形式释放了。因而，高的光饱和点表示果树可以利用较高的光强进行光合作用。绝大多数果树种类和品种，光饱和点在3～4万勒克斯，比栽培的短期作物玉米(大于10万勒克斯)、棉花(5～8万勒克斯)等低，对太阳光照强度的利用率低。同一种果树树种光饱和点，因环境条件、树龄、叶龄、叶片的透光率不同而不同。光饱和点并非一个常数。

表 1.3　果树种类品种的光饱和点、补偿点　　单位：万勒克斯

种类、品种	光补偿点	光饱和点	资料来源
富士苹果	1.2	3.0～4.0	李道高，1988
蜜橘	0.1～0.2	2.7～4.0	天野胜司，1980
梨		5.4	吴忠恕，1982
桃	0.26	4.0	天野胜司，1980
柿	0.13	4.0	天野胜司，1980
葡萄	0.26	2.0～3.5	天野胜司，1980
核桃	0.2～0.3	3.5～4.0	陈凯等，1986

②光补偿点因果树及所处的自然环境条件而不同

同一品种则因树龄、叶龄和所处位置而不同。光补偿点越低，越有利于有机物质的积累。果树光补偿点差异虽小也并非一个常数。

太阳辐射影响果树生长发育许多过程，尤其是光合作用，光合作用固定二氧化碳的碳循环过程分为 C_3 途径、C_4 途径和景天酸代谢途径。不同果树对光有不同的要求，一般说来 C_4 植物对增加辐射的反应比 C_3 植物更为敏感。C_3 植物完成碳素固定过程的净光合速率多为每小时每平方分米 8～20 毫克二氧化碳，只及 C_4 植物的 1/4～1/5。C_4 植物的光合优势，主要可归功于叶肉阻力很小和没有光呼吸。果树树种绝大多数属于 C_3 植物，所以光饱和点低，即使同为 C_3 植物，在光一光合生产能力上实际差异很大，这主要由于这类果树的生长特性、环境条件和栽培措施不同所造成。

表 1.3 所列的指标，均为单叶指标。群体指标由于测定比较困难，报道很少，但其数据均比单叶指标为高。因为当果树群体的上层叶片（单叶）虽已饱和，但下层叶片的光合作用仍随光强增加而增加；另外，在同一自然光照下，上层叶中不同叶片因方位与角度不同，也并非一律达到光的饱和点。对于群体的补偿点来说，它应是上层叶片光合作用的产物与下层叶片的呼吸消耗相抵消时的光照强度，数值也应比单叶的指标值为高。

（2）群体经验性的光强指标

自然生长的果树群体，当入射光线投射到树冠内，经过逐层叶片对光线的吸收、反射等损失后，能透射到树冠下层、内膛的光照被显著削弱。植物群体的净光合生产率是叶面积系数和光照在群体中衰减系数的函数。要使果树群体通过光合作用生产出更多的干物质，必须有一定数量的绿叶面积，但果园内光强又随着叶幕的厚度、叶面积系数的增大而减弱。因此，果树群体的光照强度必须适中、叶面积系数必须适度，两者关系协调时，才能产生最大的经济效益。

程铁宏等（1982）研究提出，国光苹果最适光强为全光照的 33%～88%。在此范围内，果实的大小、单果重、糖含量、着色度等均极显著优于低光强区。在全光照的 33%以下，生产的果实品质差，全光照的 5%以下不能生产出具有商品价值的果实。

有研究指出，假如把全光照的 25%～30%作为最大光合效率的低限，则叶面积系数 4～5 似乎是所有叶幕受到足够光照，达到最大光合效率的最高叶面积系数的界限。

果树群体经验性的光强指标，就一定地区来说，依种类和品种，种植形式和密度，以及自然

环境条件而不同。了解群体冠内光照分布或光照分布与叶面积的关系，为种植形式、合理密植和合理布置行向，为整形修枝提供科学依据。

1.3.2　果树对光强分布的响应

太阳光是光合作用的能量来源，光能的主要作用是在光合作用中使二氧化碳进行能量升级。二氧化碳中的碳原子的 4 个键均为氧原子所饱和，它完全不能燃烧，是没有一点能量的惰性气体。经过光合作用还原后，进行能量升级，变成富含能量的碳水化合物。果树对光强的响应，主要反应在光合速率和对生长、产量、品质的影响方面。其响应的程度则与果树种类、品种、所在纬度、环境条件、栽培措施等有关。

(1)光强与光合量的关系

果树的光合强度，主要受光照强度的影响。据天野胜司(1983)报道，桃、栗、温州蜜橘、柿子等，当光照强度从零开始增加，光合强度也随着增加，当光强超过 2 万勒克斯时，光合强度增加的速度变慢，尔后不久，即使光照强度增加，光合强度也不再增加，稳定少变。其中柿树在 4 万勒克斯之后，光合强度随着光强的增加而缓慢下降。

光照强度与光合强度的关系，小林章等以遮光试验验证，用盆栽的各种果树苗木，作不同程度的遮光处理一年，观察其干物重(表 1.4)。从总趋势来看，树体干物重均随光照强度的下降而降低，地下部分比地上部分所受影响更显著。若按影响程度排列顺序，以柿树受影响最轻，其次为蜜橘、葡萄、板栗、桃、梨，苹果最重。从耐荫角度来分析，则以柿树耐荫性最强、苹果最弱。不同树种因耐荫性差异，在一年的遮光处理中，相对光强为 23%时板栗树、苹果苗 100%的死亡，桃树苗死亡 80%，梨树苗死亡 60%。在相对光强为 43%时，栗苗死亡 67%，苹果苗死亡 40%。

表 1.4　生长期中遮光对树体干物重(%)的影响

种类	地上部干物重			地下部干物重			全树体干物重		
	无处理	一层苇帘	二层苇帘	无处理	一层苇帘	二层苇帘	无处理	一层苇帘	二层苇帘
光照比较	100	43	23	100	43	23	100	43	23
蜜柑	100	38	44	100	56	56	100	46	50
葡萄	100	63	14	100	43	10	100	47	11
板栗	100	36	23	100	54	27	100	48	26
桃	100	61	11	100	44	24	100	50	20
梨	100	38	25	100	43	32	100	41	29
苹果	100	23	11	100	20	9	100	21	10

(小林章等，1953)

(2)光—光合强度的日变化

光—光合强度的日变化曲线，苹果、葡萄、柿、板栗、核桃为双峰曲线型。双峰曲线型变化的基本特征是：上午和下午出现峰值期，中午或更迟些时段里出现低谷期，出现光合作用的“午休”现象。

在自然条件下产生“午休”现象的原因，是内在因子，如叶肉阻力、叶绿体活性、二氧化碳扩散阻力、气孔与光合作用的关系等和环境胁迫的共同结果。

从环境条件分析：①植物在进行光合作用时，如果光照强度太强，超出或接近植物光合作用的光饱和点，则光合作用过程受到抑制，称为光抑制。果树树种光饱和点绝大多数均在3～4万勒克斯或其以下，与晴天午间自然光强一般均能达到8万勒克斯以上相比较，产生光抑制的可能性是存在的。王春清(1989)研究认为，光照强度、光量子数及辐射强度的日变化曲线三者具有平行关系，在不同季节其日变化峰值出现时段，均早于光合作用低光合效率(即“午休”)出现时段。这足以说明高光强、高辐射强度对光合作用所起的抑制作用。②环境温度、水分、风速等也可产生抑制作用。温商霖(1989)等在高海拔、温度较低的条件下测定，葡萄光—光合日变化曲线呈单峰型。王春清等(1989)在试验中观测到，如果12—15时有云，使光照强度和叶温下降，葡萄的光合强度日变化曲线也不出现明显的“午休”现象。中午“午休”现象，除与该品种内在因子有关之外，应与环境适宜度有密切的关系。

(3)果树生长及产量品质与光照强度的关系

①生长与光强的关系

光照强度通过对光合作用、气孔张开和叶绿素合成的直接作用来影响果树的生长。绿色植物生长的速度，从一定意义来讲，要受它从周围空气中吸收二氧化碳来制造碳水化合物速度的限制。这一过程所需的全部外来的能量，是由光提供的。或者说，它是由分布在叶细胞中和其他组织中的叶绿素分子所吸收的光量子来决定的。有报道，桃树每小时1毫克叶绿素能吸收的二氧化碳毫克数，是随着光照强度的降低而减少。

苹果花芽的形成和发育，必须在大于30%的自然光照，或27%的光合有效辐射条件下才能形成。通常在果树花芽分化期遇持久连续性的阴天，则花芽分化减少、花序小、花蕾少，挂果量减少。

对于先花后叶或花和叶同时生长的果树，开花不仅需要消耗大量的养分，而且叶片的生长也需要光合产物，因此，在幼叶期与果实同时生长阶段，光照强度的大小与幼果的发育密切相关。苹果、梨等果树，在旺盛生长期，每天叶面积可增长7%～10%，每天每平方米叶面积需用3～4克光合产物建造并增加自身的结构。由此可见，优化以光照条件为主的自然环境，既可保证营养体的建造，也可为果实发育提供充足的光合作用产物。

幼树直径生长对环境因子，尤其是对土壤水分、光照强度和温度产生积极的响应，但其生长主要依赖于当年的光合作用。光照强度不同光合生产的能力不同，光合强度低则光合生产能力也低，光合强度适宜则光合生产能力强，茎的生长也迅速。

②果树产量品质与光强的关系

光不仅是光合作用的能源，而且对叶片发育和光合特性的形成有很大的影响，在一定限度内，产量有随光照强度的增强而增高的趋势。苹果果实的长、宽和重量与日照百分率呈极明显的线性回归关系。回归的斜度表明，日照从5%至100%，果实重量增加31%，果实长、宽分别增加11%和10%。日本人对柿果、浙江省黄岩县柑橘研究所对柑橘的观测均证明了光照强度与果实大小及横径呈正比。在光照强度削弱的条件下，例如阴雨天果树叶片的同化量只为晴天的1/9至1/2，明显地影响产量。

果实品质与光照强度也有较密切的关系，李丽等(1989)研究光照强度对密植苹果品质的影响，从表1.5可见，果实的可溶性固形物，糖酸比值均随光照强度而增加。

花色素与类胡萝卜素均为糖的代谢物，糖又是花色素形成配糖体所必需的成分，故其含量与总含糖量之间具有高度的正相关，只有果实内的糖分达到一定浓度时方能着色。日光照射对苹果着色的重要性是公认的，苹果的着色面积与冠内的光照强度呈线性相关，冠内的适宜光照强度应在自然光 25%～30%以上。

表 1.5　苹果果实品质与光照强度的关系

相对光照强度(%)	果实硬度(千克/平方厘米)	可溶性固形物(%)	酸(%)	固/酸比值
21.54	4.85	11.73	0.4368	27.06
22.88	4.41	12.00	0.3612	33.60
22.95	4.45	12.33	0.3360	36.81
48.48	4.43	13.80	0.3234	42.87

(李丽等，1989)

1.4　提高果树光能利用率的途径

所谓光能利用率，是光合作用贮存的化学能与接受的太阳能之比。目前果树生产的光能利用率较低，研究如何提高光能利用率，对提高果树产量具有重要意义。

1.4.1　光能利用率的理论计算

不同学者估算的田间植物的最大光能利用率不同，基本在 5.3%～10.0%之间。差异是由于有关因素的估计不同而产生的。

经济林光能利用率的理论值，可作如下估算。

第一，到达果树树冠的太阳辐射，要被树冠反射一部分，其反射率一般在 17.0%～20.8%，若以 20%计算，则当到达林冠的太阳辐射为 1 时，则反射后能被果树所利用的太阳辐射为：1－0.2＝0.8。

第二，太阳辐射中，对果树光合作用有效的光谱成分，有 43%、45%、52.5%等各种估计。若以 44%计，则经过经济林林冠反射后，能被经济林利用的有效光合辐射为：

$$(1-0.20)\times 0.44=0.352$$

第三，在植物光合作用中同化 1 摩尔二氧化碳需要 8～10 个量子，有人认为需要 12 个量子。在光合有效辐射光谱区间，如果以同化 1 摩尔二氧化碳平均需要 9 个量子计算，则同化 1 摩尔二氧化碳必须吸收 1.884×10^6 焦耳能量，而在光合作用中只能固定 4.689×10^5 焦耳，即光合作用制造 1 摩尔碳水化合物，所能贮藏的能量最大效率为：

$$(4.689\times 10^5)\div(1.884\times 10^6)=0.2489$$

则到达林冠有效光合辐射最大利用率为：

$$(1-0.20)\times 0.44\times 0.2489=0.0876=8.76\%$$

这 8.76%的利用率是人们希望达到的理论数值，即在光、热、水、肥等得到充分保证下，可能利用的上限值。

设单位面积果树全部生物量所产生的能量为 W，而投射到该单位面积上的有效光合辐射的能量为 Q，光能利用率为 P。

即：

$$P=W/Q\times 100\%$$

W 为单位面积上某段时间内干物质增长量(克)换算成所产生的能量。若为最终干物质重产量 S,则 W 等于 $S \cdot H$。H 为1克干物质燃烧时所放出的热量(燃烧值),若收获物是碳水化合物,则平均以 1.78×10^4 焦耳/克计。Q 为该时段内光合有效辐射的总量。

目前果树生产,受到光合生产过程中种种限制,光能利用率均较低,一般均在1%左右,为理论值的1/9至1/7。

1.4.2 提高光能利用率的途径

光能利用率是由光合效率、光合面积和光合时间三要素组成,从这三方面来分析提高光能利用率的可能性与途径。

果树为多年生树艺植物,全年都置于光照下,用增加光照时间来提高光能利用率,是不现实,不可行的。但可利用树种和种类间不同生长发育阶段对光能的利用不同,合理配置树种、作物、地面覆盖作物,实行多层经营,多层次捕获光能,减少浪费。通过选育品种,改变株型、叶角、叶型,提高光能利用率,以提高单位面积上的经济产量是可行的。

果树叶面积与产量呈明显的规律性,无论是短期产量与全年产量,无论是生物产量或经济学产量在一定范围内,都随着叶面积的增大而增加。保护叶片和提高单位面积上叶面积,是提高果树光能利用率的基本途径之一。

光合效率的影响因素,一个是植物碳循环途径(碳同化途径),一个是环境因子。不同光合途径的植物,在不同环境下其光合速率会有很大差异。C_4 植物能在强光下进行光合作用,C_3 植物在强光下很快达到光饱和点,不能充分利用强光进行光合作用。所以 C_4 植物的净光合速率比 C_3 植物高。要改变果树的光合碳循环途径是不可能。影响光合效率的环境因子,除与光照强度外,还有二氧化碳浓度、温度、矿质元素等。因此,通过人为措施来免除环境因子的胁迫,优化环境,也可达到提高光合效率的作用。

第 2 章　温度与果树

温度不像光照和水分那样给果树的生命提供物质材料和能源。但对果树萌芽、生长、开花、果实膨大、种子形成，以及休眠等生命活动都有显著的影响。果树一生时刻与周围环境交换着维持生命活动所必需的能量和物质。它的生命活动是奠定在一系列复杂的物理学、生物化学和生理学的反应基础上，温度是估价这些反应和过程的一种指标或方法，其生物意义主要表现在温度对这些反应速率的控制。

温度条件对于植物生长发育的重要性，在于植物体内一切生理活动、生化反应均必须在一定温度下进行。在某种程度上可归于温度对酶系统活动的影响，温度升高，不仅酶的分子的动能增大，同时增加高动能分子的数量。温度作为一个状态函数，是分子平均动能水平的标志。植物组织是带电的，单个细胞的电势的总和，在植物组织中形成了电位的复杂分布，而温度是控制这些内部电极化的程度，甚至是控制这些内部电极化方向的主要环境因素之一。温度条件对植物生长发育的重要性，也在于温度变化能引起植物周围环境中其他因子的系列变化而影响植物。

2.1　气温对果树体温的影响

就温度而言，空气温度、植物的体温、土壤温度同时作用于植物。土壤温度将在土壤气候与果树生产一章中讨论，本章只涉及空气温度与果树体温。

2.1.1　气温与果树的体温

(1)空气温度

表示空气冷热程度的物理量，称为空气温度，简称气温。通用单位是摄氏度(℃)。从物理学的分子理论知道，空气的冷热程度只是一种现象，其实质是空气内能大小的表现。当空气获得热量时内能增加，气温升高；反之，当空气失去热量时内能减小，气温下降。所以空气温度是大气能的一种标志。大气对于太阳辐射能的吸收力较弱，而对于地面辐射能的吸收力较强，所以大气的能量主要来自于地面辐射。空气温度从时间分布来分析，受太阳高度角的影响，在一天和一年中表现出周期性的变化；从空间分布来分析，受纬度和太阳高度角，以及海拔高度、地形地貌的影响，也呈现出规律性的变化。空气温度的规律性变化以及非规律的变化，影响着果树的生长发育和产量形成，也影响着果树树种的分布。

(2)果树的体温

果树是一种变温的有机体，与外界环境进行着不断的能量交换，空气温度和果树树体温度存在着差异。在外界和辐射条件相同的条件下，树体的不同部位，由于组织发育、含水量、蒸腾状况，以及热容等的不同而温度不同。果树树体温度对于研究温度对果树物理的、生物化学的、生理学的关系是非常重要的，运用于生产也会取得理想的效果。

2.1.2　气温与叶温

郭仁卿等(1988)在河北的葡萄株丛上观测证实，晴天无风的条件下，白昼06—17时叶片温度高于株丛内外空气温度，而17—06时叶温低于气温。葡萄株丛叶温与气温之差，在阴天减小，在降雨刚开始时有差异，雨持续久了就无差异了。研究证实，不同树种的叶片温度不同，同一树种也因叶片所处位置、大小、张角、形状、颜色及其生理状况不同而不同，因而，一株果树不同叶片的叶温在一定范围内是参差不齐的。就同一叶片而言，则因外界辐射、风速和蒸腾条件的不同而变化。叶面辐射、乱流热交换及蒸腾与叶温和气温的差值呈函数关系。

表 2.1　不同天气下叶温与气温差(℃)

项目	晴天		阴天		雨天	
	04 时	13 时	06 时	12 时	始雨	久雨
果树丛内气温	25.0	32.5	25.5	29.5	27.0	22.5
无遮叶温	24.0	33.7	25.0	30.0	26.0	22.5
叶气温差	−1.0	2	−0.5	0.5	−0.3	0

(郭仁卿等，1988)

2.1.3　气温与芽温

花芽的温度对发育速度或者安全开花结实有一定的意义，芽温低则抑制发芽，过低受害。芽温是根据果树的种类及芽的状态而定。处于裸露状态的芽，芽温由能量平衡决定，一般不比叶温低。Landsberg 测出苹果树的芽温昼间高于气温，且随净辐射的增加而差值增大；而夜间因辐射失热则低于气温。这种趋势与叶温表现一致。测定结果，求得芽温(T_b)与气温(T_a)的关系式如下：

$$T_b = T_a + U(0.0099R_n + 0.077)$$

式中 R_n 为净辐射，U 为风速。

2.1.4　气温与树干温度

树干由于形状、结构、颜色和功能等与叶片截然不同，因而，树干温度与叶片温度不同。树干有树皮包裹，木质化程度高，导热不良，据叶于芳等(1981)观测，苹果在风速1.1～3.8米/秒，低云量0～2成的条件下，12—14时，阳光直射面树皮温度(T_p)与气温(T_a)的关系，可以直线回归式表示：

$$T_p = 7.70 + 1.93T_a$$

树干向阳面与背阳面温度有很大的差异，有人曾测得在苹果树上两者差25℃左右，在桃树上两者一般相差16～17℃，最大时可达22.5℃。在太阳曝晒条件下，桃树干形成层的温度可超过气温16℃。夜间在果树树叶水分达到饱和之后，形成层温度与气温又很接近。

果树树体方位接近而高度不同的树皮，其增温幅度和持续时间，依高度增加而减小，以距地面100厘米高度以下增温幅度较大。13时实测，方位为东南，高130厘米与方位为南东南，高74厘米的两点树皮温度，后者比前者高6.5℃。

2.1.5　气温与果实温度

果实是同化产物的贮藏库，果实温度与果实发育、成熟和贮藏等关系密切。果实的温度是很不均匀的。苹果果实表面温度随入射辐射的增强呈线性上升。在稳定条件下，果实向阳面约比气温高 11℃，而背阳面与气温大致相当。在不受阳光直射下，桃和梨的果实最高温度比气温低，而最低温度比气温高。

郭仁卿(1988)观测，在阳光直射无风条件下，果实的温度明显高于叶片温度，果实内部的温度又高于表面的温度。并呈现出紧邻果表比果肉温度高、果实小的温度高的趋势(表 2.2)。

表 2.2　几种果树果实温度

果树种类	气温(℃)	叶温(℃)	果实直径(厘米)	果表温度(℃)	果肉温度	
					测量深度(厘米)	温度(℃)
白梨	30.5	31.3	4.5	34.0	2	35.5
葡萄	28.5	31.5	2.0	38.5	中心	44.0
苹果	26.0	31.0	8.0	35.5	2	37.5

(郭仁卿，1988)

综上所述，果树体内不同部位的温度是不均衡的，正常果树温度：果实＜叶片＜绿枝＜大枝＜树干。这种差异不仅与热能在体内传导，而且与同化产物的移动和贮藏有着密切的关系。

2.2　温度的果树生物效应

果树生活的每一个过程，均受外界空气温度的影响，生物效应表现为众多方面。

2.2.1　三基点温度与温周期现象

植物生活受外界温度的影响，果树只有在一定温度范围内生命的存在才有可能，而且生长发育只能在一个较窄的温度范围内进行。在生长发育温度范围内，有三个基点温度，即生长发育的最低温度、最高温度和最适温度。

(1)三基点温度

①最低温度

最低温度是指在一定低温影响的一定时间内果树不能断续生长，但也不受伤害的下限温度。由于许多果树在冰点以上也不能正常生长，有建议用“生命零点温度”表示。不同树种是在不同气候条件下进行系统发育的，它们的生物学零点温度不同。同一树种因天气、栽培管理条件不同，生长的最低温度不同，因此，最低温度因树种不同，不是一个固定值。

表 2.3　几种果树树种三基点温度指标

树种名称	最低温度(℃)	最适温度(℃)	最高温度(℃)
苹果	5.0	15.0～20.0	43.0
葡萄	10.0	20.0～28.0	49.5
桃	10.0	21.0～28.0	45.0
柑橘	12.5	23.0～29.0	45.0

(陈尚谟，1988)

②最适温度

最适温度，是生物生长发育迅速而且良好时的温度，是生物生命活动的最适宜温度。温度与化学反应速率有密切关系。大多数的反应速率随温度升高而加快。根据实践，Van'tHoff定律：常温度每升高10℃，化学反应速率大约增快2～4倍，植物也存在着在一定范围内随温度升高，生长发育加快的趋势。但是作为有生命的有机体，其生化反应不完全按照非生物的化学反应规律而变化。由于植物生化反应是由酶来催化的，当温度增高，大多数由蛋白质组成的酶变性也增加，导致酶的催化作用受到损害，酶促反应速率下降。果树的生长、发育以及果实膨大，依赖于同化与异化两个相互作用的净结果，温度的增高使这两个作用的速率变化不同，使得净结果减少。因而植物的生物化学反应并不完全遵从一般化学反应规律。由于维持生命活动的许多过程，如同化、异化作用是相伴进行的，虽然所需的最适温度不一致，而又不能分割开来，同时在同一温度下果树的状态也不可能一样，这就意味着在生态上的最适温度不是一个固定值，而是存在着有若干温度变幅的范围温度。最适温度偏向于生长的最高温度，而远离生长的最低温度。在北方气候条件下，高温出现几率小，而低温出现的较多，因而低温冷害将是主要农业气象灾害之一。

③最高温度

最高温度，一般含义是指在特定期间，不能继续生长发育，而又不受伤害的上限温度。最高温度也因品种、天气、栽培管理条件和果树生育期不同而不同。

尽管果树的三基点温度不同，不同果树之间又有差别，但仍有一些共同特征。无论是生存生长，还是开花、结果的发育，最适温度基本上是同一变幅范围，彼此差异较小，这是各种生命过程长期在类似条件下适应的结果，最适温度应对任何过程皆适应。下限温度的差异较大，说明果树耐寒性的差异。

如果温度高于上限温度或低于下限温度，果树就会逐渐受到不同程度的危害。温度进一步升高或降低，则果树就会受害致死，这就是受害致死温度。

(2)受害致死温度

①低温致死温度

果树在最低温度以下，且温度继续降低达到更低温度时，果树将会受冻死亡。果树的低温致死温度，根据致死的生理机制，可分两大类，即冷害致死和冻害致死温度。冷害是指低温未降低到0℃以下，不耐冷的果树或果树的某一生育期遭遇到低于其要求的下限温度，而受到伤害。低温冷害造成果树受害的原因：低温扰乱了酶的活动与代谢功能，细胞内氧化作用受到阻碍而积累有毒物质；原生质黏滞度增加，降低了它的渗透性；糖分被消耗引起蛋白质的分解。因冷害致死的果树北方罕见，热带常绿果树时有因冷害而致死。

冻害是果树的温度在冰点以下，植物细胞结冰而出现的伤害。冻害可分为越冬冻害和霜冻，这两种冻害只是受冻时间不同，受害机制是一致的。一般认为冻害致死的原因：当温度低于0℃，细胞间隙和细胞内结冰，随温度的下降与冰量增加，细胞脱水造成生理干旱，水层被破坏，以致蛋白质凝固致死；细胞间隙和细胞内结冰，形成的冰晶的机械压力，使原生质膜破裂和蛋白质失去活性与变性凝固致死；受冻后回暖过快，速冻速溶过程中质壁分离，破坏原生质致死。

果树细胞里所含的水分，是以溶液的形态出现的，其冰点从表2.4可见均低于水的冰点。许多果树树种在冬季出现冻害的温度与冰点温度极其相似，同样因冻害而致死，其致死点的温度远离冰点温度。

表2.4　几种果树树种的冰点温度

树种名称	最低温度(℃)	最高温度(℃)
苹果	−2.5	−1.5
杏	−1.9	−1.5
樱桃	−3.3	−3.1
葡萄	−3.2	−2.9
橘	−3.2	−1.5
梨	−2.1	−1.6

(牛文元,1981)

北方落叶果树在从温暖季节向寒冷季节过渡时，常通过减少细胞中的水分和增加细胞中的糖类、脂肪和色素等物质来降低植物的冰点，增强抗寒能力，这就是抗冻锻炼。休眠是植物抵御暂时不利环境条件的一种非常有效的生理机制，一旦进入休眠期，植物对环境条件的耐受范围就会比正常活动时宽得多。

②高温致死温度

在最高温度以上，若温度继续升高，或者这个温度持续时间过长即出现死亡。一般认为高温致死原因：高温通过损害膜系统，使得蛋白质钝化和变性而引起死亡；高温使一些不耐热的酶停止了作用，破坏核酸和蛋白质代谢，导致细胞死亡；高温使植物组织干燥或由于呼吸作用、光合作用的平衡受破坏致亡；高温还使形成的有毒物质，不能通过代谢过程而解毒，植物中毒死亡。所以热害常常具有综合意义，包含各种类型的由于超出最高温度所引起的植物伤害。果树热害的临界温度，随树种、生长发育阶段和外界环境条件而不同，也可因测定方法而不同，大多数果树因高温致死的临界温度在45～55℃之间。

植物通过光的反射和蒸腾作用降低温度。危害植物的高温只有在太阳辐射强烈下才会出现，植物通过叶片扭转，使得截取的阳光减少、反射增加，抵消增温。蒸腾降温是植物防护过热的一种生理方式，通过水分蒸腾，将体内的显热变成水汽的潜热排出体外，降低体温。

2.2.2　温度的生理效应与温周期现象

(1)温度的生理效应

植物的光合作用是大规模地将太阳辐射能转化为积蓄的化学能，将无机物转变为有机物质的过程，也是大规模地吸收二氧化碳、释放氧气的过程。光合作用包括光反应和暗反应两个阶段。光反应阶段，光能被吸收用于水的光解，产生氧气，基本上不受温度的影响。暗反应阶段，是二氧化碳的生物化学固定过程，也是光合磷酸化的酶促反应过程，是温度的敏感阶段，温度直接影响到酶的活性与其催化反应。果树光合作用过程受温度的影响和控制是显著的。

柑橘、苹果、柿、李、樱桃、梨、桃、葡萄、核桃、板栗等的光合作用最适温度均在15～32℃的范围内。其中梨和柑橘的表现比较特殊，在光合有效辐射达到饱和条件下，梨的光合最适温度比较宽，最适温度的上限可高达32℃，由于果树生长期果园大部分时间中午温度均在30～35℃左右，梨的这种生理特性具有一定意义；柑橘在空气比较干燥的条件下，最适温度不仅比较窄而且较低，一般在15～20℃之间。

果树种类不同要求的最适温度不同，温带植物主要靠核酮酸-1,5二磷酸羧化酶的催化作用，这种酶的活性以20～25℃时最高；而热带植物靠磷酸烯醇式丙酮酸羧化酶催化，它在30～35℃时才表现最大活性。因此，两类植物光合作用的最适温度不同。

温度常因光照强度、二氧化碳浓度、水分条件的改变和这些因子供给时间因子的影响而改变。矢吹万寿(1979)指出，如果提高环境湿度，使叶内水分得以保持，气孔完全张开，二氧化碳扩散量相应增加，适宜温度范围就会向高温方向移动；如果提高环境二氧化碳浓度，光合量则相应会增加，适宜温度范围也会向高温方向移动。

温度控制光合作用，也控制着呼吸作用，果树的呼吸作用在有机体适宜温度范围内，随温度增高而增大。呼吸作用适温的上限温度比光合作用适温的上限温度高，因此，当温度超过一定限度之后，由于呼吸过多地消耗光合产物而使净光合率降低。

光合作用的进行要求气孔在光照下开放，但是在高温下，由于细胞的光呼吸升高放出二氧化碳在叶内累积，常常引起气孔关闭，这就造成了保持水分与进行碳素营养之间的矛盾，从而影响到光合速率。

大多数果树在低温下均显示出光合作用明显下降。低温引起光合作用下降的原因：其一，是低温直接影响光合体系的结构和活性；其二，是低温影响果树体内其他生理过程从而间接影响光合作用。

(2)温周期现象

气温变化的基本特征是具有周期性，即遵循昼夜有冷暖、四季有寒暑的基本规律周而复始地变化着。果树在变化着的生态环境条件中进行系统发育，不仅适应了这种节律性变温，而且成为它生长、开花、结果、产量形成不可缺少的条件。在适宜的昼夜温度交替情况下，萌芽、茎伸长、花发育、结实以及抗寒性的增强等生理过程都可获得较好的表现。在自然条件下，气温呈周期性变化，植物长期生活在某一自然条件下，适应了某种节律性变化规律，并遗传成为其生物学特征之一，将植物生长发育与温度变化的同步现象称为温周期现象。

①日温周期现象

空气温度日变化的最主要特征是有个日最高温度和日最低温度，两者之差称为空气温度日较差。空气温度的昼夜变化对果树生长发育具有重要意义，在光温条件的综合影响下，大多数果树树种，光合作用的适宜温度要显著低于呼吸作用的适宜温度，而温度又作为光合、呼吸作用的函数。所以，白昼适宜的高温可以促进果树的光合作用；夜间温度低，有利于抑制果树的呼吸消耗，可以使有机物质积累较快。晴天日温周期振幅大，温度日较差大，日照时数长，空气干燥；阴天则反之。因此，温周期同时又寓有日照和干湿相互作用，对果树产量和品质起着重要的作用。

对昼温和夜温的要求因树种、品种以及生长发育期不同而有所不同。例如，当苹果果实处于膨大期时，温差太大会加剧苹果水心病的发生。桃树结实期比营养期要求夜温低，夜温太高由于呼吸作用加强可能引起体内养分分配紊乱，使得性器官产生障碍造成较多的落果。

②年温周期现象

温度年变化的主要特征是有最冷月和最热月。许多果树树种在春夏温暖的季节生长发育，冬季寒冷时停止生长，进入休眠。冬季寒冷对于发生休眠的果树，不仅不造成危害，而且是它正常生长的必需条件。例如桃树，需要经受一定的冷凉气候的作用，完成其特定的发育阶段才能开花，如果生长在高温长日照条件下可以永远保持休眠状态而不开花。果树在一年中不同季节需要不同温度条件的现象，称为年温周期现象。

河北农业大学在1979—1980年，对一些果树两次采枝观测它们的休眠表现，除枣、李、葡萄在采后27～35天之内有发芽之外，其他几种果树均因未能满足低温需要，直至枝条枯死均未发芽。

果树进入休眠之后，对寒冷有明显的要求，称为需冷量(小时)。只有满足需冷量以后才能解除休眠，否则翌年发芽迟、花芽发育不良，易落花落果、坐果率低。不同树种在不同指标温度下所需时数不同。国内外曾经以各种指标温度累积计算需冷量温度，据研究以7.2℃的需冷时数和芽的活动相关最为密切，其相关系数：梨 $r=0.745$、葡萄 $r=0.906$、苹果 $r=0.962$、甜樱桃 $r=0.632$。因此，多以 7.2℃为通过自然休眠计算需冷时数的指标温度。

表 2.5　几种果树的需冷量(小时)

树种	需冷量	树种	需冷量	树种	需冷量
苹果	1200～1500	核桃	700～1200	欧洲李	800～1200
梨	1200～1500	酸樱桃	1200	日本李	800～1000
桃	500～1200	甜樱桃	1100～1500	杏	700～1000

(Childer,1976)

在赤道热带，由于温度的日变幅和年变幅很小，许多热带作物开花在一年中断断续续地进行，并不强烈地呈现出温周期现象。

某些果树树种由于需冷要求而限制其栽培区。例如，苹果在我国长江以南发展，因休眠不能解除而不具生产意义。在澳大利亚有些地方，桃树因需冷量不能满足，冬末常常发生落芽现象。

2.3　温度与果树的分布和生长发育

温度的空间和时间分布制约着果树的水平、垂直分布和生长发育，以及产量的形成。

2.3.1　温度与果树的分布

不同的气候特征在决定果树树种的分布问题上起着重要的作用，其中温度为主导作用。陕西地处西北内陆，为明显大陆性季风气候。从南至北可划分为 4 个气候带，即北亚热带、南温暖带、北温暖带、中温带。陕西地形多样，冷热和干湿季节变化明显。因此，果树树种繁多，分布复杂多样。

单一树种其分布总的趋势是：在一定的经纬度范围内，随着纬度的升高分布的海拔高度下降。形成这种分布趋势的主要原因如下：

第一，不同果树均有它各自的临界气候要求。如前所述限制果树树种分布的热害和冷害，尤以冷、冻害出现的频率和严重性为种植北界的气候指标。

第二，我国大于等于 10℃积温随纬度变化的关系，可用修订后的北半球的数学式描述：

即
$$\sum T_{10} = 9763 + 41.1\varphi - 9.0\varphi^2 + 0.096\varphi^3$$

式中 $\sum T_{10}$(℃ · d)是大于等于 10℃的积温，φ 是纬度。

从上式可见大于等于 10℃的积温是随纬度的升高而递减，气温随海拔高度的升高也是递减，气温直减率平均为 0.65℃/100 米，在纬度和海拔高度的综合作用下，对温度条件有既定要求的果树树种，只能随纬度的升高而分布在较低的海拔高度上。

第三，高大山体，由于下垫面的作用，成为同高度空气的热源，使得山体周围的空气温度升高。山地上，太阳辐射也不同程度增强。在光温综合作用下常常使果树树体尤其是叶片温度显著升高，在一定程度上补偿了随海拔增高而降低了的温度效应。因而，同一树种在山区海拔高度分布要相对地高些。

2.3.2　温度与果树生长发育

植物有机体的物理学、生物化学，生理学的许多过程，均与温度条件直接有关，因而温度条件直接影响着果树的生长发育。

(1)性器官发育与温度

果树的休眠芽一般在头一年分化形成，翌年春萌发展开。一般认为对花芽的发育，外界环境条件中的决定因子是空气温度。落叶果树花芽分化多始于开花前一年夏季较高温度生长阶段，花芽分化需要较高温度。例如，苹果在月平均温度为 26～28℃时，花芽分化良好，说明苹果的花芽分化是需要较高温度。桃树花芽分化与 6—8 月的气温有密切的关系，月平均气温 25℃左右时将加速分化进程，而且这一时期大于等于 10℃有效积温在 900 ℃·d 以上，有利于桃树的花芽分化。常绿果树花芽分化多始于冬季，要求较低的温度。例如，柑橘的花芽分化在冬季进行，要求 13℃以下的较低温度。

许多树种的发育速度主要由温度来决定。花芽的发育比生长对低温的反应更为敏感。桃树花芽的发育也需要有一段低温，有研究认为需要 7.2℃或更低的温度，如果一直处于 15.6℃条件下，芽的发育进程迟缓，有的品种因而落花落果严重，最终影响产量。

果树开花受开花前一定时期内温度所支配，树种不同花期早晚不同，同一树种在不同地区受当地温度条件的支配花期也不一致。

据方利英等(1984)研究，国光苹果在河北的初花期与 4 月上中旬平均气温(x)的关系密切。其关系式为：

$$y=46.9-2.4x$$

式中 y 国为国光苹果的初花期，以 4 月 15 日为 1。

金冠苹果的初花期与 4 月上中旬平均气温(x)的关系也相当密切，其关系式为：

$$y=48.7-3.0x$$

式中 y 金为金冠苹果的初花期，以 4 月 12 日为 1。

在美国由南至北每差一个纬度开花期平均推迟4～6 天，海拔每上升 33～34 米，花期推迟一天。可见果树在气候条件适合的地区比在寒冷地区开花要早。许多研究表明，开花前一定时期内温度高则开花早。小林章等试验指出温州蜜橘在昼夜温均为 30℃的较高温度下，开花成熟期虽较早，但花发育质量差，花后一个月未见有结实现象，而以昼夜温度为 15℃时发育的花，质量较好、结实率最高。

由于花期早晚与温度条件关系密切，应用相关分析法进行花期预报是可能的。表 2.6 是郑宝林(1984)以积温来预报北京市苹果等四种果树的盛花期经验公式，通过回归检验，结果是理论值与多年平均差值：杏为±1.85 天，梨为±2.27 天，桃为±2.20 天，苹果为±2.31 天。

表 2.6　以积温(单位:℃·d)预报北京市几种果树盛花期的经验公式

树种	经验公式	积温计算法	x^2	P
杏	$y=114.0-0.19x$	3 月份≥3℃积温	0.7150	>99%
梨	$y=115.6-0.13x$	3 月份≥3℃积温	1.1842	>99%
桃	$y=118.4-0.125x$	3 月份≥3℃积温	0.8412	>99%
苹果	$y=122.5-0.13x$	3 月份≥3℃积温	1.0220	>99%

(郑宝林，1984)

注：1. x 为 3 月份积温；2. y 为自 1 月 1 日累计天数。

气温也影响花期的持续时间，据曲泽洲(1980)观测分析，河南新乡苹果园，1978—1979 年两花期相近，但 1978 年 4 月平均气温比 1979 年高 3.4℃，大部苹果花期持续天数缩短 7～12 天，只有国光缩短了 3 天。

温度与花粉发芽、花粉管生长速度密切相关。不同果树种类、同一种类不同品种花粉发芽的适温不同，即使同一品种也因温度不同而花粉发芽率不同。

据杨文衡(1986)研究，温度还影响花粉管通过的时间。苹果在常温下需 48～72 小时才能通过花柱，高温时只需 24 小时。低温则有损伤花粉生活力的作用，不仅影响花粉发芽率，而且影响花粉管的伸长速度。

温度对花粉的散放和传播有重要的影响，大多数花粉的散放是在接近中午时散出，夜间几乎没有。花粉的散放，一般只在短期内完成，通常 1 至数天。因此，从授粉受精角度来分析，此时天气条件极其重要。

(2)生长与温度

生长是一个复杂的现象，又是一个普通的过程，生长的定义为:生长是伴随形状的持续改变，而主要是由原生物质量的增加所引起持续的重量增加。温度条件的变化，由于改变了如光合作用、呼吸作用、细胞分裂、酶的活性、叶绿素的合成、蒸腾作用等各种重要的生理过程和速率，所以植物生长速度主要决定于温度。在年周期里，生长速度通常随温度的升高而增加，随温度的降低而减小。但当温度高于一个树种的临界高温，可使生长迅速下降。而生长的减缓，也可能由于光合作用速率降低、呼吸作用过强、过度蒸腾作用引起萎蔫等原因，或是这些原因的综合作用。

表 2.7　几种果树花粉发芽的最适温度

种类	发芽适温(℃)	资料来源
苹果	25	河北农业大学
梨	25	河北农业大学
杏	18～21	上川、五十岚(日本)
挑	23～25	河北农业大学
枣	24～26	曲泽洲等
核桃	25～30	辽宁林科所
葡萄	22～30	大和田(日本)

(曲泽洲等综合，1988)

表 2.8　苹果不同品种花粉发芽和花粉管伸长温度

品种	花粉发芽温度(℃)	花粉管伸长温度(℃)
祝光	10～15	15
印度	10～15	15
红玉	15～20	20
红星	15～20	25
金冠	25	20
国光	20～25	25

(北京农业大学，1978)

各种果树树种，因系统发育的结果不同，生长的最适温度范围是有显著差别的。但在系统发育过程中，在适应的同时也逐渐演化成一些新的生态型，这就造就了各个树种可以在较大的温度范围内生长发育和生存。

果树茎的生长，主要包括高、粗生长和分枝生长。高生长是茎干顶芽不断活动的结果。顶芽生长的最适温度因树种而异。一般气温高顶芽伸长持续时间短，自剪时间提前。茎粗生长是形成层分生次生组织的结果，一般说来是连续的，茎粗生长与温度关系密切。在北方的条件下，影响果树径向生长的决定性气象因子是生长季的温度，其他因子任何可能性的影响，都被占优势的温度影响所掩饰。

(3)产量品质与温度

温度是果实发育的基础，不仅影响着果实的生长，而且影响果形、产量和品质。果实迅速膨大，需要一定的温度条件，在果实生长前期尤为明显，但在过高的温度下由于呼吸作用随温度升高而加强，引起碳水化合物的加快消耗，即使加速运输也不可能为生长提供充分的碳水化合物，因而限制生长。方利英(1982)研究认为，苹果果实增长量与大于等于10℃积温呈指数函数相关，在果实发育前期一定范围的大于等于10℃积温内，果实体积随温度增加而增长迅速，但超过一定的积温后，果实体积的增长随温度的增加而减小，相关性显著。到后期，积温的增加对果实体积增长的影响则不明显了。

①温度影响果形及着色

苹果同一品种在高温年份或高温区，果形较扁，在花后15～16天果实细胞分裂期，如天气较凉则果形较长。

温度影响果实着色。果树不同所要求的着色适温不同。例如，葡萄巨峰系品种于8—9月份开始成熟，盛夏高温期进行着色，据冈本五郎(1986)报道，以昼温为30℃、夜温为15℃着色迅速，采收时果实中的花色玳(一种紫紅色的细胞色素)浓度较高。

②果实成熟期受温度的支配，随着纬度的增高，海拔的上升而推迟

鸭田福野等(1986)报道，日本关东至东北太平洋沿岸，1984年早春，由于鄂霍次克海高压发展旺盛，控制时间长，月平均气温比常年偏低3.0～3.5℃，因而花期较常年偏迟。7月以后，在果实膨大期受西太平洋副高控制，盛夏期间持续较长的酷暑天气，北部、中部比常年偏高1.6～1.7℃，果实膨大受到较大的抑制，果实普遍变小，大多数果树收获期较常年偏迟，偏迟最长的是长达23天的梅，其次是温州蜜橘、板栗、梨、李、桃等。一般而言，早熟种的收获期延迟时间较长，晚熟种延迟时间较短。

③果实生育期的温度条件与果实产量密切相关

杨振伟分析，国光苹果前一年4—10月光照时间、5℃的有效积温(x)与当年产量(y)呈线性相关，有效积温在2500 ℃·d以上才有产量，在3000 ℃·d以上时每公顷产量接近67500千克。其相关式为：

$$y=8.48x-17688 \qquad \text{相关系数 } r=0.78$$

④果实生育期的温度条件与果实品质

元帅系苹果果实硬度与热量条件关系密切，在天水地区，其关系式为：

$$y=10.83-0.3597x_1+0.3543x_2$$

式中y为硬度(千克/平方米)，x_1为6—8月的平均气温，x_2为采前30天气温平均日较差。

果实糖酸比值大小与积温和平均气温关系密切，元帅系苹果发育期积温越多，平均气温越高，糖酸比值越大。从地区差异分析，也遵循了这种规律，温暖地区均比冷凉地区果实糖酸比值大。

2.4 果园温度调节的农业技术措施

除温度的周期性变化对果树生产产生影响外，非周期性变化，特别是极端温度的出现，对果树产生不利影响，造成危害，以致减产失收。果树温度调节，就是利用果树的耐寒性和耐热性以及物理、化学等技术和方法，降温或升温，以保证果树生长在适宜的温度条件下。

2.4.1 果园温度调节的效应

(1)密度的温度效应

果园中辐射平衡的热量，主要消耗在蒸发、蒸腾和群体的贮热上，其次是湍流交换，土壤热

量交换最少。蒸腾耗热随密度的增加而增大，湍流交换和土壤热交换则随密度的增大而减小。果园空气温度，昼间随密度增大而降温，夜间随密度增大而升温。形成了日平均温度和气温日较差随密度的增大而减小的特点。

果园温度的垂直分布，密度大的果园，昼间温度最高层出现在果园冠层，由果园冠层向下至地面温度逐渐降低，夜间则相反。因而，气温日较差由冠层至地面逐渐减小。密度小的果园昼间最高温度出现在地面，由地面向上逐渐降低，但冠层有个次高值。夜间最低温度出现在地面，冠层表面有次低值。在中等密度的果园，昼间冠层截留了大部分太阳辐射，最高温度仍出现在冠层，但地表有个次高值；夜间冠层冷却降温最剧烈，由于冠层不十分稠密，有部分冷空气仍能向下沉积，造成园内呈现逆温，有时是等温分布。在高温干旱季节，在一定程度上，密植能降低果园内的温度。

(2)松土的温度效应

在旱季疏松土壤，由于空气含量多比板结土壤的热容和导热率小，获得同样热量时疏松土壤升温多，板结土壤升温小。疏松土壤的反射辐射比板结土壤低，在等量太阳辐射下，疏松土壤获得的热量多，疏松土壤获得的热量小。土壤耕作对土壤温度的影响是间接的，当潮湿土壤被耕松比未耕松的土壤干燥快，而干燥土壤又较潮湿土壤升温快。多次浅耕会形成一层表土，热容量减小，导热率降低，表层干燥。

(3)覆盖与果实套袋的温度效应

覆盖包括地面覆盖和冠层覆盖，地面覆盖又分地膜覆盖和其他物质覆盖。当土壤表面被物质，如秸秆、种草等覆盖，阻断了大气与土壤的直接热交换，降低了热量交换速率，夏季产生降温效应，冬季降低土壤有效辐射，起增温效应。因而温度的年较差变小，日变幅也小。在高温干旱季节土壤覆盖可显著的降低土壤温度减少热害。但在春季土壤表面覆盖会延迟地温回升，影响果树的生长发育进程。

不同颜色的地膜覆盖，效应有差别，目前除特别用途外，均采用透明膜。地膜覆盖土壤后，白天由于地膜对太阳光的吸收和反射作用，导致膜下土壤短波辐射收入减少，但地膜对湍流交换的减弱和对潜热交换的消除，使土壤热通量反而增大，从而使膜下的温度较裸地提高。夜间由于膜下温度高，向上的热通量亦较裸地大，膜下夜间降温速度快，并逐渐与裸地接近。

冠层覆盖遮荫，不同材料的物质其降温效应相似。在相同天气条件下，降温效应与覆盖密度、厚度和宽度有关。在遮荫下果树以降低光饱和点和补偿点来适应光强度的改变，由于降低了强光和高温的影响，遮荫叶的光合强度和速率都比不遮荫叶高。

果实套袋，改变了果实的微气候，起到减少裂果和防寒保温作用。套袋可降低光辐射直接照射果实表面，减少日灼。套袋还可减轻苹果的炭疽病和水锈病，降低烂果率。

(4)灌溉的温度效应

灌溉具有降温和保温双重效应。夏季灌溉后由于气温、地温、叶温均有所降低，果树根系活力加强，呼吸消耗减少，光合效率增大，促进果树生长。

喷灌省水、保肥、保土，且能改善果园小气候，得到广泛的应用。旱季喷灌淋水，降低了完全暴露在阳光下叶片的温度，叶片的冠层成为冷源，果园中树与空气之间产生交换，使得果园温度也随之降低。喷灌补充果园的水分，使环境温度降低到光合作用适宜范围，促进光合作用物质的积累，可防止热害发生。喷灌对于土壤温度效应，一般在夏季由于水温比地温低，喷灌后土壤蒸发加大，耗热多，产生降温效应，并随土层深度的加深而降低。冬季灌溉由于水温比土壤温度高，灌溉后蒸发少，热容增大，一般产生增温效应。灌溉一年四季对最低温度而言，均呈现为增温效应。

(5)防风林的温度效应

防风林带对近地层气温和地温的影响，主要决定于湍流交换的强弱和蒸发、蒸腾的大小。由于林带削弱了风速，使得离林带不远处的近地层气温和地温相对稳定，一般比空旷地略高。

林带结构、林带网格大小不同对果园的影响也有差异。不透风结构的林带，因气流不易透过林带，而在林带迎风面堆积，所以在迎风面形成气流的高压区，在背风面形成一弱风区，造成空气白天增热和夜间冷却的有利条件。因而，在林带背风面靠近林缘附近的气温是白天比空旷地高，夜间比空旷地低，温度变化最剧烈处出现在风速的最低值处。疏透结构的林带对温度的影响，与不透风结构林带近似，只是在林带背风面温度的变化，比不透风结构林带要小，距离林缘远一些，对温度影响的显著性降低。

林带的温度效应在不同天气状况下是不同的。阴天时，林带能阻滞或延缓空气降温。在寒潮侵袭或受冷空气影响时，林带因林冠中冷空气下沉而形成降温。在晴朗天气时，白天因林冠的遮阳而增温不明显，夜间因有效辐射强烈而降温。

林带对土壤温度的影响大于对空气温度的影响。在林带的保护下，土壤温度有一定程度的提高，在背风面距林缘的距离为林冠高度 2～9 倍范围内增温显著。

2.4.2 果园温度调节的农业技术措施

(1)防御霜冻的农业措施

根据当地霜冻出现的气候规律和作物的生育特性，合理配置各种果树的比例。不同的地形其霜冻出现的时间和危害程度是不同的，应将喜温怕凉果树种植在向阳坡地上或山腰的逆温层高度内。

改善果园小气候，主要有营造防护林带，利用林带附近的气温有春秋季增温效应，避免或减弱霜冻的危害。在霜冻来临前，用秸秆等进行地面覆盖，这种方法适用于小面积防霜。可以减少地面热辐射损失，从而起到保温作用。对于果树苗床，还可采用塑料薄膜覆盖。覆盖物应在发生霜冻前 3～4 小时盖上，于早晨日出后去掉。灌溉也是一种较好的防霜冻方法。灌溉能增大土壤的热容和导热率，使土壤和近地层气温下降速度减缓，相对提高土壤和近地层温度。灌溉应在霜冻前一天下午进行，这样效果较好。

(2)物理化学防霜冻措施

①熏烟法

就是霜冻来临之前，用燃烧发烟物体使其形成烟雾以达到防霜的目的。烟雾防霜冻的原理是减低地面有效辐射，近地层气温因有效辐射减弱而升高。形成烟雾时直接放出热量，增高周围空气温度。烟雾由许多微粒组成，微粒可以吸湿，空气中的水汽在微粒上凝结时放出潜热。熏烟一般能达到增温 1～3℃的效果。

熏烟材料常采用杂草、枯枝落叶等做。也有用硝酸铵 23%，锯末 47%，油渣 25%，柴油 5%配制烟雾剂。用柴油、萘和氯化铵等物品配制的烟雾剂，防霜冻效果好，但价格昂贵。熏烟法要注意风速风向变动，应将熏烟材料堆放在上风处，柴堆的大小与密度要适中，要根据降温的快慢适当掌握点火时间。当气温降到比果树受冻温度高 1～2℃时应点火，并使烟雾一直持续到清晨气温回升到 0℃以上时为止。

②加温法

是用一种特制的加热器，燃烧液体或固体燃料，直接加温低层空气。这种方法只适用于经济价值较高的果园。

③喷雾法

是用人工喷洒的方法，把水滴均匀洒到果树的叶面上，水温高于气温，能释放热量，从而取得防霜冻效果。因水滴中热量很快散失，所以要不断地进行喷洒，轻霜冻每隔 15～30 分钟喷一次。人工在树冠喷施保温剂，形成薄膜，抑制水分蒸散，提高树体汁液浓度，增强抗寒性。

(3)果树高温热害防御措施

防御高温和抗旱有机结合，要重视改善土壤水分状况，加强以降温增湿为中心的果园小气候调控，缓解太阳直接辐射对树体和果实的危害。

①适时灌水

在盛夏高温热害来临前，适时对果园进行灌溉，改善土壤水分供应和果园温湿状况，缓解干旱和高温热害危害。

②树体喷水

盛夏，当气温达 35℃以上时，于下午 1 时至 3 时阳光直接暴晒时，向树冠层间歇性喷水，降温增湿，改善果园小气候，缓解高温和太阳直接辐射对树体和果实的伤害。

③松土覆盖

旱地果园盛夏期间要及时进行果树行间中耕松土、适时用秸秆和青草覆盖树盘，减少土壤水分蒸发，提高果园土壤蓄水保墒能力，减轻果树高温热害。

④检查果袋

当 35℃以上的高温天气出现时，要及时对套袋进行检查和通气，使空气流通，降低袋内温度，缓解日灼危害。

⑤搭建防护网

在冰雹多发区，可结合防冰雹搭建防护网，既可防御冰雹灾害，又可减少太阳直接辐射对果实和树体的伤害。

第3章　水湿条件与果树

水分是果树生命过程的介质和氢的来源，是构成果树无机成分之一，是果树的生活物质、生命活动的重要条件，又是重要的环境生态因子，只有在一定水分条件下，果树才能生长发育。水分影响果树内部的水分平衡，这种平衡又影响控制生长发育和产量的形成过程。降水量是最根本的水分资源，也是水分循环的主要分量，降水量决定土地的干湿程度，从而决定水分对果树的供应状况。一个地区即使光、热条件非常充足，没有水分的保证，也不能发挥果树的增产潜力。

3.1　水分的气象效应

水分与果树生产的关系，可以从气象生态、气象生理效应和需水量等几个方面来讨论。

3.1.1　水分的气象生态效应

(1)水分与果树树种分布

果树树种是在得到温度保证条件下，湿润气候的产物，但不同树种由于长期在某一生态环境中进行系统发育，因而对降水量有不同的要求。在一定地理范围内，果树树种分布同降水量的分布相适宜。陕西主要栽培的果树为苹果、白梨、猕猴桃、葡萄、樱桃、桃、石榴、核桃、板栗、枣、柿等，陕南还有柑橘。

果树生长发育和产量的形成有其一定的需水规律，雨量的年总量不同或季节性分布不同，几乎都伴随着果树种群的分布和经济效益的差异。例如，梨在果实膨大后期，水湿条件与生长发育同步，降水量不足将影响产量与品质，陕西梨树多在有灌溉条件的地方发展。

(2)水分是调节小气候的重要因素

从生态气候分析，水分是调节果树小气候的重要因素之一。例如，太阳辐射被树叶吸收的能量中，只有1%～2%用于光合生产，而95%以上是用在水分蒸腾与温度的提高；果树的根系从土壤吸收的水分，差不多也仅有1%被树体所保留，而99%是从叶片蒸腾而重新返回其生长环境之中；被湿润土壤表面吸收的太阳辐射，所含的能量绝大部分变为水分蒸发的潜热和土壤的显热。如果没有水分的调节，夏季晴天正午的太阳辐射，会使叶面温度上升灼热到果树难以忍耐的程度，而夜间在缺少水分的情况下，地面热量又会很快辐射散失到天空中，使地面温度明显下降。

水分有很高的汽化热，1克液态水变成水汽约耗热2256.7焦耳，有利于果树散发热量。水分有较高的导热性，可保持果树较小的体温变化幅度，使果树在较高的温度下也能减免灼伤。水分有很大的表面张力，有利于物质的吸附和溶液的运转，也起着调节体温的作用。

(3)水分是病害发生和流行的重要条件

水分是果树传染或非传染病害发生和流行的重要环境条件之一。例如，起因于低温的生理病害，湿冷将加重病害。起因于寄生性的病害，一般病原菌在潮湿环境条件下，不仅生育较好，繁殖较快，而且水还可以传播病害。水的流动和溅泼传播病原菌的孢子体。

3.1.2　水分的气象生理效应

（1）水分是植物的重要组成成分

水分是植物体内具有生理活性组织的主要成分。果树的枝叶、根的含水量约为50%～70%，果实含水量80%～90%，细胞原生质含水量80%以上。水分使原生质处于溶胶状态，保证了细胞新陈代谢作用的正常进行。大多数叶子的原生质当含水量减少到低于30%～50%时就会死亡。

（2）水分是代谢过程的反应基质

水分是植物代谢过程的反应基质，任何有机物质的合成与分解必须有足够的水分参加。在多种合成中，多聚体与单体物质间相互转变要有水分参与。光合作用每合成1克有机物（干重）所蒸腾的水分克数称蒸腾系数，大多数作物的蒸腾系数为300～800千克水。蒸腾系数大，表示植物需水量大，水分利用率低；蒸腾系数小，表示植物需水量小，水分利用率高。蒸腾系数的倒数称蒸腾效率。

（3）水分是植物吸收矿物质的溶剂

水分是植物对矿物质的吸收与运输的唯一溶剂和媒介。各种无机盐和气体，均是通过溶于水而为植物吸收、在体内运输。水分又是决定植物输导组织发展的主要因素。植物依赖水分的附着力和内聚力，通过木质部等组织，在体内联成一个系统，维持着原料与合成物质在体内的输送和转移，合成树体中的各种有机物质，形成生物学产量和经济产量。

（4）水分维持细胞的膨压和决定抗性

水作为细胞液出现于液泡，并参加膨胀，维持细胞膨压，以利于细胞的增大与生长。细胞有充足的水分就能维持其紧张状态，保持植株枝叶挺拔，有利于光合作用和气体交换的进行。植物的结构，似乎受到水分平衡的影响比环境中任何其他因子的影响更大，因而，植物的抗寒性和抗旱性与植物体内的水分数量密切相关。当气温超出临界温度以上时，植物体内的水分还决定着植物的存亡。

（5）植物的蒸腾依赖于水分

植物根系吸收的水分，只有1%以下的水分被吸进植物细胞利用在代谢作用中，其余99%均作为水蒸气通过植物体进入大气层。这种生理过程称为蒸腾作用。蒸腾是水分和矿物质通过根部进入植物体的基本动力，蒸腾强度直接影响水分、矿物质等在植物体内上升的速度和温度变化。陆生植物在其生存环境中，存在着经常出现临时缺水的可能性，若是对其水分蒸腾不加以控制，将对它的生存极为不利。蒸腾主要由叶片上的气孔阀控制，即由体内水分状况制约气孔保卫细胞胀缩所调节。蒸腾的强弱用蒸腾强度来度量，蒸腾强度是单位叶面积上单位时间内蒸腾的水量，单位为克/平方分米·小时。蒸腾强度依地点、时间和树种、品种不同而不同，因此，难以用一个确切的数量来做一般的描述。

3.1.3　果树的需水量和水分临界期

绿色植物的新陈代谢过程依赖于水分的有效供应。果树的水分需求取决于各种不同条件，首先是果树的种类和所处的发育阶段，其次是气象条件和不同性质的土壤及其水分含量。

同一果树品种在不同气象条件下需水量也不相同。

(1)需水量

果树消耗水分基本上用于两个过程,一是光合作用,每合成1摩尔的碳水化合物($C_6H_{12}O_6$)需6摩尔的水(H_2O);二是蒸腾作用,果树与外界环境之间的水分动向,是水分从土壤流向根(吸收作用)、茎(输导作用)、叶(蒸腾作用)扩散到大气方向移动。以果树为中心,则产生吸水(收入)和蒸腾(支出)之间的平衡。果树根系的有效水量取决于降水量和蒸发量之间的平衡和土壤含水量,水势和传导率之间的相互关系。而蒸腾则取决于湿度、辐射、温度与风等气象条件和果树控制蒸腾作用的活动。果树一方面由气孔的开闭来控制蒸腾,另一方面果树的蒸腾还受制于果树体内水分输送过程的不利影响。因而,不同树种、品种在不同气象条件下,对水分的需求是不同的。

果树同一品种在不同地区,其需水量不同,主要由于气象条件不同造成。据赵聚宝(1979)研究分析,气象条件与植物需水量关系体现在以下五个方面。

①光照既影响光合作用也影响蒸腾作用。随着光强的变化,果树的需水量也产生变化。在一般条件下,光对光合作用的影响大于对蒸腾作用的影响。光强减弱光合作用急剧减少,植物需水量增加,且随着减弱的加剧而增加。

②气温上升,一方面减少果树体内水汽压的阻力,促进蒸腾作用;另一方面,各个树种均有一定的适应范围,在最适温度下,干物质积累多,需水量较少,气温高于或低于最适温度则不利于干物质的积累,需水量因而增加。

③空气湿度对有机物质的积累影响不大,但对蒸腾的影响很大。干燥空气,果树需水量可增加25%～52%。

④风对蒸发和蒸腾有显著的影响。在强风下,由于蒸腾过多而引起果树体内水分亏缺,有机物质积累显著下降,需水量增加,风速越大,需水量越多。由于风速的增大,需水量可增加28%～50%。

⑤土壤水分影响光合作用。光合作用的最适土壤含水量为土壤相对湿度70%～85%,在这样的土壤水分条件下,有机物质积累多,需水量少。低于或高于最适土壤含水量,需水量均相应增加。在凋萎点时,土壤有效水分消失,同化作用停止,而蒸发作用仍在进行。所以,接近凋萎点时,需水量急剧增加。

(2)水分临界期

首先需要引进果树需水时期的两个概念,即水分临界期和水分关键期。

果树在生长发育的不同时期,对水分的敏感程度是不同的。对水分最敏感的时期,即由于水分缺乏或过多,对产量影响最大的时期,称为某一树种的水分临界期。临界期不一定是果树需水最多的时期,是由果树的生物学特性决定的。

水分关键期

有些地区,在果树的水分临界期,降水量较适宜,其保证率也很大,所以并不是当地水分影响产量的关键期。而在其他的生育期里,如生育初期和后期形成物质少,需水量也大,对水分也相当敏感。若此时正遇上当地经常性地出现降水条件的不适宜(过多或过少),这时期就成为当地水分条件影响产量的关键期,称为水分关键期。关键期是以果树的生物学特性与当地农业气象条件结合起来而形成的概念。因此,某地某一树种的水分临界期和关键期可能吻合也可能不吻合。

果树生产应密切关注水分临界期和关键期的水分供应问题。不同树种、品种水分临界期和关键期不同。但大多数树种水分临界期是生殖器官形成期和开花期。这一时期对水分最敏感，由于水分的缺乏可能导致生长受阻、产量下降。但也不能忽视其他生育期的水分供应。例如果树花芽分化期虽然需水相对较少，但水分过多或过少会削弱分化。果实发育期也需要一定的水分，如果水分不足，则会发生梢与果、叶与果的矛盾，引起后期落果，或造成裂果，影响产量和品质。

3.2　降水对果树的作用

大气降水过程，将直接影响到栽培、管理和产品的采收等果园作业，也影响病虫害的发生、发展和流行，冰雹等固体降水物，还会造成果树的机械损伤。

适宜的降水强度、持续时间，对树体上的污染物可产生有益的淋洗作用，对叶片上的可溶性物质将产生不良的沥滤作用，降水还会对果树的光合、蒸腾作用产生影响，从而影响果树的生长发育和产量的形成。

3.2.1　降水对果树污染物的淋洗作用

果树叶片吸收的污染物及飘落尘埃、农药残留，经降水的淋洗，其含量显著降低。降水的淋洗作用与降水的大小、持续时间相关，一般中、大雨淋洗效果较好，小雨因雨量小，冲洗力弱，淋洗效果不佳，暴雨雨量大，但一般持续时间短，淋洗效果比小雨好，不及大、中雨，暴雨还常造成机械损伤。

大气中对果树有营养作用的养分含量，通过水汽凝结降水或在降水过程中通过淋洗作用，可以增加土壤中的雨养分的含量。大气中的氮和氧，在雷雨闪电中，能直接合成二氧化氮，溶在雨水中成为弱硝酸，淋入土壤后，与土壤中的盐类化合形成硝酸盐。在闪电高温下，还能使空气中的氮和雨水中的氢化合成氨，氨溶于土壤生成铵盐。这些雨养分可直接为果树利用，影响果树土壤养分循环和平衡，进而影响果树生长、发育以及产量形成的生态环境和生理特性。

3.2.2　降水对果树的沥滤作用

沥滤作用是由于雨、雾等使果树从叶、茎流失物质的一种现象。果树的叶片不仅进行光合作用和蒸腾作用，而且也有动力作用，是维持水分、养分吸收、损失营养物质的通道器官。果树因扩散作用，叶细胞里少量养分会被雨水中的氢离子代换出来。由于降水每年从苹果叶流失的碳水化合物是800千克/公顷。

降水的强度和数量，影响沥滤强度，但各种影响不是无限度的，连续数日降水能流失叶本身养分的3～8倍，包括果树叶片被迫从别的部分移来的营养物质。光和温度对植物的沥滤强度的影响并不显著，但是高低温一旦造成果树的伤害，则流失量加剧。降水沥滤强度还因果树种类、叶表特征和叶生理年龄不同而不同，叶面积越大，沥滤强度越大。年降水量较少的地区，由于降水量少、强度小、持续时间短，只要通过人为努力，解决栽培中的水肥条件，实践证明这些地区因降水沥滤强度弱，果树产品品质优良。这也是干旱地区，靠灌溉栽培的葡萄品质比雨养地区好的原因之一。

植物因降水的沥滤作用，可使无机物质、糖类、氨基酸、有机酸等物质，以及赤霉素等生长刺激素、维生素、生物碱、树脂物质等均有不同程度流失。沥滤作用可以影响果树下植物群落的形成，主要由于树冠沥滤下来的树脂、生物碱等有害物质，抑制树林下植物生长与存活。

3.2.3 降水对果树光合作用的影响

水是光合作用的直接原料，但是在降水过程中，降水造成果树叶片干物质生产速度不同程度的降低。其原因可分为两方面。

(1)雨水与叶片接触造成的直接影响

叶片的气孔是果树进行气体交换的主要门户，也是水分蒸腾的主要通道，雨水覆盖叶面，堵塞气孔。在雨淋中气孔几乎完全处于张开状态，由于雨水覆盖叶面，气孔被堵塞，叶与外部气体的交换被抑制，光合作用降低，降水还造成同化产物的流失。木村和义等(1982)在晴天强光下，在温室内进行4小时的人工降水，叶片干物质生产因降水比对照区降低20%～50%。并指出叶片正面气孔数量占总气孔量越大的植物，其干物质生产速度降低的程度越大；太阳辐射量大的时段，因降水而减少干物质生产的量就越大。

(2)因降水而造成的间接影响

有降水过程产生，必然对气象要素产生影响，从而间接影响到果树的光合作用。尽管在多雨时期天空也会时明时暗，但从平均情况看，一般存在着随雨量减少则日辐射量增多，雨量多则日辐射量减少的趋势。日辐射量与光照强度之间存在着一定的关系，辐射减少则光照强度也减少。木村和义等(1986)实验发现，因降水光照强度被削弱，许多植物的光补偿点提高。因降水使光照减弱，水分利用效率降低。

3.3 空气湿度与果树的关系

3.3.1 空气湿度与果树生长

(1)空气湿度与光合生产

空气湿度的变化，显著地影响到叶片气孔的开张度，而气孔开张度直接影响到叶片与大气气体的交换和水汽的扩散，所以空气湿度与果树的光合速率有着密切关系。空气湿度也影响果树叶片气孔的数量和传导性，从而直接或间接影响光合生产。例如，核桃在温度和其他环境压力下，增加了单位叶面积的气孔数目；苹果叶片气孔传导性与水汽压差呈负相关。当午间相对湿度降至38%时，会出现“午休”现象，即在高温低湿的中午，因气孔关闭，果树与环境气体交换几乎停止，光合作用也随着停止的现象。

空气湿度达到过饱和状态产生的水汽凝结，或在湿雾的影响下，形成水膜覆盖果树，由于氧在水中溶解度通常只有在大气中的1/6，在水中的扩散速度只有在大气中的1/106，因此，尽管是一层薄薄的水膜覆盖，氧气的供应几乎要被隔绝，不仅对光合作用不利，对呼吸作用也会产生困难，从而影响生长发育和产量的形成。

(2)空气湿度与蒸腾作用

叶的水分蒸腾，是由叶与外围空气的水蒸气含量不同而引起的。叶周围大气的水汽含量经常是不饱和的，在20℃条件下，大气相对湿度为95%时，空气对纯水的吸水力为68.90×10^5帕；相对湿度为80%时，吸水力为301.95×10^5帕。一般植物的吸水力通常为20.27×10^5帕。

因此可见，空气湿度是影响蒸腾作用的主要因素之一。

影响果树蒸腾强度的外因，有温度、光照和大气湿度。蒸腾强度日变化为单峰曲线型时，蒸腾强度高峰值处于温度和光照较高与湿度条件最适的时候。蒸腾强度日变化呈双峰曲线型时，第一峰值出现在 10 时左右，第二峰值出现在 14 时左右。在中午温度和光照过高，湿度过低，气孔关闭，蒸腾量降低。若从中午到下午持续高温，蒸腾量持续下降，不会出现第二峰值。影响蒸腾强度果树的内因，有果树叶面积、叶片气孔扩散阻力、叶水势等。气孔扩散阻力大，则蒸腾强度小。气孔的扩散阻力，由为水分状况所支配的保卫细胞的胀缩来调节，也受空气湿度的影响。

影响气孔扩散阻力和蒸腾强度各外界因子的作用不等同，在某一时期总有主次之分。苹果在适宜天气条件下，一天中空气相对湿度（RH）以 10—12 时对蒸腾强度（T_r）和气孔扩散阻力（R_s）影响最大，可用下列方程来描述：

$$T_r = -29.9118 - 0.3509RH$$

$$R_s = -0.1142 + 0.0272RH$$

由于树种不同，其保卫细胞能从空气中吸收水分的可能性和程度不同，有些果树叶片气孔的关闭对空气相对湿度的反应与叶水势相关，而有些果树种叶片气孔的关闭对空气相对湿度的反应与叶水势无关。

（3）空气湿度与果树病害

细菌、真菌的孢子以及它们的营养体，都是靠吸胀压来吸收水分，在相对湿度 75％～85％的潮湿空气下，一些霉菌的孢子吸水而萌发。据李世平（1986）研究，在高温高湿条件下，金冠类苹果果实果锈严重，影响外观，降低经济价值。这种生理病害在中国、美国、欧洲普遍发生。美国农业部顾问福斯特博士认为引起果锈发生的原因，有品种、空气湿度及果实早期生长发育状况等，其中空气湿度是主要外因，对果锈产生影响最大。金冠类苹果果实的蜡质层本身没有一定结构，不像元帅类那样呈结晶片状直立排列。随着果实的生长蜡层不断增加，但蜡层会产生裂隙，使部分果实细胞暴露于空间，水分通过裂隙进入细胞，膨压增加使细胞破裂，尔后在一定条件下产生愈伤组织，呈褐色，而原有蜡层覆盖的部分生长光滑正常。破裂变色的愈伤组织即形成果锈。

3.3.2　雾与果树生长

（1）雾对果树有利方面

雾笼罩之后，可使土壤和果树减少蒸发和蒸腾，节省了土壤和果树的水分消耗。雾形成平行降水，在一定程度上可缓解旱象。在雾的生成和发展过程中，气层中水汽产生相变，释放大量凝结潜热，在一定程度上缓和了贴地气层的冷却，使空气温度变化缓和。并且，由于雾的长波辐射接近地面辐射，因此，地表和贴地气层的空气温度不会因辐射过程而冷却过甚，雾对果树起着保温作用。

（2）雾对果树的不利方面

昼间雾的笼罩，影响日照时间，而且削弱太阳辐射的到达量。穿过果树叶片之间的光，大部分以光点或天光的形态进入果园，在雾的弥漫下，果园内的辐射总量、地面净辐射、反射辐射均比无雾天显著减少，而长波有效辐射比晴天反而增加，可削弱林内太阳辐射到达量的 19.4％。

昼间雾在历时 4 小时(8—12 时)蒸发消逝过程中，每平方米消耗辐射能量 293.3 焦耳左右，从而使雾笼罩地区的空气温度回升慢，延长了低温持续时间，形成了弱光低温耦合，在冬季增加了果园低温的积累。

清晨果树地被雾笼罩，温度低，湿度大。当雾受热变性时，空气温度以每小时 4～5℃的速度回升。雾消失之后，只间隔 2～3 小时即出现一日最高温度。在此期间温度剧变，形成暴冷暴热的气象效应。清晨被雾笼罩之时，空气相对湿度达 95%～100%，雾消失之后的 14 时左右急剧下降到 45%左右，其间也只间隔了几个小时，空气湿度差在 45%以上，形成暴湿暴燥的气象效应。暴冷暴热、暴燥暴湿对果树生长和越冬都不利。

3.4　水湿条件与果树生长发育

从生理学观点来看，水湿条件影响着果树生命的全过程，不仅影响着生长发育，还影响着产量和品质。从生态学观点来看，果树水分的吸收和丧失，其过程是强烈受着环境条件的制约的。从而使果树表现出错综复杂的多种多样的生命和生产现象。

3.4.1　水湿条件与果树生长发育

果树干物质积累主要决定于光合作用，由于光合作用必须有一定的水分供应，许多研究指出，在适宜的温度和其他环境条件下，作物处于生长旺盛期，其干物质的积累与蒸腾之间存在着良好的线性关系。即要使干物质积累多，应使果树的蒸腾增大。果树的一个生长季形成的重量与整个生长季中水的损耗成正比。

土壤含水量，不是愈湿愈好，只需保持一个适宜值，即可保持蒸散处于最大值，通常把土壤相对湿度的 70%左右作为适宜的限度。叶片的生理功能是互相关联、相互制约的。蒸腾旺盛的叶片，其他功能也能顺利进行。如果水分缺乏，首先引起气孔关闭，使蒸腾作用下降，尔后由于光合原料二氧化碳进入量的减少等，光合生产随之减弱，影响果树正常生长。

从果树体内水分看，自由水在体内参与果树各种代谢作用，其含量制约着果树的代谢强度，自由水含量多，说明果树代谢旺盛。猕猴桃树中细胞自由水的含量变化与光合速率变化相似，与湿度变化呈正相关。空气湿度大时，在降低蒸腾量的同时，果树还能吸收部分水分，以提高自由水含量，活跃体内代谢过程。所以维持果树体内一定的自由水含量，是提高光合速率的重要条件。果树体内自由水含量减少，则意味着果树生命活力的降低。

当果树水分不足、水分胁迫增大时，细胞分裂和伸长均变慢，茎叶生长、蛋白质或生长激素的合成、糖分的积累和运转等生理、生化的变化受到影响，其影响程度由果树的抗旱性和需水规律决定。

在积温偏高、降水量偏大的地区或年份，容易使果树枝叶徒长，徒长期间加速同化物的消耗，果实发育受阻，生理落果加剧，抗性降低。梨发育枝由于徒长，养分供应不均匀可使中段叶形明显变小，果实发育不佳。

果树生长发育期不同，需水状况不同。花期多雨，不仅影响花粉萌发，而且影响传粉，减少柱头花粉，降低柱头分泌物，造成坐果率下降。青鲜素(化学名称顺丁烯二酸酰肼，一种植物激素)是一种疏花(疏果)剂，叶片吸收青鲜素也受空气湿度影响，在相对湿度高时比相对湿度低吸收速度快。花期湿度过小，小于 60%时，则会影响开花授粉，落花落果，降低坐果率。

3.4.2　水湿条件与果树产量和品质

果树产量在形成过程中要求有充足的水分供应。但不同树种、品种对水湿条件要求不同。间歇性降水，降水时间适时、降水强度适量，供求协调，则促成丰收，降水过多或过少、降水不适时，则可能造成歉收。

(1)水湿条件与产量

大气降水是果树产量形成期中的主要水源。在适宜生长发育的温度条件下，降水对产量的形成影响较大。据方利英(1982)研究认为，水与温度的影响是综合的，在一定温度条件下，降水量较大时，果实生长迅速，而且迅速生长持续时间相对增长；在高温不利于果实生长的条件下，降水能明显改善果实生长条件。降水量相同，雨日的多少能反映降水强度和分布的均匀性，即有效性。降水有效性常用降水量与降水日数的乘积表示。

果实生长期有适宜的降水且有效性高，则产量高品质好。据刘宇等(1986)研究，浙江从 7 月下旬至 9 月底是核桃果实的生长发育期，8 月则为含油率增长最快时期，这期间雨日与产量呈显著的正相关，一般雨日在 38 天以上，且分布均匀，则果肉丰满、空壳率低，品质好产量高。

由于降水会产生沥滤作用，同时雨水覆盖叶面阻塞气孔，即使气孔不关闭，与外部二氧化碳的交换也会受到一定的影响。因此，降水过多、持续时间过长将影响产量和品质。据木村和义(1986)研究，经降水处理的植物，在光补偿点以上时干物质生产速度不到对照的一半；在补偿点以下时，干物质生产为负值。长时间降水，叶片的伸长受阻，叶绿素含量降低，干物质生产降低。

果树果实的膨大对水分要求增加，尤其是幼果期角质层较薄，蒸腾作用对水分的需要更大。果实发育首先受到水分状况的调节，其次也受到空气湿度状况的调节。据湖北脐橙生态适应性研究组研究，脐橙果实重量的增加与同期气温、光照相关性不明显，而与同期降水量和空气相对湿度呈直线相关。

果树生殖期对水分亏缺非常敏感，核果类在落果临界期出现干燥天气，则落果比在水分供应良好的条件下多得多。果实迅速膨大期主要特征是细胞膨大，以液胞膨大为主。苹果此期液胞中的含水量和碳水化合物的贮藏直线上升。因此，果实生长速度直接受水分供应情况制约。由于叶片比果实具有更大的吸取力，在发生水分不足时，叶片能从果实内吸收水分，果实胀压的削减成为果树水分状况的灵敏指标。

(2)水湿条件与果品品质

果树在果实膨大期要求有相应的水分供应，而采收前一段时间内一定的干旱条件则对品质有明显的影响。蜜橘幼树在果实膨大期，尤其在盛夏，如果水分供应不足，果实发育受阻，不仅小果多、产量低，而且着色差，果皮所占比例大，果汁中酸多糖少，品质差。据黄辉白(1986)研究，水分胁迫，使柑橘类果实的果肉的主体部分的砂囊发育受到不可逆的伤害，果肉无法在后期把果皮涨薄，使果皮变厚。

果实采收前空气湿度相对较低，或者适当干旱，可抑制果皮组织和枝叶根的生长点对碳水化合物的吸收力，节省糖分消耗。果汁中水分增加受到抑制，生理稀释作用减弱，同时蛋白质合成受到抑制，有利于糖分积累。据刘灿盛等(1987)对苹果的分析，采前降水量每增减 10 毫米，可溶性固形物增减 0.04%～0.08%。平均相对湿度增减 1%，则可溶性固形物增减 0.11%～0.13%。

果实硬度由果实的发育状况和采收前天气状况来决定。苹果在果实发育的5—8月需要水分来维持正常发育，此期果实发育良好，则硬度也好，此期的相对湿度与硬度呈正相关。采前湿度过大直接影响其硬度，采前15天的平均相对湿度与硬度呈负相关，相对湿度越大，则硬度越小。

果实发育后期的降水影响耐贮性，苹果采前4周，若气温较高、雨量较少，其贮藏寿命延长。

3.5 提高水分利用率的途径

3.5.1 水分利用率的计算

如果蒸腾量和蒸散量表征，用果树蒸腾与株间土壤蒸发的总量代替，则称为水分利用效率(U_w)。即：

$$U_w = Yd/ET$$

式中ET为单位面积上的蒸散量(毫米/平方米)，Yd为收获时的干物质(千克/平方米)。

U_w值大则水分有效利用率高，即蒸散一定的水量所收获的干物质多，用水经济。

3.5.2 提高水分利用率的途径

水分利用率的高低与果树的蒸腾作用关系密切。蒸腾作用所消耗的水分，通常用蒸腾系数表示，蒸腾系数是果树形成一个单位重量的干物质所消耗的水量。蒸腾系数不是果树对水分需求固定不变的指标，随气象和土壤条件而发生很大的变化。一般湿润条件下的蒸腾系数比干旱条件下小。提高果树内的水分利用率，是果树气象学重要研究课题之一，常通过农业栽培技术措施来实现。

(1)做好果园的基本建设工作

这是果树生产的最根本的基础措施，包含开挖水平梯田、等高种植、合理密植、挖大穴、深施磷肥等措施。

(2)选育抗旱和需水少的砧木和品种

利用砧木或品种需水少和抗旱性能，建成具有一定抗旱能力的果园，这是果树生产最关键和最经济的措施。

(3)实行抗旱栽培的系列措施

果园大多在山地，要进行引水灌溉有一定的困难，应采用节水灌溉方式，为争取最大可能的经济效益。山区果树生产应施行以土壤管理为中心，地面覆盖、保持水土、增加肥力、实施免耕。这是果树生产要获得高额而稳定的产量最根本的保证措施。

第 4 章　地形气候与果树

陕西境内地形特征为南北高，中间低，有山地、平原、高原、盆地和峡谷等多种地貌。全省面积中，高原约占 45%，山地约占 36%，平原约占 19%。陕北梁茆沟壑交错，山峦台塬起伏，关中平原地势平坦，土质肥沃，秦岭山体巍峨高大，横贯东西，分野南北，成为南北气候的重要分界，形成了不同的果树气候条件和多样的果树生态适应性。

地形气候是小区气象现象的重叠，而不是特殊现象，只要地形相似，天气条件也相似，无论在什么地方，均会产生特有的地形气候。因此，研究地形气候，了解山地气候资源，对于开发利用山区气候资源，促进果树生产的发展具有重要意义。

4.1　地形对辐射的影响

4.1.1　地形对辐射量的影响

地形对太阳辐射的影响，是通过海拔高度、坡向坡度及其组合的变化而产生差异的。

(1)海拔高度对辐射的影响

在山地，随着高度增加，大气中的水汽、二氧化碳、气溶胶含量相应减少，大气变得更透明，受到大气的吸收、散射而损耗的光照少。另一方面云雾分布也产生变化。这些变化影响到辐射平衡的各个分量。

①太阳直接辐射

在无云的条件下，太阳直接辐射随海拔高度增加而增大，这种增加的速度开始很快，然后递增有所减慢，到达 5000 米以上差异就不明显了。翁笃鸣(1981)综合国内外资料认为，在晴空条件下，由海平面至 1000 米高度，直接辐射可增大 10%～12%。有云时，将随总云量增多而减少，但随海拔高度递增的规律仍然存在。

②散射辐射

在无云的条件下，散射辐射随海拔高度总是递减的。不同太阳高度，晴天散射辐射随海拔高度的分布，在 2000 米以下低空，其日总量随高度的增加递减较快，以上则递减速度要小些。

翁笃鸣(1981)分析认为，在晴空下，海平面至 1000 米高度，散射辐射可减少 20%左右。有云时，情况比较复杂，大约在 2800 米以下，散射辐射随总云量的变化先增加后减少，总云量约在 7～9 成时，散射辐射达最大。全阴天时由于云层厚度的影响，反而有所减小。

③总辐射

在无云条件下，总辐射随海拔高度的变化，取决于直接辐射和散射辐射。由于直接辐射在总辐射中所占比例很大，高山上晴天可达 90%左右，所以总辐射随海拔的增高而增大。

翁笃鸣分析认为，在晴空条件下，由海平面至 1000 米高度，太阳总辐射增大 7%～10%。

有云时总辐射随总云量增多而减少，但随海拔高度递增的规律仍然存在。

④反射率

地面反射率的改变主要与地表覆盖特性有关，若山区地表覆盖特征无明显的差异，地表反射率也应大体一致。

⑤地面有效辐射

地面有效辐射随海拔高度的变化，最初从地平面随海拔高度升高而增大，在达到一定高度之后，逐渐趋于常数。造成上述垂直分布的原因是，随海拔高度升高，一方面地面温度降低，地面热辐射减小，另一方面由于大气逆辐射随高度急剧降低。

⑥辐射差额

辐射差额随海拔高度的变化比较复杂，因为作为它的收入部分总辐射随海拔高度增高而增大，支出部分有效辐射也随海拔增高递增，最终要看哪一项是变化的主要矛盾。据翁笃鸣分析，初步认为我国辐射差额是随海拔增加而减小的。

(2)坡向坡度对辐射的影响

坡向坡度不同，坡地上的日照时间和太阳辐射强度均有很大的差异，因而获得的太阳辐射总量也不同。

①坡地上的直接辐射

若令任一坡面上，太阳光线正照坡地时所获得的太阳辐射量为 S_α，则：

$$S_\alpha = S_m \times \sin(\alpha + h_\theta)$$

式中 S_m 为垂直于太阳光线面上的直接辐射，α 为坡度，h_θ 为太阳高度角。

对于同一坡地而言，当 $\alpha + h_\theta \leqslant 90°$ 时，坡地上的直接辐射随坡度 α 的增大而增加，并在 $\alpha + h_\theta = 90°$ 时达到最大。此后，若 α 更大，则 S_α 反而减少。

太阳正照坡面，在自然界只是一种特殊现象。一般是太阳光线斜照坡面，坡面(β)与太阳方位角(A)之间要形成一个($A - \beta = \phi$)的夹角。因此，在斜射的条件下，坡地上的太阳辐射量是：

$$S_\alpha = S_m [\sin h_\theta \cos\alpha + \cos h_\theta \sin\alpha \cos(A - \beta)]$$

就正午的太阳辐射而言，南坡上的 α 角增加 1 度，其坡地上的直接辐射量相当于向南移动一个纬度平地上的直接辐射，也就是相当于南推约 110 千米地方的平地直接辐射量。对于北坡而言，情况相反。

在坡度相近的条件下，坡地上太阳直接辐射强度随坡向的变化，在偏东坡地上，午前大于午后，在偏西坡地上则相反。至于南坡和北坡的太阳直接辐射强度的变化，上下午基本对称。

在果树栽培区域，辐射强度以南坡最强，东南坡和西南坡次之，东坡与西坡及东北坡与西北坡又依次减低，北坡最低。最大辐射强度出现时间，除南、北坡与水平面均出现于正午时刻，东坡最早，东北坡与东南坡次之，均出现于午前，西南坡比西北坡早，西坡最晚，均出现于午后。

②坡地上的散射辐射

假设在天穹里每一质点的散射辐射强度是相同的，可用下式近似的计算坡地上的散射辐射：

$$D_\alpha = D_0/\alpha(1 + \cos h_\theta) = D_0 \cdot \cos^2\alpha/2$$

式中 D_0 为坡前平地上的散射辐射。

此式是假设天穹里每一质点的散射辐射强度在相同的条件下成立，因此，在天空中布满低云时比较符合实际,在晴天就有较大误差。

③投射到坡地上的反射辐射

在坡地上能获得由邻近地面反射过来的反射辐射。如果假设地平面上每单位面积上反射过来的反射辐射都是相同的,则投射到坡地上的反射辐射 D_A 为:

$$D_A = 0.5 \times R_0 (1 - \cos\alpha)$$

式中 R_0 为坡前平地的反射辐射。

可见,当坡前平地反射辐射很大,坡度比较大时,考虑坡前平地的反射辐射是有意义的。

④坡地上的有效辐射

从理论上讨论坡地上的有效辐射 F_α,可用下式计算:

$$F_\alpha = F_0 / 2(1 + \cos\alpha)$$

式中 F_0 是开阔平地的有效辐射。

在昼间,由于坡地与坡前平地的地面温度差较大,坡地上的有效辐射应比平地上大。

⑤坡地上的辐射平衡

综合前面的讨论,对于坡地辐射平衡,只要有平地上的辐射平衡观测以及坡地温度观测资料,就可以精确地计算出来,无需直接观测。

⑥坡地上的太阳辐射总量

坡向和坡度对坡地太阳辐射到达量的影响,根据前面讨论情况及计算结果,可以归纳为:

南坡和北坡的坡度大小,对坡地上太阳辐射总量的影响最大,接近东坡或西坡的坡地,其坡度大小对太阳辐射总量的影响最小。夏半年,南坡的坡度增加 1 度,等于水平面的纬度向南移 1 度;而冬半年,北坡的坡度增加 1 度,等于水平面纬度向北移 1 度。

在纬度 30°~50°的温带地区,各种坡度的偏南坡地,可能获得的太阳辐射总量,都比水平面多,而偏北坡地都比水平面少。夏半年,南、北坡的差别比较小,而冬半年的差别则非常显著。东坡与西坡,介于南坡与北坡之间,差异不大。冬半年纬度越高、坡度越大的南坡,太阳辐射总量的增加越多。因此,在上述纬度范围内,为了给果树创造良好的越冬温度条件,要注意对偏南坡的利用。

不同地形之间的小气候差异,在很大程度上是由所在坡地得到的太阳辐射总量不同而产生的。而太阳辐射总量与日照时间及太阳光线对地面的投射角有关。一般是日照时间长、投射角大,坡地得到的太阳辐射总量越多;反之,愈少。因此,坡地的坡向、坡度对坡地小气候的形成起着重要作用。种植发展果树,要善于利用前面所述规律趋利避害,才能使果树生产健康可持续发展。

4.1.2　地形对日照的影响

地形对日照的影响是通过海拔高度、坡向、坡度及其组合的变化而产生的。

(1)海拔高度对日照的影响

理论上讲,海拔增高与平地比较,日照起始和终止的时间提早和推迟,即海拔愈高,一日日照时数愈长。

山区日照时数,经常出现云、雾的地区,受云雾量的影响很大。一般年日照时数随海拔高度的变化,因受地形遮蔽和云雾量的影响,开始是递减的,到一定高度之后,随海拔高度增加,日照时数增多。这种分布,因山脉走向、切割深度、组合以及气候干湿程度,年日照时数最小值出现的相对高度不同。

山区日照时数的日变化，也因云雾量及地形遮蔽变化而不同。山谷里的雨季，一般上、下午云量均较多，只有中午前后相对晴好，出现单峰型的日变化曲线。山顶上、下午日照相对较多，中午12—13时云量多而日照少，出现双峰型的日变化曲线。

(2)坡向坡度对日照的影响

①南坡　夏半年南坡上每天的日照时间，随坡度的增大而减少，坡度每增加1度，相当于纬度降低1度，且愈接近夏至减少愈多。冬半年南坡上的日照时间，在任何纬度、任何坡度均与水平面相同。

②北坡　夏半年北坡上每天的日照时间，在低纬度当坡度小时，不受坡度的影响，与水平面上相同。在高纬度当坡度较大时，只有在夏至前后，北坡上的日照时间才与水平面相同，离夏至日愈远，则随坡度的增大而迅速减小。冬半年北坡上的日照时间，随着坡度增大迅速减少，坡度每增加1度，相当于纬度升高1度。

③东坡和西坡

东坡和西坡上每天的日照时间，无论夏半年或冬半年都随着坡度增大而迅速减少。但其年变化趋势在任何纬度和坡度上，都基本与水平面相同。

(3)平行山脊对日照的影响

起伏地形或群山内部，周围起伏的地形均会对某地太阳照射造成影响，每天日照时数与孤立的山岗不同。在果树生产中常常由于地形或水源条件的限制，在两山之间的谷地设置苗圃，它的光照条件直接影响到苗木的生长和越冬。

4.2　地形对温度的影响

地形地势影响温度，除海拔高度之外，主要是山脉的走向、总体高度和长度、坡向方位以及地形的起伏。热量条件的差异，是造成山区气候资源不同的最根本因素。因此，地形地势对温度的影响是研究山区气候，发展果树生产的主要内容之一。

4.2.1　海拔高度对温度的影响

(1)温度随海拔高度的变化

气温随海拔高度的变化，用气温垂直递减率描述。山区气温直减率的大小，除直接与海拔高度有关之外，尚与气候干湿状况、地形条件、盛行风向以及大水体有关。

①海拔高度的影响

实测资料，同一山脉，不同海拔高度的气温直减率不同。测点高度愈高，自由大气的影响愈明显；测点愈低，地形的影响愈明显。因而，气温随高度的变化，常常表现为山下直减率小，山上直减率大。

②坡地朝向的影响

坡地朝向的影响有两重含义：其一，依太阳辐射而言，造成南北坡的差异；其二，依气流运动而言，造成迎风坡和背风坡的差异，尤以冷气流活动造成的差异最大。迎风坡和背风坡对山区气温直减率的影响，还通过山区云量、降水量以及气流过山后所造成的焚风效应等表现出来。秦岭的屏障和阻滞作用，使得南北坡温度差异大，且温度随高度变化的快慢也不一样，一般是南坡比北坡递减快，且冬季差异大，夏季差异小。

③地形条件的影响

山地地形条件不同，气温直减率不同。据王利溥(1990)研究，在冬季，冷空气易进易出的山间盆地与其附近山体之间，气温随海拔高度的变化是递减的。而难进难出，易进难出的坝子与附近山体之间，气温随海拔高度的变化则是递增的。高大山体对气候的影响，除了对毗邻地区气候的屏障作用外，还表现在山体坡面本身的气候随海拔高度的变化。随山体的升高，空气密度及尘埃减少，以及与周边自由大气交换中的热量散失增加，导致气温随海拔高度呈线性递减变化。降水量则在一定范围内随高度递增，达到某海拔高度后又会逐渐减少，呈抛物线变化。据 1987—1990 年陕南的实地剖面考察，随海拔高度抬升每百米的平均变化率：年平均气温为－0.51～－0.56℃，全年大于等于 10℃ 的活动积温－165.4～－189.9 ℃ · d，年降水量 12.2～44.0 毫米。气候随海拔每升高百米的变化，大致相当于在水平地带上南北推移 100 多千米所发生的变化。谚语“高一丈不一样”、“一山有四季，十里不同天”正是对山地气候多变的真实写照。

④气候干湿程度的影响

气候干燥，气流升降按干绝热过程变化，直减率增大，气候湿润，气流升降按湿绝热过程变化，直减率减小。在季风气候背景下，这种变化，使多数地区气温直减率因季节、天气而变化。

(2)山区逆温

山区逆温是一种特殊的气候资源，它与水湿条件结合，常常使植被分布产生倒置。山区逆温的发生有平流和辐射两种原因，实际中多为两种混合影响造成。以平流为主的多在冬季出现，以辐射为主的一年四季均可出现。

山区地形复杂，河流纵横，岭谷相连，地形小气候资源丰富多样。据 1987—1988 年冬季，对陕南浅山丘陵地区 20 个县(市)215 个点观测，发现了一批越冬条件优越的暖区、暖层。比较突出的有受秦岭和凤凰山双重庇护的石泉至安康沿汉江河谷两岸，勉县、城固至石泉一线的秦岭南坡，南郑米仓山南坡、山阳鹘岭南侧的漫川等，具有明显的越冬优势。逆温暖层是山区特有的一种地形小气候避冻资源，在山麓地带较为普遍。据 1998 年在城固、勉县两地的实地观测，秦岭南坡存在有明显的逆温现象，以日平均最低气温的增温最为明显，最大值出现在相对高度 150～200 米处，增温幅度 1.2～2.2℃。逆温暖层的位置，在相对高度 15～20 米以上至 280～350 米以下，约 20～300 米的厚度，最暖层，即增温最强位置在 100 米以上至 150～200 米以下范围。

山谷的形状与逆温状况有密切的关系，U 字形宽谷逆温强度最强，尤其是封闭的谷地，暖带最明显。随着谷地变窄，逆温愈来愈弱，当呈 V 字形狭谷时，近于等温分布。这种 V 字形狭谷称为“冷谷”，在冬季寒冷的日子里，喜温的果树在谷内受冻害的分布，高度差异很小。

4.2.2　地形对温度分布的影响

地形对温度的影响主要表现在两个方面：其一，是地形通过对辐射分布影响坡地上的温度，这种影响主要表现在昼间温度分布上，而且以地面温度反映最为明显。其二，是地形可使气流方向、速度发生改变，从而改变贴地层中热量交换，最终造成坡地上温度分布的差异，这种影响反映在气温上较为突出，尤其对极端温度的分布影响明显。

(1)坡地上的温度分布

不同方位坡地上的土壤温度分布主要由辐射差异而引起的,凡接受太阳辐射多的坡地,其土壤温度高,凡是接受太阳辐射少的坡地,其土壤温度低。因此,在同纬度坡地上的土壤温度分布,随坡向、坡度及季节而变化。根据实测,全年各个不同季节,北坡的土壤温度几乎都是最低。夜间因无太阳辐射,坡地的方位对土壤温度影响较小,昼间,土壤最高温度出现方位一年之中各不相同,冬季在西南坡,尔后向东南坡转移,到夏季则位于东南坡,夏秋之间又逐渐移向西南坡。

坡地上不同方位的气温,与土壤温度分布大体一致。随着离地面高的增加,空气易于流通,各坡位上的气温差异由于空气混合而很快消失。因此,坡位对气温的影响,只限于紧贴地表的薄气层中。不同方位坡地上的气温差异,随离地面高度升高而逐渐减小。

在有风的条件下,由于不同方位坡地风速的差异,将在不同程度上加剧或削弱这种由辐射分布特点所造成的温度差异。风速增大有利于贴地气层中昼间温度的降低,夜间温度的提高。在有北来冷空气袭击的情况下,凡风速大的地方昼夜温度均较低,且背风坡向由于焚风效应而升温。因而,在大地形中,如果风从接受太阳辐射多的坡面吹向接受太阳辐射少的坡面,则不同方位坡地之间的温度差异昼间减小,夜间增大。反之,如果风从接受太阳辐射少的坡年吹向接受太阳辐射多的坡面,则不同方位的坡向温度差异在昼间增大,夜间减小。在相对高度低的丘陵地或孤立小山岗,其差异由于空气在垂直方向和水平方向的混合加强,不论风从哪个方向吹来,不同方位坡地之间温度差异昼夜均相对减小。

(2)起伏地形对温度分布的影响

起伏地形实际上是由几个单独的坡面组成,造成互相遮蔽的一个整体。这种坡面之间的相互影响,既影响到太阳辐射的分布,同时也影响到气流运动,结果造成温度分布的差异。掌握其分布规律,对于果树生产很重要。

①起伏地形中气温的日变化特征

谷地或盆地昼间由于地形遮挡,风速小、湍流交换弱,在太阳辐射作用下,贴地气层气温很快升高;夜间冷空气下沉,谷底温度下降,造成很大的气温日较差。山岗昼间风速大,湍流交换强,地面获得太阳辐射热散失多,气温升高不多;夜间冷空气下沉,由四周开阔地上的较暖空气填补,降温小,日较差小。气温日较差由谷底向山坡递减。

②起伏地形中的最低温度分布

起伏地形中,由于谷(盆)地空气机械混合受到抑制,引起强烈的辐射冷却,以及冷空气沿坡面下沉谷底堆积,常常造成很大的温度差异。山谷和盆地底部形成“冷湖”。冷湖的厚度,与冷空气汇流面积,盆(谷)地容积,天气和冷却时间有关。晴朗无风的夜间出现最低温度时冷湖最厚,约是周围山脊相对高度的五分之一至四分之一。

由谷底沿山坡向上达到一定高度之后,坡面温度也达到最高。夜间山谷中沿山坡温度最高部位是变动的。据翁笃鸣(1981)分析,山坡上相对最暖的部位,不在山顶而在山坡的上部。

三面环山,一面开口的地形,称为马蹄形地形。因其开口方位不同,其最低温度分布截然不同。向北开口的马蹄形地形,冬季越冬条件,属于冷空气易进难出类型,其最低温度不但比向南开口的马蹄形地形低,而且比空旷地也低。向南开口的马蹄形地形,属于冷空气难进易出类型,在冬季能减弱冷平流,有缓和降温的作用。

4.3　地形对降雨的影响

地形对降雨、空气湿度、云雾和土壤湿度产生明显的影响，不同地形产生不同的水湿条件。

4.3.1　地形对降雨的影响

地形对降雨的影响很明显，可归纳为：其一，随着海拔高度增加，大气中水汽含量减少，使降雨在一定高度之上随高度而减少；其二，地形起伏所造成的局地环流能促进上升运动而引起降雨；其三，地形对气流的动力抬升作用，可增加迎风坡面降雨。因此，在不同的地形下，降雨分布不同。

(1)山区降雨随海拔高度的变化

山区由于地形的热力和动力作用，迎风坡年降雨量和降雨日数在一定高度内有随高度而增加的趋势。但这种增长趋势，因气流温度、水汽含量、大气稳定度以及山体本身的特点(高度、坡度、与气流所成的角度等)的影响而不同。在较高的山地可存在一个最大降雨高度，降雨量随高度呈抛物线型，降雨量最初随海拔高度升高而增加，至某高度达到最大值以后，转而逐渐向上递减。降雨最大高度与气团潮湿程度和大气稳定度有关。一般是气团愈潮湿，大气愈不稳定，最大降雨高度愈低，如经过山脉的气团是非常潮湿而不稳定，则最大降雨高度常落在山麓。同一地点不同季节最大降雨高度也因季节性干、湿程度而不同。一般是冬季干燥最大降水高度最高，夏季是湿润最大降雨高度最低。在大地形中，迎风坡和背风坡降雨分布不同。在迎风坡面，气流在动力、热力作下，产生强烈的上升运动，形成大量降雨，成为雨坡。背风坡由于气流越山下沉的焚风效应，降雨稀少而成为干坡。

一般小山岗和丘陵山地，据傅抱璞(1983)研究，迎风坡面，尤其是高地的顶部，风速较大，且有上升的分风速；在背风坡面风速最小，且有下降的分风速。所以在迎风坡面小雨滴、毛毛雨和雪花降落的速度慢，在高地的顶部便有大量小雨滴或雪花被吹到背风面，并在那里加速降落，这就使小起伏地形中水平面上的降雨在迎风坡尤其是高地的顶部减少，而背风坡增加，其分布特点正好与大地形中相反。

(2)山区夜雨

山区夜雨易发生在较大的盆地和河谷中。盆地空气潮湿云量大，白天太阳辐射强度弱难以致雨，入夜云上辐射冷却，云下降温少，导致云层上下部之间温差增大，形成对流带来降雨。这是形成夜雨的原因之一。夜雨既增加土壤水分，又不影响白天的光合作用，对果树生长发育非常有利。

4.3.2　地形对湿度和云雾的影响

在不同地形中，由于土壤温度、空气温度以及风速的差异，必然引起空气湿度和云雾量的差异。

(1)海拔高度对空气湿度和云雾的影响

①对空气湿度的影响

据傅抱璞(1983)研究，山地如自由大气，空气的绝对湿度随着海拔高度的升高而逐渐减小，但其递减率要比自由大气小，且冬季的递减率小于夏季。

山地相对湿度随海拔高度的变化，翁笃鸣(1985)研究认为，大体与降水廓线相似，一般具有随海拔高度先增加后减小的规律，其廓线最大值的出现高度与平均凝结高度即最大降水高度有关。但受云雾量影响很大，一般而言，云雾量多的地方，其相对湿度大；云雾量少的地方，其相对湿度相对较小。

②对云雾的影响

山地受太阳辐射的热力作用和地形条件的动力作用，被迫上升气流，与谷地因局地环流中被迫上升的气流，最易凝结成云雾。在一定高度的山上云雾比山麓多。最大出现高度与气候条件、地形条件和季节有关，基本上是随海拔高度增加而增加，超过平均凝结高度之后，云量随海拔增高变化不大。

在起伏地形的低洼地，由于风速小和冷空气的汇集，夜间冷却剧烈，有利于辐射雾的形成。而高凸的山地和坡地，由于风速大，且夜间冷空气易于向低处流失，辐射雾难以生成。因而，在以辐射雾为主的群山内部，雾的出现频率一般随海拔高度增加而递减。

(2)地形对空气湿度和云雾量的影响

①对空气湿度的影响

一般迎风坡面由于降水多，空气湿度大，背风坡面相对降水少，空气湿度小。在小地形中坡位方向对空气湿度的影响，与气候和天气条件有关。据傅抱璞(1983)研究，在湿润气候和天气条件下，坡地上的空气湿度与坡地上太阳辐射随方位的变化规律相一致；在干燥气候和天气条件下，则与坡地上太阳辐射的变化相反。

②对云雾的影响

气候和天气比较潮湿的山区，由于气流经过山坡时被迫上升冷却易于形成绝热冷却雾，同时低云和锋面云也可以转变成雾，因此，在群山环绕的迎风坡雾的出现频率大。

4.3.3　地形对土壤湿度的影响

(1)海拔高度对土壤湿度的影响

在小地形中不同坡位对土壤湿度的影响，据曹俊仪(1985)在陕西省榆林等地的测定，坡脚的土壤湿度比坡顶高。其主要原因是由于降水的侵蚀作用，从山脚到山顶愈向上土层厚度愈薄，因而含水量低。汉纳(1982)研究还认为，一年中大部分时间水分均从上往下渗流，即使在无雨期，在不饱和土壤水分条件下，水分也会缓缓下渗。这种渗流造成从坡顶到坡脚含水量逐渐增高。

(2)地形对土壤湿度的影响

大地形下的不同方位的土壤湿度与空气湿度的分布规律是一致的。但是高度变化不大的地形，由于对降雨量分布影响不大，其空气湿度和土壤湿度的大小，主要决定于降雨量分布、地面保水情况以及消耗水分的蒸腾强弱。所以在小地形中，坡地方位对土壤湿度的影响正好与太阳辐射的影响相反。凡是接受太阳辐射多、温度高的坡地，因为蒸发能力强，土壤水分消耗快，其土壤湿度一般均比较小。凡是接受太阳辐射少，温度低的坡地，由于蒸发能力弱、土壤水分消耗慢，其土壤湿度一般均比较高。

坡度大，不仅大量降雨以表面径流流失，同时也造成土壤流失，在降水强度相同条件下，土壤湿度随坡地坡度增大而下降的趋势十分明显。据曹俊仪等(1985)测定，26°以上的坡地平均土壤湿度只为15°以下坡地的75.3%。

4.4 地形对风的影响

地形对气流运动的作用,包括两个方面:其一,地形的动力作用,引起气流运动的速度和方向改变;其二,地形的热力作用产生局地环流,引起气流运动的速度和方向改变。由于这些作用的结果,使山地的环流和风况与平原地区有较大的不同。

4.4.1 地形对风的动力作用

(1)大地形对气流运动的作用

大山脉对气流运动的作用,主要表现在阻挡和引导作用方面。秦岭横亘于陕西中南部,在冬半年削弱向南侵袭的冷平流,在夏半年又障碍了东南暖湿气流的北进,成为温带气候和亚热带气候著名的分界线。秦岭山体巍峨高大,横贯东西,分野南北,秦岭山脉对西北干冷气流气屏障作用,阻挡寒冷气流的南侵;对来自东南的暖湿气流拦截汇集抬升,兴云致雨,具有明显的雨坡效应,从而形成秦岭南北气候差异。秦岭对陕南气候保温、增湿的作用,形成了我国延伸最北的亚热带地区。秦岭两边的气温、降水发生跳跃变化,陕南汉江河谷盆地年雨量则多达750～850 毫米,而秦岭北的关中盆地只有 500～600 毫米,相差 200 多毫米,陕南为温暖湿润的亚热带气候,关中为半润湿、半干旱温带气候。

山脉对气流的引导作用,主要表现在气流在沿山脉运动过程中,若两山形成狭窄的走廊,则产生狭管效应,使气流流线密集,风速显著增大。

(2)中小地形对风的影响

中小地形对风的影响,主要表现在气流越过山岗时,一部分从正面越过,一部分绕过山岗,结果气流流线在山岗前后发生改变。在系统天气来临时,同高度各坡向风力分布具有以下特点:①由于山体的阻挡和摩擦而减速,因此,各坡向的风速均小于同高度上的大气中的风速;②不论平均风速或某一天气过程的极大风速值均出现在迎风坡,背风坡风速小,侧风坡风速大的特点。

无论大中小地形,凡在山口、隘口、峡谷等地段,由于气流流线密集,风速增大。四面环山的山间盆地,因气流运动受山脉的屏障影响风速大为减弱。

4.4.2 山地地形的热力作用

山地地形条件不同,接受的太阳辐射热不同,热力学条件差异,导致局地环流,山谷风就是这种典型的自然现象。昼间,在太阳辐射强烈作用下,山坡和山顶上地面增温很快,同高度谷中的自由大气由于距地面远,增温慢。山坡上温度高、空气密度小,于是空气沿坡脚膨胀上升,使空气堆积在高空,在谷的上空出现由山坡指向山谷的水平气压梯度。在水平气压梯度力的作用下,空气由山坡上空流向山谷上空,结果使谷地底部气压升高,维持谷底空气不断地向山坡上流动,形成了谷风。夜间,山坡由于有效辐射而比同高度自由大气冷却快,冷而重的空气沿山坡下滑,使高空某一高度上形成自山谷指向山坡的水平气压梯度。空气在水平气压梯度力的作用下,自山谷上空流向山坡,维持山坡上的空气不断向山谷流动,形成了山风。

4.5 地形气候与果树生长

地形是地表各种形态的总称。按形态可分为：平原、丘陵、山地、高原、盆地等；按尺度大小可分为：大地形、中地形和小地形。地形不是果树的生态因子，但能显著地影响局地气候和小气候，从而影响果树的分布、生长发育和产量质量。

4.5.1 气候的海拔高度变化与果树分布

果树不同树种对光、热、水、风等生态因子有不同的适应能力，对气象要素有不同的要求。不同树种在山地不同高度的分布，各自均有最佳生态层域。

山区有暖带长存的区域，在一定高度之下，降雨量随海拔高度而增多的水湿条件配合下，果树树种随海拔高度的分布产生倒置，即要求热、水条件高的树种分布到山坡一定高度。"植被倒置"现象，据调查在凤凰山南侧的汉江谷地比较明显。

山地温度随高度的变化，导致果树物候期产生相应的变化。海拔升高，果树生长发育的年循环始期延迟，年循环末期提早，生育期缩短。海拔高度升高，气温逐渐降低，光强逐渐增强，短波光增多，对细胞伸长产生抑制作用。因此，果树一般均随海拔升高，树型变矮，树冠变小，新梢生长量小。同时，受低温的抑制分枝提早，分枝部位变矮，花果期推迟。山地果树随海拔升高叶片增厚、栅栏组织发育，产生气孔小而多的生理旱生现象。

由于光合量随海拔高度有明显变化，据辽宁省果树区划组(1982)研究报道，在辽宁省海城县苹果 86%分布在海拔高度 300 米以下层域，随着海拔高度增加而苹果产量下降，海拔高度每升高 100 米，平均单株产量下降 4.6 千克，一等果率下降 4.5%，冻害减产率增加 6.4%。随着海拔高度增加，单果重量也相应减少。

海拔高度增加，直接辐射强度增强，促进碳水化合物形成，间接诱导花青素形成，紫外线增强将有助于果实红色发育和诱导乙烯形成。随着海拔高度的增加，果树产量和品质将产生明显变化。这种变化因果树树种和性状不同而有很大差异。

4.5.2 坡向坡度引起的气候变化与果树生长

一般南坡比北坡受太阳辐射时间长、强度大、热量高；迎风坡面比背风坡面受气流影响大，降水较多；北坡比南坡、雨坡比干坡湿度大。因此，栽种在不同坡向、坡度上的果树其生长发育和产量、品质各异。

(1)坡向与果树生产

坡向对果树生长发育和产量、品质的影响，不仅因树种而异，并与海拔高度有关。由于阳坡上，光照强度强，气温高，有利于糖类物质的合成和转化，因此，阳坡和向阳枝上果实，一般均比阴坡和背阴枝的果实要甜。核桃对水分条件要求较高，既怕旱又怕积水，因此，在丘陵和低山多分布在阴坡；凡阳光直射的坡面，生长受抑制、寿命短，易遭受病害。

坡向不同生长发育的物候期不同，南坡早于北坡。但南坡易遭倒春寒、干旱和日灼伤害。北坡由于温度低、日照少，枝条成熟度低，越冬性差。

同一坡向不同坡位，坡的上部，经常由于风较大，土壤含水率较低等原因，一般生长和产量均较差；凡地形比较开阔的坡下部，由于水湿、热量条件比较优越，生长和产量均比上中坡高。

坡向对果树生产的影响,还因坡形而异,坡形不仅对冷冻害造成明显差异,同时对生长和产量也会造成明显差异。

(2)坡度与果树生产

自然状况下,在一定坡度的范围内,阳坡坡度增加有与直射光呈垂直趋势,因而直接辐射也随坡度的增大而增强;阴坡坡度增加与直射光呈背光趋势,随坡度增加直接辐射强度减弱。就冷空气排泄难易而言,坡度越大则易于排泄。就水肥条件而言,由于坡度越大,土壤易于侵蚀,土层薄持水能力低,水肥条件差。在一定光、热条件下,水肥条件是丰产的基础。一般条件下,随着坡度的增加果树的生长和产量均下降。

第5章　土壤气候与果树

土壤气候是大气候、土壤特性、地形、植被和人类生产活动综合作用的结果。土壤气候的基本要素由土壤光线、土壤温度、土壤水分、土壤空气组成。土壤气候不仅影响近地面的小气候，同时影响着土壤性状和成土过程，是土壤肥力的重要因素之一，影响着果树的生长发育和产量形成。

5.1　土壤温度

5.1.1　土壤温度变化

(1)土壤热量的来源

太阳辐射能量是土壤热量的主要来源。微生物分解有机物过程中放出一定的热量，也能使土壤温度升高，但对大面积土壤温度的高低不起决定作用。地球内部向地表传送的热量，因其量很微少，对土壤温度的改变不大。

(2)土壤温度的变化

①土壤的热量传导

土壤表面的热量传递和温度变化最为剧烈，是温度分布的转折点，当土壤不同深度的温度不同时，热量从较热的土层输送到较冷的土层，尽可能使土壤温度形成平衡状态。夏季白昼太阳辐射加热土表，热通量指向土壤内层；冬季夜间方向相反。土壤导温系数是土壤温度和湿度的函数，表征土壤传导热量的能力。

②土壤温度随深度的变化

土壤温度随深度的变化可分为受热型(入射型)、放热型(放射型)。白昼，土表吸收大量太阳辐射，土表温度比土层内温度高，热量从土表向下输送；夜间，土表由于辐射冷却，土表温度比土层内温度低，热量从下向上输送。

土壤一日中最高温度与最低温度之差称为土壤温度日较差。达到一定深度的土层，土壤温度的日较差已不明显，此层称为日恒温层。

在一年里，土壤温度随深度的变化，与日变化相似。夏季太阳高度角高，昼长夜短，土壤吸收的热量多于自地面放出的热量，故土壤温度高；冬季因太阳高度角较低，夜长昼短，放热量较大，故土壤温度降低。土壤最热月与最冷月的平均温度之差称为年较差，达到一定深度的土壤层，年较差已不明显，此层称为年恒温层。

5.1.2　影响土壤温度的因子

(1)同一种类土壤

①坡向和坡度

在同一太阳高度角下，不同坡向和坡度由于太阳入射角的差异，引起太阳辐射时间和辐射强度的差异，不同坡向和坡度的土壤表面温度不同，在山脉高处，南坡上的土壤温度高，其最低温度，甚至比北坡的最高温度还高。

②云和雾

云雾影响地面上太阳辐射的到达量，引起土壤温度变化，使得日变化幅度变小。

③土壤表面覆盖

自然植被覆盖或人工覆盖，白天可以阻挡太阳辐射的到达土壤表面的数量，使土壤表面得热减少（农用塑料薄膜例外），而夜间则阻挡地面有效辐射，使土壤表面失热减少，减小土壤表面温度的日变化。雪是不良导体，起保温作用，在严寒的日子里，由于有雪的覆盖，土壤可保持较高的温度。

（2）不同种类的土壤

不同种类的土壤温度除同样受上述因子的影响外，还受下述因子影响而使增温冷却过程不同。

①土壤的热属性

土壤热属性主要指土壤热容和土壤导热率。

土壤容积热容是指单位容积土壤温度变化所吸收或放出的热量。单位是焦耳/（立方厘米·℃）。土壤容积热容与温度的关系可用下式来表达：

$$\Delta Q=\Delta t \cdot Cv$$

式中 ΔQ 为一定容积的土壤表面在单位时间内获得或失去的热量；Δt 为单位时间内土壤温度的变化。从上式可知，当 ΔQ 值不变时，如果土壤容积热容愈大，土壤温度的变化愈小，反之则大。

土壤热容因土壤组成成分而不同。由于土壤水分的热容为 4.1868 焦耳/（克·℃），是土壤空气热容的 3220 倍，是土壤固体部分的 2 倍。表明土壤中水分含量愈多，热容越大，土壤温度变化幅度小；空气含量愈多，土壤热容愈小，土壤温度变化幅度大。

土壤导热率是指土壤受热时，热量向深层传递，失热时热量从深层向表层传递。这种热量的传递，主要依靠土壤分子热传导作用来进行。土壤内部的这种热量传递能力，称为土壤的导热率。导热率大小，用导热系数（λ）来表示。导热系数在数量上等于单位截面，上下两层的厚度为 1 厘米，其间温度差为 1℃，每秒钟通过的热量。单位是焦耳/（厘米·秒·℃）或瓦/（米·℃）。在其他条件相同时，土壤导热性能良好，白昼地面的热量可以迅速传到深层，使地面温度难以升高；夜间地面失热，深层的热量可以迅速补充，使地表降温缓慢。因而，土壤导热率大，即导热性能良好，其表面温度的增温和冷却过程缓慢，日较差小。

土壤水分的导热系数 0.5024 焦耳/（厘米·秒·℃），比空气大 24 倍。因此，土壤湿度增加，土壤导热能力增大，土壤表面温度变化小，日较差小；土壤空气增加，土壤导热能力小，土壤表面温度变化大，日较差大。

表 5.1　不同土壤成分的热容和导热系数

土壤成分	热容（焦耳/（立方厘米·℃））	导热系数（瓦/（米·℃））
沙粒和黏粒	2.0515～2.4283	0.8374～2.5121
泥炭	2.5121	0.8374
土壤空气	0.0013	0.0209
土壤水分	4.1868	0.5024

②土壤颜色

土壤颜色不同，对太阳辐射的吸收系数和反射系数不同，引起土壤温度不同。一般是在其他环境因素相同条件下，土壤颜色愈深温度愈高。

5.1.3　土壤温度与果树生长发育

土壤是果树生长发育的基地，土壤在果树与水、肥、气、热等因素之间担负着重要的媒介作用。果树器官的温度，紧紧依存着邻近环境温度，根的温度几乎等于土壤温度，果树许多活动依赖于扩散过程，而扩散过程又与绝对温度呈正比。因此，土壤热状况直接和间接地控制着果树的生长和发育。

(1)土壤温度与种子发芽

种子发芽、贮藏物质转化时需要酶的活动。酶的活动与温度的关系密切，种子发芽的适宜温度也就是酶活动的适宜温度。种子吸水的快慢和温度高低有密切的关系，温度高种子吸水快，发芽也快，温度低吸水慢，发芽也慢。播种时即使有足够的水分和空气，如果温度不适宜，种子是不会发芽的。各种植物种子发芽时，均有一定的最高温度、最低温度和最适温度。在最适温度范围内，发芽最快最完全，生成最大数量的健壮幼苗。土壤温度过高或过低，蛋白质变性，酶失去活性，新陈代谢作用停止，种子停止发芽活动，处于麻痹状态，时间过长，种子就会死亡。温度对种子发芽的影响，与种子的后熟状况相关，后熟完全的种子，一般能在较低温度下发芽，而且发芽快。

(2)土壤温度与根的生长

根基本上没有休眠期，只要满足温度要求即能进行生命活动，但正常生长需要适宜的温度。一般落叶果树如苹果是最耐低的土壤温度，生长最低土壤温度约为 5℃，桃树在 10℃下就能发育。苹果树和桃树的根系最适温度 15～20℃，在 30℃以上生长不良。温带果树的根部，在较温暖的土地里，生长仍在继续，在土壤结冻或近于结冻的温度条件下停止生长。Collison(1965)曾观察到，当土壤已冻结 69～76 厘米时，在 107～137 厘米深处的苹果根仍有 5 厘米的伸长。果树器官对极限温度的抵抗力不完全相等，许多果树的根系对低温比较敏感。在冬季，温带果树的根系一部分是不活动的。

土壤温度不仅影响根系的生长率，也影响新生根的成熟率。土壤温度较低，既能延长根系的生长，也能延缓成熟。较高的土壤温度能加快这两个过程。土壤温度较低条件下，可以在组织成熟以前出现大量的生长。在高土壤温度条件下，因皮层的早破坏，根系成熟快，木栓化比较完全，分叉比较多。

根系因两侧温度不同而引起弯曲，称为根系生长的向热性。向热性的弯曲，因温度的不同与植物种类的不同而有区别。根向高温的一侧弯曲称正向热性；反之称负向热性。研究认为，温度导致渗透性的改变而产生膨压差，以致造成根部的弯曲。表现较大渗透性的组织都是在根系的凹面，所以向热性不是根对热刺激的反应，而是一种膨压运动。

(3)土壤温度与水分吸收

土壤温度对根系吸水的影响很大。一般在适宜温度范围内，土壤温度愈高，根系吸水愈多，土壤温度愈低，根系吸水愈少。在低土壤温度条件下，土壤吸水率低的机制是：低温导致根系生长停滞；低温导致水分从土壤向根系转移的速度降低，土壤供水能力在 0℃下只为在 25℃时的 1/3～1/2；低温导致水的黏滞性增大，水的黏滞性在 0℃下比在 25℃时大一倍；低温导致原生质的黏滞性增大，一般原生质在 0℃下黏滞性比在 25℃时大好几倍；低温导致细胞的渗透性减弱，细胞对水的渗透性，一般随温度的降低而减弱。因此，应把冷土视为重要的生态因子。

当土壤温度超过一定范围，温度再升高，植物吸水率也要受到限制。在高土壤温度条件下植物吸水率也降低。

(4)土壤温度与营养条件

土壤温度直接影响果树的营养条件。在土壤有机质的分解造成碳素缺失过程中，温度是重要因子。土壤有机质累积的临界温度为 25～26℃，超过临界温度，有机物的微生物分解较快，从而使腐殖质的分解比形成要快。但温度的影响在腐殖质开始分解时最为明显，经过 4 或 5 天，无论温度高低，分解的速度趋于一致。

土壤温度的重要作用之一，是影响矿质元素的吸收和运输速度。试验表明，溶质吸收和在果树体内的运输以及营养的利用，在低温下其速率降低。一般认为，土壤温度降低，根系的代谢活动弱，土壤溶液的黏度随着温度的降低而增加。因而，温度降低使水分和溶质进入根细胞的速度和在果树体内的运转减慢。在一定范围内，根的吸收速度是随着土壤温度的提高而增加，这可能是主动吸收的结果。但在约 40℃以上的过高温度，由于酶的钝化，吸收速度反而下降。同时高温加剧了呼吸活动，引起碳水化合物的加速消耗，即使加速运转也不可能为生长提供充分的碳水化合物。较高的土壤温度，提高了有机质的矿化速率，将削弱土壤团粒结构的稳定性，使土表的抗剪力降低，从而更易受侵蚀。

5.2　土壤水分

土壤水分是土壤的重要组成物质，是构成土壤肥力、土壤气候的重要因素，也是果树水分的主要来源，在一定条件下，土壤水分含量的变化，直接影响着果树生长发育和产量的形成及其品质。

5.2.1　土壤水分状态与土壤水分常数

(1)土壤水分状态

土壤水分是存在于土壤中各种状态水的总称。土壤水分以气、液、固三种状态存在。固态在冻结季节才出现于土壤中，液态和气态是土壤中最活跃的水分，是土壤气候的重要因素。液态水存在土壤孔隙中，是供给植物吸收和作为土壤化学和物理过程媒介的主要形态。气态水是土壤空气中的主要成分之一，决定着土壤空气的湿度和水汽压。

土壤水分因受到土壤颗粒表面分子吸附力、土壤毛管孔隙的毛管力和水本身的重力等条件而存在的状态、运动的能力，对果树的有效性差别很大，而具有不同的性质。通用的土壤水分分类，可分为下述三种：

①束缚水

束缚水是由分子吸附力而保持在土壤颗粒表面上的那部分水，以最薄的薄膜层形式包围在土壤颗粒的周围，水分张力极大，植物不能把束缚水从土壤中解脱出来。因而，不能为植物所利用。

②毛细管水

毛细管水是由于表面张力而保持在土壤中的水，不直接依附于土壤颗粒上，它与土壤颗粒之间隔以束缚水，水分张力较小，大部分毛细管水在土壤中是可以移动的，并易于被植物吸收利用，是植物水分供应的主要来源。

③重力水

重力水是土壤水分达到毛细管饱和时，受重力作用沿大孔隙移动的水，很容易脱离土壤而下渗，是通过土壤层渗漏到地下以前的自由水，是地下水的主要来源之一。

(2)土壤水分常数

①最大吸湿量

最大吸湿量指干土在接近水汽饱和的大气中吸附水汽，在土粒表面凝结成液态水的数量。其土壤吸水力约为 31.4×10^5 帕，而植物的吸水力一般不超过 $6.1\times10^5\sim15.0\times10^5$ 帕，故这部分水对植物无效。

②凋萎系数

当土壤水分下降到某一数值时，植物因缺水而丧失膨压以致萎蔫，即使在蒸腾最小的夜间膨压也不能恢复，这时的土壤水分称为凋萎系数。在同一土壤中，越接近萎蔫点的水分，张力越大，水分能量较低，为植物利用的有效度越低。同一土壤的萎蔫系数是固定的，它的大小主要决定于土壤性质，而与植物种类的关系不大。土壤水分达到萎蔫系数时，土壤颗粒除束缚水之外，只有不太厚的水膜和量少而不连续的水环，移动极慢，不能适应植物吸水的需要，以致植物萎蔫。

③田间持水量

田间持水量是指在土壤中毛细管水达到最大量时的土壤含水量，也称土壤最小持水量。由于超过田间持水量的水分，不能长期在土壤中保持，因而田间持水量既是有效水分的上限，也是适宜水分的上限，常用来计算灌溉量。

④pF 值

土壤 pF 值是土壤水势的当量水头厘米数的常用对数值。土壤含水率与土壤 pF 值之间呈负相关。饱和持水量的 pF 值为 0，田间持水量的 pF 值为 2.15～2.81，萎蔫湿度的 pF 值为 4.18，最大吸湿量的 pF 值为 4.58。pF 值也用来判断土壤水分供给植物水分的状况。

(3)土壤湿度的计算

①土壤绝对含水量，也称土壤水重量百分数、干土比

土壤绝对含水量，是以单位重量的干土中，土壤水的重量所占的百分数。用百分数表示。

即：　土壤绝对含水量＝(土壤水分重量/干土重)×100％

这种度量方法简单，但在不同土壤间做比较时，往往土壤绝对含水量相同，而对植物的有效性有很大的差别。

②土壤相对含水量

土壤相对含水量是以土壤水重量百分数占田间持水量的百分数表示的土壤湿度。

即：　土壤相对含水量＝(土壤水重量百分数/田间持水量)×100％

土壤相对含水量，因其与该土壤田间持水量做了比较，相对地显示其有效性，故较有利于在不同土壤之间进行比较。

③土壤水分贮量，也称土壤水分厚度

土壤水分贮量是指一定深度的土壤中含水总量的绝对数量，换算成水层深度，以毫米为单位计量，与气象要素中降水量、蒸发量的单位相同，便于比较和计算。

$$土壤水分厚度=h\cdot\rho\cdot B\%\times 10$$

式中 h 是以厘米表示的土壤厚度；ρ 是土壤容重（克/立方厘米）；$B\%$是土壤绝对含水量；10 是将厘米化为毫米的换算系数。

$$土壤水分有效贮量=0.1h\cdot\rho\cdot(B\%-k)$$

式中 k 是以干土百分数表示的凋萎系数。

5.2.2　影响土壤水分的因子

（1）降水

大气降水是土壤水分的主要来源。大气降水的一部分沿地表以径流形式流入江河，一部分被植被覆盖所截获，没到达地面就已蒸腾，只有一部分渗入土中。渗入土中的水，有部分成为重力水渗漏到深层，补充地下水的贮藏。因此，降水的有效性与降水的性质和强度相关。热雷雨和夜雨有利于果树生长发育，因为这些雨既能保证水分供给，又不影响果树的光合作用时间，同时热雷雨还伴随着闪电，能合成空气中的氮气为氮肥。连阴雨虽能供给较多水分，但因雨日多，影响光合作用，且影响温度，不利有机物合成与积累。从降水强度看，中雨较有利，有效性大，暴雨地面径流量大，常造成水涝灾害，并使土壤流失，破坏土壤结构和肥力，还因机械损伤造成果实脱落；小雨被果树枝叶截留，难以到达地面，有效性差。

（2）土壤类型

在相同的降雨量条件下，土壤类型和渗透深度不同，持水能力不同。土壤质地颗粒愈细，其持水能力愈大。在同一土壤类型条件下，土壤含水量越高，降雨量越多，则渗透深度越深。在不同土壤条件下，土质愈接近黏土，渗透深度愈小。土壤质地、结构和渗透深度，不仅决定着土壤对果树生长有效水分的贮藏能力，还决定随着时间而改变的土壤水分应力，和随着果树对土壤水分的利用而引起土壤水分的改变程度。

（3）地面植被

土壤表面有植被覆盖，有增加土壤水分消耗与增加土壤水分保持两个相反作用。果树根系从土壤中吸取大量的水分供地上枝叶生长及蒸腾，在一定条件下，随树龄的增长和覆盖度的增加，土壤含水量降低。由于植被覆盖缓和了雨水冲力，使地面径流减少，渗入土壤中的水分增加，利于水土保持，同时也减少了地面水分的蒸散。有植被覆盖的土壤比裸土的土壤水分要高。

5.2.3　土壤水分与果树生长发育

（1）土壤水分与光合作用

土壤水分过少会引起叶片内水分不足，细胞壁膨压减少，影响气孔的关闭，阻碍二氧化碳的吸收，降低原生质的光合作用，导致光合强度下降。水分胁迫则是影响光合作用的主要环境因子。土壤严重干旱所引起的光合作用下降，除气孔关闭外，还与此时叶绿素含量下降有关。

（2）土壤水分与土壤蒸发、植物蒸腾

①土壤蒸发

土壤蒸发是土壤水分以气态形式逸散到大气中的自然现象。土壤蒸发直接影响到土壤中水分的有效程度，在一般情况下，土壤蒸发速率在土壤由湿变干的进程下，可分为三个阶段。

第一阶段，雨后土壤含水量达到饱和状态，蒸发主要在表层进行，接近于水面蒸发，主要受气象因子的影响，大气饱和差和风速大时，蒸发量越大；第二阶段，是蒸发速率随土壤水分迅速降低的阶段。土表干旱，表层下土壤含水量逐渐减少，蒸发面降低，蒸发的水汽是通过土层孔隙进入大气的。此阶段蒸发量和速度除受温度，风速影响之外，主要决定于土壤水分的传导速度；第三阶段，是蒸发速率低而变化不大的阶段。蒸发面的土壤含水量小于植物发生萎蔫时的临界含水量，土壤水分只能以气态形式通过干土层向大气扩散，蒸发量和速度除受温度和风一定影响之外，主要受土壤孔隙度大小或土粒大小的影响。

②植物蒸腾

植物蒸腾是土壤水分通过植物体以气态形式逸散到大气中的自然现象。水分蒸腾主要通过叶片的气孔来实现的。植物蒸腾、水汽的扩散首先受到气孔的阻力影响，其次叶面蒸发的水汽通过静止空气层受到空气阻力影响。蒸腾作用的速度，不仅取决于果树所处的温度、湿度、风速等小气候条件，还与果树形态结构和生理类型相关。果树蒸腾作用所消耗的水分，通常用蒸腾系数表示。蒸腾系数是植物合成 1 克有机物质（干重）所蒸腾的水分的克数，单位是克/千克。不同果树蒸腾系数不同，蒸腾系数大，表示果树需水量大，水分利用率低；蒸腾系数小，表示果树需水量小，水分利用率高。蒸腾系数不是一个常数，应是一个范围，果树不同蒸腾系数不同；土壤湿度不同蒸腾系数也不同，一般情况下，土壤湿度大蒸腾系数大，土壤湿度小蒸腾系数小。蒸腾系数只表征不同果树对水分的喜好程度和利用率的高低，并不说明果树需水量的多少。

③蒸散

蒸散是包含土壤蒸发和植物蒸腾两者同时把水分逸散到大气中的自然现象。蒸散量常作为植物需水量的估算值。蒸散量的常用计算方法有：桑斯韦特的平均温度法经验式；彭曼依据热量平衡方程提出的半理论半经验式；布德科的蒸发力；还有傅抱璞等的蒸散公式等。

(3)土壤水分与种子萌发

大多数种子必须吸收比在成熟时所含更多的水分，启动有关生理生化过程才能萌发。从种子的吸水膨胀开始，吸水速度因种子的成分与种皮的透水性而不同。一般果树种子大约在 24 小时左右达到饱和，并在 24 小时左右趋于平稳。原生质吸水后，从脱水的收敛状态在水中伸展，生理活动逐渐活跃，呼吸急剧上升。储备物质经过酶促作用被动员起来。如果这个阶段，水分供应不足，细胞生长受到抑制，呼吸释放的能量就散失为热。如果水分供应充分，胚的幼嫩细胞得到从储备器官养料的支援，核酸与蛋白质的合成相继出现，并迅速扩大与伸长，细胞开始生长与分化。胚根首先冲破种皮的障碍，伸出种外，随后就有胚轴伸长。初出土的幼苗其鲜重常 5～10 倍于种子的重量，增重全来自吸收的水分。

(4)土壤水分与果树生长发育

①土壤水分与根的生长发育

土壤水分状况影响到根系对水分的吸收利用，土壤水分过多影响土壤的通气状况，土壤水分不足引起土壤溶液浓度增高，水势减小，阻碍根的吸水。土壤和植物中的离子运动，直接依赖于携带离子的水分运动状况，根系吸水速度和量的降低，直接影响着养分的吸收量和速度，从而影响果树根系和地上部分的生长。果树的根系，在湿润的土壤中比在干燥的土壤中更能自由分支，土壤水分还影响着根毛的产生。

根系的水平或垂直方向的伸展，因土壤水分状况而异。在季风气候区域里，如果土壤水分在冬季可以得到补充，并达到一定深度，在生长季节却无雨或少雨的地区，果树根系垂直向伸展明显；如果土壤水分仅来源于生长季节的降雨，且雨量有限，植物根系水平向伸展明显，根浅而分布广。在灌溉量相等，深度相似的土层里，桃、李及核桃根系的分布是均一的。

根内的水分亏缺，降低了根的伸长和分枝速度及形成层生长，在干旱土壤中生长的根尖容易木栓化，在果树栽培区域，夏季土壤缺水会导致根系生长停止。

②土壤水分与茎、叶生长

果树的生长受内部水分平衡控制，内部水分平衡受吸收和蒸腾相对速率控制，因此，土壤水分常常成为生长的限制因子。伴随着生理缺水程度的增加，土壤水分应力增加，带来组织渗透压增加。因而土壤水分应力增加与生长数量减少相联系。直径生长受土壤水分不足的影响比高生长更大。果树的直径生长比高生长更多依赖于当时光合作用，大多数果树在土壤水分降低到限制生长水平之前，其高生长就已大部分完成，而直径生长通常仍能继续进行。

白昼蒸腾失水超过吸水量，果树细胞膨压降低，产生组织收缩而使树干收缩，树干收缩的日变化，发生在叶子水分亏缺的变化之后。夜间根部吸水和蒸腾失水均低，但吸水量稍大于失水量，组织吸水膨胀而树干膨胀。白昼的收缩因树种、土壤水分状况、叶面积、根茎比和影响蒸腾作用及叶水势大小、天气条件而发生变化。白昼树干直径的变化，并常常受控制蒸腾作用的天气条件而发生变化。

土壤水分与果树叶片形态和细胞结构有密切关系。干旱条件下，叶芽瘦小，叶色暗淡，内部细胞组织疏松发育不良，贮藏细胞中看不到淀粉粒。当土壤相对含水量逐渐升到80%左右时，嫩叶的形态开始正常，贮藏细胞中出现淀粉粒，栅状组织和海绵组织变得致密。土壤含水量达到90%时，叶片形态与细胞组织发育较正常，淀粉粒含量最多。当土壤水分达饱和状态时则新叶发育不良，细胞组织中的淀粉呈糊状物，叶片中的化合物向水解方向转化，干物质积累少。当土壤含水量降到田间持水量的60%左右时，大多数果树出现叶片细胞轻度质壁分离。干旱条件下，虽然叶片细胞原生质具有很高的渗透压，可以提高从含水较少的土壤中吸收水分的能力，但随着原生胶体凝固趋势增大，透性增强，细胞内物质易外渗，严重影响果树生长。

③土壤水分与开花结果

花芽分化是一个与许多物质代谢过程有关的过程，一般来说，过多的营养、水分及过重的修剪都会延迟成花。水分不适，首先会引起树体内谷氨酸积累。谷氨酸是休眠素的一个前体物质，谷氨酸会很快转化为休眠素，休眠素增加会减缓新梢的生长，从而影响花芽分化。有报道称，缺水会减少苹果、桃的花孕育。

由于花芽分化条件和分化开始后完成花器形态发育的条件不一致，因而土壤干燥虽然是花芽分化的诱因，但常常会减少第二年春天的总花数。不仅如此，柑橘开花期土壤相对含水量在68%以下落蕾、落花率严重，而含水量在68%以上时则大为减少。

果实发育对水分的需要比枝梢生长更为重要。土壤湿度大果实增长量明显。据方利英(1982)研究，苹果根系最活跃的活动层在40厘米以上，当土壤含水量保持在13%～15%左右，果实生长较正常，小于7%则对于果实生长极不利。

缺水情况下，尤其是白昼大量蒸腾，果实与叶片争夺水分，由于叶片汁液浓度比果汁浓度高，缺水时果实内的水分渗入叶片，因而影响果实的膨大速度。夜间气孔关闭果实内水分得以补充，形成果实夜间膨胀、昼间收缩。樱桃、柑橘、苹果、李子、核桃、梨等均有过类似报道。如果夜间果实增大量无法弥补白天收缩量,果实则停止膨大或缩小。在果实进入迅速生长期内,倘若土壤水分亏缺而使生长受阻,即使在后期由于湿度改变,达到最理想、最大的增长速率,也无法补偿累积体积的损失。

久晴不雨,果实砂囊细胞迅速膨大,果皮增长速度跟不上果肉增长而造成开裂,裂果常出现在夜间,果皮越薄,裂果越多。果皮与果肉厚度的比值,随果实生长而加速减小,在果实发育期无论任何时段,因果肉超速生长均可能导致严重的裂果。根部过湿使乙烯增加,果实内乙烯含量剧增。对乙烯敏感果树,乙烯增加成为裂果的原因之一。

④土壤水分与产量品质

果树要充分维持其生理机能,必须能顺利进行能量和物质的交换。这个过程与气孔的张开度有很大关系。在土壤水分充足的条件下,根系能很好吸收水分,气孔开放保证二氧化碳、水蒸汽充分交换,光合和蒸腾作用变快,果树生长良好而获得高产。相反,当水分不足时气孔关闭,气体交换速度变慢,光合和蒸腾作用急速减慢,果树生长不良好而难获高产。果树产量形成有一个最适的土壤水分范围。据内岛善兵卫(1981)分析,果树为保持旺盛的生理活动和高生产力,根层的有效水分应为田间持水量的60%以上。

果树的生长和结实,很大程度上依赖于细胞和组织的水分状况。水分不足影响品质,造成果实小、果胶质减少,木质素和半纤维素增加,淀粉含量减少,糖的含量相对增加。据庄恩及(1987)研究,桃硬核期土壤含水量大,地下水位高时,不仅引起徒长,而且还会诱发果实青斑病,使鲜果品质降低。

5.3 土壤空气

土壤空气是构成土壤肥力、土壤气候的重要因素,也是果树的生存因子。土壤空气状况与土壤中生物呼吸作用和有机质分解相联系。果树根系进行正常的呼吸作用、吸收水分和养分均是在良好的通气条件下完成。

5.3.1 土壤空气的组成与性质

旱地土壤空气与大气不断交换,其成分与大气相似,但由于土壤中的动物、细菌以及有机残体腐败的化学和生物过程,不断消耗氧气放出二氧化碳,因而土壤空气中二氧化碳的含量为空气中的10～1000倍,氧气含量则较低,水汽含量也显著较高。在渍水条件下,土壤空气中氧气减少,产生还原性气体,其中硫化氢对果树危害最大。水分胁迫时,产生乙烯气体。

土壤空气在组成上随土壤深度而变化,越深氧气减少,二氧化碳增加。土壤空气组成受季节影响而变动。土壤空气具有气体所有的特性,土壤空气的热容介于土壤固体成分和液体成分之间,导热性低。

(1)土壤透气性

土壤空气常常和大气互相交换,这种交换称为土壤透气性。土壤与大气之间的气体交换,主要靠气体由高浓度指向低浓度的扩散作用。温度差、气压变化、重力水下降等所产生的压力差也能产生交换。气体交换主要在土壤中的大孔隙进行,土壤性质和结构是影响因子之一。土壤水分过多会制约土壤的通气作用。土壤淹水其空隙被水所代替,由于氧在水中溶解度通常只有它在大气中的1/6,温度增高时溶解度还要减小。氧在水中的扩散速度又只有它在大气中的万分之一。因而，淹水使土壤通气受阻，氧气供应几乎被隔绝。

(2)土壤空气运动

扩散是空气运动的主要形式。土壤中空气扩散与自由空气中的气体扩散有所不同。土壤中氧气的分压总是低于大气中的氧气分压，而二氧化碳分压总是高于大气中的二氧化碳分压。所以氧气是从大气向土壤扩散，而二氧化碳则是从土壤向大气扩散，因此，土壤气体交换被称为“土壤呼吸”。土壤中气体扩散只能在断面上部分空间进行，这部分空间为水分所占据的自由孔隙，土壤空隙是弯曲的，必有部分通气不良或堵塞。因此，在计算土壤中气体扩散时需要进行相应订正。

5.3.2　土壤空气与果树生长发育

土壤空气的量和组成，许多方面影响着果树生长。果树的根系经常分布在水分含量接近最低临界和无积水的土层，这就足以说明土壤透气性是果树生长和生存的主要因素。土壤空气状况不良时，抑制根系的发育和减弱根系功能，不仅果树生长不良，还将导致减产。对大多数果树而言，在通气性良好的土壤里，根系长、色浅、根毛丰富。土壤容重低、孔隙度大，在适宜的水分含量下，土壤透气性较好。绝大多数果树高产需要的适宜充气孔隙约为土壤容积的20%～25%。

根系要正常生长就必须扎根于有氧气存在的根域。根系良好生长需氧的浓度为 8%～10%，许多树种在氧含量 2%以下生长不良。产生新根需氧量比根生存需氧量更高，土壤氧的压力减少到为空气中的 3/4，即引起根和地上部分生长显著减弱。如果在土壤中没有氧气则根系的呼吸行为受到严重阻碍，甚至停止，从而限制了氮素和水分的吸收，以及根在吸收水分和矿物质时所需要的能量。有氧呼吸中，1 摩尔葡萄糖完全氧化生成 6 摩尔二氧化碳和 6 摩尔水，并形成 38 个三磷酸腺苷，释放出 2814.5 千焦耳的能量，无氧呼吸利用 1 摩尔葡萄糖只能获得 3 个三磷酸腺苷，释放出 100.4 千焦耳的能量。无氧气或氧气不足时，果树为了维持生命所需的能量，要消耗大量葡萄糖，无氧呼吸对果树本身不利，无氧呼吸还将产生对果树有害物质乙醇。

土壤空气中含氧量对果树生殖生长的影响，葡萄花粉管伸长度和花粉发芽率因氧浓度而异。氧浓度为 20%时，花粉发芽率为 28.1%，花粉管长度为 1.39 毫米；当氧浓度下降到 5%，则相应分别为 14.9%、0.95 毫米。在葡萄果实发育期，供给的氧浓度不同，其产量和品质各异，果穗重、果粒重、果汁含糖量均随氧浓度下降而减少，同时果实着色差、含酸量增高。

夏季由于根和地上部生长量较大，呼吸速率提高，需氧量增多，微生物活性较强，引起对氧气的竞争。因此，夏季土壤通气不良比冬天通气不良更为不利。

土壤呼吸释放的二氧化碳，是土壤肥力的指标之一。增加二氧化碳最明显的效应是提高水的利用率和减少水的需要量，加强果树在逆境中的复原力，减轻因空气污染对光合作用和生长所造成的抑制作用。但是土壤呼吸作用提供的二氧化碳只占光合作用所需量的 1/10 左右。土壤中二氧化碳的大量积累降低了根细胞的透性，当浓度升高到 10%时，就有毒性了，因二氧化碳过多而引起的伤害，比因缺氧而引起的伤害更大。土壤通气性影响土壤的化学成分与生物学过程，间接影响植物生长。

第6章　大气因子与果树

空气具有含碳性、运动性以及被其他物质污染的可能性，因而是果树生产的一个重要因素。空气运动使果树与周围环境不停地交换着维持生命活动所必需的能量和物质，空气的运动具有相当的能量，当达到某一数量之后，则给果树生长发育和产量的形成带来不利，以致造成机械损伤。大气中不同物质造成的大气污染，将对不同果树种产生不同程度的危害。大气因子的这三个方面与果树生产关系最为密切。

6.1　二氧化碳与果树

在果树生产中二氧化碳是一种重要的物质输入，它与光合作用关系密切；二氧化碳及其数量的变化影响着气候，从而又间接地影响果树生产。

6.1.1　二氧化碳的生态效应

大气中二氧化碳的浓度总趋势是在增加，二氧化碳浓度增加，必将在果树生产中产生生态效应。

(1)对果树生产的直接作用

C_3 植物需要在较多的二氧化碳和较少的氧环境中方能增产。目前大气中二氧化碳浓度成为 C_3 植物提高生产力的限制因子。随着大气中二氧化碳浓度的增加，果树可以降低蒸腾系数，提高水分的利用率，减轻对大气污染物的吸收、减轻环境逆境，提高光合作用。因此，二氧化碳浓度的增加，可以提高果树产量。

(2)对果树生产的间接效应

大气中二氧化碳浓度的增长，其间接效应主要通过影响天气和气候而产生系列变化，从而对果树产生影响。大气中二氧化碳浓度高，产生的温室效应可使低层大气和地表温度上升。二氧化碳浓度增加引起温度上升，对于树种的种植界限和布局以及农业技术措施的制定均将产生重大的变革。

6.1.2　二氧化碳与光合作用

二氧化碳是光合作用的三要素之一。果树所需的二氧化碳主要来自大气，晴天约 150 米高度以下范围内的二氧化碳，才能满足果树木的光合作用需要，土壤呼吸作用提供的二氧化碳只占光合作用需要量的 1/10 左右。大气中二氧化碳的含量是一个变动着的自然因子，目前在许多情况下，大气中二氧化碳供应不足，成为光合作用的限制因子。

(1)二氧化碳与光合速率的关系

碳素的同化作用只有二氧化碳存在于叶绿素之中，并在阳光照射下才能进行。按光合作用经典方程，形成1摩尔碳水化合物初始产物(CH_2O)，需44千克二氧化碳。在适宜的气候条件下，生长旺盛的作物群体，每天吸收的二氧化碳为130～150千克/公顷。

空气中二氧化碳浓度，直接影响光合作用，当二氧化碳浓度低时，光合作用产物少，二氧化碳浓度增加时，光合作用产物随之增加。据王道藩(1986)研究，果树最适宜的二氧化碳浓度比自然界正常水平高3～5倍，在这个范围内光合速率随二氧化碳浓度的增加而上升。但过高的二氧化碳浓度，光合作用速率反而下降。

在晴天无风条件下，二氧化碳浓度常常在下午很快就达到一天的最低点，引起光合速度的下降。有报道当二氧化碳浓度低到空气中一般浓度的80%时，光合作用明显下降；低于一般浓度的50%时，光合作用趋于停止。

(2)二氧化碳的饱和点与补偿点

太阳辐射充分满足的条件下，植物光合作用强度不再随二氧化碳浓度增加而增大时的二氧化碳浓度，称二氧化碳饱和点，大多数植物二氧化碳饱和点为800～1800 ppm。空气中二氧化碳浓度通常不超过400 ppm，一般情况下，自然界的二氧化碳浓度达不到植物的饱和点。

二氧化碳补偿点是指光合作用所固定的二氧化碳总量，等于呼吸作用所释放二氧化碳总量时的环境中二氧化碳浓度，处在二氧化碳补偿点时，表示光合作用强度等于零。二氧化碳补偿点代表二氧化碳的光固定和暗固定，以及因暗呼吸与光呼吸而引起的二氧化碳释放之间的平衡的一个非常复杂的数值。它的高低可以作为光合效率高低的一个指标。

在光合作用中二氧化碳补偿点除与树种有关之外，还与光合强度、空气中氧的浓度、叶温等密切相关。

表6.1　几种果树光合作用二氧化碳补偿点

树种和品种	单位	补偿点
苹果　富士	ppm	47～75
柑橘　橙子	ppm	60
酸樱桃	ppm	60～90

(3)环境条件对固定二氧化碳的影响

光合作用是在太阳光线照射下，植物叶中的叶绿素固定二氧化碳的生理化学过程。叶绿体内的光反应，是将叶内的二氧化碳用掉，大气与叶绿体之间便形成二氧化碳浓度差，二氧化碳便从大气通过叶片气孔和果皮等，扩散至叶片内和果实体内。此过程中将受到环境条件的影响。

①光

光对二氧化碳固定的影响，可以从光呼吸造成二氧化碳的浪费和大气中二氧化碳浓度低限制了光合速率两个方面来认识。

植物在光照下进行光合作用的同时进行的呼吸作用，叫做光呼吸。光呼吸约抵消30%的光合作用。因此降低光呼吸被认为是提高光合作用效能的途径之一。但是人们后来发现，光呼吸有着很重要的细胞保护作用。

在光的作用下，形成的大气与叶绿体之间的二氧化碳浓度差，若大气中二氧化碳浓度高，扩散过程中阻力小则光合作用旺盛，光合作用产物就多。在晴天无风条件下，由于气体交换弱，大气中二氧化碳的浓度被光合作用消耗，而得不到补充，此时二氧化碳浓度就成了光合作用的限制因子。

②风

风对果树固定二氧化碳影响较大。空气流动可以不断地由果园外向果园内输送二氧化碳，以补充果园内由于光合作用的消耗。风速决定气流的流量，大气中二氧化碳含量一定，则流量过小可以导致光合作用因二氧化碳亏缺使光合成速率下降。据天野胜司等(1978)在照度为40000勒克斯，叶温为25℃，相对湿度为85%～95%时的试验，无论哪种果树，每100平方厘米的叶面积，开始通气流量为每分钟0.5立方分米左右，如通气量增加，光合强度也随之增加。桃及板栗每分钟通气量达1立方分米时，光合强度最高，如通气量再加大，则光合强度反而下降。柿子和温州蜜橘，通气量如增大到每分钟1～3立方分米，光合强度仍继续增加，当通气量增加到每分钟8立方分米时光合强度并不削减。

风速加强果园内的湍流，使土壤、下层叶片和树体呼吸释放的二氧化碳带到光合作用较强的群体上层，以满足果树对二氧化碳的需要。一般说来，果树叶片的光合作用在一定风速范围内是依风速的增大而增大。

③温度

在正常或低浓度的二氧化碳条件下，温度对光合作用的影响不大。但在高浓度下，温度影响就大了，二氧化碳浓度在5000 ppm时，叶温20℃的光合量为二氧化碳42毫克/平方分米·小时，随着温度的上升，在叶温37℃时光含量为二氧化碳82毫克/平方分米·小时，增大了近2倍。这说明高二氧化碳浓度下，光合作用的适温向高温方向移动。因而在高浓度的二氧化碳环境中，一般光合作用的温度指标，就不一定适用了。

④水分

湿度对二氧化碳利用的影响，主要表现为影响叶片气孔的开张度，从而影响二氧化碳的吸收。植物生理学最新研究成果认为，在水分不足的条件下，提高二氧化碳浓度，能使植物气孔部分关闭，蒸腾耗水减少，使处于干旱时期的植物叶片延缓脱水，能较长时间地维持水势和细胞的膨压，从而对光合作用产生影响，可提高产量。

综合来看，二氧化碳浓度增加，对高温、缺水、低光照等均有缓解作用，且能提高水分利用率。

6.2　大气污染与果树生产

6.2.1　大气污染的危害

(1)大气污染源

引起大气污染物质的来源，大致可分为两类，即自然源和人为源。

①自然源

包含风吹起的沙尘、花粉；火山爆发喷出的二氧化硫、灰粒等；森林火灾产生的二氧化碳、二氧化氮、二氧化硫及一些碳氢化合物等；闪电和自然腐败物产生的臭氧；自然放射性源和其他变因源产生的有害物质。自然源污染物质以火山喷发出的气体和灰粒最引人注目。

②人为源

人为源是大气污染的主要方面，按污染物产生分类，可分为工业污染源，是由工业企业燃烧化石燃料排放的烟尘和粉尘；交通污染源，以汽车排放的尾气为主；农业污染源，是农业使用化肥、农药产生的污染，以农药产生的污染物为多；家庭污染源，是家庭炉灶、取暖设备排放的废气。污染物在环境中的变化又分为一次污染物和二次污染物。

大气污染物的危害，取决于污染物的颗粒大小、形状、带电性、放射性等。

(2)大气污染对果树的危害

①颗粒污染物的危害

颗粒污染物在大气中分散为固体和液体的细小颗粒。颗粒中较大颗粒,在重力作用下可沉降的称降尘,这些降尘飘落到果树叶、花、果实表面造成危害;较小的颗粒,长期飘浮在空气中称为飘尘,它与空气一起组成气溶胶,这种气溶胶危害是多方面的。核桃树受水泥粉尘污染,生长期的蒸腾强度明显增加,叶面的保水能力显著降低,呼吸强度减少 20%以上,光合强度降低 90%以上。降尘落到叶面上,堵塞气孔,减少光合作用,影响同化作用。大量降尘落到土壤表面,还将改变土壤的酸碱度,使土壤变成某些果树的不宜生长环境。据 Anderson(1984)观察,在纽约,靠近水泥厂的樱桃树,由于尘埃散放落到柱头上,阻碍花粉萌发而减少坐果。气溶胶粒子可影响太阳光谱中的有效生物辐射,使之到达地面的量降低,从而产生不利影响。

②气态污染物的危害

二氧化硫,是危害最多、范围最广的主要毒剂。二氧化硫进入叶子的气孔后,遇水变成亚硫酸,进而变成亚硫酸盐。亚硫酸盐对叶肉细胞的毒性很大,但植物体本身有能力把亚硫酸盐转化为毒性很低的硫酸盐,自行解毒。只有当浓度很高时,亚硫酸盐在叶子中积累,破坏叶子的正常机能,破坏叶肉组织,使海绵细胞及栅栏细胞发生质壁分离,然后收缩或崩溃,叶绿素分解,在叶子表面出现伤斑。受害严重的叶子,会软蔫下垂、卷缩,经日晒风吹后失水干枯、脱落。二氧化硫伤害植物的临界剂量如表 6.2。二氧化硫除直接危害外,还通过降雨进入土壤使土壤 pH 值减小,导致土壤表层钙、镁、磷、钾离子的淋溶。促使土壤灰化,改变土壤肥沃度。病虫害可使二氧化硫污染加重,同时二氧化硫污染也会加剧病虫害的发生。

表 6.2　二氧化硫危害植物的临界剂量

接触时间(h)	产生 5%伤害所需浓度(ppm)		
	敏感植物	中等植物	抗性植物
0.5	1.0～4.0	3.5～10.0	≥9.0
1.0	0.5～2.5	2.0～7.5	≥7.0
2.0	0.3～2.0	1.5～5.0	≥4.5
4.0	0.15～1.25	1.0～3.5	≥3.0
8.0	0.10～0.75	0.5～2.0	≥1.5

氟化氢,是无色有刺激性的气体,易溶于水,在潮湿空气中形成烟雾。炼铝厂、炼钢厂、玻璃厂、磷肥厂、水泥厂、陶瓷厂、砖瓦厂和一切生产过程使用冰晶石、含氟磷矿石或萤石的工业企业均有氟化氢气体排放。氟化氢在散布数量和分布范围方面不如二氧化硫,但它对植物的毒害却要比二氧化硫大得多。氟化氢进入叶片后,先转移到叶片的先端和边缘,使其受害然后向内发展,当积累到一定浓度时,便能使叶肉细胞质壁分离而死亡。各种植物在正常情况下,叶片中均含有一定量的氟化物,按干重计算一般含有量在 0～25 ppm 之间。氟化氢对植物的危害是积累性的,接触时间极为重要,即使大气中含量不高,但当积累到一定量时仍会遭受危害。氟化氢对某些植物危害的临界剂量如表 6.3。据有关试验,葡萄、樱桃在浓度为 5 个十亿分之一接触 7 天,或 1 个十亿分之一接触 10～20 天,开始受害。杏和李含氟量 50～200 ppm 时受害。氟化氢的污染危害,在相同含量和接触时间条件下,因树种不同而受害各异。氟化氢对蒸腾、同化、呼吸等各种体内代谢过程产生不良影响,从而影响生长和结实。氟化氢通过遏

制花粉管在雌蕊中的生长，扰乱受精作用或种子发育而直接影响结实。氟化氢对幼果可产生直接伤害，导致幼果发育不良，生长受阻，甚至枯萎脱落。

表 6.3　氟化氢危害植物的临界剂量

接触时间	产生 5%伤害所需浓度(微克/立方米)		
	敏感植物	中等植物	抗性植物
8 小时	2.0～6.0	5.0～30.0	≥25
12 小时	1.5～5.0	4.0～27.0	≥22
24 小时	1.0～4.0	3.0～20.0	≥15
1 周	0.75～2.0	1.0～5.0	≥7
1 个月	0.5～1.0	0.5～2.0	≥3
1 年		0.2～0.5	

氯气，是一种具有强烈刺激气味的黄绿色气体，其毒性比二氧化硫大 3～5 倍，但它对空气污染不如二氧化硫普遍。化工厂、电化厂、制药厂、农药厂、含氯塑料制品厂等常有氯气散入空气中。植物对氯气也有一定的吸收和累积能力，在气体浓度和暴露时间相同的条件下，树种不同吸氯量显著不同。一般耐盐碱植物要比其他植物吸氯量高。叶光滑、小枝无毛的树种吸氯量高，而叶片光滑、树枝表皮有毛的树种吸氯量较少。氯气较容易溶于水，且较快被叶片吸收。氯气进入叶片后，与细胞膜系统的化合物起作用而导致细胞功能改变和结构破坏，并能很快破坏叶绿素，使叶片产生失绿漂白的伤斑，严重时会使全叶漂白而脱落。氯也能使组织 pH 值降低，且比二氧化硫、硫化氢更显著。pH 值的降低，往往是使植物组织受害的原因。

氮氧化物，是以一氧化氮和二氧化氮存在于大气中最重要的空气污染物。一氧化氮为无色的气体，略溶于水，二氧化氮为棕红色有毒恶臭气体，溶于水、碱和二硫化碳中。一氧化氮在大气中可氧化为二氧化氮，二氧化氮的毒性比一氧化氮大。二氧化氮在阳光作用下参与光化学烟雾的形成，其毒性更强。二氧化氮与水反应时形成亚硝酸和硝酸的化学混合体。二氧化氮气体到达植物叶片海绵薄壁组织的潮湿表面，这种反应便可能产生，而当酸度超过一定阈值时，组织受伤害。二氧化氮危害植物的临界剂量见表 6.4。所造成的伤害也因植物种类、生长阶段，光、温、水分胁迫以及施肥条件而异。在低光强下，植物对二氧化氮的敏感性增加，在暗处理 3 ppm 二氧化氮所造成的损害与光下的 6 ppm 相同。

表 6.4　二氧化氮伤害植物的临界剂量

接触时间(小时)	产生 5%伤害所需浓度(ppm)		
	敏感植物	中等植物	抗性植物
0.5	6.0～12.0	1.0～25.0	≥20.0
1.0	3.0～10.0	9.0～20.0	≥18.0
2.0	2.5～7.5	7.0～15.0	≥13.0
4.0	2.0～6.0	5.0～12.0	≥10.0
8.0	1.5～5.0	4.0～9.0	≥8.0

臭氧，是由氮氧化合物和碳氢化合物在阳光作用下形成的次生污染物。它是无色或淡蓝色有特殊气味的有毒气体，是光化学烟雾中的主要成分。能溶于碱溶液、油类和水。臭氧是一

种强氧化剂，即使在很稀的浓度下对植物也有毒害，最敏感种类在 5～12 亿分之一浓度的臭氧中暴露 2～4 小时即受害。臭氧危害植物的临界剂量见表 6.5。

表 6.5　臭氧伤害植物的临界剂量

接触时间(小时)	产生 5%伤害所需浓度(ppm)		
	敏感植物	中等植物	抗性植物
0.5	0.15～0.30	0.25～0.60	≥0.50
1.0	0.10～0.25	0.20～0.40	≥0.35
2.0	0.07～0.20	0.15～0.30	≥0.25
4.0	0.05～0.15	0.10～0.25	≥0.20
8.0	0.03～0.10	0.08～0.20	≥0.15

臭氧可破坏果树组织，特别是栅栏组织。高剂量的臭氧使细胞膜的透性受到显著破坏，提高了叶片细胞的渗透性和呼吸率，降低了叶片中的淀粉和总糖量，同时细胞内含物可落入细胞间隙，产生水渍斑。臭氧可使气孔闭塞，并阻止吸进光合作用所需的二氧化碳。臭氧能够通过落叶树种的海绵组织，直接侵袭栅状薄壁组织的细胞群，破坏叶绿素而代之以红棕色的色素，因而叶片受害组织多呈棕色。

一氧化碳，是普遍且排量很大的污染物质。一氧化碳的危害在于它参与光化学烟雾的形成，当它氧化成二氧化碳，则降低了氧的浓度。一氧化碳在水中溶解度很小。主要由石化燃料燃烧和汽车尾气排放。有报道，一氧化碳浓度超过 200 ppm 时，落叶果树树种光合作用停止，呼吸窒息。

乙烯，是对植物有毒的一种重要的空气污染物，同时植物本身也产生乙烯，乙烯还具有生长激素的功能。石油化工厂、合成橡胶厂、炼油厂、汽车等均能排放乙烯。外源乙烯对敏感植物引起伤害的阈值为 0.06 毫克/立方米。果树受伤害的反应是：引起形态异常，加速叶片褪绿而黄化，果实提前成熟，花蕾提前开放，引起以落叶为主的器官脱落。树种不同乙烯引起的落叶率不同。乙烯对果树的伤害一般随浓度而增大，但其伤害的程度在乙烯浓度达到或超过饱和反应浓度之后并不随浓度升高而呈比例增加。

表 6.6　3 ppm 乙烯浓度 72 小时处理后不同树种的落叶率

落叶率%	果树名称
0	苹果、梨、核桃
0～25	枣树、葡萄、杏树、杏、樱桃

6.2.2　酸雨的危害

大气中的二氧化硫和二氧化氮，通过光化学反应，转化硫酸和硝酸，主要是硫酸，再与水汽结合被云滴或雨滴吸收使雨水呈酸性，降落到地面，当 pH 值小于 5.6 时，就成为酸雨。

酸雨对于果树的危害程度取决于总的营养水平和溶解于降水中氮、硫的相对含量。酸雨可能对叶片表皮蜡质有腐蚀作用，会影响到叶子水分平衡或者会减弱对植物病原体和其他污染物的抗性。土壤酸化可能使吸收水分和养分根系受害、死亡，从而影响生长。在植物开花期，花朵遇到酸雨影响授粉和坐果，从而影响产量。在真菌繁殖以及叶片表面有真菌孢子时，出现酸雨则会抑制病菌感染。

酸雨导致土壤酸化，使土壤成分溶出降低肥力，对果树生长是一种潜在的严重威胁，尤其是对中和力较弱的土壤来说威胁更大。酸化土壤会造成植被和蚯蚓的大量死亡，而且愈靠近果树树干周围愈严重，这是因为顺树干流入土壤的降水使土壤中的盐基阳离子如钙、镁等离子严重冲蚀，而且随着酸性的加剧，pH 值的降低，污染物中的重金属越易游离，包括原土壤中的重金属和铝离子也容易被根系所吸收，当吸收浓度超过极限，便可能使土壤生物和果树中毒。酸雨影响土壤中微生物活动和生化过程，使硝化作用减弱，枯枝落叶层不易腐烂。

6.2.3　影响大气污染扩散的气象因子

风是大气污染物空间分布的主要因素之一。一般污染物的浓度以污染源下风向为最高，下风的污染程度与风向频率呈正相关，而与某一风向的风速呈反相关。风对污染物起着输送和稀释作用，这两种作用往往是同时进行的。风的输送作用可将污染物由一地输送到另一地，而稀释作用则使污染物渐渐减低，污染范围逐渐扩大。一般风速愈大，输送愈快，如果其他条件相似，则污染物的浓度被风稀释愈快。但是风速太大时，烟囱会发生下泻作用，厂区浓度增大。据研究，地面风速在 5 米/秒以下，尤其在小于 3 米/秒时，不利于污染物的扩散和稀释。

大气湍流使风向和风速经常在变化，呈不规则的旋涡状运动。湍流的强弱及是否发展，与大气稳定度和风的垂直切变有关。大气稳定不利于湍流发展，大气不稳定则有利于湍流的发展。风速垂直切变大，湍流易于发展。湍流的方向、速度、大小和强度经常在变化，但其变化服从正态分布。因此，由它引起烟的扩散，烟中微粒在空间和时间的分布，也属于正态分布。

大气稳定度是影响污染物在大气中扩散的重要因素，当大气处于不稳定状态时，对流强烈，烟气迅速扩散；大气处于稳定状态时，出现逆温，使烟气难以扩散，污染物聚集地面，可造成严重污染。

第 7 章　果树气象灾害

果树生产是在自然条件下的生产过程，受自然因素制约。果树生产环境五大要素是气候、土壤、地形、水文和其他生物（病、虫、杂草等），其中气候又起着主导作用。农业气象灾害影响农业丰歉，是农业生产的主要灾害。植物是一个综合体，被动地接受大气和土壤条件，借生理和形态的特性来缓和、抵御环境的两个极端产生的灾害。自从人类开始有农耕活动以来，就有气象灾害的存在。当果树遭到干旱、洪涝、低温、高温、大风等极端天气危害，就会出现果树气象灾害。对气象灾害进行科学研究，掌握其发生、发展的规律，对产业结构调整，进行合理的生产布局，采取有效的防御措施，把灾害减轻到最低限度意义重大。

7.1　冷害、冻害、霜冻害

7.1.1　冷冻灾害的类型与受害机制

在果树生长季节内，由于温度下降到低于作物所处生长发育阶段的下限温度时，不一定低于 0℃，使作物生理活动受到障碍，从而导致减产，称为冷害。冷害分为延迟性冷害、障阻性冷害和混合性冷害。冷害在陕西主要表现为倒春寒和秋季阴雨低温。在北方果树种植区，因寒潮和强降温，气温降到 0℃以下果树受害，甚至死亡，通常称为冻害。冻害又分越冬冻害和霜冻。越冬冻害是指越冬果树在冬季由于受到 0℃以下或剧烈降温所造成的一种气象灾害。霜冻是在春秋季，气温下降到 0℃以下使种植作物遭受伤害，甚至死亡的气象灾害。在早秋或春末发生的早霜冻和晚霜冻，因正处于果树采收和开花期而危害最重。霜冻害的本质不是霜而是低温，出现霜冻时若大气中水汽含量少可能不出现霜。

（1）冷冻灾害的类型

①平流型降温和平流型冷冻害

由冷平流引起平流型降温的天气。在果树生长期（晚秋和早春）出现冷平流强烈降温，最低温度在 0℃以下，则出现平流型霜冻害。冷平流来临时，常伴随强风和阴雨天气过程，每日最高、平均、最低气温同时下降，贴地层气温的垂直、水平差异很小，果树叶面温度接近于气温，受害以树冠为主，自上而下发展，以迎风坡面和暴露的丘陵上部受害最重。

②辐射型降温和辐射型冷冻害

冬季晴朗无风（或微风）的夜间，因地形地势和土壤表面状况有利于辐射冷却，产生强烈的有效辐射，使地面和植物体表面热量迅速丧失而形成的降温，称为辐射降温。这种天气条件下，通常气温日较差大，由于有冷空气径流的汇积，地势愈低的地段低温强度愈大。辐射降温期最高气温明显上升，而最低气温下降，果树体温度白昼高于气温，夜间低于气温，日较差大。以树干受害为主，具有方向性，树干北面受害最重。由于愈近地面温度愈低，果树在茎干基部受害最重。

③混合型降温和混合型冷冻害

平流期后天气转晴，出现辐射降温，两者连续降温的过程称混合型降温。最低温度往往出现于辐射降温期。其降温过程和危害，兼备两种类型的特点和症状。这种类型的降温出现频率最高，危害最重。

(2)受害机制

冷害机制主要有三种：第一，植物在零上低温影响下，细胞原生质膜透性增大，水分外溢，使植物体干旱而死；第二，零上低温破坏了植物正常的新陈代谢，主要是氮的代谢受到破坏，使植物体内产生毒素而致害；第三，在低温影响下，原生质胶体结构受到损害，使原生质凝固、收缩或断裂，引起细胞死亡从而导致植株死亡。还有一种解释，认为冷害机制是零上低温使细胞膜发生物理相变，由一个正常易变的液晶体转变为固凝胶体。有关细胞膜相变后导致损害的途径如图 7.1 所示。

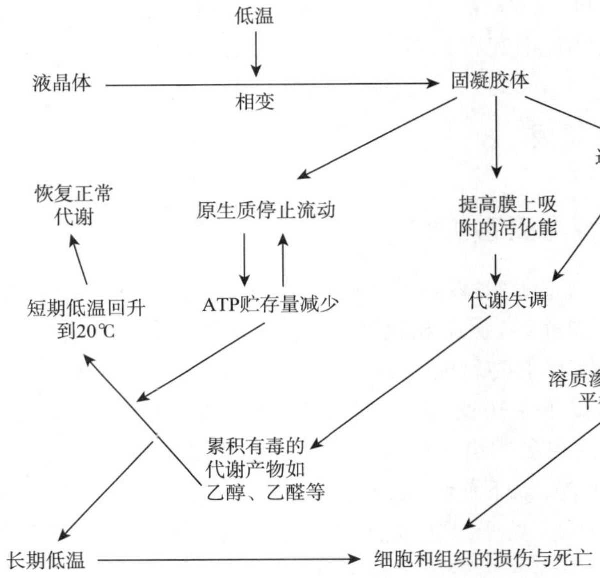

图 7.1　植物组织寒害图解

冻害机制一般有三种情况：第一，细胞间隙结冰，在温度徐徐下降的情况，细胞水分向外渗透，在细胞间隙结冰。如果不是迅速解冻，细胞不致受伤；如果解冻太快，水分尚未流入细胞内而蒸发，可能造成生理脱水，妨碍新陈代谢。第二，原生质和细胞间结冰，温度迅速下降，水分来不及透过细胞壁而在原生质和细胞壁之间结冰，这种结冰使枝叶萎蔫，严重时冰晶损伤细胞壁而造成枝叶干枯。第三，原生质内结冰，水分不能从原生质内渗出，而在原生质中结冰；细胞原生质结冰，往往使细胞受伤或死亡，造成严重冻害。

(3)果树的耐冷性

果树的耐冷性，主要取决于对脱水的抵抗力，对有毒物质的忍耐力和代谢能力以及对细胞膜或原生质结构破坏的抵抗性等。因此，减少植株的蒸腾强度，增加束缚水的含量，增加糖分的含量和支配糖含量的酶的活力，增加吸水胶体含量和原生质黏度以及提高渗透压等均可提高果树的耐冷性。凡蒸腾强度低或总含水量较低，而束缚水含量较高或渗透压较高，且气温变幅小或低温初期透性增加较显著，以后透性增加不大的植株，其耐冷力一般均较强。

果树耐冷性的形成需要一定的时间，是在环境互相作用下发展起来的，不是固定不变的特性。冬前低温锻炼有利于耐冷力提高。低温锻炼是冬前温度逐渐下降，细胞在低温锻炼下，原生质逐渐脱水，增加溶解物质，使结冰温度下降，体内不易结冰，从而减轻或避免冻害。

耐冷性因树种种源而异，一般落叶树种耐冷力比常绿树种强。同一树种，因生育期不同而异(表7.1)。果树休眠期能忍受－25～－35℃低温，但在发芽后，即使在短暂的低温下，往往造成严重的冻害。在相同树种、树龄条件下，外界环境条件、人为管理和栽培措施制度等不同，其耐冷性表现不同。

耐冷性并非植物的一种恒定的特性，而是与外界条件密切联系在一起的特性。

表7.1 几种果树的冻害危险温度(℃)

果树种类	花蕾期	开花期	结实期
苹果	－2.8	－1.7	－1.1
杏	－1.1	－0.6	0
樱桃	－5.5～－1.7	－2.8～1.1	－2.8～1.1
葡萄	－0.6	－0.6	－1.1
桃	－1.7	－1.1	－1.1
李	－1.1	－0.6	－0.6
梨	－2.2	－1.7	－1.7

7.1.2 影响冷冻害的因素

果树冷冻害的发生和发展，除直接与气象条件有关之外，由于不同地形产生不同的小气候，不同的品种和管理，果树的耐冷性不同，因此，果树冷害的发生、发展与植物本身条件、地形条件和人为因素也有密切关系。

(1)温度与冷冻害

植物组织遇到临界温度以下的低温，其强度达到杀伤程度时，受害是不可逆的，其受害程度，与低温程度密切相关。在自然状况下，植物耐冷性随生长季节进程而有很大的差别。北方果树秋末起耐冷性增大，隆冬耐冷力最强。春季开始耐冷性逐渐减弱，开花至果实成熟前耐冷性最低。

对果树受害而言，在一定温度范围内，降温速度比最低温度更为重要。在同样的冻害温度条件，受害程度与降温的速度存在明显的差异。桃树突然遇到－17℃低温，会有97％～100％的花芽被冻死，若缓慢接受低温，直到－19.5℃仅15％～18％的花芽被冻死。据小林章(1975)报道，樱桃的花芽温度缓慢降温到－20℃，受害仅3％～5％，急速降温到－20℃，则受害达96％～98％。

冷冻害受害程度不仅与低温强度有关，并与低温出现频率和持续时间有着密切的关系。低温强度与持续时间和受害程度的关系，可用降温过程中不同强度的负积温来表示。

低温期间白天的高温对果树有正反两种作用。就正作用而言，果树受低温冷害，可以通过相互变换的热量而得到改善。低温尚未达到杀伤程度的前提下，低温持续时间不太长，白天能接受阳光，温度回升到正常生理活动所需的水平，夜间因低温所造成的障碍，可以得到一定程度的缓解，可能减轻冷害。负作用而言，植物发生冻害，细胞间隙结冰，白天升温回暖太快，解冻快，水分尚未流入细胞而蒸发，可能造成生理脱水，妨碍代谢而加重冻害，白天高温又可加重果树的冻害。

(2)光照与冷冻害

光照时间和强度不仅可以引起温度、湿度等气象要素产生相应变化，还关系到果树体内营养物质的积累。

光照与冷冻害的关系，表现为温度影响光合作用，光照影响温度两个方面。在低温控制下，低温不仅直接影响光合机构的结构和活性、同时也影响植物体内其他生理过程，如水分胁迫、气孔对二氧化碳扩散阻力增加等，而使光合速率明显下降。光合速率下降使糖类物质积累下降，越冬不利。冬季果树体温与光强有直接的关系，在降温后回暖期，光强与温度一样具有正负作用。如果苹果叶温没有降到－1.6℃，当植株温度恢复到 23℃，仍有实际上的光合活动。

(3)水湿条件与冷冻害

果树不同器官由于水分含量不同耐冷力不同。花器官细胞中水分含量较多，细胞液浓度低，抗冷力相应降低。水分在植株内流动，其阻力主要来自根部。由于土壤溶液的黏度随温度的降低而增大，使水分和溶质进入根细胞的速度和体内运转速度减慢。低温阻碍水分的吸收而造成旱害，同时也带来了冷害和冻害。果树冻害级别随低温期土壤含水量的变化存在一个低峰值，即土壤水分含量适宜时，果树冻害级别出现最小值。

自然环境中的水湿条件，虽然不致引起冷冻害，但可影响其受害的严重程度。寒潮过境或雾的笼罩，不仅增加空气湿度、减少日照对数，相应地延长了低温持续时间，形成了湿冷。湿冷不仅加重冷害，而且受害的临界温度也提高了。因此，果树潮湿的花比干燥的花耐冷性弱。

(4)风与冷冻害

风不直接造成冷冻害，但在低温条件下会影响冷冻害的发生和发展。由于冬季冷风使叶面变冷，加速叶面蒸腾使植物干化，在低温强度相似的条件下，风速越大冷冻害越严重。

在低温期风速与落叶率有密切的关系，当风速在 6 米/秒以下时，气流沿树冠表面流过，难以透入树冠中心，使树叶捻转的可能性小，落叶率低。当风速大于 7 米/秒时，日平均气温小于 12℃，风即能透入树冠内部，引起叶的振动和捻转，落叶率迅速增大。

丘陵山地在冷平流天气条件下，由于湍流作用，同一山头不同坡向的气温差异并不明显，而风速差异较大。在风冷共同作用下，迎风坡和上坡的冷冻害重于背风坡和下坡。风吹散界面层的水汽和减少界面层空气的阻力，而使蒸腾加剧。

丘陵山地在辐射降温天气条件下，风速越大降温强度越弱，低温强度的垂直差异越小，形成冷湖的可能性越小。

在大、中环境中，风速这个因子不是孤立地存在，而总是与其他要素的变化密切的联系着。当寒潮南下时，风速大的地区温度偏低，风速小的地区温度相对较高。

(5)地形条件

地形影响大气运行，通过它的不同形态组合，坡向、坡位以及坡度对光、热、水、风有再分配作用，对果树冷冻害产生重要的影响。

①大地形与冷冻害

陕西省的汉中—安康，在秦岭的庇护下，最冷月平均气温比同纬度以东地区高 0.7～

1.1℃，1月最低温度高2.4～5.2℃，同纬度淮河下游不能生长或生长不良的柑橘、油桐、茶树、枇杷等典型的亚热带林木，而在汉中—安康地区枝繁叶茂，欣欣向荣。

表 7.2　汉中与其以东同纬度地区的温度比较

地点	地理位置	海拔(m)	1月平均气温(℃)	1月最低温度(℃)
汉中	33°04′N,107°02′E	508.3	2.1	−7.0
驻马店	32°59′N,114°03′E	83.7	1.0	−12.2
蚌埠	32°57′N,117°22′E	21.0	1.0	−10.0
东台	32°51′N,120°18′E	6.3	1.4	−9.4

②中地形与冷冻害

中等地形对果树冷冻害的作用，就平流降温而言，是指附近山体对种植地段的屏障作用；就辐射降温而言，是指复合地形有效辐射面积和对种植地段冷空气的汇集和排泄作用。因此，对种植地而言，可称“外围地形”。中等地形虽然不能强烈地影响大气运行，但当大气候处于冷冻害临界条件时，依其所处位置和下垫面形态及组合的不同冷冻害不同。

就不同地形组成的复合形态而言，其外围地形对于种植地段寒冷潮平流期的风速、辐射期的最低温度，均有明显影响，山体愈高、距离愈近，且连绵无缺，则影响愈明显。向南开口的外围地形，在平流期主要由于动力作用，改变冷平流运行的方向和速度，群山包围的种植地段风速减小，降温比较和缓，因而果树受平流危害减少。反之，若向北开口则危害加重。复合形态的中等地形环境，由于它的辐射面比平地大，又有一定的冷径流汇流面积，若外围地形排路差而又易于冷气流进入密集结构的群体，不仅冷空气密度大、厚度大，且作用时间长，因而冷冻害一般均较重。若外围地形排路好而又不易于冷空气进入的疏散结构的群体，则冷冻害轻。

江爱良(1981)综合外围地形，归纳为四种类型。

难进易出型：寒潮平流期避风，寒潮辐射期冷径流易于排出，因而两种类型的寒冻害均较轻或无害。这是最好的外围地形。

易进易出型：寒潮平流期风速很大，寒潮辐射期冷径流易于排出，因而受平流型冷冻害威胁较重而受辐射型冷冻害威胁较轻。在这种外围地形内种植果树应注意营防护林，同时不能把喜温的果树种在丘陵顶部、风口处以及难以防风的迎风坡上。

难进难出型：寒潮平流期避风，寒潮辐射期冷径流排出困难，因而受平流型冷冻害威胁较轻，而受辐射型冷冻害威胁较重。在这种外围地形内种植果树，应种在丘陵地的中、上坡，不可种在低凹或低而平坦的地段。

易进难出型：寒潮平流期风速大，寒潮辐射期冷径流难以排出，因而受两种类型冷冻害的威胁均大。这是四种外围地形中最差的一种。

不同外围地形，不仅受冷冻害程度不同，而且因常年热量条件的差异，茎围生长量也不同。

③小地形与冷冻害

小地形是指种植地段的地形特征而言，由于小地形对气象要素光、温、水、风起着再分配作用，在大气候处于冷冻害临界条件下，不同小地形之间的小气候差异，影响着果树的冷冻害性质和程度。

地貌与冷冻害：在同一山间盆地，由于地貌形态及其相对高度的不同，冷冻害不同。低凹地比高丘地冷冻严重。

坡向与冷冻害:最基本的特征是南坡背风向阳,北坡背阳向风;坡向不同,太阳辐射的光热效应不同、空气和土壤的温、湿度不同,并且所承受的风力也不同,所以冷冻害也不同。在陕西季风气候背景下,一般南坡的冷冻害比北坡的要轻,但南坡温度虽然比北坡高,但南坡土壤干燥,北坡和西坡土壤湿润,可以免于有害东风的危害,而且光照均匀,温度变幅小,北坡和西北坡反而有利。因此,坡向与冷冻害的关系,需根据纬度及具体环境作具体分析。

同一坡向而不同坡位的冷冻害,在同一坡面的受害分布,从上自下愈来愈重。强烈辐射降温过程中,坡面为冷径流源地,产生冷径流,而坡脚(谷底或盆底)是滞留区可形成冷湖。平流辐射混合型降温过程中,平流降温坡顶比坡脚暴露易受风害危害,辐射降温坡中以下径流汇积滞留,在平流、辐射交互作用下,坡上、坡下受害皆重。

不同坡度也影响冷冻害的程度。辐射降温,由于坡度对于可照时数与太阳直接辐射的影响,使不同坡度的同一坡面光、热效应不同,阳坡随着坡度的增加受害相应减轻,阴坡则随着坡度的增加而加重。在平流降温期,如果坡度小于10°,由于各坡向均在冷空气覆盖下,受害差异较小,如果坡度大于20°～25°,则迎风坡和背风坡冷冻害程度的差异非常明显。一般以平直坡和凸形坡,因利于冷径流下泄而受害轻;微凹坡较重,深凹坡因可能使冷径流停滞而受害最重。

总之,盆地、凹地、山谷、谷中平地和阶地,由于地势低、地形闭塞,辐射降温不仅有较大的辐射面而且易于冷空气径流的汇集,加之风速小,冷暖空气不易混合,冷冻害一般均较重。若盆地或谷底完全是封闭地形,就成为冷湖或冷谷,果树受害重,且无方向性差异。盆地、谷地愈大愈浅,则冷湖效应愈不明显,愈小愈深则愈明显。平台或平台上的凹地,可视为小的冷湖,受害严重。沟谷受走向、深浅、长短、宽窄、比降等而影响其受害轻重。横切沟谷因封口而产生冷湖效应;纵切沟谷因宽敞而成为冷径流通道,南端封口而成为霜袋。一般谷底宽、比降大、谷浅而短、少曲折、封口程度小的受害轻。反之,则易于冷空气的停滞积留,或因冷空气汇流成为冷径流通道而受害重。

(6)水体冬季的调温效应

水体是江河湖海、地下水、冰川等的总称,是被水覆盖地段的自然综合体。有一定面积和深度的湖泊、水库和河流以及海洋均为水体。水体对太阳辐射透射率和吸收率大,反射率小,水的热容大,水体内热量交换也比较强烈,能增暖到相当的深度,从而积蓄了大量的热量。在冬季降温时,由于水域面上及其周围陆地贴地气层水汽比较丰富,相对湿度大,能明显减小地面有效辐射。因而,水体及其周围陆地降温相对和缓,降温幅度小。

由于冷空气必须经过大的水体表面,方能受热变性增温,因而,水体调节温度所产生的水平温度梯度与冬季风风向相反,即水体下风方向的温度较高。水体在冬季调节温度的效应,在平流降温和辐射降温过程中均能产生一定的作用,而以辐射降温过程最为显著。

水体结冰封冻之后,反射率增大7～9倍,水体内积蓄的大量热量又被冰层隔绝,无法与贴地气层交换,其调节温度的效益显著降低。因而,封冻期果树的冻害受害情况,不受水体影响。

7.1.3 果树冷冻害的防御

预防和减轻果树冷冻害,应从种植地选择,树种、品种的合理配置,栽培措施等方面着手,种植地的选择是前提,合理的树种、品种配置是关键,抗冷防冷的栽培措施制度是保证。

(1)选择避冷环境

在区划宜植区内选择有利于种植的地貌条件避冷、避冻，是果树生产防御冷冻害的前提。

选择避冷环境具体的作法是：首先利用气象资料结合实地调查，确定本地区寒潮活动路径，分析寒潮活动的频率、强度及其主要特征。在寒潮通道上除了某些优良的小环境宜植之外，要普遍进行适宜种植程度的评价，避开风冷大、频率高的地区。其次根据地形对冷平流、冷径流的阻挡和排泄情况对种植区外围环境评价，做到趋利避害。第三根据冬季不同坡向、坡位、坡度等小区气候差异，对丘陵、低山等进行小区区划。一般把一个山体划分成三面三层再加上山顶共划十个区块。三面即：阳坡(背风坡)、阴坡(迎风坡)、半阴半阳坡(侧风坡)；三层即：坡上、坡中、坡下。根据坡向、坡位、坡度以及所处的地形条件来评价各个区块的避冷能力，实行按树种、品种的耐冷力对口上山种植。

(2)合理配置树种和品种

冷冻害频发地区，选择和配置好树种和品种，是防御冷冻害的关键。果树各树种品种之间、实生树与芽(嫁)接树之间，其耐冷力不同。有的耐平流降温，有的耐辐射降温，有的耐冷力高，有的耐冷力低。根据前述小区区划的结果，因地制宜种植优良、高产、抗冷力较强的树种或品种，在可能出现冷冻害的环境，在既要照顾产量又要抗冷的前提下，配置种植与小区可能冷冻害程度相适应的树种品种，尽可能做到“各得其所，安居乐业”。在某些不能发展果树生产的小区，应改种别的作物或营造防护林。

(3)建立抗冷防冷的栽培措施制度

提高果树耐冷力的栽培措施，一是夏秋供给果树以足够的水分和养分，防止病虫害和其他灾害，使之能健壮生长、积累越冬所需要的贮备物质；二是促进组织老化，限制冬期生长和过早萌芽。一般认为，种植前营造好防护林，深垦施肥，种植后搞好正常管理，冬前增施钾肥，提早结束生长等，是保证植株提高耐冷力、安全越冬的有效措施。

(4)应急防冻措施

寒潮降温之前或降温期中，采取一些应急措施，改善果园小气候或改善植株本身处的越冬状况，实践证明能获得一定的效果。包括用稻草、麦秸缠绕包裹树干、主枝；冻前对果园进行灌水或喷灌、树干涂白、熏烟防冻；人工在果树冠喷施保温剂，形成薄膜，抑制水分蒸散，提高树体汁液浓度等措施。冬后或降温过程之后，要及时解除防冷冻措施，以免抑制植株生长。冷冻害发生要及时进行善后处理，并加强管理。

7.2　干旱与洪涝

干旱对果树的影响是广泛而深刻的，表现在生长发育各个阶段，如萌发、营养生长和生殖生长，直到具体的生理代谢过程，如光合作用、呼吸作用，水和营养元素的吸收、运输，一些酶的活力和果树体内某些有机物的消长。

陕西干旱地域分布极不均匀，总的分布是南少北多，由于地形作用，使全省干旱分布为四个多干旱带和三个少干旱带。干旱带基本呈东西向分布。多干旱带在陕北北部长城风沙区，陕北中部丘陵沟壑区，关中干旱区，汉江、丹江河谷区。少干旱带在子午岭与黄龙山之间的黄土高原区，秦岭山区和巴山山区。干旱季节总的分布，夏旱最多，其次是春旱，冬旱和秋旱较少。从地域看,自北至南,冬、春旱为递减趋势,夏、秋旱为递增趋势。冬、春旱陕北最多,关中次之,陕南较少。夏、秋旱关中最多,陕北次之,陕南较少。关中西部夏旱较少,安康夏、秋旱较多。渭北和关中东部,冬、春、夏、秋旱均频繁。

7.2.1 干旱、洪涝灾害的类型与受害机制

(1)干旱的类型与受害机制

干旱一词在农业上是指长时期的缺雨或雨水不足,从而引发水分严重不平衡,造成缺水、作物枯萎、河流流量减少以及地下水和土壤水分枯竭。农业气象学的干旱是指在当前的农业生产水平条件下,较长时段内因降水量比常年平均值特别偏少,影响作物正常生长发育而造成损害的一种灾害。其主要含义也都是降水偏少。

①干旱的分类

从植物角度而言,通常可以把干旱分为:土壤干旱和大气干旱。

土壤干旱是由于长期少雨或无雨又无灌溉,并伴随高温与低湿而引起植物缺水受害。大气干旱也称为干热风。出现大气干旱时,土壤中并不缺水,但在低湿、高温和较大风速相结合下,使植物强烈蒸腾而缺水受害。无论出现大气干旱或土壤干旱,果树水分胁迫现象均可迅速形成。

生理干旱时土壤中水分并不亏缺,是因土壤环境不利或农业技术措施不当而引起的植物体内水分平衡失调的现象。通常是由于植物根分布层的土壤温度过低或过高,土壤通气不良,土壤溶液中盐分浓度过高,土壤过湿,施肥过多,及土壤中累积了某些有毒化学物质等,限制了根系对水分的吸收而造成的。

②旱害的机制及果树耐旱性

干旱危害果树是在土壤或大气干旱条件下加速蒸腾作用而引起植物水分平衡遭到破坏,产生地上部分水分亏缺,同时也消耗贮藏的碳水化合物而产生的伤害。当出现水分胁迫时,果树首先是细胞分裂和增长过程变慢,随着水分胁迫程度增加,二氧化碳的扩散阻抗亦随之而增加,因而造成了光合作用速率的下降。水分胁迫持续时间长度超过一定限度,缺水植株硬化,同时淀粉含量减少,五碳糖增多。缺水的直接结果是使植株载荷的叶量减少,茎生长量降低,从而严重地影响经济产量。

当土壤水分降低到萎凋系数时,植株便出现永久萎蔫现象。这时叶片的吸水力很大,它从植物各部分攫取水分。根毛对水分反应特别敏感,因水分亏缺可大量死亡,破坏了大气—植物—土壤系统中根与土壤之间的联系,而出现永久性的萎蔫。

影响旱害的因素除与气象条件有关外,还与果树树种、土壤、时间、果树耐旱性等因素相关。避旱特性所起的作用,存在着种间和种内的差异。农谚"旱枣涝栗",说明果树种间耐旱能力各异。果树耐旱的树种有杏、桃、李、梅、樱桃,而苹果、梨、柑橘等则相对不耐旱。

(2)洪涝

涝害是土壤因降雨过多长期处于过饱和状态下,使植物遭受损害的一种气象灾害。雨水过多,地下水位升高,或水涝发生后排水不良,均能使土壤处于过饱和状态。水淹对果树的影响,从种子萌发开始直至果树生育各个阶段。一年中短时期的积水,也常常足以影响长时间的生长发育和产量。

①涝害的成因

土壤水淹后,土壤的空隙率发生变化,因氧气减少而抑制根的有氧呼吸,并因此降低对矿

质营养的吸收。土壤水淹后，可改变土壤 pH 值，增加有毒离子、金属、脂肪酸和酚类化合物的含量。植物受淹后，植物根系只能进行无氧呼吸，不仅消耗大量积累的有机物，还产生乙醇，乙醇的积累能使植物中毒。植物受淹后乙烯浓度增大，一是来自土壤的外源乙烯，一是来自体内乙烯的积累，乙烯浓度增大与植物水淹后的种种反应密切相关。因此，缺氧、二氧化碳过剩，还有缺氧下产生有毒物质或激素平衡失调等是引起涝害症状的主因。

②影响涝害的因素

影响涝害程度的因素，有树种、品种，淹水时外界条件和淹水持续时间等。

果树树种和品种。以桃、梅和樱桃最为敏感，李树居中，梨、柿、苹果耐性较强。桃和梅水淹后乙烯很快积聚，耐水性中等的李有轻微的积聚，而耐水性强的未发现乙烯的积聚。

水淹持续时间。果树受水淹后其生理和形态反应与水淹持续时间关系密切。水淹结束后出现严重落叶和死亡，树的死亡数量随淹水时间增长而增加。

淹水时期的环境条件。果树被水淹时环境条件可以左右受害程度，淹水处于流动状态较轻，淹水不流动且温度较高受害较重。水淹期内水流动快的涝害轻，流动慢的涝害重。水淹时，氧气的供应受阻，但水中溶有少量的氧气，只要根区的水有一定的流速，水中氧气可以防止根部的窒息。当果树体内积累的物质还未达到有毒水平之前，水的流动可以程度不同地抽提和清洗这类有毒物质，而使果树体内有毒物质积累量减少。

7.2.2　果树旱涝的防御

(1)防旱和抗旱

防御干旱两条途径：一是增加水分，二是保住水分。增加水分就是补给水分，要有水源，将丰水时的水分调剂到枯水期，水利工程、人工增雨等就是这一类。保住水分是防旱常用的方法，以减少无效蒸发为主，切断毛细管作用，提墒保墒。中耕松土，地膜和秸秆覆盖就是这一类。另外还应合理用水和节水灌溉。

具体措施：

①选择使用相应的抗旱树种和品种，是最根本最经济的措施，不仅可减少投入，且能保证生产的连续性。

②退耕还林、绿化荒山，营造防护林，减低风速，减少蒸散失水，提高空气湿度，优化生产环境。

③修建水利设施，调剂丰歉，进行水量的调节和分配，适应果树生产对水分的正常需要。

改良土壤结构，增加土壤的抗旱能力。

④利用成膜物质，或秸秆等覆盖地面，抑制水分蒸发。

⑤建设节水灌溉工程，提高水资源利用率。

(2)涝灾的防御

从长远观点而言，防涝最经济最根本的办法是避开涝害频发地段组织生产，在可能有涝害危害的地段，配置耐涝的树种或品种组织生产，在建园前应先设置排水系统并加强排水。

从应急措施而言，主要是即时充分排水。水淹后任何一种只要有利于氧向根或还原性的根际土壤供应的措施，均有利于果树在淹水条件下的成活。

7.3 高温热害

7.3.1 高温热害类型与危害机制

高温热害也称高温伤害。是指温度上升到植物所能忍受的临界高温以上，对植物生长发育以及产量形成造成损失的一种气象灾害。植物短时间暴露在极端高温下引起的生理和形态的伤害，与长时间暴露于非极端高温下而引起的间接伤害不同，其主要差异是前者受害症状会立即表现出来。

(1)高温热害形成原因

形成热害的主导因子是高温。高温加剧地表水的蒸发导致干旱，并加速植物的蒸腾，植物叶绿素失去活性，阻滞光合作用的暗反应，降低光合效率，而呼吸作用加速引起植物呼吸作用和光合作用之间的不平衡，碳水化合物的消耗加大；高温使植物体内氮化合物的合成受阻，致使氮或其他含氮的中间产物积累，产生毒害作用；高温使细胞液变浓，细胞内蛋白质凝聚变性，细胞半透性丧失，细胞变干，植物的器官组织受到伤害。

(2)果树的热害受害类型

果树热害与太阳直接辐射和各部位温度状况直接相关。果树的热害有叶灼、皮灼、果灼和根茎灼伤等不同类型，可统称为日烧或日灼。叶片灼伤较为少见。

根茎灼伤。果树幼苗或幼树根茎受表层土壤高温灼伤。灼伤后的幼嫩树苗与土表接触处出现环状伤痕，轻者树皮变黄，1～2 天后出现倒伏现象，重者树皮呈暗褐色，直到死亡。

树皮灼伤。果树受太阳直接辐射增温致伤，又称皮灼、皮烧。薄而光滑的树皮受强烈的阳光照射，温度迅速增高，使一些树皮的形成层和组织灼伤。受害树皮呈斑点状伤痕或片状脱落，轻者病菌侵入伤口，影响生长；重者树皮干枯、凋落，直至整株死亡。

果灼。太阳直射果面，辐射热使果面增温，果面呈现褐色的伤痕或变褐下陷。在初期只是果皮细胞坏死，果肉细胞尚未产生变化，以后因病菌侵害而腐烂。

7.3.2 影响高温热害的因素

日灼首先由温度迅速变化所引起，日灼除直接与温度有关外，还与树种、品种、树龄、生育状况、群体结构、地形地势、抚育管理水平有关。热害温度起直接制约作用。果树的原生质处于能忍受的极端温度下，产生日灼。抗日灼的能力因果树树种而异，桃、苹果较弱，樱桃、李、柿、葡萄依次增强。凡树皮发达，有较厚木栓层的不易引起日灼，如柿和葡萄。树龄老的树和枝以及树势弱的易发生日灼。一般以沙土最易发生日灼，其次是壤土，黏土发生日灼最少。土层浅的坡地，地下水位高根系浮浅的地带日灼也严重。地形地势坡向不同，日灼的程度不同。一般南坡和东坡易发生日灼，西、南坡受害较重。凹地易于热量积蓄而不易扩散也易发生热害。

7.3.3 高温热害的防御

凡是能防止果树温度显著升高和避免太阳直接长期照射的措施均能收到防御日灼的良好效果。在果园规划建设中，凡有高温伤害的地区应作为主要因子考虑，在种植中要用栽培措施予以防御。实施防御措施时，主要从抑制树体表面蒸发和维持树体水分来考虑。因此，主要防御措施有：通过适当留内膛枝形成自然开心形，使其形成互相遮荫的小气候环境。辅助措施是：树干涂白或苗木遮荫，减少直接辐射热，地面进行覆盖或灌水，降低地表和贴地气层的温度，并增加树体的水分含量。

7.4　大风与冰雹

7.4.1　大风灾害及防御

(1)风害机制与果树的耐风力

平均风速达到14米/秒或阵风17米/秒以上为大风，大风是一种严重的灾害性天气。大风对果树的危害，可分为机械损伤和生理伤害，两者合称风害。生理伤害主要是增大蒸腾强度，使体内水分失去平衡，同化作用减退。这种危害具有普遍性。据实验认为风速5米/秒，同化产量只为无风时的1/2；10米/秒时则只有1/3。可见长时间吹着即使不太强的风，对果树生理也有伤害。强风直接造成机械损伤，最普遍的是叶片破损和落脱，强风常常造成落花落果，折枝、折干、根拔、倾斜以至倒伏。

①大风的物理特性

就果树而言，需注意它的风速变化和所造成的风压。空气的水平运动称为风，空气流动并非定常流动，而经常呈现缓急交替的变化，这种变化称为风的阵性。一般阵风的风速要比平均风速大，阵风持续时间不长，但其出现频率高，所以具有很大的摧毁力。风速随高度的变化，主要取决于地面对风的摩擦力，如地面愈高摩擦力愈小，则风速愈大。树的高度愈高，风速愈大。由于树冠上部风力最强，突出于果园平均高度的果树，易遭受风害。风是空气质点的运动，因而有动能，单位面积上风的压力称风压。风压的大小与挡风物体的大小、形状以及通风度有关。风压与风速和树冠大小密切相关，风速越大、树冠面积越大，所承受的风压越大。

②果树的耐风力

耐风树干的强度条件是实际应力小于树干强度极限。实际应力是由风压矩和抗弯量决定的。在风压作用下，如果树干任一部位的实际应力小于树干的强度极限，果树便不会断倒，如果果树根系固结土壤的力量大，而树干的强度极限却小于它的实际应力，这时便会产生断干。断干高度因树茎围大小、种植材料和种植密度等不同而异，大多数是在树高的1/3处。小径木比1/3低，大径木比1/3高。实生树、种植密度大的个体一般断干较高；芽接树、疏植株的个体则较低。在一定的风力下，果树倒伏与否，主要由土壤含水率高低、根层的深度来决定。一般风前降水多时倒伏多，土层浅、壤土、沙壤土倒伏多，树根有病的倒伏多。

(2)影响果树风害的因素

①地形地势

地形对风有屏障作用，迎风坡与背风坡差异很明显。一般迎风坡比背风坡断倒率高15%以上。

地形对大风有引导作用，当河流谷地的走向与大风风向一致时，大风受河谷的引导、挟持，流线密集，风力加大。因此，正对风向的河谷两岸风害较重。山地的鞍部，由于地形的引导作用产生狭管效应，风力增大，风害也重。尤其在风的出口比较狭窄的地区，狭管效应更为明显，风害最重。

沟谷中的风害,因地形不一,高差不同,不仅屏障作用,引导作用不同,风的阵性也有区别,变化很大。一般规律是U形山谷比V形山谷、长的单一形山谷比弯曲多分枝的山谷、出口窄的山谷比出口宽的山谷、谷的两侧比谷的顶部、与风向平行的山谷比与风向垂直的山谷受害均要重些。

孤立的山丘,山的两侧气流流线密集,风速大,迎风坡面由于气流辐散风力次之,背风坡面由于山体本身的动力作用,气流离山体一定的距离才产生辐合,从而产生了保护区。保护区若受爬山而来的气流再次向下冲击的地段,风害会加重。

一般坡度愈陡,地形对风的动力作用愈大,气流流线密集程度愈高,所以坡度愈陡风害愈重。迎风坡面在坡度显著变化处,即坡脚和坡顶风害最重。背风坡面保护区的大小,亦依坡度大小而定,一般认为坡度大于8°,才有明显的保护作用。

②土壤条件

土壤土层的厚度,土壤结构和肥力,不仅决定果树主根的深度和侧根的幅度,而且影响地上部分的形态。土层肥沃、水分含量丰富的壤土地区,虽然土层较深厚,但由于植株生长高大,风害往往比土层浅薄的地区严重。黏壤土地区,根系的附着力大,故易断干而不易倒伏。

③植株和群体状况

果树的抗风能力决定于树种、品种和树龄,群体的抗风力决定于结构和完整度、树种、品种、树龄、结构不同风害不同。

从形态分析,分枝角度小的,实际应力较大,树冠浓密的风压较大,风害较重。细长的果树,树干有较大的实际应力,所以抗风能力一般均比矮壮的植株差。圆锥度大比圆锥度小的抗风能力强,即使断干,其部位也较高。主干与主根长度的比率大的易倒伏,比率小的则具有较强的抗倒伏能力。木质较坚韧的树种或品种,其抗风能力均较强。果树群体结构如种植密度和形式、果园林相完整度等,对风害有较大的影响。

(3)防御风害的主要措施

①选择和改良小环境

主要是选择避风环境和营造防护林。果园的选址应尽量避开河谷两岸、山峡低槽、孤立山丘的两侧、迎风坡面以及迎风开口的马蹄形等易遭风害的地形。选择高产、抗风而有一定产量的树种和品种,结合经常性的修枝、整形,可提高果树的耐风能力。

防护林对减少风害均有一定效果,林带防护效果因结构、走向、完整度以及网格大小等不同而有很大的差异。因而,营造防护林必须因地制宜。

②合理配置好种植品种

果树因树种、品种而耐风不同,常有大风危害的地区,应因地制宜地选择配置好耐风树种和品种。实生树一般较耐风,适当使用高产质优的实生树,可减轻风害。

③合理种植形式和密度

以宽行密株的种植形式和适当密植,对减少风害具有重大意义。同样风力下,适当密植果园可以保存较多的株数,且不易倒伏,断干部位也较高。

④正确的抚育管理

抚育管理是否正确,不仅影响果树的生长和产量,而且对风害程度有极大的影响。为了适应防御风害的需要,从幼龄期起,便应按生长规律因势利导,去其无用枝,把有用枝培养成为骨干枝。以后，运用修枝整形技术，培养抗风树型，达到树型低，分枝健壮，干枝之间疏密有序，分枝均匀，树冠平衡，通风减小风压。

合理均衡施肥，氮肥过多会加重树冠，易遭受风害。病虫害损伤果树有机体，在风害频发地区应及时防治病虫害。受风害危害的果园需及时处理，以免招来病虫害，加大损失。

7.4.2　冰雹灾害及其防御

果树由降冰雹所造成的直接和间接损害，统称为冰雹灾害，是一种局地性的气象灾害。

(1)冰雹的形成和特征

①冰雹的形成

冰雹一般在积雨云中随气流多次升降，不断与沿途雪花、大小水滴等合并，形成具有透明不透明交替层次的冰块。当其增大到一定程度时，上升气流无法支持即降落到地面。冰雹的直径大小不一，常见的为5～50毫米。冰雹常伴随雷雨、大风同时发生，来势凶猛，破坏力大。

陕西省地处中纬度大陆内部，由于下垫面性质和复杂的地形，气温差异较大，局部地区易形成强烈的上升气流，产生强的不稳定层结，在具备适中的水汽含量，适宜的0℃～－20℃大气层高度，有触发机制和强的垂直风切变等条件即可形成冰雹。

②冰雹的分布特征

陕西冰雹在地域分布与海拔高度、地形和下垫面性质等关系密切，具有北多南少，高原和高山多于平川、盆地；陕北多于关中、陕南，关中的北部塬区多于关中南部川道，陕南山区多于河谷的特点。关中南部及秦岭以南为冰雹少发区，年冰雹日数均在1天以下。

陕西降雹有明显的季节变化。夏季冰雹日数最多，春秋季次之。春季渭北、陕北北部为多雹区，季冰雹日数为0.3～0.7天，其中旬邑、宜君、黄龙和府谷为强中心；陕北中部和汉中地区是冰雹多发区，季冰雹日数一般为0.2～0.5天，太白、佛坪和洛南为强中心，季冰雹日数一般为0.3～0.5天。夏季是陕西降雹的主要时段，渭北、陕北是冰雹多发区，季冰雹日数一般有0.6～1.5天，其中延安、子长、吴起、志丹、宜君和府谷为强中心，宜君降雹日数达1.54天；关中和商洛地区是冰雹多发区，季冰雹日数一般为0.4～1.0天。秋季，渭北、陕北是冰雹多发区，季冰雹日数一般为0.2～0.6天，其中府谷、子长、宜君为强中心，府谷降雹日数达0.57天；关中北部和商洛地区是冰雹多发区，季冰雹日数一般为0.1天。

陕西冰雹的日变化，呈单峰型。7—9时出现几率最少为3%；09时以后逐渐增多，13—20时是降雹最集中的时段，出现几率为80%，其中14—19时是降雹的高峰时段。

(2)雹灾及防御

①雹灾危害

冰雹对果树的危害，可分成直接伤害和间接伤害。

直接伤害，冰雹常被风所挟持，因此，冰雹害与风害同时发生，它们既有联系又有区别。冰雹危害主要由冲击能量所造成的机械损伤，风速、雹的直径、降雹密度愈大，树龄愈小，受害愈重。在雹击中，幼嫩茎干和顶芽可被冰雹打断，树干常在中部受害最重，而上部和下部受害较轻。这种差异可能与树冠的遮盖和树干被风弯曲有关。

间接伤害表现在两个方面，一是，枝叶破碎，引起植株的生理功能失调。二是，雹粒的温度低于0℃，地面大量积雹，形成低温层，融雹时又需吸收热量，使地面低温层持续时间延长，造成植株生理障碍从而影响生长。

②影响因素及防御

地形地势对雹害的影响十分明显。一般说来，山的迎风坡和山顶雹害最重，同为迎风坡面则由坡脚至山顶雹害逐渐加重；背风坡则在距离山顶不远之处有一无雹害区，其大小因坡度而异，坡度愈陡无雹害区范围愈大。地形对降雹的影响，具有制约、冲抬、热力和背风坡等作用。约束作用表现为使雹云沿谷道运动，并在谷道分叉或合并处常出现“分云”和“云并”现象。谷道分叉处雹云分开减弱，谷道合并处雹云加强。这也是雹灾多发生在山谷地带的一个原因，这种制约作用使冰雹带走向往往与山脉的走向一致。冲抬作用表现为冷锋移动的动能大，有利雹云在山区受地形抬升而加强。雹云移动的动能加强区在气流下坡区、谷道喇叭入口区。热力抬升作用使得高原和山脉南坡区、秃山裸峰区易降雹。山脉背风坡的作用，一方面使背风坡地区的几条多雹带与少雹带交替出现，陕西冰雹活动路径大都与当地的河流走向一致，并沿河流方向移动。另外具有马蹄形、喇叭口形的山地易形成冰雹。

冰雹是一种突发性的天气灾害，目前多用爆炸法和催化法来防止降雹。

爆炸法是利用火药，制成火箭或炮弹，再用炮筒打入雹云中的上升气流较强部位，借助火箭或炮弹在云中爆炸所产生的冲击波，打散冰雹云结构，减弱雹粒碰并增大作用，其效果比较好。在打雹的装备中，高炮防雹效果明显。

药物催化法就是把大量碘化银或干冰打入冰雹云内过冷水滴积存区，形成大量冰晶，增加雹胚数量，“分食”过冷水，使冰雹数目增加而单一冰雹的体积减小，以便在降落过程中融化为雨，减轻或避免冰雹的危害。

种草种树，改善生态环境。大面积植树种草，绿化荒山秃岭，改善生态环境，抑制局地热对流发展，减少雹灾的发生。茂密的森林草地，通过蒸腾耗热，可减弱空气温度的急剧变化和强对流，抑制冰雹产生。

目前有用化纤网防雹，网格可以缓冲冲击能量，减轻或消除冰雹危害，还能减小风速，减少直接伤害。

第 8 章　果树病虫害与气象条件

气象条件是害虫、病原生物及其寄主果树的重要生态因子。病原生物的繁殖、传播、侵染、流行，害虫的分布、活动、繁殖、蔓延、危害等均与气象条件有密切的关系。病虫害对果树的影响程度与天气条件密切相关。从世界气象组织已公布的若干作物病虫害与天气条件的相关关系的研究报告可知，关键性的气象要素因作物病虫害而异。不仅如此，还取决于气象要素的刺激强度和个体差异。

8.1　果树病害与气象条件

果树在生长发育过程中与有关病原生物，如：病毒、细菌、真菌、线虫等相遇后，需要环境条件有利于病原侵染和传播，病害才能发生或迅速发展。因此，外界环境不仅影响着果树病害发生的程度，而且有时会成为发生与否的决定因素。环境因素在病害发生、发展过程的各个阶段，以及侵入、潜育、孢子生成、传播、越冬等各个环节，对病原体发挥着抑制或促进作用。在一般情况下，土壤因素变化幅度小，树种、品种和栽培措施受人类控制，而气象因素的变动比较大，影响范围广。果树是多年生的树艺植物，感病的果树与病原体之间的依存关系年际变幅不大。因此，环境因素中温度、湿度、风等气象条件的变化，常常成为果树病害发生、发展的决定因素。

8.1.1　温度与病害

温度是通过对寄主及病菌两个方面影响果树病害的发生和流行的。就某些病害而言，产生最严重病害的温度，也是病菌生长最适温度。

(1)病原菌寿命与温度

大多数病菌对温度的适应幅度较大，所以寿命也较长，但因病原菌的种类而异。真菌多数产生于孢子繁殖，孢子的寿命受温度的影响。苹果花腐病分生孢子在 10.7～17.7℃时，其寿命能存活 9～10 天。细菌靠细胞分裂进行繁殖，一部分细菌也能产生内孢子。这种孢子具有对高温或其他不良环境极大的抵抗力。

病原物在不良气候条件下，常潜伏度过冬季或夏季，越冬越夏的能力主要取决于极端温度。例如，对柑橘具有毁灭性的黄龙病，据江爱良(1981)调查，在多年平均最低气温－4℃的地区，从未发现过黄龙病。在－2～－4℃之间的地区则偶有发生，高于－2℃的地区则随着越冬温度的升高而病害的危害加剧。

(2)潜育期与温度

病原菌侵入寄主后，潜育期的长短与环境条件有关，尤以温度最为显著，温度适宜潜育期短，温度不适宜则潜育期长。病菌从开始萌发到侵入完成所需时间，因病原物而不同。

(3)病原菌生长的三基点温度

病原菌的生长、繁殖受温度的制约，所有果树的病原菌均有一个最低、最适、最高的生长温度，但不同的病原菌要求温度不一。

(4)温度用于物理治疗

热处理是一种利用病原物不能忍受的高温对病害的物理治疗方法。例如，果树苗木，通过热处理使病毒钝化，而获得无毒苗木。如柑橘因疫霉菌引起流胶的伤疤边缘，用火油喷灯作热处理，当感病主干树皮下的温度升到 60℃或其以上时，真菌完全被杀死，经处理的树皮很快愈合，果树长势完全恢复。

8.1.2　水分、湿度与病害

除白粉病外，一般病原体的萌发、侵入需要高湿条件，而且也只能在潮湿条件下生育、繁殖较好。大多数病原菌真菌孢子的萌发、细菌的繁殖、孢子和细菌的游动均需在水中进行。大多数病害的病症高湿条件下才能出现。因此，水分和湿度是导致果树病害发生和发展的另一个重要环境因子。

(1)水湿条件与病原菌寿命

在一般情况下，病原菌对水湿条件的适应能力较强，但不同程度的水湿条件下其寿命因种类而异。据侯保林(1987)研究，植物的寄生线虫，在较干燥的土壤中存活时间较长，而在潮湿土壤中则难以长期存活。

(2)水湿条件与传播

病原菌有的依赖风和昆虫传播，有的则依靠水湿条件传播。依靠水湿条件传播的途径有二:其一，借助于水湿条件而浮游或蠕动;其二，靠雨滴的重力飞溅。

浮游或蠕动。有许多植物的病原菌个体是能浮游的，线虫的幼虫吸收水分之后也能蠕动，在一定水湿条件下，靠本身的动力传播。

雨水飞溅。降雨的雨滴具有一定的冲击能量，当雨滴冲击到寄主的病部，某些病原菌的孢子即可飞溅进行传播。据吕庆凤(1986)研究，石榴干腐病病菌靠降雨，在雨滴中的游动孢子和孢子囊飞溅传播。

(3)水湿条件与侵染

分生孢子的萌发是病原菌侵入寄主的前提条件，细菌、真菌的孢子及它们的营养体，依靠吸胀压来吸收水分萌发。据李瑶(1987)报道，苹果炭疽病病原菌孢子在田间捕捉量的消长，随降雨量呈曲线相关。据冯学文(1984)研究，诱发金冠苹果果锈发生的临界期是盛花后第 16～20 天，此期果园空气湿度与果锈发生相关系数最显著($r=0.899$)，达到显著水平。

许多真菌的游动孢子常常在自由水中才能产生和散布。因此，根和茎的腐烂病对果树的侵染常与土壤过湿相联系。板栗立枯病病菌经接种试验表明，在湿润的土壤中发病，在干燥土壤中不发病。病原物不同，侵染时要求寄主表面维持湿润的持续时间不同。

(4)病害发生发展与水湿条件

果树的病害中虽然有些适宜在少雨时发生，但大部分往往是在雨天发生。在寄主和寄主菌相互作用而发生病害的过程中，空气湿度的重要性仅次于温度，与降雨的时间和持续期密切相关。

夏季在苹果果实形态结构、生理状况及天气条件互相配合下，进入苹果炭疽病发病的最适时期。其中 7 月降雨量与病情严重程度密切相关($r=0.903$),达到极显著水平。

(5)水分传导与病害

许多果树的病害以萎蔫或猝倒为特征,这是由于水分传导被打断的缘故。细菌、真菌或线虫侵染根部,即可极大地降低植物吸水的能力。水分通过柑橘病株根的移动速率仅为健康植株根速率的 25%。水分传导的打断,或由细菌、真菌侵染,可以机械地堵塞茎部的木质部。据王世伟(1987)研究,苹果银叶病菌以菌丝体在树体木质部越冬,开春后随液流而扩展,病菌到达输导组织后即可使养分、水分输送运转受阻。或由寄生物产生的胶质或黏液沉积在木质部导管里面使运输受阻。病毒侵染以及侵染果树组织的微生物都可引起这类反应。水分传导被打断,而蒸腾作用在病害影响下加剧,水分平衡失调,引起暂时或永久性的萎蔫。

病害的侵染常常使受侵染部位可溶性的代谢物的浓度加大,且某些物质高浓度可以在叶片中保留到病原物被杀死之后,从而对溶质的运输产生影响,使寄主果树的代谢失调,出现感病的生理状态。

温度和湿度的影响在自然界不能截然分开。温湿条件的配合,不仅影响病原菌侵入、发生、流行,而且也影响它的寄主生长发育情况。湿热条件配合的适当与否是促使病害地区性发生、发展重要的原因。

8.1.3　其他气象因子与病害

(1)太阳辐射

果树病原菌对太阳辐射光的波长、强度和持续时间是敏感的。太阳辐射光波通过直接杀伤作用和增温干燥作用影响病原菌。

①直接杀伤作用

可见光和紫外光两者对菌丝或孢子均有致死作用。在某些情况下,太阳辐射光能够影响孢子的形成和形状。真菌和细菌在紫外光短时间的照射下,生长受到抑制或被杀死。病毒在寄主果树之外,处于一种潜伏状态,它可以被特殊天气,尤其是紫外光所杀灭。紫外光还能破坏某些细菌的毒素。

据夏廉博(1986)研究,紫外线作用于细菌的细胞,长波紫外线的一部分可被细胞的原浆吸收,使蛋白质产生光化学分解作用。短波紫外线能进入细胞核,导致核蛋白变性,蛋白凝固,直至细胞死亡。

紫外线的杀菌作用,与波长、辐射强度、病原菌对紫外光的耐性有关。在相同的能量和照射时间下,不同波长的紫外光杀菌效果不同。波长 295 纳米的紫外光杀菌作用最强,为波长 395 纳米的 1500 倍。紫外光辐射强度越大则杀灭作用越大。一般在中午 12—14 时辐射强度最大,此时大气中病原菌数量也最少。紫外线的杀灭作用在空气相对湿度低于 60%时最大。紫外线杀菌力还与照射持续时间有关。同一菌种光照持续时间不同杀灭能力不同,时间越长杀灭能力越大。不同病原菌对紫外线的耐性不同,杀灭致死所需时间不同。

②增温干燥作用

太阳辐射的红外线主要产生热效应。在太阳直接照射下,树皮温度比气温高。阳光照射下树体升温能在短时间内把果树表面的水分蒸发,起干燥作用,对病菌游动孢子的活性产生抑制,从而减少侵染。

(2)风

大气运动对一些真菌孢子的传播起着直接作用。有些病原菌借风力可以传播到很远的地方。风能蒸发果树表面的水分,对某些病菌孢子的游动和线虫的蠕动产生抑制作用,从而减少侵染。

风力摩擦给果树造成机械损伤,形成许多伤口,给某些病原菌直接入侵和流行创造了良好的条件。如溃疡病等,大风均可成为诱发这些病害使病害流行的重要因素。

气流运动引起热量输送、蒸发蒸腾、气体交换,这些均可明显地影响果树细胞生理,从而影响果树和寄生菌之间的相互作用。在低温期间,气流运动产生风冷作用,直接影响到果树和寄生菌的温度,温度降低对多数病害的发生发展产生抑制作用。

(3)空气

①空气污染与植物病害

病原菌在侵染期或繁殖期均可直接受到空气污染影响。空气污染可改变果树对病原菌的敏感性,同时也影响病原菌与果树表面的结合,从而影响病害的发展。据报道,受臭氧伤害的果树对兼性寄生和兼性腐生真菌的侵入表现敏感。臭氧和被臭氧损伤的果树组织能抑制专性寄生菌。二氧化硫直接影响到某些病原生物。苹果疮痂病由于二氧化硫污染而降低了病害的侵染力。也有报道,受二氧化硫污染的果树,在生长衰弱的情况下,环状根腐病更为严重。据《农业环境保护研究资料》1977 年第 2 期报道,氧化剂污染可使某些真菌引起叶部病害更加严重。如同污染物对果树一样,对一些病原菌也能产生抑制作用,使果树的病情减轻。

②土壤通气性与果树病害

土壤通气性对某些果树病害的发生与发展,有着重要的间接作用。这些作用可分两类:其一,氧气不足或二氧化碳过量,对病原体的生长和寿命的影响;其二,生长在通气不良的土壤中的果树对病害敏感性的增加。土壤含水量与土壤通气性呈负相关,一般认为,土壤空气不足,根呼吸加快,根的抵抗力下降,易于根腐病的发生,还会导致全株死亡。据 B. T. shaw(1965)报道葡萄、柑橘、板栗的根腐病,在排水不良、通气条件差的条件下最为严重。

某些病菌在土壤缺氧条件下不能生长发育,只在湿润有氧气的条件下菌丝才生长旺盛。

8.2　果树虫害与气象条件

害虫的发生和行为,随生物和非生物的环境条件的变化具有一定的消长规律,导致这种规律的形成,虽然有种种因素,但气象条件是主要因素。在同一地区每年害虫发生早晚、数量多少、季节变化等均有一定的周期性。这种周期性规律在很大程度上表现为对气象条件的适应性。气象条件不仅影响到害虫,而且对害虫及害虫天敌的食料产生很大的影响,即影响果树生长发育、营养需求和利用性能,从而影响到果树对害虫的诱性、感受性及适合性。两者互相影响的结果,导致害虫发生时期和严重程度的改变,或者引起种群数量和分布的改变。气象条件在这种改变中起着主要的支配作用。

8.2.1　温度与害虫

害虫是变温动物,自己无稳定的体温,它的体温基本上决定于周围环境温度。因此,害虫的新陈代谢和行为,在很大程度上受外界环境温度的支配。害虫的天敌和食料也受温度很大的影响，从而又间接地影响害虫的分布和数量。温度是气象因子中对害虫影响最为显著的因子。

任何一种害虫的生长发育和繁殖都要求一定的温度范围，有适温区和最适温区。适温区的下限温度是害虫生长发育的起点温度，适温区的上限温度是害虫生长发育因温度过高而受抑制的温度。

各种害虫都有适温范围，在此范围内害虫生命活动正常，并处于积极状态，一般适温范围为 8～40℃。最适温度 20～30℃，在此范围内害虫发育速度适当，寿命长，繁殖力最大，死亡率最小。高适温范围 30～40℃，在此范围内害虫发育速度缓慢，寿命短，繁殖量减少。低适温范围 8～20℃，在此范围内，随温度的下降，害虫发育速度迟缓，寿命短，繁殖力下降，甚至不能繁殖。致死高温 45～60℃，害虫表现为兴奋、昏迷、酶系统破坏，部分蛋白质凝固，短时间后便死亡，且不能复苏。临界致死低温范围－10～8℃，在此范围内，害虫体内代谢作用急剧下降，处于昏迷状态，或体液开始结冰，若在短时内恢复到适温，害虫可恢复活动，若持续时间过长，亦可致死。致死低温范围－40～－10℃，在此范围内，害虫体液大量冰冻和结晶，使原生质受机械损伤、脱水和生理结构遭到破坏，或因毒素的积累而死亡，不能复苏。

(1)温度与害虫个体发育

害虫的发育速度是在一定温度范围内随温度的升高而发育速度愈快，即随温度的升高发育历期逐渐缩短。害虫完成一定的发育阶段，例如一个虫期或一个世代，需要一定温度的积累，即发育期所需时间与该时期内的温度乘积是常数。害虫必须在发育起点温度以上才能开始发育。

某些昆虫，发育历期雌雄有差异。据赵敬钊(1988)等研究，黄褐新圆蛛是广泛危害农田、果园、果树害虫的天敌，其幼蛛，在 20～37℃之间，雌蛛历期比雄蛛长 1～2 天。

温度对昆虫存活率的影响非常明显，但因昆虫种类而不同。黄褐新圆蛛是比较耐高温的蛛种，二龄期是幼蛛存活的关键期，即死亡率最高时期，在 34℃时成活率最高可达 90%，在 15℃以下、53℃以上时存活率为 0%。而害虫叶螨、盲蝽则不然。叶螨随温度的升高，种群个体死亡率增加，即在高温时死亡相对集中，存活率急剧下降。盲蝽若虫以 24℃时成活率最高可达 95%左右，也随温度的升高存活率逐渐下降，在 34℃左右下降到 0%。

(2)温度与害虫的繁殖

昆虫的繁殖力主要受温度的支配，多数昆虫适合繁殖的温度范围比持续性生长发育的温度范围要小，但不同的虫种繁殖温度不同。以较耐高温的黄褐新圆蛛而言，随着温度的变化每天产卵量不同：25℃时平均产卵粒数为 470 粒，28℃时为 463 粒，30℃为 299 粒，32℃为 236 粒，35℃为 344 粒，以 25℃时为最多。黄褐新圆蛛孵化率受温度控制，温度不同孵化率不同，可孵化温度在 14～44℃之间，最适温度为 29℃，孵化率可达 93.5%，20～25℃为 80%左右，35℃为 63%左右。害虫柑橘红蜘蛛发育起点温度为 8.2℃，当旬平均温度为 12℃时，虫口开始缓慢增加，19.8～24.3℃虫口达到高峰，旬平均温度超过 25℃，繁殖速度受到抑制而迅速下降，并分散转移越夏。在低温下，害虫的性腺多不能发育成熟，以致不能交配产卵，或产下少量的卵；高温下精子不易形成而失去活力，常引起不孕，影响产卵交配活动。

(3)温度与害虫的耐寒力、耐饥力

害虫的耐寒力和害虫的过冷却点关系密切，过冷却点温度越低，其耐寒力越强。据谢佩华(1988)测定柑橘木虱单个成虫虫体结冰点为－15.8℃，过冷却点为－17.5℃。

害虫的耐饥力也与温度有关，一般温度越高虫体的生理代谢作用越旺盛，所需食料越多。

据四川省农科院果树研究所(1981)报道,梨的害虫黄粉蚜,在日平均温度为12.1℃时最大耐饥力为8天,在25.2℃时为6天。

8.2.2 水分、湿度与害虫

一般害虫的体内含有水分为体重的46%~92%,水是害虫进行生理活动的介质,没有水害虫就不能进行生理活动。害虫与环境水分的平衡状况,影响其正常生理活动和行为。

(1)空气湿度与害虫

与温度一样,害虫在适宜的湿度范围内,一般为70%~90%生育较快,如果水分不适宜生长发育就会受到影响。各种害虫对湿度的要求不同,不同种害虫的各个发育阶段都有一定的适湿范围,高湿或低湿影响害虫的生长发育特别是生殖力和存活率。

害虫体内需有一定的水分才能生存,对低湿环境的适应是有限度的。空气温度在30℃条件下,相对湿度15%~20%时,夏天红蜘蛛雌螨体内水分只能保持1天,以后因失水而死亡,若相对湿度升至75%,体重可保持3天不变。

空气湿度对害虫卵的孵化有一定的影响,其影响因害虫种类而异。如粘虫成虫在25℃、相对湿度90%时的产卵比60%时多一倍。空气湿度对害虫的发生发展也因种类而异。柑橘红蜘蛛在旬平均相对湿度为65%~87%时,有利于害虫的发生,且发生峰期处于73%~87%的较高湿度时期。梨黄粉蚜要求较低,当温度不成为生长发育的限制因子时,空气相对湿度在50%~70%时虫口密度猛增。

(2)降雨与害虫

降雨量的多少直接关系到害虫所栖息的土壤及空气湿度,降雨对害虫的行为和生存产生影响。降雨常常在果树的叶脉附近积成水滴,淹没虫体,影响其孵化率。据李隆术等(1980)试验,柑橘全爪螨浸水1~3天,其孵化率仍高,连续浸水5天以上孵化率下降。但也因卵龄而异,卵龄1天的浸水3天孵化率为94.7%,卵龄3天的可能由于胚胎发育的呼吸强度较大,浸水影响其代谢过程,孵化率急剧下降仅为5.26%。

降雨尤其是暴雨对害虫具有冲刷作用。因此,一般害虫在降雨过程之后的发生量,在短时期内与降雨量呈负相关。据高与桎(1983)研究,日降雨量为109.2毫米,调查柑橘红蜘蛛虫口减少48.4%;日降雨量127.2毫米,调查虫口减少37.1%。在两次暴雨之后约10天左右虫口密度又上升。看来降雨冲刷作用对虫口密度只能起暂时抑制作用。在冬季,一般降水会增加一些害虫的死亡率。

(3)土壤湿度与害虫

大部分害虫的幼虫需温度上升到一定量时才能出土,但只满足温度要求不一定出土,还需在一定的土壤湿度下才能顺利出土。据张凤舞(1983)测定,桃小食心虫当土壤含水量接近5%时,幼虫即可出土,高于5%时出土虫增多,土壤水分含量10%左右是幼虫出土的最适湿度。土壤干旱,可使多数桃小食心虫幼虫未能出土而死于茧内。

8.2.3 其他气象因子与害虫

(1)光与害虫

昆虫有辨别不同波长光波的能力,不同波长的光波对昆虫的引诱性或忌避性不仅因昆虫种类而异,而且同种的性别也有差异。许多害虫都具有不同程度的趋光性,并对不同波长有选择性。

蚜虫对黄色和粉红色有正趋性。小黄卷叶蛾能感知黑色光波，桃小食心虫能感知白色光波。在夜间活动的某些害虫能感知紫外线，对青色、蓝色、紫外线也有敏感的感知。

某些昆虫有避光的习性，柑橘锈壁虱无论在单个果实或整个柑橘树上，均在阳光照射不到或很少照射的地方栖息。果实的吸果夜蛾忌避黄色光波。白色所反射光的性质，能使蚜虫的视觉模糊，所以白色对蚜虫有迷向作用。

害虫在适宜光波照射下，虽然具有趋光性，但不是见光就会飞来。有的昆虫直接飞向光源地点，而有的只飞到半途而止。据王云尊(1980)研究，桃小食心虫成虫趋光行为受光照强度的制约，当成虫附近的光照强度低于桃小食心虫复眼生理状态适合的照度时，成虫从暗处飞往光源；当照度超过复眼的耐受力时，则抑制成虫向光源飞行。

害虫趋光性因性别而异。铜绿金龟子的雌虫有强烈的趋光性，而雄虫没有趋光性。而桃小食心虫雄蛾的趋光性强于雌蛾，雌蛾对弱光的趋光性的敏感性强于雄蛾。

害虫对光的选择与它生活的环境有密切的关系，生活在阴暗处的害虫，如大蟋蟀白天穴居在巢中，一般在黄昏后至22时左右才出穴活动。相反，生活在开阔地方、习惯于强光的虫类，在光线很弱时活动受到限制。

光照对害虫的发育也有影响，许多试验证明，完全黑暗或强烈的光照可以延迟某些害虫的发育。害虫处在强烈的光照下，可以使发育停滞、生殖受阻，甚至死亡。光周期是引起害虫休眠作用最重要的因子，对许多害虫而言，自然界的短光照能引起休眠，而长光照则抑制休眠。所以光照时间及其周期性的变化是引起害虫滞育的重要因素。蚜虫若虫期如果处在短日照与低温环境下，产生有翅型；在长日照与高温条件下，则产生无翅型。

(2)风与害虫

风与害虫的分布和生活有着一定的关系。有些害虫常借助于气流进行短距离的传播，许多鳞翅目幼虫可吐丝借风传播。有些有翅类害虫，聚集在逆温层内温度较高的层域，被气流带到气旋内，可在远方沉降着陆传播为害。大风大雨能将果树上的一些害虫击落冲散，从而对虫口密度的增长起抑制作用。

(3)空气污染与害虫

大气污染后，因所含的物质不同，而对害虫产生不同性质的影响。大气中氟、硫和臭氧直接作用于害虫，而影响害虫的危害态势。大气污染直接引起果树生理代谢过程的改变，可以使果树组织中游离有机酸和糖类增加，有利于害虫的生长发育。受污染的某些果树叶片能释放出有如萜类的挥发物质，对害虫产生吸引力，而加重危害。

美国哈佛大学的科学家们发现，在二氧化碳含量较多的大气里生长的植物，蛋白质含量较低，而在同样环境里的一种普通的吃植物的毛虫生长发育比较慢。在这两者的互相作用下，毛虫吃掉更多的农作物，危害加剧。

8.3　果树病虫害防治与气象条件

应用农药防治果树病虫害，也称化学防治，是保证果树速生、丰产、稳产的一个重要环节。化学控制有害生物的发生发展与危害，保护果树和果品安全方面发挥巨大作用。化学农药不仅用于有害病虫源的控制，在病虫大发生时的快速毒杀，遏制病虫对果树的毁灭性危害，有独到的作用，因此，是目前广泛运用的防治方法。现代杀菌剂、杀虫剂的种类日益增多，施用化学药剂防治是以药剂对生物体的毒杀作用为基础，一切防治工作均在大气环境条件下进行，药物进入病虫体发挥其药效，要经过物理的、生物的、生物化学的种种过程，其吸收作用、药理作用和毒杀作用，无不受气象条件的影响。因此，施用时除必须了解药物性能、防治对象、使用方法、安全防护要求之外，还需了解气象条件与施药的关系，防止产生药害，提高防治效果。即使是使用微生物制剂，由于它是用活的病原菌或真菌制成的农药，使用的是病菌活孢子，也需注意气温和湿度的影响，才能充分发挥杀虫的效果。

8.3.1 施药与气象条件

(1)风与施药

田间施药，风和上升气流是对施药影响最重要的因素。一般应在无风或微风条件下施药。有风时施药，当药物进入大气后，随着气流而被带到下风方向，又随着大气的湍流而不断上下左右扩散，使药物的浓度降低。大气湍流强，对药物的稀释能力大，反之则小。风速大，药物被输送得远而稀释快；风速小，则输送得近而稀释慢。不同药剂在大气中的扩散系数和扩散流值不一样，因而，施药应按不同药剂的扩散系数和扩散流值，选择适宜的风速施用，一般均要求在无风或微风条件下进行。

在大风时进行液剂的细雾喷射，由于雾粒极小，易于蒸发或吹失，在植株单位面积上的沉积量大为减少。大风对喷粉更为不利，一般认为风速超过1.6～2.0米/秒不宜喷粉。在微风时施药，应注意风向，一般应在风的上方向下风处施药。如果风速过大，应停止施药。

施放烟雾时，烟雾开始形成时的浓度与风速成反比。要在空气中形成一定浓度的烟雾，风速越大，消耗烟雾剂量越多，所以一般风速超过1.5米/秒时不宜施放烟雾。就一个烟雾发生点而言，风速越大，烟雾被输送得远而稀释快。在多点作业时，情况则有所不同。因为多点发生的烟雾，难免不出现重叠现象，使药物浓度过大。因此，在微风条件下多点施放烟雾，在一定动力推动下，不仅稀释均匀，而且烟雾在运动中有更多的机会遇冷产生凝结下沉，可以收到较好的防治效果。

(2)逆温天气与施药

药物在大气中的输送与大气稳定度有关。大气稳定，湍流扩散受到抑制，药物浓度很少受到稀释。大气不稳定，湍流扩散得到加强，药物稀释快，浓度变小。因此，施放烟雾剂或喷粉、喷雾常在逆温天气进行，使药物烟幕不易扩散而提高防治效果。

(3)水湿条件与施药

早晨和傍晚果树体表面常有露水覆盖，施粉剂后，药物可借助水滴、水膜被固定在植物体表面而提高药效。

可湿性粉剂、可溶性粉剂施用后遇雨易被冲失。因此，在产生降水过程之前不宜施用。

综合以上情况，施用粉剂的最好时机是晴天日出前后。此时气流平静、风力小，而且由于水汽的凝结，树体上常覆被一层薄薄的水膜，对药物可起固定作用，提高防治效果。

8.3.2 药效与气象条件

在应用农药时，环境条件是在不断改变，这种改变一方面影响病虫体的生理活动，另一方面影响药剂的理化性状。因此，农药的使用效果，在很大程度上取决于已出现和所预报的农业气象条件。

(1)温度

害虫的生理机能，如活动、代谢、呼吸、取食强度等，在一定范围内，随温度的升高而增强。一般说，高温时活动强度大，害虫取食或接触药剂时受药机会或程度均增大，同时药剂活性，如挥发性、扩散性、穿透性等增强，对害虫体壁的穿透力、肠壁的吸收、毒剂作用的速度和程度也相应增强。因而，加速了果树害虫的中毒过程。

温度对杀菌剂毒力的影响，随药剂的种类而有差异。如甲醛、硫磺、石硫合剂等，温度增高而药力增强。油剂一般不蒸发、抗风化。温度可以通过改变药剂的理化性质间接地影响药效。尤以对挥发性大的药剂，影响更为显著。挥发性药剂，在高温下挥发较好，所以残效作用期较短。在中午炎热干燥情况下，当温度超过 30℃时，很快挥发逸失，毒力显著降低。有些药剂化学性能比较稳定，但在高温下也能分解，如代森铵在温度高于 40℃时容易分解。有机氯杀虫剂或杀菌剂化学性能稳定，不易受高温的影响，在室内或土壤中药效可持续较长时间，因而残留药剂的危险性也增大。

土壤温度增高，农药代谢转化、挥发作用均被活化。提高土壤温度能加快土壤中农药的降解。许多药剂贮藏与温度关系密切。乐果在 20℃时乳剂贮藏 3 年其分解程度小于 10%，但在 50℃高温下贮藏 1 个月分解程度达 50%。

微生物农药杀虫效果也与温度有关。例如，真菌杀虫剂白僵菌，当孢子附着于虫体，要在适宜的天气条件下才能产生大量的菌丝和分泌物，引起害虫发病。白僵菌的发育温度为 5～30℃，而以 24～28℃、相对湿度达 90%以上孢子萌发率高、菌丝生长快、杀虫能力大。

(2)雨水和湿度

许多有机磷化合物易于水解，马拉硫磷在水解时形成一元羧酸。1605 水解时形成对硝基苯酚。水解速度主要决定于联结在磷原子上的基因性质。敌敌畏加水稀释后慢慢被水解，每天的水解率为 3%左右，在碱性溶液中分解更快，在强碱性溶液中，一天时间就会完全水解成无毒化合物。尽管许多药剂不溶于水，但水使它们降解或从环境中消失，仍起着重要作用，使它们更易于受到化学降解及生物降解。由于水分的参与，使吸附在土壤颗粒上的除害剂，更容易为微生物所降解。

降雨对药剂的影响主要表现在淋溶和淋失作用上，减低药剂在被保护的果树上和土壤中沉积量，使药剂减效或失效。雨水降低药效的程度，与防治对象、药剂种类和性能以及降雨量和持续时间等有关。粉剂或易溶于水的杀菌剂、杀虫剂，其治疗效果与降水强度密切相关，喷药后两小时内下大雨，药剂失效。含盐较多的撒布药剂，雨露会加大其沥滤强度。菊酯类农药在施药后 3～4 小时以内下雨不影响药效。油剂喷在具有蜡质的叶面上，在有雾滴的情况下持久性很好。

一般药剂抗雨水的冲刷力较差，特别是暴雨的冲刷。乳剂含有有机溶剂或油溶性的有效成分，可侵入叶面的蜡质层，故较可湿性粉剂抗冲刷能力强。在制剂中加入少量黏着剂，一般可改善抗刷能力。在降水量较多的地区，由于有利于病原菌侵入果树，和雨水对药物的冲刷，应使用胶囊农药和残效长内吸性的毒剂，或增加施药次数来提高药效。在病害危害的高峰期，应尽可能抢晴天施用药物。

农药与空气湿度和土壤湿度的关系，也因果树种类、药剂而不同。敌百虫易溶于水，在大气中存放时间过长，吸湿受潮变成黏稠状而失效。微生物农药杀螟杆菌则不怕干旱，对湿度要求也不严。

杀虫剂在土壤中的毒力受土壤性质、气候条件、药剂的理化性质等多因子影响，在潮湿的土壤里，水溶性越差的农药对害虫的毒力越高，在干旱的土壤里则不呈现这种规律。

土壤含水量低时果树叶部内吸类农药药效高，土壤特别干旱时会使农药分解减慢。土壤含水量降低，土壤的吸水力增强。土壤吸水力增强导致果树根系吸水力增强，引起叶片吸水力增大，叶部内吸类农药的药效增高。施用具有高度挥发性的杀虫剂、杀菌剂时，在湿的土壤中比在干的土壤中挥发更快，这是由于水把药剂由吸附部位上排挤出去。水的蒸发加重了药剂从土表或其他表面的挥发。

空气湿度高，一般可降低液剂的挥发，故有利于液剂的细雾喷射。粉剂在早露未干时喷洒，由于粉剂黏着较好，药效可提高。液剂在早露时喷洒则由于浓度被冲淡，毒效可降低。喷雾时的雾粒的大小，不仅影响药物的覆盖面，同时还影响药剂的药效。雾粒的直径越大，单位面积上着落的雾点数量越少，覆盖面积小，且覆盖也不均匀，害虫、病菌接触到药剂的机会相对减少，药效降低。雾粒不能太小，否则冲击力太小，易被风吹失或蒸发逸散，着落量随之减少，药效相应降低。所以，喷雾的雾粒直径要适合，实践证明以直径为 30～80 微米最适合。而超低空飞机喷雾以 70～100 微米为最好。

(3)光

太阳光线能引起某些药剂产生光解作用。光解作用是农药非生物降解的最主要因子。据伏洛钦斯基等(1979)报道，在光作用下，甲氧滴滴涕、艾氏剂和狄氏剂转化成为光狄氏剂等氧化作用和光解作用的产物。除草剂五氯酚钠在阳光下经 3～7 天，即可分解失效，残效期缩短。光谱中紫外光部分，可以引起有机分子的化学变化。多数除草剂的最大吸收高峰出现在波长 200～450 纳米之间，而在这个波长范围内光的吸收足以引起一些农药产生化学变化。有机磷制剂锌硫磷遇紫外线也很容易分解，残效期变短。阳光不仅对光学药剂产生分解，对植物性杀虫剂也容易产生分解而失效。阳光也可提高某些药剂的使用效果，例如化学除草剂 2.4-D，在适宜的温度下，施用时光强越强药效越高。某些药剂需在晴天或者在连阴雨天时要抢晴天施用，其主要原因之一，就是在阳光下施用可提高药效。

目前利用阳光来防治害虫，取得了突破性的进展。据美国伊里诺依大学的科研人员称，研制出一种能把阳光转变成使害虫死亡的杀虫剂。这种杀虫剂是一种简单的氨基酸，叫 δ 氨基乙酰丙酸，能在害虫细胞内激发生成生物化学药剂。当曝露在阳光之中，生物化学药剂失去平衡，产生破坏害虫细胞的连锁反应，使昆虫发生痉挛，于数秒钟内死亡。这种药剂能被生物降解，对人畜无害。

(4)风

风除能影响农药的扩散之外，还能使农药干缩为薄膜或成为粉粒，黏着在植物表面而降低药效。尤其是大风，会使雾滴和药粉飘移影响药效，有时还会毒害附近敏感的苗木和作物。

用直升飞机撒布农药，将在一定宽度内沉降。风速大则蒸发加速，使用的药剂尚未完全渗入果树体内，就可能被干缩为薄膜或粉粒粘在果树表面，使药效降低，甚至完全无效。

8.3.3 药害与气象条件

某些果树树种对特定的某种或几种农药极其敏感，而产生药害，某些农药还因施用时选择天气条件不当而造成药害，气象条件常常成为药害的主要原因。

(1)温度

一般在高温下最容易产生药害。高温不仅使药剂的化学活力较强,同时果树的代谢作用也较旺盛,有利于药剂侵入果树体内而引起中毒。例如,砷素剂、硫磺制剂、油乳剂等,在高温下容易产生药害。因此,在炎热的天气,药剂应以较小的浓度使用,并避免在炎热的中午施药。液态石硫合剂如在天气热或高浓度下使用,会烧坏果树的叶和幼果。波尔多液由硫酸铜、生石灰和水配成,石灰配量愈少则愈易在高温天气下产生药害。

(2)湿度

当空气湿度或叶面湿度大时,一些无机药剂也容易产生药害。如含砷药剂和波尔多液等,在空气湿度大、叶片过于潮湿的情况下使用,有利于药剂的溶解和侵入植物体的组织而产生药害。由于凉湿天气使所喷药剂干燥很慢,因而凉湿天气最易引起药害。所以施用上述药剂时,一般均应避过空气湿度大和有降水过程的天气,宜选用喷药后能迅速干燥的晴天喷药,以减少药害的发生。

土壤中的水分,对药害也有很大影响,土壤水分多,药剂在嫌气微生物作用下容易降解,所以,水渍土比旱地农药残留量少。一般在土壤干旱的条件下容易产生药害。土壤含水量低,植物的吸收作用较强,容易把药剂吸收到组织中去而造成药害。如在干燥的土壤上生长的果树,对石油乳剂的药害比生长在潮湿土壤重。药剂对果树的药害,山地的果园中易产生药害。因此,当天旱缺水时,在施药前灌水可以防止或减轻药害。

(3)光

果树体受光部分温度常常高于气温。因此,光照强度大的时候,容易使果树体产生药害。在日照强烈、温度高的条件下施用石硫合剂,往往产生药害。

有些除草剂,对果树光合作用有强烈的抑制性。果树在这类药剂的毒害下,赖以生存的光合作用受到干扰,易招致伤害,甚至死亡。

(4)风

大面积喷撒除莠剂等刺激性药剂,施用的药剂对周围的植物有过敏反应时,要注意风向和风速,避免附近的植物对喷撒的药物过敏而遭受药害。

第 9 章 果品贮藏运输与气象条件

果品采收后仍是一个活的有机体,每时每刻都在进行呼吸、后熟和蒸腾等一系列的生理、生化活动。由于离开母体,其消耗的水分、养分等只能依靠自身的减少来维持,因而其重量、果实颜色、果肉、风味、营养及发芽率等均在不断变化着。人工贮藏,通过人工和果实自身的调节,创造一个良好的贮藏环境,以减缓其变质速度,延长果品贮藏期。

果品的贮藏性是由遗传基因控制的,是在环境条件的影响下发展形成,又随着环境条件和果品发育阶段的改变而改变,研究果品的贮藏性必须了解各种生理过程、生化变化和环境条件的影响。控制和创造最佳的贮藏环境条件,以满足季产年销、调节市场、常年供应的贮藏要求。

9.1 果品采摘前后的气象条件与贮藏

果品形成期间需要适宜的气候,其代谢过程随光照、温度、降水等因素的变化而改变。这些因素直接影响果树的营养状态、果实的解剖学特性和化学成分、果实的后熟作用和代谢失调的易感性,从而改变果品的耐贮性和抗病性。

9.1.1 果品采摘前的气象条件

(1)光照

在很多果树中,花青素的形成与光的强度直接相关,类胡萝卜素在无光处虽然亦可形成,但在有光的环境中发育更佳。外果皮呈淡红色的果树,例如苹果、梨和桃中的某些品种,只有在太阳光照射下才能形成外果皮的色泽。因而,光照不足,果实着色不良,有损于品质。细胞最表层的色素,作为一个反射的屏障而阻滞着光穿透到下层组织。红色素主要反射红光,所以在果实的红斑下,温度要比绿斑下的低。布满青铜色锈斑的柑橘果实,在吸收太阳辐射的条件下,由于温度的升高使这种果实产生异味。

果实不宜在晴天太阳直射下进行采摘,采收后也不应受到太阳的直接照射,否则果温高,促进呼吸作用,降低贮藏品质。

(2)温度

果实内物质的积累,需要一定的温度,暖热气候适于碳水化合物积累,而凉爽气候则适于酸分和抗坏血酸的积累。气温低的地区,果实坚实度一般较差、后熟快;气温较高的地区则反之。高温能影响酶的活性,所以高温能阻止果实成熟。干暖地方的洋梨与凉爽地区生产的果实比较,其抗压能力提高。据蒲永义(1986)研究,元帅苹果的适宜采收期以盛花后 130～150 天,此期采收的果实,可溶性固形物的含量高、硬度适中、含酸量较低、糖酸比变化小,色泽艳丽,蜡质果粉多,商品价值高。

早熟的苹果以及在暖季成熟的品种,均不耐贮藏。安久梨,受采前六周每日逐时平均温度的影响，最适温度范围为11.7～20.0℃，生长的果实后熟品质好。在20.0℃以上和11.7℃以下生长的果实不仅不能正常成熟，而且品质差。为了适应贮藏需要，K. 斯陶尔(1985)提出，在早晨和较低的温度下，不应采摘苹果。

果实从树上采下后，蒸腾作用开始大大降低，然后均匀地进行蒸腾，最后蒸腾再不断增强。蒸腾的速度，一方面取决于周围空气的湿度、温度和空气的流动性，另一方面也取决于果实本身的性质。与冷空气相比，温暖的空气能吸收大量的水分。根据范托夫定律，温度每提高10℃，呼吸作用强度增加1～2倍。从树上采下的果实温度较高，无论从蒸腾失水或是从呼吸消耗分析，把这些果实直至存放到贮藏库，果实高温的存在危及贮藏品质。应采用预冷方法使果实迅速降温后，再贮藏。

(3)水分

水分供应适宜，果实生长发育良好，有利于贮藏。雨水过多，尤其即将成熟时果实水分含量过高，干物质相对减少，既不耐贮，又易造成裂果，同时也间接影响色素的生成。据浙江农业大学(1985)研究，在雨水较多的年份，柑橘品质较差。干燥地区所产的李子比湿润地区所产的李子较耐贮藏。鸭梨在采收前大量灌水，黑心病率会提高。

早采的果实，由于果皮的保护作用差，易于造成失水过度，导致萎缩，不仅减轻重量，而且影响外观品质，减弱抗病能力。

9.1.2 果品采摘后的预贮处理

果实采收包装之前，进行短期的贮藏，称为预贮。预贮对果实可以产生预冷、愈伤和软化作用。

(1)预贮的预冷作用

刚采收的果实带有田间热，果实温度与周围空气温度相等或高于空气温度。有些树种的果实，在采收后不久果实温度还将暂时急剧上升。果实温度愈高，呼吸作用进行得愈快，这是造成贮运鲜度下降的主要原因。经过预贮释放田间热，以减少损耗。预贮使果实温度降低的这一作用，称为预冷作用。

苹果在常温下越早预冷越好，延迟预冷时间愈短愈好。据美国研究报道，假定适期采收的苹果保持的养分为300单位，贮藏在0℃时每天消耗1个单位，而放在20℃下每天消耗10个单位，如果放置10天才降温贮藏，其贮藏性降低了1/2。预冷减缓了果实的衰老和后熟，延迟腐烂微生物的生长，更重要的是降低了蒸腾而造成的水分损失。对于易感冷害的果品，用略高于冷害发生的温度贮藏，可以提高以后在运输贮藏中对冷害温度的耐受性。预冷减小了大樱桃贮藏前期温度的大幅度波动，使二氧化碳和氧气的浓度处于较为适合的水平，从而降低了褐变率和腐烂率。

(2)预贮的愈伤作用

采摘果实和搬运果实，难免不出现机械损伤，在冷凉干燥的预贮环境中，经过短期的贮存，部分伤口可以逐渐愈合，避免病菌侵入引起腐烂。预贮的这一作用，称为愈伤作用。

(3)预贮的软化作用

刚采收的果实表皮细胞含水分多，在预贮中使果皮水分蒸发，以降低细胞膨压，使果皮软化具有弹性。这种作用称为软化作用。

从气象学分析，预贮使果实水分得到蒸发，从而在包装运输和贮藏中减少蒸腾量，降低包装内和库内的空气湿度，减小果实表面出现水汽凝结的几率和数量，可控制病原生长，减少贮运损耗。章文才(1985)研究认为，采后1～3天的贮藏，对于防止柑橘、苹果、梨的贮藏病害具有显著的效果。

(4)预冷的方式和问题

目前采用的预冷方式主要有空气冷却和真空冷却。空气冷却可分为强制通风冷却和差压冷却。强制通风冷却，是将天然的较低温度的空气，强制输入以达到降温的目的。方法简单易行，但冷却慢，受地区、季节自然条件的限制。差压冷却其原理是将冷空气吸入容器内，产生差压，冷却的速度比强制通风方式快(表9.1)。差压冷却可能成为今后主要采用的冷却方式。真空冷却主要利用水蒸发的气化热冷却，冷却速度快，但成本高。

表9.1　强制通风和差压冷却的速度

果类	强制通风冷却时间(分)	差压冷却时间(分)
梨	24～48	5～6
葡萄	20～25	5～6
李子	15～20	5～6
桃	24～48	6～8

(石井，1982)

果实预冷是与下一道工序有关的低温技术，预冷温度不能过低，否则，可能会出现低温伤害，而且在随后的贮藏、运输中温度上升的幅度可能很大，果实在生理上受到不良影响较深。因此，预冷的温度要适度。例如，桃的预冷温度以5～7℃较为适宜。

(5)贮前热水处理

许多果品，在采收后贮藏之前需用热水处理。热水处理的生理作用，主要借助于环境温度控制酶的活性和增强细胞膜的弹性。热水处理利用环境温度，可控制一些真菌和一些寄生害虫，热水处理利用适宜的温度和持续时间可减轻由寄生病虫引起的腐烂所造成的损失。中国板栗用52℃热水处理30分钟能控制真菌和杀死99%的象鼻虫，若配合好的贮藏条件，不仅可延长贮藏时间，而且能保持良好的市场品质。

热水处理对于某些果实，有提高果糖、可溶性总固形物和β-胡萝卜素含量，降低果实酸度、维生素C和单宁含量的作用，但也有催熟和缩短贮存期，并促进生理活动而引起失重的缺点。果实入库前，用热水处理，其温度应略低于果实产生伤害的温度。不同种类的果品要求处理温度和持续时间不同。据报道，柑橘用48℃浸2～4分钟，桃用51.5℃浸2～3分钟，或46℃浸5分钟，苹果用45℃浸10分种为宜。

9.2　温度与果品贮藏

温度在贮藏保鲜中直接影响到果品的品质，是贮藏保鲜过程中首要的环境因素。

9.2.1　温度与贮藏过程中的呼吸作用

果实采收后仍进行着一系列的生理生化活动，最显著的表现为呼吸作用和物质代谢。果品呼吸作用是有机体维持生命活动的重要环节，并与果实采收后的贮藏性密切相关。贮藏中由于呼吸而释放的热量，产生呼吸热的数量与所处环境温度呈正比，一般随温度的升高而增大。呼吸热提高环境温度，如不及时放热，将使呼吸强度加大，而影响贮藏。

据周国忠等(1984)研究，猕猴桃果实呼吸强度与温度呈直线相关，相关性在较高温度范围内更加密切。果实处于采后不同阶段，温度对呼吸强度的影响也不同。

果实采后9天处于呼吸跃变期，呼吸强度(Y)与温度(t)的关系可用下式描述：

$$Y=2.56+5.2t \quad (\text{相关系数为 }0.935)$$

果实采后 16 天已软熟处于衰老期，呼吸强度(Y)与温度(t)的关系是：

$$Y=3.88+0.79t \quad (\text{相关系数为 }0.895)$$

对于猕猴桃，温度对于呼吸的影响，果实处于跃变期比处于衰老期要强烈得多。在不同温度下，果实呼吸高峰出现时间也不同。一般贮藏温度越高，呼吸高峰出现越早，果实衰老越快，贮藏时间也越短。温度同时也影响到与呼吸代谢有关的多种酶的活性，当温度达到 35～40℃以上时，与呼吸有关的酶系统遭到破坏，呼吸强度反而降低。据 Elyaten S. M. 等(1986)报道，石榴果实呼吸率随温度的升高而增大，但在 30℃贮藏时，随贮藏时间而降低，直到 7 天后由于腐烂而丢弃。

呼吸强度决定着果实的衰老速度和贮藏寿命。一般果实在高温下，不几天就消耗掉大量的碳水化合物。由于呼吸消耗，降低果实的抗病力而产生烂果。大多数果实成熟阶段均有一个呼吸高涨的过程，由于呼吸的急剧上升而出现高峰，称为呼吸跃变期。而另一些果实则无呼吸跃变期。若把采收果实按呼吸状况分为跃变型和非跃变型两类。则猕猴桃、桃、柿、杏、李子、梨、苹果等均属于跃变型果实。而石榴、葡萄、樱桃、柑橘等均属于非跃变型果实。有呼吸高峰期果实的共同特点是：含有的贮藏物质淀粉和脂肪，在采收后进行后熟作用，一般在呼吸高峰出现之后，随着细胞结构的解体，硬度的降低而逐渐衰老。无呼吸高峰的果实，采收后不发生贮藏物质的水解作用，呼吸作用以逐渐利用可溶性糖为主。许多研究证实，呼吸强度是随着贮藏温度的降低而减弱的。因此，采收后必须降低果实温度以降低果实的呼吸强度，延缓后熟期，以达到贮藏保鲜的目的。

9.2.2　温度与贮藏过程中的生理生化变化

每种生物系统都有其最适温度，温度的显著升高或降低会引起生理失调；温度作为增加或减缓化学反应速度的因子，在贮藏过程中毫无疑义地将产生巨大的作用。

(1)温度与可溶性固形物含量变化

桃的可溶性固形物含量变化在 10.3%～11.8%之间，在 2℃和 6℃下贮藏可溶性固形物总量较少，而在 10℃和 15℃下贮藏 4 周，可溶性固形物总量增大。桃随贮藏时间的延长，可溶性固形物总量显著增加，这种增加达到一定限度之后则下降。据蒲永义等(1986)研究，苹果的可溶性固形物基本上随存放后大于等于 10℃的积温增高而上升，积温 477.4～505.9 ℃·d 范围内，历年均有个明显的峰值期，峰值期之后则品质下降。下降率低可能是果品保持较好品质的生理原因之一。有研究证实，同一类果品其下降率因品种而异。

(2)温度与含糖量的变化

在贮藏期间，高温有利于果实含糖量的提高。但就贮藏期糖分含量的变化而言，据夏春森等(1981)对 0～30℃苹果和－2～13℃红橘的研究，均认为在低温下贮藏，糖分含量的增加和淀粉含量的减少要慢得多，从而延长总糖含量的下降速度，有利于贮藏。就单糖而言，李子在 20℃下贮藏，蔗糖、葡萄糖、果糖几乎没有变化，但在 30℃下贮藏 7 天则蔗糖剧减而葡萄糖和果糖剧增。就整个贮藏期而言，提高了甜度。

(3)温度与酸含量的变化

在较高温度下，有机酸可能由于作为呼吸基质被利用掉，因此，柑橘、李子、核桃、桃等均在较高温度下贮藏，果实的酸度相对降低。果品在不同温度下贮藏，其酸度的变化还因品种而异。苹果旭在温度低时，酸的含量比在温度高时大大降低。温州蜜橘温度越高酸度越低，而柑子以10℃为转机，到20℃温度越高则酸度越高。这种品种间的差异现象，说明直接施加以高温并不能抑制所有不同品种果实酸的分解。

(4)温度与维生素C的变化

大部分果实采收后，在熟化期中维生素C是减少。据李崇高等(1988)对红橘在零上低温下贮藏的试验，在偏低温度下贮藏，随贮藏时间的延长维生素C的下降率明显减少。

(5)温度与果色的变化

李子在较低温度下贮藏有利于果皮、果肉着色。据日本的迁政雄等(1985)对李子的试验，在20℃和25℃下贮藏3～7天果肉迅速变红，30℃、35℃和40℃贮藏3～7天，大致保持采后的红色不再着色。在20℃下贮藏果皮明亮度和黄色度值剧减，红色度剧增，果皮由绿色变为红色以至红黑色。30℃贮藏明亮度、黄色度和红色度值几乎没变化，大体维持采收时的色彩。

柑橘也是在较低的15～20℃温度下贮藏可以促进着色。但不同品种的柑橘促进着色的最适温度不同。温州蜜橘、潮州柑在20℃较高温度下着色好，而日本的“清见”柑橘与其他品种不同，温度在5～20℃之间，温度越低着色越好。

(6)温度与芳香物质的变化

果实会分泌芳香物质。芳香物质的分泌受外界环境因素影响，提高温度芳香物质加速分泌，而存贮在冷的贮藏室内分泌速度就会降低。在0℃下贮藏苹果，芳香物质的分泌数量，比在4℃下贮藏的量要少。芳香物质的分泌随温度的这种变化存在着品种间的差异。

(7)温度与乙醇含量的变化

果品贮藏中，乙醇含量呈上升趋势是某些果品不耐贮藏的特征之一。乙醇含量受温度的影响明显。据李崇高等(1988)研究，红橘果实汁液中乙醇含量在－2℃～3℃下贮藏，比在8℃～13℃下贮藏低，但随着贮藏时间的延长，各种贮藏温度下的果汁中乙醇含量均呈上升趋势。当贮藏90天时，在3℃下贮藏的乙醇积累值为已达100立方厘米果汁中含有80.50毫克，在8℃下贮藏已达100.76毫克，此时果实水肿严重。

(8)温度与果品硬度变化

果实在贮藏中的硬度与乙烯产生有关。硬度是评价果实贮藏性的重要标志之一，在贮藏过程中以软化过程进行得愈慢愈好。据报道苹果果实的硬度变化与温度呈线性关系，硬度随温度的升高而降低。桃在2℃下贮藏4周，果实的硬度良好，在6℃和10℃下贮藏果实也保持一定的硬度，但不如在2℃下贮藏硬度大。据迁政雄等(1985)报道，李子在25℃和35℃下贮藏与30℃下贮藏一样，软化速度较慢，而在40℃下贮藏与20℃下贮藏一样，软化速度很快。据测定，李子在20℃下贮藏3天后急剧软化，11天后果实硬度仅0.21千克；30℃下贮藏则徐徐软化，贮藏15天后果实硬度尚有1.23千克。果实硬度的变化，品种间也存在有差异。

9.2.3　温度与贮藏过程中的病害

温度直接影响贮藏果实的呼吸、蒸腾作用、微生物活力等，从而直接影响和控制贮藏过程中病害的发生程度。

(1)柑橘腐烂病

据广东省果品食杂公司等(1976)研究，甜橙果实的腐烂率随贮藏温度的升高而加剧。入贮3个月：在1～3℃下贮藏的腐烂率为0.07%，4～6℃为2.70%，7～9℃为3.25%，10～12℃为8.75%，常温为 7.00%。入贮 4 个月则相应为 0.07%、8.33%、12.91%、19.25%、28.12%。

(2)苹果真菌性腐烂

据 J. R. Kul(1986)研究报道，在 0～5℃低温下贮藏苹果，对控制各种类型的真菌性腐烂最有效，在 10℃下贮藏也有一定的控制效果，若贮藏温度超过这个范围，苹果就会迅速腐烂。

褐腐病菌在 0℃下接种完全受抑制，在 21～23℃下接种则整个果体腐烂。软腐病菌的破坏性很强，能使接种苹果完全腐解。在 0℃下腐烂得到相当程度的控制。青霉病在 0℃下未发生腐烂，在 10℃以上腐烂量有所增加，23～27℃之间出现严重腐烂。环腐病在 0～5℃下未发生腐烂，在 10℃以上有腐烂出现，23～27℃严重腐烂。粉腐病在 0～5℃下贮藏完全受控制，在 10～15℃下控制效果相对降低，且随温度的升高腐烂率急剧上升，在 27℃下达腐烂高峰。

(3)苹果虎皮病

虎皮病是苹果贮藏后期发生的一种生理病害，症状形如烫伤。据毛春云等(1982)研究，温度对虎皮病的发生有重要的影响，贮藏库温度越高发病则越早越重，冷藏苹果则很少发病，但在贮藏后期取出放于高温下，因温度突变也能迅速发病。

9.2.4　冷藏与冷冻害

温度对果实的贮藏效果影响最大，不适宜的高温会破坏酶的活性，而不适当的低温又会使果实产生冷冻害。冷藏应在适宜的低温下贮藏。

(1)果品冷藏的依据

冷藏是依靠低温降低果品的呼吸强度、抑制乙烯产出量、抑制微生物的活力、减少蒸发、减缓果品的氧化和腐败速度，以延长果实寿命，而达到贮藏的目的。

温带果品由于长期适应冬季的低温环境，大多在低温条件下贮藏能获得良好的效果。据赵忠仁等(1987)研究，红星苹果在 0～2℃低温下贮藏 5 个月，果实硬度未变，果肉不绵，抗病性强，发病率仅 2.12%。冷藏虽然是一种较长期贮藏果品的方法，但冷藏无法保持果品品质一成不变。要获得冷藏的良好效果，还需要配合以适宜的空气湿度和气体成分。

(2)冷藏的最适温度

对于每一种果品都有一个最适温度条件下的贮藏寿命，对最适温度条件的任何偏离均将造成贮藏时间的缩短。能够确保果品商业价值质量水平的贮藏时间，主要取决于温度。所以在不出现冷冻害的前提下，贮藏温度越低，其贮藏时间越长。温度和贮藏期限之间的线性关系，其斜率有很大的差异，主要受果品种类、品种、生长发育环境温度、新鲜度、冷藏前处理方法，以及包装质量等的影响。贮藏温度适宜既能阻止果实成熟、防止腐生菌类生长，同时又能避免产生冷冻害。它具有上下限值，超过上限值果品则加速腐烂变质，低于下限值则发生冷冻害。主要果品的最适贮藏温度和贮藏时间如表 9.2。

表 9.2　主要果树产品的贮藏温度和时间

树种	最适贮藏温度(℃)	贮藏时间(天)
猕猴桃	5.0	150*
石榴	1.0～1.5	150～180**
红橘	2.0～2.3	14～28**
梨	－1.6～5.0	60～210**
桃	－0.5～2.0	14～28**
葡萄	－1.0～0.0	90～180**
柿	－1.0	90～120**
大樱桃	－1.1～1.0	14～28**
杏	－0.6～0.0	7～14**
山楂	－2.0～0.0	150～180**
苹果	－1.1～0.0	90～240**

* 永田贤嗣等，猕猴桃贮藏方法

** 王饧文，国外水果蔬菜保鲜技术

(3)冷藏存在的问题

在长期冷藏中，有些果品不能正常成熟。例如，梨从贮藏库取出后，需在15～20℃温度下贮存数日方能成熟。桃需中途加温，即在冷藏库贮存一定时间之后，需移到18～20℃温度下贮存两天再送入冷藏库，或在0℃下，用16%的氧、5%的二氧化碳气调贮藏方能成熟。有的果品离开冷藏库转入室温后几小时，由于呼吸强度随时间的延长而逐渐上升，果皮迅速变褐。

(4)果品冷藏过程中的冷冻害

果品在0℃以下贮藏会产生冻害。某些对低温不甚敏感的果品，如苹果和梨的某些品种，在0℃以上低温长期贮藏下也会出现冷害。冷冻害发生的机理，请参见第7章第1节的有关论述，兹不赘述。所有对低温敏感的果品，均有一个产生冷害的临界温度，在此温度下均有可能产生低温伤害。冷害的严重程度与临界温度下温度的高低及持续时间的长短密切相关，一般温度越低、持续时间越长冷害越严重。果品冻害是由温度下降到冰点以下温度的高低及持续时间的长短所决定。表9.3是主要果品的冰点。从表中可知，在较高温度地区生长发育的果品，其冰点温度较高，含水分据Couey H. M.(1984)研究，当温度达到冰点时，存在着有导致冻害不可逆转的最短的临界时间，临界时间的长短因品种和温度等不同而不同。

冻害造成的损伤一般是不可逆的，因此在冷贮前了解果品的最高冰点温度极为重要，冷害造成的损伤，有时是可逆的。据钟仲贤(1988)研究，采用间隙升温、逐步降温、预处理和气调贮藏等可以减轻敏感果品在贮藏中的冷冻害。

表9.3　主要果品的冰点

果品	最高冰点(℃)
李	−0.83*
桃	−0.94*
红橘	−1.05*
杏	−1.05*
美国葡萄	−1.17*
猕猴桃	−1.50*
苹果	−1.50*
中国樱桃	−1.67*
大樱桃	−1.78*
石榴	−2.00*
柿	−2.07*
板栗	−3.00**

* 熊同和. 1987. 果品贮藏，农业出版社

** 汪德森. 1983. 气候与板栗储藏，河北气象(2)

9.3　光、水、风、气体与果品贮藏

9.3.1　光与果品贮藏

核桃采收后，在气温为36.1℃时，分别置放在阳光下和遮荫下，其种仁的温度分别为45℃和27.5℃。在阳光下置放9小时后，商品价值降低15%。

9.3.2　水分与果品贮藏

大多数果品的含水量均大于80%，采摘后这些果实仍进行着呼吸和蒸腾作用，果实内部水分的蒸腾，呼吸基质的分解，使果实的重量减轻，品质下降。某些干果如板栗虽然与水果相比含水量较低，但处理不当也可败坏。

空气湿润无疑地能防止贮藏物的萎缩，保持新鲜度，减少重量的损失。但是果品不同，它的最佳贮藏湿度不同。从表9.4可知凡是果实含水量高的，贮藏环境的湿度要求高；凡果实表

皮上有大量孔隙,易于自由水的蒸腾散失的,宜在高湿下贮藏,凡果皮有抗萎缩能力的,宜在较低的湿度下贮藏,以减轻因湿度过大而造成的腐烂。

表 9.4　各种果品的贮藏湿度

品种	含水量(%)	贮藏温度(℃)	贮藏湿度(%)	贮藏寿命(天)
苹果	84	−1.0～4.0	90	90～240
葡萄	82	−1.0	90～95	90～180
桃	91	−0.5～0	90	14～28
梨	83	−1.6～0.5	90～95	14～49
柿	78	−1.0	90	90～120
李	85	−1.0～0.0	90～95	14～28
石榴	85	−1.0～0.0	90	60～90
柑橘	87	0.0～3.0	85～90	14～28
大樱桃	80	−1.0	90～95	2～3

(章文才,1985)

9.3.3　风与果品贮藏

风对贮藏库的温度和湿度产生影响,当温度过高时,增大风速和贮藏物的通风面积,可使温度下降。风速增大可以加大蒸腾强度,加速果实的失水。当空气湿度很高时,空气流动对蒸腾作用的强度影响不大,其提高率不超过5%。

通风能排除果实后熟期产生的乙烯、乙醛等挥发性气体,可延长贮藏寿命,能有效减轻苹果虎皮病。风速能降低贮藏库的温度、湿度,加大蒸腾强度和显著的减少果实周围气体中的二氧化碳含量。贮藏期内通风的风力也要适宜,板栗在仓贮中平均风速以0.4米/秒为宜,每天通风时间在12～16小时左右。冷风机24小时常开,其风速依温度而定,当温度在0.5℃以上时,风速以0.3～0.5米/秒为宜,当温度在−0.5～0.0℃时,风速以0.2～0.3米/秒为宜。

9.3.4　气体与果品贮藏

贮藏环境的空气中,不同气体及其含量对跃变型的果实的呼吸作用和贮藏环境的腐生生物产生不同的影响。了解不同气体的贮藏效应,才能合理进行气调贮藏。

(1)氧

氧是一种氧化剂,降低氧浓度对呼吸起抑制作用,可延迟果实组织的衰老。氧是影响酶促褐变的条件之一。含有大量的单宁物质果品,也极易被氧气氧化变色。在缺氧条件下可导致果实组织中积累有毒物质。有研究表明,红印度苹果虎皮病的发生率,随环境空气中氧气浓度的降低而减小。在苹果贮藏中,贮藏开始进行短期的缺氧处理(0.5%氧,7天)还有利于防止烫伤病。

(2)臭氧

据刘清和(1986)研究,苹果在较大剂量臭氧处理下,保鲜贮藏效果好,而不产生乙烯或产生量极小。臭氧能在一定程度上阻碍糖的代谢,使机体总的代谢水平降低,延长贮藏时间。

臭氧具有防霉腐作用,防霉的起始剂量小为5 ppm。但对各种霉菌只起抑制作用,不能彻底杀灭。对于细菌臭氧有极大的杀伤力,如苹果只要暴露1 ppm的臭氧下,40分钟就能消灭表面上的细菌。臭氧自然稳定性差，半衰期只十多分钟，所以贮藏库不会有臭氧积累，相反为了维持达到杀菌保鲜目的必须每天供给臭氧以维持其浓度。

(3)一氧化碳

一氧化碳对果实的生态反应和化学变化产生直接的影响。把一氧化碳加在空气中能刺激二氧化碳和乙烯的产生，从而促进桃、猕猴桃、香蕉等的软化。把一氧化碳加在空气中虽然对大樱桃的呼吸影响不明显，但会加大乙烯的释放量。把一氧化碳加入到提高了二氧化碳浓度和降低氧浓度的空气中，会降低呼吸强度和乙烯的产生率，延迟果品软化。

一氧化碳是一种能抑制真菌生长的气体，可阻止灰霉气生菌丝的形成，完全消除猕猴桃的感染，还抑制桃和樱桃上褐腐菌生长，减轻因冷害诱发的桃果肉褐变程度。当一氧化碳与低氧相结合时，其抑菌效果更佳。由于一氧化碳在低氧条件下能充分发挥其抑制真菌的效果，因而在果品贮藏使用一氧化碳的过程中，常与低浓度的氧(2%～4%)相结合使用。

(4)二氧化碳

高浓度二氧化碳抑制了果实的呼吸，使有机酸的消耗减少。不同品种之间，即使同一品种在不同的年份和不同栽培条件下，对二氧化碳含量高的易感性存在着差异，使贮藏保鲜过程中延迟衰老进程复杂化。非跃变型果实的呼吸，由于受环境改变，过早采收和贮藏温度的变动等影响，也可出现二氧化碳生成量上升。

二氧化碳对果肉乙烯的生物合成有明显的抑制作用，并随时间的延长而加剧。荔枝在富含二氧化碳的气体中贮藏可以防止变色。据徐荣江(1981)研究，贮藏中使用适当的二氧化碳浓度，可以抑制一些致病真菌，如毛霉、灰葡萄孢霉、核果褐病、串珠霉、根霉、聚端孢霉等的萌发和生长，降低商品的烂耗。但是贮藏病害也随二氧化碳浓度的提高和作用时间的延长而发生并逐步加重。二氧化碳对真菌的抑制作用随温度的降低效果更加明显，但这种温度常常会导致果品产生毒害，使组织坏死，烂腐率增高。

(5)乙烯

乙烯是植物激素的一种，促进植物成熟是乙烯最重要活性之一。乙烯对果品质量的影响表现在以下三个方面：一是加速叶绿素的分解，使绿色组织黄化；二是引起果实软化，降低贮藏寿命和运装能力；三是促进呼吸跃变型果实风味的形成，对淀粉的转化、酸分的减少和挥发性芳香物质的形成起重要作用，但也诱导胡萝卜异香豆素的形成产生苦味。乙烯是果实本身呼吸代谢产物，呼吸的增加和乙烯的释放在植物组织中往往是同步进行的，当产生足够的乙烯时，果皮原生质细胞透性增大，破坏果胶物质，激发呼吸上升和成熟。与此同时，也促使果实衰老和品质风味变坏。

关于乙烯、呼吸作用与耐贮性的关系，不仅与温度、气体成分及采前其他因素有直接关系，也与果实的种类、品种和成熟度等有关。苹果、桃、西洋梨、石榴等在一定温度范围内，乙烯的生成量均随温度的下降而降低，但高于一定温度时，乙烯的产生量也受抑制。乙烯产生量随贮藏时间的增长而增加。苹果中乙烯的产生量随氧浓度降低而下降，高浓度的氧抑制乙烯的产生量。不同果品乙烯产生量不同。常用果肉中乙烯含量来衡量其成熟度，成熟时果肉的乙烯发生量见表9.5。苹果贮藏时把果柄向下搁置其乙烯生成速度比向上搁置明显快，7天后为后者的2.2倍，以后随乙烯生成量的增加其比率又逐渐减小。乙烯是果品的一种成熟激素，在果品贮藏保鲜实践中控制乙烯的生成，可取得很好的贮藏效果。采用脱乙烯剂(高锰酸钾、活性炭等)，降低贮藏环境中氧浓度和提高二氧化碳浓度，或采后短时间用高浓度二氧化碳预处理，已经成为延缓果实成熟、衰老的有效技术。

表 9.5 果实成熟期果肉中乙烯发生量
（立方毫米/千克·小时）

品种	乙烯发生量
苹果	25.0～2500.0
梨	80.0
桃	0.9～20.7
油桃	3.6～602.0
李	0.14～0.28

（章文才，1985）

（6）气调贮藏

气调贮藏是调节大气贮藏的简称。气调贮藏是冷藏的补充和发展，显著的优点是延缓果实成熟即后熟，阻止病菌生长，减少变色。

①气调贮藏

气调贮藏除温、湿度外，最主要是降低氧和升高二氧化碳的浓度，以控制果实在贮藏中的后熟，同时抑制与后熟有关的各种生理生化作用。乙烯是激发成熟和呼吸强度的必要条件。生长素是促进乙烯形成的物质，而二氧化碳能阻碍生长素的积累，二氧化碳含量增加也影响乙烯的生成。在空气中增加二氧化碳的浓度，通过对乙烯生成和活性的影响，而阻碍果实某些生理生化的进行，影响其成熟。气调贮藏对于有呼吸高峰的果品效果较好，而对于无呼吸高峰的果品，由于它们对二氧化碳含量的容忍点较低，一般宜在低氧、低二氧化碳中贮藏。气调对能在不高于 0℃低温下安全贮藏的果品收效不大。降氧速度的快慢与苹果气调贮藏效果密切相关，金帅苹果采用充氮气法快速降氧贮藏，可保持较高的果肉硬度。气调贮藏能抑制病原物的生长，柑橘气调贮藏可减少内部褐变，苹果气调贮藏寿命为普通空气贮藏的一倍，猕猴桃气调贮藏软化最轻。在气调贮藏中适当加入一氧化碳，能抑制桃褐腐病菌的活力。

气调贮藏对气体成分的控制十分重要。直接包围果肉呼吸细胞的空气成分和贮藏室内的空气组成是不同的。由于呼吸作用细胞间隙中二氧化碳含量会升高，而氧含量会降低，如控制不当，则达不到气调效果。调节氧和二氧化碳的原则是既要能延缓成熟，又要能保持很好的后熟能力，不致发生二氧化碳伤害和无氧呼吸。果品对于低氧、高二氧化碳浓度的耐受力因种类、品种和栽培地区而异。

②薄膜气调

半透性的聚合薄膜，具有减少水分损失，改变贮藏气体成分的特点。目前常用形式有薄膜单个包装、薄膜袋包装和薄膜帐气调。这些包装系统是一个动态系统，包括同时进行的呼吸与渗气两个主要作用，吸入氧气而放出二氧化碳、乙烯、水和其他挥发物。包装完成后，经过一段时间，包装系统内部建立一个平衡稳定的状态，但系统内任何一个因素的改变，均将影响和打破这一平衡和维持平衡的时间。

塑料薄膜的透性越小，则包装系统内的二氧化碳、水汽的浓度越高，果实的失水和呼吸消耗越少。但达到一定程度后，袋内出现水汽凝结现象，果实无氧呼吸增加，乙醇积累，又加速生理失调。当透性很大时，氧浓度过高，又不能起到抑制果实呼吸作用。所以，薄膜的透性要适宜。据潘一山等（1987）报道，用 5％～30％的乙烯和乙酸乙烯酯组成厚度为 20～50 微米的共聚体薄膜，其透过水分、氧气和二氧化碳的性能均较好。

③硅窗气调

硅窗气调贮藏是目前发展较快而简单的气调方法。硅橡胶薄膜是一种有机硅高分子聚合物，具有良好的透气性和选择性渗透作用。其透气量比常用的聚合物膜大得多，对不同气体具有不同的渗透系数，对二氧化碳、氧和氮的透性比为 12∶2∶1，透性比较大。利用硅橡胶薄膜这一特性，按一定面积镶嵌在塑料帐上就成为硅窗气调帐，帐内外气体通过硅窗按透气比进行气调，内部过多的二氧化碳通过硅窗透出，氧气通过硅窗渗入，达到控制呼吸的目的，从而有效地延缓成熟，提高贮藏质量，起到保鲜作用。

气调贮藏方法比较适合于具有呼吸跃变和有明显后熟过程的果品，也适用于无明显呼吸跃变的果品，目前已在苹果、梨、香蕉、锦橙、温州蜜柑、山楂、樱桃等果实推广使用，效果良好。硅窗气调的关键在于使用硅窗面积的大小。其大小应根据果品种类、品种、成熟度、贮藏量、贮藏温度及硅橡胶透性等因素决定。温度是硅窗气调的重要条件，贮藏适宜温度因果品而异。据报道：苹果为1.1～4.4℃，梨为1.1～2.2℃。

④减压贮藏

降低贮藏系统的大气压，是减压贮藏的主要条件。减压系统中氧的含量与大气压呈正比，随着减压而降低。减压实际上起着保持低氧条件的作用。降低贮藏环境的大气压，可以加速二氧化碳气体向外扩散的速度，扩散速度与减压程度成正比。所以减压后，果实内部气体易于外逸。在减压系统中，由于降低气压同时还产生降温、增湿作用。减压系统贮藏要获得良好的效果，与低温贮藏一样，需要保持适宜的低温，但应注意避免发生冷害。增大空气相对湿度也是减压系统中的必要条件。相对湿度增大又能防止贮藏果品的萎缩，保持新鲜状态，减少重量损失。

减压系统中氧的降低，乙烯产生量减少，气体流动性均得到改善和满足，但为了不使果品内向外扩散的有害气体在系统中积累，还需要经常通风，将有害气体排出系统之外，同时又将饱和的、新鲜的空气送入系统内。经减压贮藏的许多果品，在解除低压状态之后，放置在常温环境中，还有明显的保鲜效益。

9.4 果品运输与气象条件

运输是果树产品流通过程的一个重要环节，是生产与消费者之间的桥梁，果实包装后，必须通过各种运输工具运往各地。各地气候不同，因此在运输途中要严格控制运输工具内的微气候条件，以保证质量数量，减少损失。

9.4.1 防止水汽凝结

运输气候学本身涉及的最危险情况是形成凝结。从北向南运输，温度逐渐升高、湿度逐渐增大，周围空气的露点大于运输工具内的露点，果实表面上产生水汽凝结。要避免这种水汽凝结，只有依赖于通气和空调。温度露点差越大，则通风、空调的效益越显著。

不同辐射状况也能促进凝结过程。例如，车船的一侧连续不断地受到太阳辐射而增温，引起果品的蒸发。蒸发的水汽在没有太阳辐射的、较冷的另一侧的果面产生凝结。用轮船从南向北运输，可发生另一种凝结，即所谓的船舶凝结。船的甲板因热传导而迅速冷却降温，温度下降至露点以下而产生凝结。果品为确立平衡而加大蒸发，又进一步促进了船舶凝结。结果导致果实逐渐干化。船舶凝结，由于船体冷却更快，也能在夜间辐射降温条件下出现。

9.4.2 控制温度

装入车船的果品，事先进行预冷处理最为理想。已经在露天过夜的果实，最好在早晨趁果品温度尚低时装入。据报道，桃在运输前，预冷到－1.1～0.0℃，可以延长几天贮藏寿命。船运柑橘应迅速降温到 15℃，低于 15℃大多数腐烂微生物均停止生长。柑橘运往北方，采收后由于产地气候温暖，高于贮运的适温，应酌情降低车厢内温度，当行进到北方时，愈北温度愈低，又应及时逐步升温。运输气候学的研究表明，分析了解产地和运达目的地气候条件的差异极为重要。

9.4.3　防止机械性损伤

在贮运过程中，任何机械损伤均会降低果实的抗性，为病菌入侵创造前提条件，加上运输工具内的高温，可导致果腐病的严重发生。机械损伤可激发乙烯的产生和伤呼吸成倍增加，从而缩短了果实的成熟衰老过程。因此，果品在运输过程中，一定要轻拿轻放，不要过高叠压。

第二编
主要果树气象服务概述

第10章　苹果气象服务
第11章　梨气象服务
第12章　猕猴桃气象服务
第13章　柑橘气象服务
第14章　石榴气象服务
第15章　葡萄气象服务
第16章　樱桃气象服务
第17章　桃气象服务
第18章　核桃气象服务
第19章　枣树气象服务
第20章　板栗气象服务
第21章　柿气象服务

第 10 章　苹果气象服务

10.1　苹果树的地域分布

10.1.1　苹果树的栽培历史

苹果原产于欧洲、中亚和我国新疆西部一带，栽培历史已有 5000 年以上。中亚野苹果被认为是现代栽培苹果发源之一，为欧洲及美国栽培苹果的原始种。欧洲苹果栽培起源于希腊，随着 300 年前新大陆的发现，苹果由欧洲传入了美洲，日本在明治维新时代从欧美引入栽培，现代栽培苹果乃传至亚洲，此后澳洲、非洲也相继引入栽培。

我国原产的绵苹果在秦汉时代就有记载，在魏晋时代已有栽培。贾思勰的《齐民要术》有关于柰和林檎的详细阐述，柰就是苹果，包括槟子在内。林檎即沙果，故苹果在我国的栽培历史已有 2000 多年，我国陕西、甘肃、新疆、青海至今仍有绵苹果分布，河西走廊地区是其中心产区。目前作为经济栽培的品种大部分由国外引进，被称为西洋苹果，栽培历史不到 200 年。中国的苹果生产面积和产量均占世界生产规模的 40%以上，已形成优势产区，苹果栽培在中国主要集中于渤海湾、西北黄土高原、黄河故道和西南冷凉高地四大产区。

10.1.2　陕西苹果树的地域分布

陕西自然条件得天独厚，纵跨温带、暖温带、北亚热带三个气候带，气候条件优越，自然资源丰富，具有大范围生产优质水果的自然优势。特别是渭北黄土高原，具有符合优质苹果生产的区位优势。气象条件，海拔高度，昼夜温差适宜苹果生长。土层深厚，质地疏松，富含钾、钙、镁、锌、硒等多种微量元素，对苹果生长有利。

陕西苹果种植主要分布在陕北南部、渭北黄土高原。2009 年底苹果面积和产量为 847.4 万亩和 805.2 万吨，按挂果面积测算的苹果亩产 1432 千克，30 个苹果基地县的面积和产量分别为 718.3 万亩和 689.5 万吨，占全省苹果面积和产量的 84.8%和 85.6%。原有 30 个苹果生产基地县包括：安塞、延川、延安、延长、宜川、富县、洛川、黄陵、旬邑、长武、彬县、永寿、淳化、千阳、陇县、宜君、韩城、合阳、澄城、白水、蒲城、铜川、耀州、富平、大荔、宝鸡、凤翔、岐山、扶风、乾县、礼泉、眉县。2008 年，陕西苹果种植区实施北扩西进战略，增加了米脂、子洲、绥德、吴起、志丹、子长、甘泉、王益区、凤县 9 个苹果基地县。

10.1.3　主要栽培基地县的气象条件见附录 1.1

10.2　苹果树的生物学特性

10.2.1　苹果树的种类与主要品种

(1)苹果品系

分为山荆子、苹果、三叶海棠、陇东海棠、滇池海棠、木多木衣海棠等 6 个系，主要种类有山荆子、湖北海棠、丽江山定子、苹果、沙果、海棠果、西府海棠、海棠花、塞威氏苹果、三叶海棠、变叶海棠、台湾林檎、尖嘴林檎、毛山荆子等 14 个种类。

(2)主要品种

全世界苹果栽培品种有 9000 多个，用于生产栽培有 10～20 个。陕西发展的优良品种有：红富士、嘎拉、津轻、新红星、金冠、乔纳金、澳洲青苹、藤牧 1 号、粉红女士、元帅、秦冠、国光等。陕西苹果主要品种：

①红富士

是从普通富士中选育出的着色系富士的总称。具有晚熟、质优、味美、耐贮等优点，是世界上最著名的晚熟苹果品种。陕西于 1978 年开始引进红富士品种。红富士苹果为大型果，平均单果重 180～300 克，最大单果重可达 400 克以上。果实多为扁圆形，果形指数 0.8 左右，少数果近圆形。授粉不良或花序坐果多时，易产生畸肩、偏斜形果实。果梗较细，少数果梗基部有肉质突起。梗洼较广，中深较缓，偶尔有裂口。萼洼中深，较广而缓。果皮光滑有光泽，中厚而韧，光滑，蜡质中多。成熟果实果面底色淡黄，着暗红或鲜红色霞或条霞。果点圆形，较明显，中大，较密，阳面果点黄白色，阴面果点黄色。果肉黄白色，肉质致密，细脆、果汁多。酸甜适口，芳香味浓，品质极上。果实可溶性固形物含量为 15.3%～16.0%，酸含量为 0.2%～0.4%，果实硬度 8.60～10.89 千克/平方厘米。

②嘎拉

原产新西兰，果实中等大，单果重 180～200 克，短圆锥形，果面金黄色。阳面具浅红晕，有红色断续宽条纹，果型端正美观。果顶有五棱，果梗细长，果皮薄，有光泽。果肉浅黄色，肉质致密、细脆、汁多，味甜微酸，十分适口，品质上乘，较耐贮藏。幼树结果早，坐果率高，丰产稳产，容易管理。其中丽红嘎拉不但着色艳，而且可溶性固形物含量较高，并早熟一周；红嘎拉、皇家嘎拉、帝国嘎拉果肉硬度较大，风味也优于普通嘎拉。新嘎拉为当前国内嘎拉系苹果的主栽品系。

③乔纳金

美国用金冠、红玉杂交育成。果实圆锥形，单果重 220～250 克；底色绿黄或淡黄，阳面大部有鲜红霞和不明显的断续条纹；果面光滑有光泽，蜡质多，果点小且不明显；果肉乳黄色，肉质松脆，中粗，汁多，风味酸甜，稍有香气，含可溶性固形物 14%左右，品质上乘。幼树后 3～4 年结果，7～8 年进入盛果期。果实较耐贮藏，贮藏中果面分泌油蜡。适应性较强，在各地均表现早结果，早丰产的特性。为三倍体品种，要注意配置 2 个二倍体品种为授粉品种。不仅是鲜食品种，也是制汁及加工的优良品种。

④澳洲青苹

是一个世界知名的绿色品种，叶形长形，果皮光滑、翠绿色、脆硬，酸度大，极耐贮藏，生长旺盛，早果性强，丰产、易管理，是理想的加工和鲜食兼用品种。果实发育至成熟期需经70天左右，生理落果轻，成熟一致，熟前不落果，10月中、下旬采收。果实大，扁圆形或近圆形，顶部稍窄，横径8厘米左右，纵径约7厘米，单果重210克，最大果重240克，果面光滑，全部为翠绿色，梗洼处色较深，有的果实阳面稍有红褐色晕；果肉绿白色，质较粗，松脆，硬度为7.8千克/平方厘米，果汁多，味酸，甜少，含可溶性固形物13.5%，品质中上等，耐贮藏，一般可贮放至翌年4—5月，经贮藏后，风味更佳。产量呈现丰产、稳产，大小年不明显；常见产量3～4吨/亩，最高可达8吨/亩。在目前世界众多的高酸苹果品种中，澳洲青苹是唯一在中国有较大面积引种且被证明适合中国北方地区气候、土壤条件的品种，作为加工果，贮藏期长，可延长企业生产期；作为鲜食，又属高档水果。

⑤粉红女士

成为继元帅系、红富士系两个品种之后的又一个在国际市场上流行的品种。果实呈圆柱形，高桩，果形指数0.94，平均单果重220克，无锈、光亮，果面呈粉红或鲜红色，果面光洁、艳丽，有油脂分泌物，久贮后不褪色。果肉乳白色，硬脆、汁多，风味酸甜，香气浓郁，硬度为9.16千克/平方厘米，可溶性固形物16.65%，含酸量0.65%，成熟期10月下旬。极耐贮藏，贮后品质更佳。该品种适宜加工，采收期出汁率达80.4%，高出富士18.4%，高于澳洲青苹8.7%。所出果汁密度大，含酸量高，可滴定酸含量达0.65%，高出富士汁0.39%。

⑥秦冠

圆锥形，单果重约200～250克；底色黄绿，阳面有暗红晕及断续红条纹，常带有白色锈，在西北海拔较高的地区充分成熟时，可以达到全面暗红色，在海拔低的平原地区则难以着色；果面光滑、蜡质较多，果点明显，果皮较厚韧；果肉乳白色，肉质脆、汁液较多，风味酸甜，含可溶性固形物11%～16%，初采时鲜食品质中上。生长势强，树姿开张。开始结果早，幼树2～3年即结果。初结果以长果枝和腋花芽为主要结果部位，盛果期后以短果枝和腋花芽结果为主，坐果率高，有较强的自花授粉能力，早果性、丰产性突出。于10月中旬成熟，果实耐贮藏，一般半地下式土窖中可贮至次年5月。秦冠在海拔较高、昼夜温差大的地区栽培表现品质较好，而在海拔低、气候湿热、光照差的平原地带栽培，果实品质不佳。栽培管理比较容易，幼树期间应为丰产打下坚实的骨架基础，大量结果后要特别注意保持适宜的负载量，加强肥水管理，保障丰产、稳产。结果早、丰产性强、果实耐贮藏是突出的优点，但果实风味欠佳，着色不够理想，难以作为高档商品销售。可作为新发展地区的辅助品种或授粉品种栽培。

10.2.2　苹果树的生物学特性

苹果为蔷薇科、苹果亚科，苹果属多年生木本植物。苹果一生中生长发育要经过幼树、结果、衰老死亡三个明显的生长发育阶段，在不同的树龄阶段有不同的生长发育特点。嫁接苹果苗定植后一般5～7年开始结果，亩产量1200～2500千克，寿命可达30～40年，但因品种、砧木类型、环境条件及管理技术水平不同而异。

(1)根

苹果树根系的分布分水平分布和垂直分布,垂直分布与砧木、土壤有关;矮化砧 15～40 厘米深,乔化砧 30～60 厘米深,水平分布为冠径的 2～3 倍以上,垂直根小于树高。主要吸收根分布于树冠外缘附近,为根系的集中分布区。当地温为 3～4℃开始发新根,7℃以上生长加快,超过 30℃停止生长;一生中有 2～3 次生长高峰,即萌芽—开花前、新梢停长—果实膨大前、采果—休眠前,与枝梢生长交替进行。根系具有向气性、向地性、向肥性、向水性、自我调节生长等特性。

(2)枝与梢

苹果树的枝按生长与结果分为:营养枝、结果枝;按枝条的生长时期分为:新梢、一年生枝、二年生枝与多年生枝等;按生长的先后顺序分为:新梢、副梢、二次副梢、三次副梢等;按枝条的长度分为:长枝(大于 30 厘米)、中枝(5～30 厘米)、短枝(小于 5 厘米)。新梢生长有加长生长、加粗生长,加粗生长在加长生长之后。长枝在一年中新梢有两次生长高峰期,有明显的春秋梢之分;春梢生长在萌芽至 6 月上旬,秋梢生长开始于 7 月上旬,持续到 9 月份,而以 7、8 月生长最旺。苹果的结果枝分短果枝(5 厘米以下)、中果枝(5～15 厘米)、长果枝(15 厘米以上)三种。苹果的花芽多数着生在各类结果枝的顶端,以短果枝结果为主,苹果大多数的花芽是在开花的前一年形成的,形成时间集中在 6—9 月。

(3)花芽、花、果实

苹果的花芽是混合花芽,萌动最早,花芽萌发后,先抽生一段很短的新梢(果台),长约 1～3 厘米,在果台顶端着生聚伞花序开花结果,每个花序内有 5～6 朵花,中心花先开,坐果率高、品质好。苹果为虫媒花,大部分品种自花不实,需要配置适宜的授粉树。苹果开花期分为初花期、盛花期和终花期,花期 12 天左右,开花当天和第二天是授粉的最佳时期。由于授粉、受精不良、树体营养不足和环境条件不利等原因,苹果从花蕾出现到果实采收会出现花果脱落现象。落花落果分自然落花(花期)、生理落果(幼果期)、采收前落果。

苹果坐果后果实经过果实细胞分裂期、膨大期、成熟期三个生长发育期。成熟期前是果个增大的时期,果实为绿色有绒毛,味酸涩。成熟期果个增大不明显,是色泽、香气、糖分形成的主要时期。

(4)相互关系

在苹果生长发育过程存在着根与果、根与枝、枝与枝、枝与果等生长发育的对立统一关系。树体各器官间相互促进、相互抑制的相关性见图 10.1。根系与地上部要经常保持一定的动态平衡,才能保持正常生长。否则,会一方影响另一方生长。树冠横径与垂直根比值沙土为 0.7～1,壤土 2～2.5,黏土 2.1。根系水平分布为树冠横径的 2～3 倍。顶端生长与水平生长的关系是树体生长具有顶端生长优势,对水平生长有抑制或削弱作用。反之,水平生长也对顶端生长有抑制作用。枝叶生长与果实生长的关系是枝叶生长过强对果实生长有抑制作用,甚至引起落果。反之,果实过多会抑制枝叶生长,出现枝短叶小,生长势弱,抗逆性降低。果实与花芽分化的关系是果实种子中产生的赤霉素对花芽分化有抑制作用。赤霉素有向基性,使果实后部枝的花芽形成减少。结果过多会形成明显的大小年现象。枝叶生长与花芽分化的关系是枝叶生长过强对花芽分化有抑制作用。由于树体各器官间的相关性,是对立统一的辩证关系,要协调、平衡生长,才能促进树体的健康生长发育。

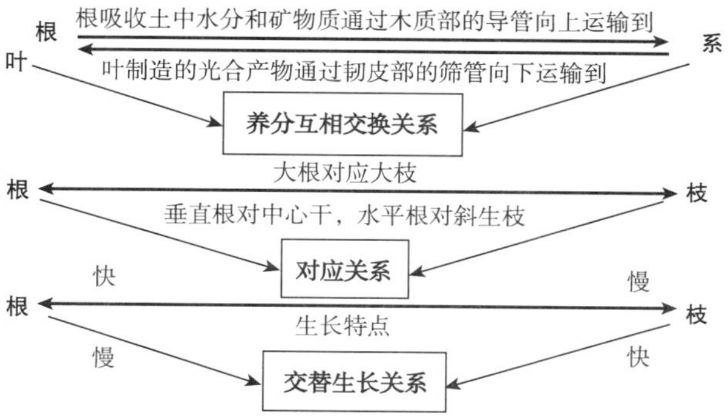

图 10.1　根系与地上部的关系

10.2.3　苹果树的物候期

(1)苹果主要物候期及标准

芽开绽	芽进一步膨大，鳞片裂开，顶端幼叶露出了绿色的叶尖。
展叶	始期，开绽的芽出现 1～2 片幼叶并开始平展。
	盛期，半数树枝上的叶片完全平展。
开花	始期，花序上第一批花朵的花瓣开放。
	盛期，全树半数以上花序的花瓣开放。
	末期，多数花朵凋落。
抽梢	新梢出现长约 0.5 厘米的幼茎。
新梢停止生长	新梢生长停止，顶端叶片完全展开，形成顶芽。
	抽梢和新梢停止生长分春梢、秋梢进行观测记载。
采收期	半数果实具有该品种固有的大小、色泽和风味等特征。
叶变色	始期，秋季第一批叶子绿色减退开始变黄。
	末期，所有的叶片完全变色。
落叶	始期，树上变黄的叶片第一批脱落。
	末期，叶片几乎完全脱落。

(2)物候期观测　见附录 2.1

10.3　苹果树栽培的气候生态条件

10.3.1　栽培对光、温、水的要求

(1)光照条件

苹果是喜光树种，光照对果树的生长、结果、品质具有决定性作用，光照强、光质好，树势缓和，果实含糖量高，着色好。生产优质苹果一般要求年日照时数 2200～2800 小时，日照百分率一般要求为 57%～64%，低于 1500 小时就不利于果实着色，果实生长后期月平均日照时数小于 150 小时会明显影响果实品质。若光照强度低于自然光 30%花芽不能形成。

(2)热量条件

苹果喜冷凉气候，生长最适宜的温度条件是年平均气温 7～14℃，冬季最冷月(1 月)平均气温要求在－10～7℃之间，平均气温低于－15℃就会发生冻害。整个生长期(4—10 月)要求平均气温在 12～18℃。

夏季(6—8 月)要求平均气温在 18～24℃，大于 26℃时，花芽分化不良，果实发育快，不耐贮藏。红色品种成熟前适宜的着色温度为 10～20℃，如昼夜温差小，夜温高，则上色困难。果实成熟期昼夜温差在 10℃以上，果实着色好。

根系活动需 3～4℃以上、生长适宜温度 7～12℃；芽萌动宜 8～10℃，开花宜 15～18℃，果实发育和花芽分化宜 17～25℃；需冷量小于 7.2℃低温 1200 小时。

(3)水分条件

较干燥的气候条件适宜生产出优质苹果，一般年降水量在 500～800 毫米对苹果生长适宜。在生长期每年大约需 120 吨/亩水量，若生长期降水量在 500 毫米左右，且分布均匀，可基本满足树体对水分的需求。年降水量在 540 毫米以上的地区，完全可以满足苹果树正常生长对水分的需求，但就一年而言，自然降水分布不均，一般春旱多就要灌水，秋雨多应少灌。花芽分化和果实成熟期，要求空气比较干燥，日照充足，则花芽饱满，果面光洁，色泽浓艳。如雨量过多，日照不足，则易造成枝叶徒长，花芽分化不良，产量低而不稳，病虫害严重，果实质量差。

10.3.2 栽培对土壤和其他生态条件的要求

(1)苹果栽培对土壤的要求

苹果树根系入土深而广，与土壤接触面大，可适应沙质土、壤质土、黏质土、砾质土等不同土质。土壤对苹果树生长、结果影响较大，适于土层深厚、排水良好和富含有机质的沙质壤土。有机质含量应在 1%以上，土层深度在 1 米以上，土壤 pH 值以微酸性到中性为宜，土壤通气不良时，根系生长受阻。pH 值在 7.8 以上时，易发生缺素失绿现象。土壤总盐量应为 0.13%～0.28%之间。土壤质地应是轻壤至重壤，土壤过黏，不利于根系生长。

(2)苹果栽培对其他生态条件的要求

地势地形是影响苹果生长发育的间接环境因素。它是通过改变光、热、水等在地面上的分配，从而影响苹果生长发育、产量形成与品质变化。而黄土高原沟壑丘陵区，具有自然调节光、热、水的地理属性，非常利于苹果生长发育。

10.4 苹果树的主要气象灾害及防御

影响陕西苹果正常生长以及产量与品质的气象灾害有很多，如开花期气象灾害有低温、霜冻、大风、沙尘暴；幼果期气象灾害有冻害、干旱、冰雹；果实膨大期气象灾害有伏旱、高温热害(日灼)、冰雹、暴雨、连阴雨；果实着色期气象灾害有低温、阴雨、寡照；果实成熟期气象灾害有早霜冻、连阴雨等。但以花期冻害、干旱、冰雹、秋季连阴雨为主的灾害在陕西苹果种植区经常大面积发生，对苹果的生产造成严重影响，需要引起重视。

10.4.1　花期冻害

(1)指标及特征

红富士苹果花期霜冻的临界低温:花蕾期为－3.8～－2.8℃,开花期为－1.7～－2.2℃,雌蕊受冻;幼果期－1.1～－2.5℃,幼果受冻。根据陕西省经济作物气象服务台2000年以来苹果花期低温冻害实地调查及有关文献资料表明,苹果树开花期受冻的临界温度为－2℃,在－2.0～0℃出现低温冻害,中心花受冻率达30%左右;温度为－4℃时出现明显低温冻害,冻死率达50%,温度低于－4℃,出现严重低温冻害,中心花受冻率高达70%,对产量、品质、商品率产生严重影响。

春季气温波动大,若苹果开花期提前将加剧苹果花期遭受冻害的几率和程度,严重影响产量与品质。按照花期霜冻指标,分别统计了开花期 $T\leqslant-4$℃、$-4℃<T\leqslant-2$℃、$-2℃<T\leqslant$ 0℃出现次数。结果表明陕西苹果种植区开花期严重低温冻害以白于山区及渭北高海拔地区的旬邑最甚,其冻害频率在50%以上,即1次/2年。明显低温冻害以白于山区及渭北高海拔地区的旬邑、麟游及榆林、甘泉出现频率最多,基本在1次/年左右。低温冻害以白于山区及安塞、神木、甘泉、黄龙、旬邑、长武、淳化、麟游出现频率最多,在1.5次/年左右。

(2)防御措施

花期冻害危害程度既受冷空气强度影响又与果树所处生育阶段有关。花期冻害防御需从调控田间小气候和调控果树生育等入手,采取"避、抗、防"等综合防御措施。

"避",就是通过果园覆草、树干涂白、喷施防冻剂和果树生长调节剂等,推迟开花期,避过花期冻害。"抗",就是通过加强管理,增强树势提高果树抗冻能力和灾后恢复能力,主要是通过秋冬季节水肥和越冬防寒管理,促进果树安全越冬,增强树势和抗逆性。"防",是结合天气预报,在冷空气来临前或来临时通过灌水、熏烟等改善果园小气候,提高近地层温度,防御和减轻低温冻害危害。

10.4.2　秋季连阴雨

(1)指标及特征

陕西省连阴雨是指观测站连续4天及其以上日降水量≥0.1毫米,且观测站过程降水量>20毫米的降水天气。陕西苹果果实着色期恰逢秋季连阴雨多发时段,长时间的阴雨寡照天气,不利于果实着色和内在品质提高,严重影响果实商品率和种植效益。根据陕西省经济作物气象服务台2000年以来苹果秋季连阴雨灾害实地调查,发现在苹果着色成熟期,当阴雨持续日数≥5天,过程降水量≥30毫米时,将会对果实着色、果锈、病虫害、商品率等产生显著影响。

陕西省苹果种植区秋季连阴雨次数南北差异不大,平均每年发生1～2次,降雨强度则呈由西向东递减趋势,其中宝鸡果区的连阴雨日数和强度均大于其他果区。

(2)防御措施

防御果实着色期的连阴雨灾害主要是通过降低果园土壤和空气湿度,以改善光、热条件为主调节果园小气候,缓解阴雨低温危害,主要抓好以下几点:

第一,及时排水,降低土壤和空气湿度,减轻阴雨危害。第二,通过铺设反光膜,适时解除苹果套袋、摘叶转果等,改善果园光、热空间分布,增加果实着色面积,减轻灾害危害。第三,预防病害暴发和流行,高湿极易诱发病害暴发、流行。尤其要注意改善果园小气候条件,适时喷施农药，及时防治斑点落叶病、炭疽病、轮纹病、霉心病、黑点病等。

10.4.3 干旱

(1)指标及特征

干旱反映在苹果树和果实的生长上，主要表现为叶片发黄、萎蔫，果树缩果、脱落和膨大缓慢，严重影响果树产量和商品率。

陕西省苹果种植区全年一般有3个干旱时段。一是5月下旬—6月中旬的初夏干旱，主要影响幼果脱落和第一次果实膨大；二是7月中旬—8月中旬的伏期干旱，主要影响果实膨大、内在品质、果形等；三是冬春连旱，主要伴随暖冬气候特征，表现为不能满足果树正常休眠及开春萌芽等生理活动的水分需求，影响来年的坐果率，以及苹果后期的生长。在这3个干旱时段中，以冬春连旱出现的次数最多，夏季伏旱出现的次数最少，但伏旱对苹果生产的影响最大。原因在于果实膨大期既是果树需水临界期，又是光、热高峰期，光照强、气温高，农田蒸散量大的时期，土壤水分丢失严重，极易发生土壤干旱，所以该时段是果树水分供需矛盾的关键期，水分供应充足与否对果实产量、品质，尤其是商品率具有显著影响。

苹果园干旱、特征等级指标

干旱等级	果园土壤特征	萌芽前树体特征	生长期树体特征（主要指春季）	土壤相对含水量(%)	是否灌溉
严重干旱	土壤完全松散，没有一点湿润迹象，研磨成粉末并随风飘起。	皮皱缩，口干枯。	新梢皮色暗红、皱缩、提前停止生长封顶；内膛和基部落叶、叶色深暗。	<40	及时灌溉
中度干旱	土壤松散，但是有湿润迹象，用手揉搓稍微有成团现象，没有飘尘现象。	枝皱皮、抽干。	嫩梢发生萎蔫、叶片蜷曲、嫩梢弯曲下垂。	40～50	需要灌溉
轻度干旱	土壤明显有湿润迹象，用手揉搓能形成团状(沙地果园除外)，但是不黏，用手攥不成团，松开手土壤散开。	个别弱枝皱皮。	弱树少量嫩梢发生萎蔫、叶片蜷曲。	50～60	不需要马上灌溉
正常	有明显的湿润迹象，用手能攥成团，但是没有浸水迹象。	正常，新口湿润。	嫩梢、芽和叶生长健壮、饱满挺拔，色泽鲜绿。	60～80	无需灌溉

(2)防御措施

第一，蓄水保墒，延安和渭北果区地处黄土高原，黄土层深厚，蓄水保墒能力强。狠抓夏秋和冬季的蓄水保墒工作，不仅有利于抗御冬春干旱、而且对果实膨大期干旱尤其是初夏干旱具有较显著的防御能力。例如2003年夏秋延安和渭北地区降水量大，阴雨时间长，土壤积蓄底墒足，虽遇2004年6月中、下旬的高温、少雨天气，土壤相对湿度多处于50%～60%，果实膨大未受影响、生长正常。底墒足，未出现明显土壤干旱是非常重要的一个因素。

第二，适时灌水。果实膨大期多对流性天气，降水强度大，多暴雨、降水径流量大。土壤积蓄水分少，加之强光高温、土壤蒸散大，土壤干旱时有发生，水分供需矛盾仍十分突出。各地要结合土壤墒情，适时进行灌溉，补充土壤水分，缓解水分供需矛盾，促进果树正常生长和果实膨大。

10.4.4 冰雹

(1)指标及特征

冰雹是一种季节性明显、局地性强，且来势猛、持续时间短的气象灾害，对苹果危害极大。陕西省苹果种植区位于渭北山区及丘陵地带，这里地形复杂，天气多变，是冰雹的多发区，冰雹分布总的趋势是西部多于东部，北部多于南部。在陕北中南部的西边即吴起—志丹—宝塔一线以南、宜君—黄龙一线以北和黄龙—宝塔一线及其以西地区是全省的重雹区，覆盖26个苹果生产基地县。其中，年平均降冰雹次数在2.4～4.8之间的有千阳、耀州、旬邑、淳化、宜君、彬县，年冰雹日数为1～2天，其中春夏两季多发，并以宜君和旬邑为冰雹多发地区。

冰雹对苹果生产影响极大，但冰雹大小对苹果生产的影响程度没有严格的量化指标。通过近10年灾情调查结果显示，直径小于0.5厘米的冰雹危害较小或无危害，直径大于1厘米的冰雹即可造成危害。

(2)防御措施

①人工防雹。目前，各级气象台站根据天气图、卫星云图分析、雷达监测以及经验，可提前做出冰雹预报，通过采用人工影响天气作业的办法使云中的冰雹胚胎不能发展成冰雹，或者使小冰粒在变成大的冰雹之前就降落到地面等，以减轻冰雹对苹果的影响。

②搭建防雹网。防雹网是抗御果园自然灾害中比较有效的硬件设施，它能有效减弱冰雹对果面的冲击力，减轻或避免由冰雹造成的经济损失。

(3)补救措施

①及时清理果园。对枝破皮裂、无全叶、无好果的重灾绝收果园，先摘除树上破伤果及伤残叶，剪除破伤枝条，全面清除落叶、落果，挖坑深埋；对枝皮有破损，果、叶伤损过半的果园，摘除无商品价值果实和破损较大的叶片，尽力保护其他叶片，对果面有小雹坑的果实，不必摘除，可喷药加以保护。

②果园中耕。果园遭受冰雹袭击后，往往土壤板结严重，地温降低，给果树生长造成不良影响，应及时对全园进行中耕松土，破除土壤板结，提高土壤透气性，恢复和增强果树根系的呼吸和吸收能力。

③喷药施肥。迅速选喷农药，抓好病虫害防治，保证果树正常生长。同时增施肥料，促进果树伤口愈合，迅速恢复树势。

10.5 苹果树病虫害与气象条件

陕西苹果产区大部分地处西北黄土高原，是我国的优质产区，随着近十年来苹果品种结构、栽培管理技术及病虫害防治方法的不断改进，苹果园主要病虫害的结构和发生特点也有不同程度的变化，无公害苹果生产病虫害综合防治技术也在不断的补充完善和提高。

10.5.1 主要病害与气象条件

(1)白粉病

①危害症状

白粉病主要危害实生嫩苗、大树芽、梢、嫩叶,也危害花及幼果。发病部位布满白粉是此病的主要特征。幼苗被害,叶片及嫩茎上产生灰白色斑块,发病严重时叶片萎缩、卷曲、变褐、枯死,后期病部长出密集的小黑点。树体被害,芽干瘪尖瘦,春季发芽晚,节间短,病叶狭长,质硬而脆,叶缘上卷,直立不伸展,新梢满覆白粉。生长期健叶被害则凹凸不平,叶绿素浓淡不匀,病叶皱缩扭曲,甚至枯死。花芽被害则花变形、花瓣狭长、萎缩。幼果被害,果顶产生白粉斑,后形成锈斑。

②发病规律

春暖干旱的年份有利于病害流行。该病以菌丝在冬芽鳞片间或鳞片内越冬。翌年发芽时,越冬菌丝产生分生孢子,此孢子靠气流传播,直接侵入新梢。病害侵入嫩芽、嫩叶和幼果主要在花后一个月内,5 月为发病盛期,通常受害最重的是病芽抽出新梢。生长季中病菌陆续传播侵害叶片和新梢,秋季病梢上的孢子侵入秋梢嫩芽,形成二次发病高峰,10 月以后很少侵染。

③防治要点

苹果白粉病的防治关键是休眠期冬季修剪、生长期喷药、加强田间管理、少种感病品种。在增强树势的前提下,要重视冬季和早春连续、彻底剪病梢,减少越冬病原,与生长期喷药保护相结合进行防治,方能收到较好的效果。化学防治的关键在萌芽期和花前花后的树上喷药。药剂中硫制剂对此病有较好的防治效果。

(2)斑点落叶病

①危害症状

主要危害叶片,也危害枝条和果实。发病初期,叶片上出现褐色或深褐色小斑点,周围有紫红色晕圈,边缘清晰。随着气温上升,病斑扩展成 5 毫米左右的斑点。空气潮湿时病斑上长出黑色霉层。幼叶被害,叶片呈畸形。危害严重时,被害叶干枯,提早脱落。果实被害,生近似叶片上的斑点。枝条被害,生褐色微凹陷的病斑,病斑周围常产生裂纹。

②发病规律

春雨早而多,夏季有连阴雨,病害发生早且重。该病由苹果轮斑病的强毒菌系所致,以菌丝体在被害叶和枝条上越冬。翌年春季产生分生孢子。分生孢子随气流传播,侵染春梢嫩叶。一般果园在花后即可出现病叶,随后病叶增多,7 月上中旬即有落叶。果园在病斑出现后 20 天即开始产生分生孢子,这些孢子可再侵染。此病易侵染 35 天内的嫩叶,尤其是 20 天内的新叶。病原菌的潜育期很短,只有数小时。8 月高温高湿,新梢叶片发病严重,造成大量落叶。9 月下旬病害停止发展。苹果品种中红星、元帅、青香蕉等品种受害严重。

③防治要点

防治重点是保护早期叶片,立足于防,可结合轮纹病、炭疽病及鳞翅目、食叶性害虫进行防治。第一,苹果落叶后要及时清园,将枯枝落叶集中深埋或烧掉。第二,5 月中旬落花后开始喷 1∶2∶200 倍波尔多液等,每隔 15～20 天喷一次,交替用药,共喷 3～4 次。

(3)痘斑病

①危害症状

果实向阳面症状明显，以果点为中心，果面会出现疏密不均的小斑点，直径多在1毫米以内，其周围出现紫红色晕圈，影响果实外观。

②发病规律

丘陵山地果园发病较多，易在采收前开始出现症状，到贮藏期会继续发展，易造成果实腐烂。此病发生与果皮或表皮果肉的含钙量有关，也是一种低钙引起的病害。

③防治要点

第一，合理施肥。果实发育后期要控制施氮肥，以降低树体的氮与钙的比值。酸性土壤中缺钙可施入石灰。第二，合理排灌。在果实临近成熟时切忌大水漫灌。如果确需灌水，可灌小水或在傍晚喷灌。大雨后要注意排水。第三，合理修剪。通过修剪可调节单株、单枝的花芽数量，防止苹果树负载过重而引起树体衰弱。第四，叶面喷钙。第五，适时采收。根据不同品种的发育天数确定最佳采收期。

(4)腐烂病

①危害症状

腐烂病有溃疡型和枝枯型。溃疡型发病初期病部红褐色，稍隆起，组织松软，有酒糟味，常流出黄褐色汁液。后期病部失水下陷，长出分生孢子器即黑色小点，雨后小黑点上溢出金黄色的丝状或馒头状的孢子角。枝枯型多发生在2～4年生小枝上。病部扩展迅速，常呈现黄褐色与褐色交错的轮纹状斑。春季发病的枝枯型斑，病部以上枝条很快干枯，后期病部也长出许多黑色小粒点。

②发病规律

发生冻害和高产后此病极易大流行。是一种弱寄生性真菌引起的病害。它主要以菌丝、分生孢子器和子囊壳在病皮内和病残株枝干上越冬。翌春，分生孢子器涌出孢子角，孢子角失水飞散出分生孢子。同时，成熟的子囊孢子也大量放出。一年中有两次孢子流行高峰，分别在4月上旬至5月中旬和9月中旬至10月中旬。病菌随风雨传播。病菌有无伤口不侵入和潜伏侵染特性。此病的侵入途径有剪锯口、机械伤、病虫伤、日灼、冻害和落皮层。侵入树体的病菌经过一段潜伏期后发病。此病几乎每年发病。

③防治要点

主要是增强树势、提高抗病力。第一，合理调整结果数量，保持树势。入冬前合理修剪，对老树喷或涂20倍果康宝一次。第二，3月下旬至4月上旬用40%福美砷可湿性粉剂100倍液喷雾。第三，在6月下旬和11月上旬刮除病疤，深度达到木质部，并剪除病枝，用50%福美砷可湿性粉剂100～200倍液涂刷主干、主枝。此外，还应注意增施磷、钾肥。

(5)干腐病

①危害症状

干腐病又名“干腐烂”、“胴腐病”。陕西大部分果园有不同程度发生。危害衰弱的大树枝干，侧枝和小枝，造成表层腐烂和烂果。该病症状分为溃疡型和枝枯型。溃疡型病斑为不规则的暗紫色或暗褐色斑，表面湿润，常溢出茶色黏液。皮层暗褐色皮组织腐烂，较硬，不烂到木质部，无酒糟味。病斑失水后干枯凹陷，病健交界处常裂开，中部出现纵横裂纹，多个病斑合并，若绕茎一周，使枝条枯死。后期病部出现小黑点，比腐烂病小而密。枝枯型多在衰老树的上部枝条发病，病斑最初产生暗褐色或紫褐色的椭圆形斑，上下迅速扩展成凹陷的条斑，可达木质部，造成枝条枯死，病斑上密生小黑点。果实病斑初期为黄褐色小病斑，后为深浅相间的褐色同心轮纹，后期成为黑色僵果。

②发病规律

干旱年份发病重，在雨水适宜的年份发病轻。该病病菌以菌丝体、分生孢子器、子囊壳在枝干病部越冬。第二年春季病部菌丝恢复活动，继续扩展，产生分生孢子，随风雨传播，从弱树伤口、死芽或皮孔入侵。该病菌为寄生菌具有潜伏侵染特点，只有在树体衰弱时，树皮上的病菌才扩展发病。干旱时树皮含水量低，病害扩展快，涝害会引致果树生理干旱，因此在地势低洼、土质黏重、排水不良的果园，发病较多。

③防治要点

培育壮苗、合理定植。加强管理，增强树势，提高树体抗病力。彻底刮除病斑。

(6)褐斑病

①危害症状

褐斑病寄主有苹果、槟沙果、海棠、花红和山定子。主要发生在叶片上。叶片上初期病斑为褐色小点，后发展成三种类型的病斑，即同心轮纹型、针芒型和混合型。此病的症状特点是病斑不规则，边缘不清晰，周缘有绿色晕，症状由黑色小粒点(分生孢子盘)或黑色菌索构成同心轮纹或针芒。同心轮纹型和混合型病斑叶背呈棕褐色，病叶早期脱落。

②发病规律

雨水是病害流行的主要条件，春雨早、发病早，秋雨多、发病重。该病以分生孢子盘和菌丝在病叶上越冬。春季分生孢子盘产生分生孢子，通过风雨飞溅侵染叶片。病菌潜育期 6～14 天后发病，新病部产生的分生孢子借风雨进行再侵染。一般 6 月下旬开始发病，7 月下旬至 8 月上旬为发病盛期。10 月上旬停止发生。以红星、元帅、青香蕉品种易感病。结果树发病重，树势弱发病重，树冠郁蔽通风透光不良发病重，水地发病重，否则发病轻。

③防治措施

加强肥水管理，增强树势，提高植株的抗病能力。5 月中旬—6 月初喷药是全年的防治关键。注意褐斑病已经发病较重时不能喷波尔多液，否则将加重落叶，只有先将病治好才能喷波尔多液。

(7)炭疽病

①危害症状

炭疽病又名苦腐病。可寄生苹果属果树、梨树和葡萄。主要危害果实，也危害枝干和果台等。果实发病初期，果面上出现淡褐色圆形小斑点。病斑迅速扩大，果肉软腐，下凹，呈黑褐色。病斑大到 1～2 厘米时，病斑上生出同心轮纹状排列的小黑点。小黑点突破表皮，天气潮湿时溢出粉红色物质，即分生孢子。病果果肉有苦味。病果最后失水干缩成黑色僵果。晚秋低温染病的病斑不扩大，表现为深红色小斑，中心有一暗褐色小点。枝干发病与果实症状相似。

②发病规律

多雨高温高湿是此病的流行条件。此病以菌丝在被害枝干、果台和病僵果上越冬。翌春温度适宜时，产生分生孢子。分生孢子传播主要靠雨水飞溅，也借风和昆虫传播。病果和树上的病枯枝是初侵染源，幼果前期抗扩展，不抗侵染；而后期则相反。此病有潜伏侵染特性，故果园发病较晚。一年内有反复多次再侵染。在陕西 7 月上旬开始发病，8 月为发病盛期。苹果品种中，红玉、红星、秦冠、国光等感病较重。

③防治要点

彻底清园，减少越冬菌源。春季苹果树发芽前喷药，杀灭树体上的越冬菌源。果实生长期的药剂防治开始时间视病害流行程度而定，以结合防治早期落叶病的喷药。病害重发区两次药间隔期应为15～20天，轻发区可适当延长。全年防病用药最好选用两种以上药剂交替使用，以免病菌对药剂产生抗性。幼果期不宜使用波尔多液，以免果实出现果锈。

10.5.2 主要虫害与气象条件

(1)黑绒金龟甲

①危害特点

成虫严重危害苹果的芽、花、叶，特别以花期为害花蕾、花芽、嫩叶，常造成花蕾受损、叶片缺刻、还可以为害果实，啃食果实成空洞，使苹果坐果率下降，产量降低，影响品质。

②发生规律

该虫1年发生1代。均以成虫在土壤中越冬。越冬深度一般在20～30厘米，个别达50厘米。阳坡地较阴坡地为多。翌年春季，当土壤15厘米深平均温度达9.2℃时，成虫集中到5～10厘米深的表土层。当气温升至10℃以上时，开始出土活动。成虫出土为害与4月气温、降水量有关。气温升高后，遇有降雨，才能大量出土。在一天中，成虫15—16时开始出土，17—20时最多，20时以后逐渐入土，潜伏于表土层2～5厘米深处。3级以上吹风天和雨天则不出土。先在杨、柳、榆或杂草上为害，待苹果树发芽后，即大量转移到果园为害，集中危害嫩芽和嫩叶。成虫假死习性和趋光性都较强。苹果落花后开始入土产卵。幼虫孵化后，在地下取食植物幼根；幼虫老熟后在地下作土室化蛹。蛹期10天左右，羽化后的成虫，潜伏土中越冬。

③防治要点

人工防治方法可采用人工捕杀与人工诱杀。

药剂防治。为害较重的果园，在开花期可对树冠下的土壤进行药剂处理。对为害严重的果园，可进行树上喷雾防治。

(2)金纹细蛾

①危害症状

幼虫从叶背潜食叶肉，形成椭圆形的虫斑，叶背表皮皱缩，叶片向背面弯折。叶片正面呈现黄绿色网眼状虫斑，内有黑色虫粪。苹果树受害导致落叶早、果实小、产量低、树势衰弱。

②发生规律

1年发生5代，以蛹在被害叶片中越冬。翌年苹果发芽时成虫羽化。待气温升高后，成虫多在早晨和傍晚活动，有趋光性。产卵于嫩叶背面，单粒散产。幼虫孵化后从卵和叶片接触处咬破卵壳，直接蛀入叶内危害。金纹细蛾对不同品种的苹果叶片为害程度有明显差异。国光、富士受害严重，红星、金冠受害较轻。金纹细蛾跳小蜂是优势种的天敌。

③防治要点

一是人工防治。果树落叶后清除落叶，集中烧毁，消灭越冬蛹。二是药剂防治。

(3)苹果小食心虫

①危害症状

又名桃小食蛾，幼虫多从果梗基部或顶部蛀入苹果，2天后从蛀入孔流出水珠状半透明的果胶滴，不久果胶滴干缩，在蛀入孔处留下一小片白色蜡质物。随着果实的生长，蛀入孔愈合成一针尖大的小黑点，小黑点周围的果皮略凹陷；幼虫蛀果后，在皮下及果内纵横潜食，果面上显出凹陷的潜痕，明显变形。近成熟期的果实受害，一般果形不变，但果内的虫道中充满棕褐色的虫粪。幼虫老熟后，在果实面咬一直径2～3毫米的圆孔，孔外常堆积棕褐色的虫粪。

②发生规律

1年发生1～2代，以老熟幼虫结茧在土中越冬。越冬代幼虫在5下旬开始破茧出土，出土盛期在6月中下旬，第一代成虫在7月下旬至9月下旬出现，盛期在8月中下旬。第二代幼虫造成脱果最早在8月下旬，这一代老熟幼虫危害时间不整齐，脱果盛期在9月中下旬，有少部分在10月脱果。该虫的发生与温湿度关系密切，越冬代幼虫出土始期，当旬平均气温达到16.9℃、10厘米处地温达到19.7℃时，如果有适当的降水，即可连续出土。温度在21～27℃，相对湿度在75%以上，对成虫的繁殖有利；高温、干燥对成虫的繁殖不利，长期下雨或暴风雨抑制成虫的活动和产卵。

③防治要点

应抓住关键时期进行防治。第一，地面撒药，即越冬代幼虫出土盛期，进行地面撒药。第二，地面喷药，在越冬幼虫出土前在树下喷药，喷后耙松地表。第三，树上防治。防治适期为幼虫初孵期，对卵和初孵幼虫有强烈的触杀作用。

(4)苹果透翅蛾

①危害症状

苹果透翅蛾俗称串皮干。主要危害苹果、梨、桃、杏和樱桃等。幼虫在树干枝杈等处蛀入皮层下，食害韧皮部，有的可深达木质部，呈现不规则的虫道。被害处常有似烟油状的红色粪屑及树枝黏液流出，伤口处容易感染苹果树腐烂病菌，引起溃烂。

②发生规律

1年发生1代，以3～4龄在被害果树皮层下越冬，次年果树萌动后，越冬幼虫开始活动，蛀食为害，5月下旬至6月上旬老熟幼虫化蛹前，6月中旬开始羽化出成虫，6月下旬—7月下旬为羽化盛期，成虫白天活动，交尾后2～3天产卵，1头雌蛾产卵20～25粒，卵产在主干和大枝的粗皮、裂缝、伤疤处，产卵时先排出黏液，以使幼虫孵化后进入皮层，11月份开始做茧越冬。

③防治措施

刮。发芽前结合刮树皮，注意观察病疤裂缝和大枝杈特别是有虫粪处，发现虫道后要挖虫杀死。

涂。刮皮后、发芽前，在树干离地面20～30厘米处涂1∶1的杀虫药和废机油混合液。

喷。生长季节喷药时，必须把树干上下、南北东西全部喷均匀，直到药液顺树干往下流为止，以杀死皮下幼虫和新产卵孵化的幼虫。6—7月份特别注意成虫羽化期喷药防治。

壮。通过肥水投入、深翻扩穴、减少负载，防止早期落叶，增强树势，以减少腐烂病疤和裂缝，创造一个不利于害虫繁育侵入的环境。

(5)苹毛虫

①危害症状

苹毛虫，别名杏枯叶蛾、苹果枯叶蛾。幼虫危害嫩芽和叶片，食叶成孔洞和缺刻，严重时将叶片吃光仅留叶柄。

②发生规律

该虫发生代数因地区而异。陕西关中 1 年 2 代，以低龄幼虫紧贴树皮或枝条越冬，体色与树皮相似。翌年春寄主萌发时开始活动，白天静伏枝干上，夜晚取食。老熟后吐丝使叶片向上纵卷结茧化蛹，成虫昼伏夜出，趋光性较强。卵多产于枝干和叶上，常 3～4 粒呈直线排列，卵期 7～10 天。发生 1 代者幼虫孵后为害一段时间以 2 龄幼虫在枝干上越冬。幼虫体色酷似枝条，不易发现。

③防治要点

结合修剪，人工捕杀越冬幼虫。成虫发生期利用黑光灯或高压汞灯诱杀。保护和引放天敌。幼虫出蛰为害期药剂防治。

(6)星天牛

①危害症状

星天牛又叫做白星天牛或桑天牛。成虫啃食细枝嫩芽。幼虫蛀食树干韧皮部与木质部，致使树势衰弱，枝叶发黄，影响产量与品质，重者整株枯死。

②发生规律

该虫约 2 年完成 1 代。以幼虫在树干或树根中越冬，次年春季化蛹，5—8 月间为成虫发生期。成虫羽化后，飞上枝梢，咬食细枝条、幼芽。喜在晴天，特别是 10—13 时活动，经补充营养后交尾。交尾后经 10～16 天开始产卵。卵多产在距地面 33～67 厘米的树干部或生于近地面处。卵经过两周左右孵出幼虫，在皮层下盘旋蛀食，约两个月之后，蛀入木质部为害，上下左右串成隧道，后来逐渐向根部蛀食，并向外蛀一个孔，排泄虫粪和通气。幼虫所蛀的隧道内充满木屑。11 月间幼虫越冬。

③防治要点

一是在成虫产卵前树干涂白。二是成虫期人工捕杀成虫。产卵期可以锤击刻槽，杀死卵及幼龄幼虫。三是成虫羽化盛期向树干部喷洒内吸触杀药剂。四是幼虫为害期树干打孔注药，塞毒签和堵药棉球等。五是保护天敌，如啄木鸟、花绒坚甲、肿腿蜂。

10.6　苹果树生长发育的气象条件与田间工作

10.6.1　自芽萌动至果实收获的气象条件与田间管理工作

(1)自芽萌动至果实收获的气象条件

陕西苹果自芽萌动至果实收获的气象条件

生长期	气象条件	陕北南部果区	渭北东部果区	渭北西部果区	关中果区
花蕾期	气温(℃)	3.5～5.0	5.0～8.0	3.4～6.1	6.0～7.1
	降水量(毫米)	14.7～24.9	20.6～24.9	18.5～26.4	21.3～26.3
	日照时数(小时)	189～194	163～186	139～182	134～145

续表

生长期	气象条件	陕北南部果区	渭北东部果区	渭北西部果区	关中果区
花期	气温(℃)	11.1～13.0	11.9～15.2	10.5～13.0	12.4～13.8
	降水量(毫米)	24.4～36.2	34.7～37.7	38.2～44.5	38.4～48.2
	日照时数(小时)	216～224	192～219	178～213	169～180
幼果期	气温(℃)	16.2～19.0	16.8～20.4	15.4～17.8	17.3～18.8
	降水量(毫米)	34.3～50.5	43.3～53.8	54.1～58.9	50.4～66.7
	日照时数(小时)	242～254	224～252	202～237	194～209
果实膨大期	气温(℃)	20.2～24.0	21.2～26.5	19.5～24.1	21～25.8
	降水量(毫米)	25.5～31.5	22.9～31.5	25.5～34.5	22.7～29.8
	日照时数(小时)	656～700	630～736	564～666	577～641
果实着色期	气温(℃)	15.4～17.5	16.8～20.1	15.1～17.5℃	17.5～19.1
	降水量(毫米)	25.5～31.5	22.9～31.5	255～34.5	227～29.8
	日照时数(小时)	169～189	163～192	132～168	140～151
果实成熟期	气温(℃)	9～10.6	11～14.1	9.4～11.3	11.9～13.3
	降水量(毫米)	32.5～47.7	45.1～50.2	49.8～58	52.9～61.7
	日照时数(小时)	175～190	164～188	138～177	140～148

(2)自芽萌动至果实收获的田间管理工作

①芽萌动期管理要点

春季修剪、规范树形、防治病虫害、平衡施肥、节水灌溉、高接换种;花序分离期管理要点是预防冻害、疏蕾、防治病虫害高接换种。

②开花期管理要点

防治花期冻害、人工授粉、疏花、防治病虫害、高接换种、果园种草。开花期防灾减灾主要抓防御花期冻害、人工授粉、防治病虫害。

③幼果及果实膨大期管理要点

果实套袋、夏季修剪、病虫害防治、追肥灌水、中耕除草、早熟果实采收。幼果期防灾减灾主要抓防御冻害、抗旱保果、人工防雹;果实膨大期防灾减灾主要抓抗旱保果、预防高温热害、人工防雹、排水防涝、防治病虫害。

④果实着色及成熟期管理要点

病虫害防治、果实除袋、摘叶转果、秋季修剪、分期采收。果实成熟期管理要点是果实采收、果实贮藏、秋施基肥。果实着色期防灾减灾主要抓增光着色、预防裂果、落果;果实成熟期防灾减灾主要抓预防早霜冻、预防连阴雨、防治病虫害。

10.6.2　采摘后的气象条件与田间管理

(1)采摘后的气象条件

陕西苹果采摘后的气象条件

生长期	气象条件	陕北南部果区	渭北东部果区	渭北西部果区	关中果区
落叶期	气温(℃)	1.6～3.1	4.2～6.7	2.5～4.6	5.2～6.6
	降水量(毫米)	11.3～20.5	17.4～20	13.6～23.0	17.7～21.8
	日照时数(小时)	164～190	161～180	143～185	133～150
越冬休眠期	气温(℃)	－6.8～－4.5	－3.0～－1.0	－4.7～－2.4	－1.7～1.1
	降水量(毫米)	10.2～20.7	16.4～20.0	14.5～22.6	17.2～20.7
	日照时数(小时)	509～590	491～550	430～563	500～552

(2)采摘后的田间管理

落叶期管理要点是清园、主干涂白、刮治腐烂病、继续施基肥、冬季修剪、冬灌；休眠期管理要点是规范树形、冬季修剪、防治病虫害。

第11章　梨气象服务

11.1　梨树的地域分布

11.1.1　梨树的栽培历史

梨树在中国有着悠久的栽培历史，在《庄子》一书中就有“三王五帝之礼义法度不同，譬其犹楂、梨、橘、柚，其味相反而皆于口”的记载。《韩非子》《吕氏春秋》《周礼》以及《尔雅》等也都记载了梨树方面的情况，可见梨树在中国已有2000多年的栽培历史。中国幅员辽阔，南北横跨几个气候带，在复杂多样的气候条件下，经世世代代繁衍，形成了适合于不同自然条件的多样化品种类群，产生了不少珍贵的梨树品种。

梨为世界五大水果、中国三大水果之一。截至2009年中国梨的生产面积和产量占到世界的60%以上，是世界第一产梨大国。梨属于蔷薇科梨属，世界上梨属植物约有30多种，中国有13种。中国梨种植范围较广，除海南省、港澳地区外其余各省(区、市)均有种植。在长期的自然选择和生产发展过程中，逐渐形成了四大产区：即环渤海(辽、冀、京、津、鲁)秋子梨、白梨产区，西部地区(新、甘、陕、滇)白梨产区，黄河故道(豫、皖、苏)白梨、砂梨产区，长江流域(川、渝、鄂、浙)砂梨产区。

11.1.2　陕西梨树的地域分布

陕西是中国产梨第七大省，截至2009年底，梨面积和产量分别为77.4万亩和63.0万吨，10个梨基地县的面积和产量分别为39.5万亩和45.3万吨，占全省梨面积和产量的51.1%和71.9%，梨亩产1322千克。从陕北米脂附近，到陕南大巴山区，梨的栽培相当普遍，关中、渭北、陕北南部、商洛南部为梨栽培优质区。而以彬县、乾县、陇县一带产区栽培较多，品质优良，自古以来就是陕西梨的著名产区之一。梨树在彬县、乾县、陇县一带，多集中分布于沟谷两侧。这里气候温和，雨量适中，水热资源丰富，土层深厚，质地良好，结构松散，有利于梨树根的深扎和通风透气，在充足的光照条件下，能使果树进行充分光合作用。

11.1.3　主要栽培基地县的气象条件　见附录1.2

11.2　梨树的生物学特性

11.2.1　梨树的种类与主要品种

(1)梨的种类

作经济栽培的梨在国内有5个种，分别为秋子梨、白梨、砂梨、洋梨和新疆梨。此外，杜梨

（棠梨）、豆梨（鹿梨）、褐梨和川梨等野生种，常被用作梨的砧木。其中白梨适于冷冻干燥的气候栽培，砂梨适于温暖多湿的气候栽培，洋梨要求的气候条件与白梨相近。

（2）主要品种

陕西栽培的梨主要是白梨、有少量沙梨。白梨系统中的优良品种主要有砀山酥梨、七月酥梨、早酥梨等，沙梨系统中的优良品种主要有黄金梨、水晶梨等。陕西梨主要品种：

①砀山酥梨

中国果品中的名产，晚熟品种，占陕西省栽培面积 90%左右，该品种有 4 个品系，即白皮酥、青皮酥、金盖酥、伏酥。以果实硕大，黄亮美色，皮薄多汁，肉多核小，甘甜酥脆等特点，驰名海内外。砀山酥梨含有丰富的糖、矿物质、有机酸和多种维生素，营养极为丰富，是果中佳品。果实近圆柱形，平均单果重 250 克，果皮为绿黄色，贮后为黄色，果点小而密，果心小，果肉白色，中粗，酥脆，汁多，味浓甜，有石细胞。树势强，萌芽率高。定植后 3～4 年开始结果。以短果枝结果为主，丰产性好，适应性极广，对土壤气候条件要求不严，耐瘠薄，抗寒力及抗病力中等。

②七月酥梨

果实成熟期为 7 月，是目前中国成熟期最早、品质最好的优良早熟梨新品种。果实大，平均单果重 220 克，卵圆形，果实纵径 7.6 厘米，横径 7.8 厘米；果皮翠绿色，果面洁净，较光滑；无果锈，果点较小而密。果形整齐，外观好。果心小，果肉白色，肉质松脆，石细胞极少，汁液多，风味甘甜，微香，品质上等。抗逆性中等，较抗旱，耐涝，耐盐碱。pH 值为 8.3 的盐碱地上，生长结果正常。较抗寒，能耐－28℃的低温，但抗风能力较弱，采前 20 天若遇 5 级以上阵风，就可造成大量落果。抗病性较差，叶片易感染褐斑病，造成早落叶，枝干易感染轮纹病而导致树势衰弱，较抗梨蚜、木虱。由于成熟极早，一般不受食心虫危害。

③早酥梨

果实属大型，平均单果重 250 克左右，多呈卵圆形或长卵形。果皮黄绿或绿色，果面平滑，有光泽，并具棱状突起，果皮薄而脆，果点小，不明显；果肉白色，肉质细，酥脆口，石细胞少，汁液特多，味淡甜或甜，品质上等。萌芽力强，芽萌发率为 84.84%，发枝力中等偏弱，一般定植后 2～3 年便可结果。以短果枝结果为主，连续结果能力强，丰产稳产。大小年不明显，采前落果轻。该品种适应性相当强，抗寒力和抗旱能力均强，食心虫危害轻，抗黑星病。其缺点是在部分地区果肉出现小块木栓化组织。

④黄金梨

幼树生长势强，树姿较开张，叶片大而厚、卵圆形或长圆形，叶色浓绿。成枝力与萌芽率均强，树冠形成快，极易形成中短果枝，结果早，丰产性好。果实圆形稍扁，果皮黄绿色，套袋果金黄色、呈透明状，果皮薄，平均单果重 350 克左右。果肉细嫩，味甜汁液多，固形物含量 12.6%～13.4%，果心小，可食率达 95%。品质上。果实 9 月成熟，该品种必须套袋。套袋后洁白析透，美观诱人。抗黑星病，丰产，室温下可贮藏 20 天左右。

⑤水晶梨

果实为圆球形或扁圆形，平均单果重 385 克，最大 560 克。果皮近成熟时乳黄色，表面晶莹光亮，有透明感，外观诱人。果肉白色，肉质细腻，致密嫩脆，多汁，糖度高，可溶性固形物含量 14%，石细胞极少，果心小，香味浓郁，品质特优，果实耐贮运。在西安气候条件下 10 月上中旬成熟。该品种抗寒、抗旱、耐瘠薄，基本无黑星病、炭疽病、轮纹病发生。

11.2.2 梨树的生物学特性

梨属深根性树种，干性强，层性明显。根系发达，垂直根深可达 2～3 米以上，水平根分布较广，约为冠幅 2 倍左右。枝条早期生长一般较直立，以后随着枝条生长加快和抽枝增多以及产量增加，树冠逐渐开张。一般定植后 3～4 年开始结果，7～8 年进入盛果期，经济结果寿命一般在 50 年以上。

幼龄梨树根系的周年生长活动一般有三次生长高峰。第一次生长高峰出现在 3 月下旬到 4 月中下旬。这次根系生长，依靠贮藏营养，一般生长量最大。第二次根系生长高峰出现在 5 月上中旬到 7 月上旬。该期随着新梢生长和叶面积的基本形成，地上部同化养分供应日渐充足，加上地温适宜，因此根的生长量也较大。以后随着气温升高，根系生长逐渐受到抑制。到 10 月上中旬后，随着地温下降，梨树根系生长又逐渐加快，并出现第三次生长高峰，直到 11 月上旬，随着落叶的开始而停止生长。由于该期根系生长时间短，所以根系生长量较小，不及上两次。

梨树根系生长与栽培管理关系密切。若结果过多，导致树势衰弱；粗放管理，出现病虫严重危害；受旱、涝等，根系生长会受到严重影响，不仅生长量大大减少，而且在年生长周期中，往往无明显的生长高峰。因此在抓梨园管理时，要始终加强梨园的疏果管理、病虫害防治、土壤管理和施肥管理等工作，为丰产、优质奠定基础。

梨树根系分布与品种、砧木、树龄、土壤、地下水位及栽培管理关系十分密切。一般土层深厚，疏松肥沃，垂直分布能达到树高的一半，水平分布则能超过树冠的 2 倍以上。但梨树根系绝大部分集中分布在离地表 30～50 厘米的范围内，而且愈近主干，根系分布愈密，入土愈浅；反之，入土深，分布稀。

梨属萌芽率高、成枝力低的树种。除枝条基部几节为盲节外，芽一般均能萌发，但常常只有生长枝顶端 1～4 节芽能抽发成长枝，其下部芽依品种、种类不同，只抽中、短枝，甚至叶丛枝。梨树枝梢抽生长短与其生长时间关系密切，一般叶丛枝经 7～10 天生长即形成顶芽，中、短枝生长多在 20～30 天左右；长枝停长一般需 40 天以上。

梨树枝梢顶端优势强。一般树冠顶部、外围，易抽长枝、旺枝、直立枝，使树体上强下弱、外强内弱，导致梨树层性明显。

梨芽属晚熟性芽，一般一年只有越冬芽抽生一次新梢。但个别树势强旺者或幼年树，当年形成的芽，当年也能萌发抽枝。梨树枝梢上芽均为单芽，一般外形瘦小者是叶芽，萌发后抽生新梢；外形肥胖的是混合芽(欲称花芽)，萌发后即抽生结果新梢，在该梢上端着生一伞房花序，开花结果。梨树混合芽大部分着生在中、短枝的顶部。但长枝中上部腋芽，在营养充足、树势较好的情况下，也能分化形成混合芽，该腋花芽就是无叶二次梢的顶芽。因此，梨树花芽多顶生，叶芽多腋生，而少数顶生叶芽则是受顶端优势或叶片簇生等因素影响所致。

梨树叶丛枝没有明显腋芽，只有“隐芽”。到次年，该芽一般不萌发而隐居着，只有树体遇大刺激，如重剪后，隐芽才萌发抽枝。梨树隐芽寿命一般较长，生产上常利用隐芽的这一特性，进行树、枝的更新或复壮。

梨树新梢自萌芽起即开始生长，展叶分离后，生长渐快。一般 3 月下旬开始萌芽，3 月底或 4 月初展叶，4 月中旬短枝停梢；6 月中旬左右长梢生长也基本停止。就全树而言，4 月中下旬到 5 月上旬是梨树新梢生长的旺盛时期，以后，新梢生长渐缓，直到顶芽形成。梨树新梢生长，前期主要依靠树体的贮藏养分，后期则依靠树体当年的同化养分。由于新梢停长较早，且一年只抽生一次新梢，故与幼果争夺养分矛盾较小，因此，只要授粉受精良好，梨树坐果率普遍较高。

根据梨树枝梢的生长发育特点，一般短枝(5厘米以下)、中枝(5～30厘米)易形成花芽，故成年梨树结果母枝多以中、短枝为主。但稳产、丰产的成年梨树，长中短枝梢应保持一定的比例，一般要求短枝占85%左右，中枝占10%左右，长枝占5%左右为好。

梨树叶片生长，随新梢的生长而生长。一般基部第一片叶最小，自下而上逐渐增大。在有芽外分化的长梢上，一般自基部第一片叶开始，自下而上逐渐增大，当出现最大一片叶后，会接着出现1～3片叶明显变小，以后又渐次增大，后又渐次变小的现象。对第一次自基部由小到大间的叶片，属芽内分化叶，称第一轮叶，在此以上叶即第二轮叶，属芽外分化。第一轮叶在11片以上，且最大叶片出现在第9片以上，是梨树丰产稳产的形态指标。梨树叶片数量和叶面积与果实生长发育关系密切。如沙梨系统品种，一般每生产1只果实需要25～35张叶片，否则，当年的优质丰产就没有保证。梨树作为坐果率高的树种，生产上应按照不同品种的结果习性，积极抓好疏花疏果工作，以确保优质、高产。

从外形上鉴别，梨树花芽比叶芽要粗壮。梨树枝梢停长早，故大多数梨品种，花芽均容易形成。按照花芽着生部位不同，一般把梨树花芽分为两种，即由顶芽分化发育而成的顶花芽和由腋芽分化发育而成的腋花芽，顶花芽坐果率通常比腋花芽坐果率高。

经过冬季休眠后，花芽内花器各器官的分化发育随气温回升开始加快完成，表现为花芽体积不断增大，直至花芽萌动开绽。在正常气候条件下，长江流域梨产区的花芽开绽期多在3月中下旬。梨花芽开绽后，随之就出现现蕾、花蕾分离、花瓣伸展和开花等各个阶段。一般初花在3月底至4月初，花期10～15天。梨树开花早迟和花期长短，因气候、品种而有所差异。若花期前后气温高，雨水少，则开花早，花期短。一般初花期2天左右，盛花期5～8天，终花期3～5天。

梨树绝大多数品种是先开花后展叶。由混合芽萌发的伞房花序，一般由5～8朵花组成。花序着生在由混合芽内雏梢发育而成的结果枝上端。就一个花序而言，一般基部花先开，中心花后开，呈向心开放顺序。一般初花期花授粉受精质量高，坐果可靠；由基部花发育而成的果实较大。

由雏梢发育而成的结果枝叶腋内，常能抽发1～2个果台副梢，其部分顶芽也能在芽内分化发育成顶花芽，且能随着结果枝上顶花芽的开放而开放，只是时间推迟10～20天，生产上称该花为梨树的晚帮花。由于该花发育时间短，分化也不完全，故不能正常结实膨大，生产上宜尽早疏去。

果台副梢一般以每果台抽2个居多。只要树体营养好，一般果台副梢当年就能发育形成良好的结果母枝。梨树修剪时也常利用果台副梢作结果枝组的更新和结果母枝的培养，一般疏一留一，或截一留一。果台副梢多寡与强弱，与品种的特性和树体营养状况等有关，这也是鉴定生产梨园管理好坏的重要形态指标之一。

梨属异花授粉果树，自花结实率很低，甚至不能结果。所以在生产上必须配置授粉树。梨树授粉树的选择和配制，必须遵循以下几条原则：①花期相遇或基本相遇；②花粉亲和性好，花粉量大，且发芽率高；③授粉品种果实品质好，也可以是主栽品种互为授粉品种；④授粉树配制比例，一般应达到主栽品种的25%～30%。目前，在陕西早熟优质梨发展过程中，生产上常用鸭梨、雪花梨、砀山梨作授粉树，效果很好。

梨花具授粉受精能力的时间一般仅 5 天左右。故老梨园或授粉树配制比例不足的生产园，若进行人工辅助授粉时，应重点选择花序基部刚开的 1～3 朵花进行授粉，以期事半功倍。

梨属坐果率高的果树种类。在正常管理情况下，只要授粉受精良好，一般均能达到丰产目的。

梨树正常的生理落果，是梨在系统发育过程中所形成的一种自疏现象，不构成生产威胁。只有因不良气候或管理失误而引起严重落果，才会对当年的产量造成影响。梨树正常的生理落果一般有三次高峰。第一次一般出现在 4 月上旬末，大多认为是授粉受精不良所引起。第二次出现在 4 月下旬末。第三次一般从 5 月上中旬开始。后二次主要由于树体营养不良或营养供求失衡造成。此期若雨水偏多，甚至阴雨绵绵，就容易导致根系生长、吸收受阻，光合能力下降，新梢呈徒长性生长，可能出现落果加重现象。

梨果实的可食部分由花托发育而成，子房发育形成果心，胚珠发育成种子。早熟品种的果实发育期一般在 4 个月左右。根据果实的生长发育规律和特点，一般分三个时期：一是果实快速增大期，从子房受精后开始膨大起，到幼嫩种子开始出现胚为止，该期主要是花托和幼果的细胞迅速分裂，由于细胞数目的不断增加和堆积，果实体积快速增大，表现为果实纵径比横径增加更明显，因此，幼果在该期呈椭圆形；二是果实缓慢增大期，自胚出现到胚发育基本充实为止，该期主要是胚迅速发育增大，并吸收胚乳逐渐占据种皮内全部胚乳的空间，而果肉和果心部分体积增大缓慢，变化不大。因此，此期果实外观变化不明显，属缓慢增大期。三是果实迅速膨大期，从胚占据种皮内全部空间到果实发育成熟为止，该期主要是果肉细胞体积和细胞间隙容积的迅速膨大，使果实体积、重量随之迅速增加，特别是果实横径的显著变化，使果实形状发生根本性改变，最终形成品种之固有果形。此期，种子体积增大很少或不再增大，而种皮却逐渐由白色变为褐色，进入种子成熟期。

11.2.3 梨树的物候期

(1)梨的主要物候期及标准

梨树因分布范围广，因而物候期差别很大。同一地区栽培的梨树，因种类、品种不同，物候期也有差异，从芽萌动到开花，秋子梨类品种最早，白梨类品种稍晚，沙梨类品种晚于白梨类，而以西洋梨品种为最晚，变动范围约为 10 天左右。

陕西梨的主要物候期及标准同苹果基本一致。

(2)梨的物候期观测见附录 2.2

11.3 梨树栽培的气候生态条件

11.3.1 栽培对光、温、水的要求

(1)光照条件

梨树为喜光果树，年需日照在 1600～1700 小时之间，梨叶光补偿点约为 1100 勒克斯，光饱和点约为 54000 勒克斯。

光照对改善梨树体营养、提高梨果的光洁度与品质具有显著作用。因此，栽培多采用疏散

分层形的树形结构。为进一步提高梨树的光照效能,目前也有采用开心形的树形结构。生产上主要通过对幼年树的早期整形和成年树的合理修剪来提高和改善光照条件,即通过拉枝、长放、压枝和适量剪截,先培养好主枝骨架;投产以后调节好叶果比为重点,适量更新枝组,控制徒长,以改善树体的通风透光条件。

(2)热量条件

梨树喜温,生育需要较高温度,休眠期则需一定低温。梨树适宜的年平均温度秋子梨约为4~12℃,白梨及西洋梨约为7~15℃,沙梨约为13~21℃。梨树根的生长与土壤温度关系密切。一般萌芽前表土温度达到0.4~0.5℃时,根系便开始活动;当土壤温度达到4~5℃时,根系开始生长;15~25℃生长加快,20~21℃根系生长速度最快;土壤温度超过30℃或低于0℃,根系停止生长。当气温达5℃以上,梨芽开始萌动,气温达10℃以上即能开花,14℃以上开花加速。梨的耐寒力也不同,原产中国东北部的秋子梨极耐寒,野生种可耐－52℃低温,栽培种－30~35℃;白梨类可耐－23~－25℃;沙梨类及西洋梨类可耐－20℃左右。在山东莱阳茌梨花器的受冻临界温度,现蕾期为－5℃,花序分离期为－3.5℃,开花期1~2天为－1.5~－2℃,开花当天为－1.5℃。

由于种类、品种和原产地的不同,梨树对温度的要求差异很大。陕西白梨系品种,一般要求年平均温度在7~15℃之间,越冬期平均气温在－9~3℃之间,6—8月平均最低气温在13~23℃之间。梨不同器官耐寒性有差异,一般花器、幼果最不耐寒。遇早春气温回升后又骤降温,会发生冻花芽现象。

温度也影响梨树的授粉受精。沙梨系品种,一般花粉发芽温度要求在10℃以上,尤以18~25℃为好。在16℃条件下,日本梨从授粉到受精约需44小时,若气温升高,受精时间就缩短,反之则延长。因此,开花期若天气晴好,气温较高,一般授粉受精就好,当年丰产就有基础。否则,落花落果加重,影响产量。温度还影响梨果实的品质。在果实膨大期若气温偏高,雨水少,则果实往往偏小,石细胞增多,导致口味变差,商品性降低。

(3)水分条件

梨树生育,需水量较多。蒸腾系数为284~401,每平方米叶面积蒸腾水分约40克左右,低于10克时,能引起伤害。秋子梨、白梨、西洋梨类耐湿性差,沙梨类耐湿性强。在沙壤土中当土壤水分含量在15%~20%较适于根系生长,降至12%则根系生长受抑制。

陕西白梨系品种,要求年降水量在450~1100毫米之间,6—8月空气相对湿度＜75%。梨是耐湿性较强的果树,生长期要求有足量均衡的水分供应,尤其是果实迅速膨大期,若水分供应不足,则枝梢生长,特别是果实的发育膨大会受到抑制。反之,湿度过大,如果实膨大期雨量过多或连绵阴雨,使土壤持水量长时期处于饱和或近饱和状态,就会严重影响树体对营养的吸收、运转,阻碍根系生长,导致树势衰弱,或大量裂果发生。湿度过大,往往会导致病害的流行。在梨树引种时,要考虑品种的区域适应性,切忌盲目。

湿度对梨果实品质影响较大,若生长期湿度过大,则果皮角质层容易破裂,使果点变大,果面变粗,锈斑扩大,光洁度下降。同时,果形变小,果实风味变淡,从而降低品位,尤其是绿皮品种。

11.3.2　栽培对土壤和其他生态条件的要求

(1)梨树栽培对土壤的要求

梨树对土壤要求不严。无论黏土、壤土、沙土均能适应。但梨树属生理耐旱性弱的树种,故建园时，最好选择土层深厚，疏松肥沃、透水保肥性能又较好的沙质壤土栽培。一般 pH 值在 5～8.5 范围内，均可良好生长，以 pH 值 6～7 最为适宜。土壤含盐量在 0.2%以下生长正常，达 0.3%以上时，根系生长受害，生育明显不良。从满足梨树对肥水需求的角度考虑，在灌排畅通的平地种梨比丘陵山地更具生产优势。

(2)梨树栽培对其他生态条件的要求

梨树与其他果树相比，抗风性能尤差。原因是梨果柄长、细，果实大又重。一般 5 级以上大风，就会对梨树造成严重的破坏性落果。花期的微风有利于授粉受精。

11.4　梨树的主要气象灾害与防御

11.4.1　花期冻害

(1)指标及特征

陕西省梨花多开放于 3 月下旬至 4 月上旬，此期陕西境内冷空气活动频繁，当气温低于 −5℃时，梨花蕾受冻，低于 −1.5℃时花受冻。针对陕西梨主要种植区，陕北南部及渭北西部的梨花冻害风险大于渭北东部和商洛南部种植区。

(2)防御措施

梨花的冻害防御措施与苹果基本相同，可通过调控田间小气候和调控果树生育等方面入手，采取“避、抗、防”等综合防御措施。

(3)补救措施

第一，搞好人工授粉。应对每个花序上花柱完好的花朵进行人工授粉，保证该花坐果。花粉可用去年贮藏的花粉，也可现采现制。由于受冻年春季气温低，花期必然比常年时间要长，这对制粉授粉有利，所以要抓紧时间采花制粉。对于花柱冻害严重的园，应该尽量对花柱完好的花朵都进行人工授粉。

第二，人工辅助授粉。有条件的可采用花期放蜂辅助授粉，一般每 5～10 亩放一箱蜂即可。以增加授粉几率，对提高坐果有较好的效果。

11.4.2　冰雹与大风

(1)指标及特征

冰雹是一种强对流灾害性天气，发生时常伴有雷雨、大风，雹、雨、风相互作用，可严重危害梨树。陕西省梨的主要种植区均分布在渭北地区，这一地区恰好是冰雹多发区，各地每年平均降雹日数 0.5～1.5 天，渭北西部略多于东部。冰雹多发期正值梨幼果和果实膨大期，冰雹灾害常造成果实破损、脱落，叶片损坏，枝干折损，给果实和树体带来严重危害。不仅影响当年产量和品质，而且影响次年的花芽分化和产量。

(2)防御措施

一方面是气象部门加大人工防雹力度，减轻冰雹发生的次数和强度。另一方面，建设防雹网等措施，减少冰雹损失。

(3)补救措施

第一，及时清理果园内的烂叶、破枝和烂果，对受损严重的幼果进行人工摘除并深埋，以减少病源和防御病害暴发流行。并及时全面喷一次杀菌剂，尤其要注意防止轮纹烂果病、腐烂病的发生与流行。

第二，果园受雹灾后，土壤板结、地温低，叶片破损、光合作用受阻，不利于果实和新叶生长，要适时通过中耕松土、地面撒草木灰，适时追肥和喷施叶面肥等综合补救措施，促进果树生长发育。

第三，雹灾给果树枝体、叶片等造成不同程度损伤，削弱了树势，给树体本身活力和抗逆性带来显著影响，减轻夏剪，不进行或者减少摘心和抹芽等措施，尽快恢复树势，促进正常生长发育。

11.5　梨树病虫害与气象条件

11.5.1　主要病害种类与气象条件

(1)黑星病

①危害症状

黑星病是砀山酥梨的主要病害，它危害叶片、叶柄、新梢、果实等部位，易引起梨树早期落叶，削弱树势。梨果被害后果面形成黑色霉层，甚至畸形龟裂，产量和质量大大降低。

②发病规律

在春雨多而早，夏季阴雨连绵的年份，往往病害大流行。梨黑星病菌以菌丝体或分生孢子在芽鳞片内越冬，也可以菌丝团或子囊壳在落叶上越冬。18～25℃的温度和多雨多雾天气是病害流行的重要条件，30℃以上停止发病。病菌孢子侵染要求有 1 次 5 毫米以上的降雨，连续 48 小时以上的阴雨天。整个生长季节可多次侵染多次发病。梨黑星病在陕西发生一般在花期(3—4 月)、嫩叶期及幼果期(4 月下旬—5 月上旬)，果实成熟期(7—8 月)。地势低洼、树冠茂密、通风不良、湿度大的果园或树势衰弱易发病。

③防治要点

第一，铲除病源。及时清扫落叶，剪除病虫枝，收集病果烧毁或深埋。第二，加强栽培管理。去除密挤、冗长的内膛枝，疏除外围过密、过旺、直立生长枝条，以改善树体通风、透光条件。同时增施有机肥，调整好负载，以提高树体抗性。第三，药剂防治。4 月上、中旬花谢 70%是黑星病危害嫩梢、幼果、新叶高峰期，该期叶片较嫩，应选择安全有效药剂。

(2)锈病

①危害症状

主要危害叶片、幼果和新梢。后期病部变黑，叶片枯焦，易引起早期落叶。幼果受害，在果面产生橙黄色病斑，上生小黑点和毛状物。病部生长停滞，梨果变成畸形容易早落。新梢、果梗和叶柄被害时，与果实被害症状大体相同，后期病部龟裂。叶柄、果柄受害易引起落叶、落果。新梢被害后，病部以上部分常枯死，易被风折断。

②发病规律

锈病流行与春季气候条件关系密切，3—4 月降雨次数和雨量多，相对湿度 90%以上时，容易引起该病的流行，适宜温度为 17～20℃。一般在梨萌芽、梨叶初展开时开始侵染发病，4 月上、中旬就表现出羊胡子状。在梨树展叶至幼果期间温暖多雨，孢子大量萌发，则梨锈病发生严重；若天气干旱无雨，孢子不能萌发，则病菌受到抑制。

③防治要点

清除转主寄主，彻底砍除距离梨园5千米以内的桧柏类树木。对转主寄主喷药，如梨园附近桧柏不宜砍除时，在梨树发芽前可对桧柏喷药杀灭孢子。对梨树喷药，喷药时间应在梨树萌芽至展叶后25天内为宜，每隔10天喷药一次，连喷三次。彻底清园，减少越冬病原菌和害虫。加强梨园管理，增强树势，提高抗病虫能力。

(3)轮纹病

①危害症状

主要危害枝干、叶片和果实。病重树长势衰弱，枝条枯死。叶片发病，叶片上发生多个病斑时，病叶往往干枯脱落。果实发病多在近成熟期和贮藏期，病果很快腐烂，发出酸臭味，并渗出茶色黏液。病果渐失水成为黑色僵果。

②发病规律

轮纹病的发生和流行与气候条件有密切关系，温暖、多雨时发病重。枝干病斑中越冬的病菌是主要侵染源。分生孢子翌年春天2月底在越冬的分生孢子器内形成，借雨水传播，从枝干的皮孔、气孔及伤口处侵入。梨园空气中3—10月均有分生孢子飞散，3月中下旬不断增加，4月间随风雨大量散出，梅雨季节达最高峰。病菌分生孢子从侵入到发病约15天左右，老病斑处的菌丝可存活4～5年。新病斑当年很少形成分生孢子器，病菌侵入树皮后，4月初新病斑开始扩展，5—6月扩展活动旺盛，7月以后扩展减慢，病健交界处出现裂纹，11月下旬至翌年2月下旬为停顿期。

③防治措施

秋冬季清园，清除落叶、落果。刮除枝干老皮、病斑，用50倍402抗菌素消毒伤口；剪除病梢，集中烧毁。加强栽培管理，增强树势，提高树体抗病能力。合理修剪，园地通风透光良好。芽萌动前喷布波美5度石硫合剂，生长期喷药防治，果实套袋，保护果实。

(4)黑斑病

①危害症状

黑斑病主要危害叶、果和新梢。嫩叶先发病，病叶即焦枯、畸形，早期脱落。空气湿度大时，病斑表面遍生黑霉，即病菌的分生孢子梗和分生孢子。幼果受害，果面出现黑色斑点，形成浅褐至灰褐色圆形病斑，略凹陷。发病后期病果畸形、龟裂，裂缝可深达果心，果面和裂缝内产生黑霉，并常常引起落果。果实成熟期染病，形成圆形至近圆形黑褐色大病斑，稍凹陷，产生墨绿色霉。果肉软腐，组织浅褐色，也引起落果。果实贮藏期常以果柄基部撕裂的伤口或其他伤口为中心发生黑褐至黑色病斑，凹陷，软腐，严重时深达果心，果实腐烂。新梢发病，病斑黑色，椭圆形，渐扩大，呈浅褐色，明显凹陷。

②发病规律

气温和降雨量对该病的发生发展影响很大，气温24～28℃，连续阴雨，有利于梨黑斑病的发生；气温达30℃以上，连续晴天，则病害停止蔓延。树势、树龄与发病也有密切关系，一般强树和树龄较小的树发病较轻，弱树、老树发病较重。施肥不足或偏施氮肥、地势低洼、植株过密、结果量过大，都可能促进此病发生。不同树种和品种感病性差异显著，一般沙梨系统品种感病较重，西洋梨次之，中国梨较抗病。

梨黑斑病菌以分生孢子和菌丝体在病叶、病枝、病果等病残体越冬，翌年产生分生孢子，侵染来源很广。分生孢子随风传播，萌发后经气孔、皮孔侵入，也能直接侵入；侵染成熟的果实，主要通过各种伤口。侵染嫩叶潜育期很短，1 天即出现病斑，老叶上潜伏期较长。展叶 1 个月以上的叶片不受侵染。

③防治要点

第一，增施有机肥料并合理留果，促使树体健壮，并做好开沟排水工作，降低果园湿度，创造不利于发病的环境条件。第二，认真清除落叶、落果和病枝、病芽；对梨树发芽时不能萌发的枝芽，也要注意剪除。清园后深翻土壤，深埋地面的病残体，消灭各种越冬病源。第三，对感病品种，修剪上宜以短截为主，尤其是对已进入大量结果的盛产树；幼年树当树势缓和后，即须注意树冠的回缩，避免连续长放，防止树势衰退及病原积累。第四，药剂防治。幼果是最易得病的时期，一定要做到雨后立即抢喷。第五，提早套袋，保护果实。

11.5.2　主要虫害与气象条件

(1)桃蛀果蛾

①危害症状

桃蛀果蛾又名桃小食心虫，简称“桃小”，属鳞翅目，蛀果娥科。在国内发生较广泛，以华北、东北和西北较重。幼虫蛀蚀苹果、枣、山楂棠等果树，对仁果类危害多直入果心危害种子，并串食果肉排便于其中，俗称“豆沙馅”。幼果受害多呈畸形“猴头”，对核果类和枣树危害，多于果核周围蛀食果肉。

②发生规律

该虫 1 年发生 1 代，以老熟幼虫在土中结冬茧越冬，树干周围 1 米范围内 3～6 厘米以上土层中占绝大多数，在堆果场等处亦有部分越冬。越冬幼虫一般年份在 6 月中旬至 7 月上旬出土，有时延续 2 个月，雨后土壤含水量达 10%以上进入出土高峰，干旱推迟出土。成虫昼伏夜出，无明显趋光性。卵孵化后多自果实中、下部蛀入果内，不食果皮，为害 20～30 天后老熟脱果，入土结冬茧越冬。桃蛀果蛾越冬幼虫能否顺利出土，受土壤温度、含水量、降水情况和幼虫入土深度影响较大。冬茧里幼虫解除休眠需要通过较长时间的低温处理，冬茧在 8℃的低温条件下保存 3 个月可顺利解除休眠。在自然条件下，春季解除休眠的幼虫，当旬平均气温达 17℃以上，土温达到 19℃时，开始破茧出土。当土壤含水量在 10%以上时，幼虫则能顺利出土，并且出现出土高峰。相反，此时遇到干旱，土壤含水量在 5%以下时，就抑制幼虫出土，出土盛期明显推迟，而出土率也降低。当继续干旱，土壤含水量在 3%以下时，越冬幼虫几乎不能出土。在含水量很低的情况下，蛹的羽化率也很低。越冬幼虫出土期间，土壤含水量和降水情况是直接影响当年桃蛀果蛾发生数量的重要因素。

成虫产卵量高低还受温、湿度的影响。在高温低湿(温度 30℃以上，湿度 70%以下)条件下，对成虫寿命和产卵不利，温度超过 33℃时成虫不能产卵。而在适宜的温度(25℃)下，湿度愈高(80%以上)产卵量愈大。因此，在夏季气温适宜，雨水调和的年份，有利于桃蛀果蛾发生。相反，遇到夏季高温干旱持续时间长的年份则抑制其发生。

③防治要点

第一，药剂处理土壤。第二，树上喷药。

(2)梨小食心虫

①危害症状

梨小食心虫又名梨小，属鳞翅目，卷蛾科，是梨树的主要害虫。在中国各梨产区都有发生，且危害严重。梨小主要危害梨、苹果、桃、杏、樱桃等果树，尤其是桃和梨毗连的果园发生更加严重。幼虫从梨萼、梗洼处蛀入，直达果心，高湿情况下蛀孔周围常变黑腐烂，俗称"黑膏药"。

②发生规律

该虫在中国各地的发生代数因气候差异而不同。在陕西发生 4～5 代。有转主危害习性。在发生 3～4 代地区，第一、二代幼虫主要危害桃梢，第三、四代幼虫主要危害梨果。无论发生几代，均以老熟幼虫在枝干裂皮缝隙、树洞和主干根茎周围的土中结茧越冬，第二年春季 4—5 中旬开始化蛹，直到 6 月中旬。发生期很不整齐。造成世代重叠，完成 1 代需 40 天左右。在华北地区危害梨果主要是三、四代幼虫，在 7 月中、下旬，即梨果糖分转化、果实迅速膨大期蛀果直至采收，成虫多产卵在果面，每只雌螨产卵 70～80 粒，成虫对糖醋液有趋性。

③防治要点

第一，刮皮消灭越冬幼虫。第二，前期剪掉梨小危害的挑梢。第三，精醋液（糖 5 份、醋 20 份、酒 5 份、水 50 份）诱杀成虫。第四，成虫发生期用梨小住诱剂诱杀成虫。每 50 株树挂一诱集罐。7 月份以前将诱集罐挂在桃园，后期挂梨园。第五，在成虫发生盛期和蛇果期喷药防治，可喷灭扫利、来福灵或敌杀死等 2000 倍液；也可喷马拉硫磷或杀螟硫磷 2000 倍液；1605 的 1000～2000 倍液效果好，但因毒性大不宜使用。

（3）梨大食心虫

①危害症状

梨大食心虫又名梨云翅斑螟蛾，俗称"梨大"、"吊死鬼"，属鳞翅目，螟蛾科，是梨树的主要害虫之一。中国各梨产区均普遍发生。以幼虫蛀食芽、花簇、叶簇和果实，为害时从芽基部蛀入，造成芽枯死。幼果期蛀果后，常用丝将果缠绕在枝条上，蛀入孔较大，孔外有虫粪，被害果果柄和枝条脱离，但果实不落。

②发生规律

1 年发生 1～2 代，以小幼虫在芽内作灰白色小茧越冬，大部分在芽内越冬，在蛀芽孔处有黑色物堵塞。越冬幼虫于翌年春季花芽露绿至开绽期开始活动，当日平均气温达到 7～9.5℃ 时，幼虫从越冬芽内大量爬出。出蛰时期和整齐度因每年气温不同而异，受气温影响很大，在出蛰期如遇低温、阴雨，出蛰幼虫将会减少或停止。越冬幼虫出蛰后，钻入其他花芽中，在鳞片下拉丝为害，随受害芽不断生长，蛀入的幼虫在芽内不断钻食，此时期称作转芽期。在 5 月中旬至 6 月中旬，越冬幼虫转至果内加害幼果，此时称为转果期。越冬幼虫可连续危害 2～3 个幼果，在受害的最后一个果内化蛹，蛹期 8～15 天。越冬代成虫于 6 月中旬至 7 月下旬羽化，盛期在 7 月上、中旬。成虫交尾后产卵，每头雌蛾产卵 64 粒，最多为 213 粒。卵产在短果枝粗糙处、果台上、果实萼洼内、芽腋及叶片上，每处产卵 1～2 粒，卵期 7～8 天。第一代幼虫孵化后，为害 2～3 个芽，至 7 月下旬在芽内作茧越冬，这部分梨大食心虫一年发生 1 代。有的第一代幼虫危害果实，老熟后果实内化蛹，于 7 月中下旬至 8 月下旬羽化为成虫，在花芽上产卵，幼虫孵化后只危害梨芽，至 9 月中旬在其中越冬。

③防治措施

第一，人工防治。结合冬季修剪。剪掉越冬虫芽。梨树开花后，随时摘下凋萎的花丛，并掐死其中幼虫。在幼果被害初期（成虫羽化前），连续摘除虫果，集中处理。第二，适时喷药。在梨大食心幼虫转芽期、转果期进行适时喷药。其中拟除虫菊酯类农药触杀效果好，而且有效期长。

(4)金纹细蛾

①危害症状

金纹细蛾俗称潜叶蛾,为食叶害虫,主要以幼虫从叶背潜食叶肉,形成椭圆形虫斑,表皮皱缩成筛网状,叶面拱起,斑内有黑色虫粪,虫斑常发生在叶片边缘,严重时布满整个叶片,丧失光合能力,使有机养分供应不足,叶片发黄,果树早期落叶。金纹细蛾成为造成果树早期落叶病的主要虫害之一,每年造成果树落叶率达20%～30%,严重达50%以上。

②发生规律

该虫主要危害苹果,也可危害梨、桃、杏等。幼虫潜入叶背表皮下取食,造成下表皮与叶肉分离,叶背面形成一皱褶,叶正面虫斑呈透明网状。叶片正面呈现黄绿色网眼状虫斑,内有黑色虫粪。虫斑常发生在叶片边缘,严重时布满整个叶片。

该虫1年发生5代,以蛹在被害叶片中越冬。第2年树发芽时出现成虫,各代成虫发生盛期为第1代5月下旬到6月上旬;第2代7月上旬;第3代8月上旬;第4代9月中下旬。后期世代重叠。最后1代的幼虫于10月下旬在被害叶的虫斑内化蛹越冬。成虫多在早晨和傍晚前后活动,产卵于嫩叶背面,单粒散产。幼虫孵化后从卵和叶片接触处咬破卵壳,直接蛀入叶内危害。幼虫老熟后在虫斑内化蛹,羽化时蛹壳一半露出虫斑外面。

③防治措施

第一,及时清洁田园。第二,抓好5月中下旬关键用药时期喷药防治。第三,选好农药。第四,性诱剂诱杀。

(5)山楂叶螨

①危害症状

山楂叶螨成、若、幼螨刺吸芽、果的汁液,叶受害初呈现很多失绿小斑点,渐扩大连片。严重时全叶苍白枯焦早落,常造成二次发芽开花,削弱树势,不仅当年果实不能成熟,还影响花芽形成和下年的产量。

②发生规律

该虫均以受精雌螨在树体各种缝隙内及干基附近土缝里群集越冬。翌年春日平均气温达9～10℃,果树芽膨大露绿时出蜇危害芽,展叶后到叶背危害,此时为出蜇盛期,整个出蜇期达40余天。取食7～8天后开始产卵,盛花期为产卵盛期,卵期8～10天,落花后7～8天卵基本孵化完毕,同时出第1代成螨,第1代卵落花后30余天达孵化盛期,此时各虫态同时存在,世代重叠。一般6月前温度低完成1代需20余天,虫量增加缓慢,夏季高温干旱9～15天即可完成1代,卵期4～6天,麦收前后为全年发生的高峰期,严重者常早期落叶,由于食料不足营养恶化,常提前出现越冬雌螨潜伏越冬。食料正常的情况下,进入雨季高湿,加之天敌数量的增长,虫口显著下降,至9月可再度上升,危害至10月陆续以末代受精雌螨潜伏越冬。成、若、幼螨喜在叶背群集危害,有吐丝结网习性,田间雌螨占60%～85%。春、秋世代平均每只雌螨产卵70～80粒,夏季世代20～30粒。非越冬雌螨的寿命,春、秋两季为20～30天,夏季7～8天。天敌有食螨瓢虫、小花蝽、食虫盲蝽、草蛉、蓟马、隐翅甲、捕食螨等数十种。

③防治要点

第一,农业防治。梨树休眠期结合防治腐烂病,刮除主干和各主枝上的老裂翘皮,并集中烧毁;也可以在成虫越冬前,树干束草把诱集越冬雌成螨,然后集中烧毁,以减少越冬雌成螨数量。

第二，生物防治。山楂叶螨的天敌昆虫很多，在北方地区，深点食螨瓢虫、塔六点蓟马和东亚小花蝽也是害螨的重要天敌。积极为天敌昆虫提供食源和繁育场所，还应注意生物防治和化学防治的协调，不使用对天敌昆虫有害的化学药剂。

第三，化学防治。防治山楂叶螨有2个重要时期，一是成虫出蛰期，结合梨树其他病虫害的防治，刮除老翘皮后，全树喷施5度波美石硫合剂，或3%～5%的柴油乳剂；另一时期是第1代若螨发生期，此时山楂叶螨的世代相对集中，可选择的药剂有螨克、齐螨素、达嗪酮、生物杀虫素类的浏阳霉素、华光霉素等。生产中如能抓住这两个关键用药期，即能大大减少以后化学防治的压力。其他时期的化学防治可根据发生的数量、时期选择相应的药剂。

(6)梨木虱

①危害症状

该虫主要以若虫、成虫刺吸芽、叶和嫩梢的汁液进行危害，使叶片发生褐色枯斑，严重时全叶变褐，引起早期落叶。若虫分泌大量黏液，诱发煤污病。新梢被害后发育不良。果实受害后果面呈烟污状，影响外观品质。梨木虱的危害使树势削弱，当年产量受损，花芽分化受阻，给来年产量造成极大的损失。

②发病规律

该虫的发生与气温和降雨有密切关系，在高温干旱的季节或年份发生较重。反之，雨水多、气温低，则发生轻。重要天敌有小花蝽、瓢虫及寄生蜂。

该虫在陕西每年发生3～5代，但以3代为多。以成虫在树上裂缝、剪锯口、杂草、落叶及土隙中越冬。越冬成虫在3月上旬开始出蛰活动，蛰期长达1个月左右。越冬成虫对温度敏感，当气温平均达1℃以上时，特别是晴朗的中午，成虫便出来活动，在一年生枝上取食为害并交尾产卵。当气温低时，则潜回越冬场所，卵主要产在短果枝叶痕及芽腋间，呈线状排列，3月底4月初是越冬成虫产卵高峰，4月下旬至5月初是卵孵化盛期。该虫第1代若虫主要潜入芽的鳞片内或群集于花簇基部和未展开的嫩叶内为害。第2、3代若虫，主要在新梢枝轴、叶柄的叶腋处，或隐没于分泌物中，或潜入蚜虫危害的卷叶内为害，第3代若虫是梨木虱种群的增殖高峰，数量较大。5月中旬出现第1代成虫，5月下旬为羽化高峰，以后各虫态同时发生，世代重叠。成虫主要在新梢、叶柄、叶片中脉及叶绿锯齿上产卵，叶背极少。成虫生殖力强，平均每雌虫产卵295粒左右。第2代成虫大致出现在6月中旬，第3代成虫出现在7月中旬、第4代成虫出现在8月下旬，且多为越冬型，少部分发生早的仍可产卵，在9月下旬出现第五代成虫，该代全部为越冬型。

③防治措施

第一，冬季刮粗皮，扫落叶，消灭越冬虫源。

第二，3月中旬越冬成虫出蛰盛期喷药，可选用1.8%爱福丁乳油2000～3000倍液，5%阿维虫清5000倍液等。

第三，在第一代若虫发生期(约谢花3/4时)，第二代卵孵化盛期(5月中旬前后)可选用的药剂有：10%吡虫啉可湿性粉剂3000倍液，1.8%阿维菌素乳油(虫螨光)3000倍液，0.6%海正灭虫灵3000倍液，28%硫氰乳油2000倍液等。

11.6　梨树生长发育的气象条件与田间工作

11.6.1　自芽萌动至果实收获的气象条件与田间管理工作

每年3月萌芽期，以病虫害防治为主，主要防治多种在土壤中越冬的害虫。防除病芽中越冬的黑斑病和黑星病菌及防治梨大食心虫转芽。有根部病害和缺素症的梨园，3月中下旬挖根检查，发现病树及时施农抗120和相应的微量元素肥料；在树基培土或涂抹药剂，阻止多种害虫出土上树。生产管理上要灌萌动水和施速效氮肥，以尿素为主，盛果期树株施0.3～2千克，亩用量不超过15千克，幼树根据树冠大小株施0.1～0.3千克。果园要重视与开展春灌。对一些劣质老品种，采用插皮接、单枝单芽切接和劈接等方法，进行品种高接更新；间作矮秆经济作物或牧草、绿肥。

4月开花前后，喷1次齐螨素类药物，防治梨蚜、梨木虱等；4月下旬(至5月底)查剪梨黑斑病、黑星病梢，摘梨大食心虫虫果、梨实蜂虫果，人工捕捉金龟子、梨茎蜂等害虫；继续刮治轮纹病等病斑，刷波尔多浆；同时悬挂性诱剂诱捕器或糖醋罐，测报和诱杀梨小；人工疏花、疏果，去除早花、晚花，留中间开放的大花。采集花粉，人工授粉；落花后根据病虫情，喷布大生可湿性粉剂等防治黑斑病和黑星病；树盘下加覆作物秸秆，花期灌溉。

5月新梢生长幼果膨大期，上旬全园普喷1次杀菌剂和杀虫剂，开始套袋，中旬套袋结束；人工捕杀金龟子，及时剪除梨茎蜂虫梢和梨实蜂、梨大等虫果；结合喷药掺入0.2%的尿素溶液树体喷布。松土锄草，割绿肥掩青；月底施用第一次夏肥，以饼肥和复混肥为主，结合进行梨园灌水。幼果授粉受精不良的，开始生理落果。新梢生长迅速，逐步达到生长高峰，果实细胞分裂增加数目，果个增大不明显。

6月、7月果实膨大期，加强病虫害综合防治；施肥、根外喷肥包括微肥、灌水；夏季修剪；割绿肥。6月下旬追施第二次夏肥，以氮、磷、钾复混肥为主(土施)；干旱时要全园灌水。中耕除草。7月上旬疏除徒长枝、萌芽枝、直立背上枝和过多的果台副梢，对有利用价值和生长空间的枝采用拉枝、引缚方式，合理枝条空间布局，平衡枝条的营养生长和生殖生长，促进生长和花芽分化以及提高果实品质；早熟品种如七月酥等已进入或即将进入成熟期，准备采收上市。

8月中熟果采摘期，结合喷药进行根外施肥；排水降渍，防除草害；上旬幸水采，下旬丰水采摘；枝条整理，进一步完善夏季修剪。

9月中晚熟果采摘期，中晚熟果分批采收、运销；上旬施用采后肥，每亩尿素10～15千克；晚熟品种在9月上旬和月底两次施，每次每亩5～10千克，采后肥最好与有机肥混合施用；推行叶面喷施尿素和磷酸二氢钾，提高晚熟果糖度，增加叶片光合时间和效率；除草，沤制有机肥。

此期梨象甲侵害果实，黄粉蚜严重危害，舟形毛虫、旋纹潜叶蛾和金蚊细蛾危害盛期，梨椿象大量危害果实；中晚熟品种果实已成熟或进入成熟期，地上部生长缓慢，营养分配中心逐渐转入根系大量生长和花芽分化。

11.6.2　落叶后的田间工作

10月极晚熟果成熟期，果实采收运销；施用有机肥2500～5000千克/亩，灌水；杀灭果实携带的病菌虫卵，防止贮藏期烂果。10 月秋高气爽、阳光充足，正是梨树光合作用、冬贮养分和花芽分化的旺盛时期。

11 月到翌年 2 月，休眠期冬季修剪、清园、深翻土壤、施肥、灌水。消灭土中的越冬害虫和梨树残体上的病菌，防治枝干病虫害和树皮缝隙中的害虫。

休眠期是全年整形修剪、病虫害防治的关键时期。树体经过一年生长结果，营养物质大量消耗，养分回流贮藏于骨干枝，正是整形修剪的大好时机。秋冬季还是树体内部进行有机物合成、转化，芽进一步分化发育的时期，养分贮备充足，抗寒性强，来年萌芽开花整齐。

第 12 章　猕猴桃气象服务

12.1　猕猴桃的地域分布

12.1.1　猕猴桃的栽培历史

猕猴桃，又名杨桃、毛梨桃，为中国原产的珍贵果树。栽培史起于 1200 年前的陕西。唐朝诗人岑参有“中庭井栏上，一架猕猴桃”的诗句。明代李时珍《本草纲目》有：“猕猴桃，其形如梨，其色如桃，而猕猴喜食，故有诸名”。

新西兰是世界上猕猴桃引种栽培最成功的国家，1904 年伊丽莎白·费蕾泽小姐从我国湖北的宜昌地区带回美味猕猴桃的种子，旺加努依地区的阿利森将这些种子育成实生苗出售，开始在家庭花圃种植，1910 年开始结果，后来布鲁诺等人分别从中选育出布鲁诺和海沃德等品种。1927 年当地建立起第一个有 14 株嫁接苗的商品园。

猕猴桃起源于我国横断山脉以东、秦岭淮河以南，南纬 8°～北纬 50°、东经 85°～145°的温带和亚热带地区。垂直分布可达海拔 1750 米。中国是世界公认的猕猴桃起源中心，拥有全部猕猴桃科猕猴桃属的 66 个种。在中国，除青海、宁夏、新疆、内蒙古等省、区尚未发现猕猴桃分布外，其他地区都有分布。猕猴桃是喜温凉湿润气候的藤本树种，猕猴桃多数种群分布在热带北缘、亚热带和暖温带的气候条件下，其生长发育与气候条件关系密切，产量丰歉、质量优劣和成本高低均受气候条件影响和制约。

12.1.2　陕西猕猴桃的地域分布

秦岭北麓和汉江流域气候温暖、雨量充沛、土壤肥沃，是优质猕猴桃的最佳适宜区。其中以陕西周至、眉县为中心，向西延伸至宝鸡渭滨区，向东延伸至渭南潼关，海拔高度 450～650 米，宽约 5～10 千米，沿秦岭北麓、渭河以南地区和秦巴山区山前洪积扇地，是陕西 2008～2012 规划发展集中种植猕猴桃的地区，覆盖西安市的周至、户县、长安、蓝田；宝鸡市的眉县、岐山、陈仓、扶风、渭滨区；渭南市的临渭、华县、华阴、潼关县；汉中市的城固、洋县、勉县、佛坪县，杨凌区。截至 2009 年底，陕西猕猴桃面积和产量分别为 57.5 万亩和 50.0 万吨，分别比上年增长 38.6％和 43.0％，猕猴桃亩产 1651 千克，较上年增加 7.5％，6 个猕猴桃基地县的面积和产量分别为 45.3 万亩和 36.3 万吨，分别占全省猕猴桃面积和产量的 78.8％和 72.6％。

12.1.3　主要栽培基地县的气象条件　见附录 1.3

12.2　猕猴桃的生物学特征

12.2.1　猕猴桃的种类与主要品种

(1)猕猴桃的种类

全世界共发现猕猴桃 66 个种,中国猕猴桃资源主要是中华猕猴桃、美味猕猴桃、软枣猕猴桃、阔叶猕猴桃和毛花猕猴桃等,其中在生产上有较大栽培价值的是中华猕猴桃和美味猕猴桃。陕西的猕猴桃主要有美味猕猴桃、葛枣猕猴桃和狗枣猕猴桃三种,以美味猕猴桃为主。

(2)主要品种

目前国内外主要的优良栽培品种有:海沃德、金魁、金农、金阳、秦美、米良 1 号、红阳等。陕西猕猴桃主要品种:

①秦美

系美味猕猴桃。果实阔卵圆形,果实黄绿色,有刺状毛,易脱落。平均单果重 100 克,最大单果重 160 克,果肉绿色,汁多,芳香,酸甜适口,可溶性固形物含量为 9%～10.2%,总酸含量为 1.69%,每 100 克果肉维生素 C 含量为 105.8 毫克、总氨基酸含量为 1112.4 毫克。在陕西 10 月下旬—11 月上旬成熟,为晚熟较耐贮藏的鲜食猕猴桃品种。品种早结果性、丰产性、树势强健性、耐寒性和耐土壤高 pH 值等综合性较强。其缺点是果形不如海沃德,即长轴较短,果肩较平,货架期稍短,为 7～15 天。

②海沃德

系美味猕猴桃,新西兰品种,为目前国际上各猕猴桃种植国家的主栽品种。果大,阔椭圆形,果型端正美观,开花晚,果皮淡绿褐色,密被细丝状毛,风味佳、品质优。平均单果重 80～100 克,果肉翠绿色,酸甜可口,汁液较多,有浓厚的清香味。可溶性固形物含量为 12%～18%,每 100 克果肉维生素 C 含量为 48～120 毫克,柠檬酸 1%～1.6%。果品的货架期、耐贮运性名列所有猕猴桃品种之首。其缺点为早结果性、丰产性较差。

③哑特

系秦岭野生猕猴桃变异优株,晚熟鲜食品种。果实硕大,短圆柱形,植株生长健壮,抗逆性强,适应性好,耐旱,耐高温,耐瘠薄,耐北方干旱气候,丰产性好。于 11 月上中旬成熟。平均单果重 87～127 克。果个均匀,少有小果。果皮褐色,密被棕褐色糙毛。果肉翠绿,果心小,质软,黄色,香甜,风味好,汁液多。可溶性固形物含量为 15%～18%,维生素 C 含量为 150～290 毫克/100 克鲜果肉。果实较耐贮藏便运输。由于采收较晚,常温下可放置 1～2 个月,气调库可贮存 6 个月以上,货架期为 20 天左右。缺点是果形短柱形,早结果性不及秦美。

④华优

系中华猕猴桃和美味猕猴桃自然杂交的后代。果实椭圆形,单果重 80～120 克,最大单果重 150 克,果面棕褐色或绿褐色,绒毛稀少,细小易脱落,果皮厚难剥离。未成熟果,果肉绿色,成熟后果肉黄色或绿黄色,果肉质细、汁多,香气浓郁,风味香甜,质佳爽口。可溶性固形物含量 7.36%,总酸 1.06%,总糖 3.24%,维生素 C161.8 毫升/100 克鲜果肉,货架期 30 天。该品种树体发育健壮，易形成花芽，枝条萌芽率强，抗溃疡病、黄化病、根腐病，适应范围广，抗旱抗寒性强，优质丰产。3 月萌芽，4 月下旬—5 月上旬开花，9 月下旬果实成熟，最佳采收期 10 月上旬。

⑤翠香

系中早熟猕猴桃品种。长势强，萌芽率中等，成枝力较强。果实长圆柱形，果顶略尖，果个均匀，果肉翠绿色，质细多汁，甜酸适口，有芳香味，平均单果重 92 克，货架期 12～25 天。长势较强，丰产性、商品性较好。在秦岭北麓作为中早熟新品种栽植，填补了美味猕猴桃在国庆、中秋双节市场空白。

⑥西选二号

系中华猕猴桃自然杂交的早熟品种。果实近圆柱形，果面茶褐色，茸毛细短易脱落，果皮较薄，果肉淡黄，肉细多汁，口感极甜。平均单果重 85 克。该品种有早熟、丰产、抗病、抗风、抗冻、抗春寒等优良性能。8 月下旬成熟，货架期约 10 天左右。

⑦徐香

果柄短而粗，果实圆柱形，果皮黄绿色，有褐色硬刺毛，果实皮薄，容易剥离。单果重 75～110 克，最大单果重 137 克。果肉绿色，果汁多，味道酸甜适口，有浓香，品质特优。可溶性固形物含量 13.3%～19.8%，每百克鲜果肉中维生素 C 含量为 99.4～123 毫克/100 克鲜果肉。早结果性，丰产性均好，但贮藏性和货架期较短。果实从 9 月上中旬至 10 月上旬均可采收，成熟采收期长，随卖随采，可以弥补货架寿命短和贮藏性弱的缺点。

⑧红阳

系中华猕猴桃优良品种，是以软枣猕猴桃为母本，黑蕊猕猴桃为父本的杂交品种。果个较小，果实呈短圆柱形。果皮为绿褐色，无毛。平均单果重 92.5 克，最大单果重 150 克。果心横截面呈放射状红色条纹形，含有补血养颜功效的红色素，为红心猕猴桃新品种。果肉细腻，果汁特多，偏甜，清香爽口。总糖含量较高 13.45%，总酸 0.49%，可溶性固形物 14.1%～19.6%，富含钙、铁、钾等多种矿物质及 17 种氨基酸，维生素 C 高达 135 毫克/100 克鲜果肉。该品种早结果性好，丰产性好，抗病虫害能力很强，是一个较好的特色鲜食品种。但其果实不耐贮存，常温下货架期为 5～7 天。8 月下旬上市。该品种树势较弱，要求光照充足，土壤肥沃和排水良好的土地。

12.2.2　猕猴桃的生物学特性

猕猴桃是古老的野生植物，属多年生落叶缠绕藤本浆果果树。新梢、叶、果实密生绒毛。花单性，雌雄异株，花芽为混合芽，雌株的花是雄蕊退化花，雄株的花是雌蕊退化花。花单生或数朵聚生于叶腋，为聚伞花序，花瓣初为白色或带粉红色后变淡黄或橘黄色，叶为羽状叶脉，叶片顶端多为钝圆，果实为长圆至圆形，果皮多棕褐色、黄绿色或青绿色，种子多而小，形似芝麻，黑色或棕褐色。主要依靠长而细弱的 1 年生枝条缠绕于树木或其他物体向上生长，可达 5～7 米或更高。主要生长在森林低层，林中空地，溪流两旁林缘。自然分布区年平均气温 11.0～17.9℃，陕西猕猴桃易受大风和霜冻危害，尤其春季应注意防御大风和晚霜冻。猕猴桃喜光、但怕暴晒，比较耐荫。年日照时数不低于 1900 小时均能正常生长发育。猕猴桃自然分布区要求年降水 800 毫米以上，但对空气湿度有较强适应能力，喜潮湿而不积水的山地环境，干旱地区栽培应有灌溉条件。猕猴桃寿命长，在三十至六十年以上，一般三四年开花结果。通常情况下,3 年生果树,亩产为 250～400 千克;4 年生果树,亩产为 500～1000 千克;5 年及 5 年以上盛果树,亩产 1750～2250 千克。自然条件和管理条件好的情况下,猕猴桃亩产还能更高。

猕猴桃的根是一种肉质根,而且多为侧根和水平根,主根不发达,仅在出苗时显著,当 2～3 片真叶出现后主根便停止生长,被侧根代替,因此侧根和须根很发达。猕猴桃根的皮层厚,根皮率达 30%～50%,皮层龟裂呈片状,细胞大,导管粗,根压强,所以它的根极易感染根腐病、根朽病、根结线虫病和根癌病等。后期肥、水、病害也常引起烂根死树,因此,猕猴桃要保证长期稳产、高产,保根尤为重要。猕猴桃根系分布浅而广,成年树根群体分布范围约为树冠的 3 倍,一般在 40～80 厘米深的土层中分布最多,活土层的厚度及温度、水分、空气、养分是影响根系生长的主要气象因子。成年猕猴桃有 50%以上的总根系位于 30～50 厘米深的表土层,90%以上的根系位于 1 米土层范围内。猕猴桃根系的年生长期长于枝条,每年有 30%以上的根系被更新。初夏 6 月土壤温度 20℃左右时,是根系生长的高峰期;随着土壤温度增高,根系活动减缓;9 月果实发育后期,根系开始迅速生长;随后气温降低根系生长逐渐减缓。对根系、枝条和果实而言,枝条生长最先到达最大值,其次为果实,最后是根系。

猕猴桃的芽着生在叶腋间,一个叶腋里有 1～3 个芽,中间较大的为主芽,两侧较小的为副芽。主芽能萌发成枝,副芽作为潜伏芽存在。当主芽遭到破坏,副芽便能萌发。主芽分叶芽和花芽。幼苗和潜伏芽萌发成徒长枝上的芽多为叶芽,只抽梢不结果。结果期发育良好植株上的芽易形成花芽。猕猴桃的花芽为混合芽,在外形上难以和叶芽辨别,萌发后先抽梢,再形成花蕾,开花结果。猕猴桃的萌芽期多在 3 月中上旬。猕猴桃的萌芽率较低,一般为 47%～54%。方向朝上或侧上的芽容易萌发,且生长旺;向下或侧下的芽萌发较少。

猕猴桃的枝条属蔓性,攀附能力很强,有明显的背地性。猕猴桃负枝现象明显,即后抽生的枝条长势强。当年萌发的枝条可分为发育枝、徒长枝和结果枝。不着生花的新梢称发育枝;不着生花,生长旺盛,直立向上,节间长,毛茸多而长的枝条称为徒长枝;发育枝和徒长枝都叫营养枝。能着生花和果实的枝条称结果枝。好的结果枝一般呈水平方向生长,长度适中并能自己封顶,节间断,芽眼饱满显著,着生的部位具有充分的光照。新梢的生长量和生长势与气象条件有关。新梢生长期约 170 天,生长过程出现三个高峰,前期生长缓慢,有 65 天左右,与气温关系较大;中期生长迅速,有 35 天左右,气温与雨量起重要作用;后期有 60 天左右,生长渐趋缓慢而停顿,受雨量影响较大。栽培的猕猴桃,枝条攀附于搭设的支架上,冠幅大小依支架、土壤及气候条件、修剪和施肥等而异,一般为 5～10 平方米。猕猴桃具有十分明显的伤流现象,伤流早(2 月下旬),伤流期长(50 天左右),且伤流量大。

猕猴桃叶薄而大,形状因种类、品种、树龄及着生部位而异。同一枝条上的叶片,中部最大,基部和顶部稍小。展叶以后,叶片随枝条生长而长大,当枝条生长最快的时候,叶子生长也最迅速。一枚叶片从展叶到定形大约需要 40 天,前 20 天是叶片迅速生长期,叶面积可达总面积的 91.5%。叶片大小取决于其在迅速生长期生长速率的大小,生长速率大,叶片大。6 月上旬叶子已基本定形。叶片是光合作用的主要器官,在叶片生长早期,加强管理,对叶片充分肥大、最佳叶面积指数的达到十分重要。

猕猴桃为雌雄异株植物,猕猴桃的花为完全花,雌株的花多单生,一般为 2～3 朵,偶有 4 朵。雄株的花多聚伞花序,每花序上一般有雄花 3 朵,少数为 1～2 朵,偶有 4～6 朵。雄花的子房是退化的。猕猴桃几乎每朵雌花都能坐果,但是如果授粉不良,将会严重影响果实的商品率。

中华猕猴桃的花期较美味猕猴桃早7～10天，雄性藤蔓的花期略早于雌性花期。从显蕾到开花需要30天左右，花期最长的可延续10天左右，短的只有4天。从整个藤蔓而言，向阳部位的花先开；在同一枝条上，一般是自下而上、由内而外的开放，美味猕猴桃和中华猕猴桃在第二至五节位上着花率为81%～94%，毛花猕猴桃在第三至六节位上着花率为71%，软枣猕猴桃的花多在第五至十节位上。在一个花序上，顶生花开放3～4天后，初生侧花、次生侧花随之开放，相隔1天。

猕猴桃属浆果，果实一般30～40克，果面粗糙，黄褐色、褐绿色或红褐色；密被黄褐茸毛或光滑无毛，果面有大小不等的果点；果肉淡黄、翠绿或肉红色；汁液多，酸甜可口；可溶性固形物含量8%～18.5%，一般在10%左右。果实中央环绕果心，排列一圈种子。从子房受精至果实成熟需经100～110天，经历迅速膨大期、缓慢生长期、发育后期三个阶段。迅速膨大期从落花开始至花后40天，此间果实生长极为迅速，约为总生长量的80%，尤其在头两周内增长更为迅速。缓慢生长期在迅速膨大期后一个月内，此间种子不断发育，种皮变硬。发育后期在落花后至成熟约35天，这一阶段果实又开始明显增大。猕猴桃没有生理落果现象，坐果率高，易超载。负载量可以通过修剪和疏花疏果来控制，一般每平方米留35～45个果实较适宜。适当疏花疏果可以有效控制大小年的发生。

12.2.3　猕猴桃的物候期

(1)猕猴桃的主要物候期及标准

树液流动：在观测植株上剪断一根枝蔓尖端，在5分钟内有树液渗集在横断面上。若无树液渗出，应用蜡封口，下次观测可再剪同一树枝。该枝条不选作其他物候期观测。

芽膨大：腋芽开始膨大，呈锈色绒球状。

芽开放：腋芽鳞片裂开，从锈色绒球中露出绿色。

展叶始期：植株下部的结果蔓花序开花。开花时花冠同花托分离，并呈灯罩状落掉。

展叶盛期：半数枝蔓的叶片完全展开。

二次抽梢：新梢上的芽抽出二次梢，茎体长达0.5厘米。

雄花开放：花朵开放露出雄蕊。

雌花开放：花朵开放露出丝状花柱。

成熟可采：半数果实绒毛脱落(硬毛种例外)，果实变软、多汁、糖分增加，果皮出现品种固有的色泽(棕褐色、黄绿色、青绿色)和风味。

叶变色始期：秋季第一批叶子绿色减退开始变黄。

叶变色末期：所有的叶子绿色完全变黄。

落叶始期：树上变黄的叶子第一批脱落。

落叶末期：叶子几乎完全脱落。

(2)物候期气象指标

在陕西关中，以眉县为例，猕猴桃在3月初前后，气温上升至6℃树液开始流动；3月上中旬，土壤温度达8.5℃以上，幼芽萌发；4月初前后，日平均气温高于10℃，开始抽梢展叶，同时显蕾；5月上、中旬，气温高于12℃，开花，以15～17℃最适宜开花；6月、7月，为迅速膨大期；8月为缓慢生长期；9月中旬以后果实开始成熟；10月上旬，秦美、哑特等品种可分批采收；11月，日均气温稳定在10℃以下，猕猴桃开始落叶；12—1月，落叶后温度下降至12℃左右时进入休眠期，猕猴桃在冬季正常休眠需 20～30 天，日平均气温低于 7℃。

(3)物候期观测　见附录 2.3

12.3　猕猴桃栽培的气候生态条件

12.3.1　栽培对光、温、水的要求

(1)光照条件

光对猕猴桃生长的作用是由光照强度、日照时数和光谱成分等综合因素影响而形成。猕猴桃随树龄不同对光照条件要求各异。幼苗期，猕猴桃喜阴凉，忌强光直射。成年树喜光，耐阴，怕暴晒。光照不足，枝条生长不充实，会枯死；受到暴晒果实易得日灼病，叶缘易焦枯。猕猴桃对直射光比较敏感，但仍是喜光，适宜光照充足、通风透光良好的地区栽培。一般要求年日照时数在 1300～2600 小时，自然光照度 40%～45%的地区栽培较好。

(2)热量条件

温度对猕猴桃的分布起决定作用，喜温程度与柿子大致相仿。一般以年平均气温 15～18.5℃，极端最高气温为 33.3～41.1℃，7 月平均最高气温 30～34℃，极端最低气温 −20.3℃，1 月平均最低气温 −4.5～5℃，大于等于 10℃的有效积温 4500～5200 ℃·d，无霜期 210～290 天的地区最为适宜。萌芽期遭受晚霜冻危害时，新梢受冻、花芽易脱落，结果不良；成熟期遇早霜冻，果实成熟不良，品质低下，果皮易皱，易发酵变质。

温度在猕猴桃生长发育过程中常起主导作用，在冬季自然休眠期，需要有一定的低温，否则不能正常生长发育。据研究，猕猴桃自然休眠在 5～7℃低温下最有效，4～10℃低温较为有效，低于 0℃时作用不理想。冬季经 672～1008 小时(4～6 周)4℃的低温积累，即可满足休眠的需要。

美味猕猴桃在 3 月初前后气温在 6℃以上时，树液开始流动，3 月上中旬，气温为 8.5℃以上时萌芽。展叶约在 3 月中下旬至 4 月上旬，此时气温在 10℃以上。开花期一般在 5 月上中旬，此时气温为 15～17℃。从萌芽至开花初期的有效积温为 250～280 ℃·d，平均气温在 20～25℃时，新梢生长最快，15℃左右生长缓慢，12℃以下时停止生长。

土壤温度直接影响根系的活动。土壤温度 8℃时，根系开始活动，20.5℃新根生长旺盛，29.5℃时，根系基本停止生长。

(3)水分条件

猕猴桃植株的根系属于肉质根，对土壤水分的要求是：喜湿润，怕干旱，怕水涝，要求所种植的地块，易排、易灌。

猕猴桃叶子大，蒸发量大，需要较多水分，这就决定了猕猴桃喜温暖湿润气候的特性。最适宜栽培在雨量充沛，分布均匀，空气湿度较高，润而不渍的地区。陕西猕猴桃根据品种不同，其适宜的年雨量在 400～1200 毫米，空气相对湿度在 55%～70%之间。除陕南秦巴山区年雨量在 780 毫米以上，接近猕猴桃年需水量上限以外，关中大部分地区年雨量在 600 毫米左右或更低，接近或低于猕猴桃年需水量下限。

水是猕猴桃各器官的重要组成部分。猕猴桃是抗旱能力很弱的藤本植物，主要通过根部吸收水分，输导到各器官，供蒸腾作用等生理需要，保持树体相对的水分平衡。猕猴桃在萌芽

和新梢生长期需要有充足的水分供给，花朵在温暖、湿润、阳光充足的条件下，能延续开花时间，而高温干旱，易使花瓣凋谢。开花后两周，枝条生长迅速，枝繁叶茂；此时幼果也处于发育初期，对缺水反应敏感，称为水分临界期，如果水分不足，会发生营养生长和生殖生长争夺水分的矛盾，引发枝、果对水分的竞争，影响猕猴桃果实的膨大。夏季猕猴桃生长旺盛，叶大而薄，蒸腾量大，还有大量的果实，蒸腾速率也较高，需要有充足的水分，才能满足生长需要。据试验测定，土壤含水量在5%～6%时，叶片开始萎蔫，及时灌水，虽能恢复生长，但叶缘已呈焦枯。缺水会引起落果。夏季大气和土壤干旱时，要及时补充水分。在强光暴晒下，叶片和果实可能发生日灼。

猕猴桃不耐涝，根系被水淹一周，便会出现植株萎蔫，两周以上则死亡。“有收无收在于水，收多收少在于肥。”因此要保证灌足萌芽水、果实膨大水和越冬水。人工栽培，要注意选择水源充足，排灌方便的地区。

12.3.2　栽培对土壤和其他生态条件的要求

(1)栽培对土壤的要求

猕猴桃喜欢疏松、肥沃的沙壤土，要求腐殖质含量丰富，土层深厚，通透性好，保水保肥。在透气性差的黏性土壤，渍水贫薄的土壤生长不良。对土壤pH值的要求是，中性、酸性或微酸的土壤均可生长，pH值在5.5～6.5最为适宜；耕层土壤有机质含量在1.5%以上，地下水位在1米以下。切忌碱性土壤，叶片会呈黄化现象，幼苗期更明显；尤其是pH值7.5以上的土壤，易诱发多种生理病害。

(2)栽培对其他生态条件的要求

猕猴桃新梢幼嫩，叶大而薄，易遭受风害。夏季大风常使嫩梢折断，新梢枯萎，叶片破碎，果实擦伤、脱落。初冬大风过早吹落叶片，影响养分积累。因此猕猴桃园应建在背风向阳的地方，在大风频繁的地区应营造防护林。忌在已栽过苹果、梨、桃等多年生树的重茬地和土质黏重地建园。也不可在地下水位较高、易发生积水的地域建园。

12.4　猕猴桃的主要气象灾害与防御

12.4.1　夏季高温热害

(1)指标及特征

夏季高温热害不仅影响猕猴桃光合产物生产和积累，使枝蔓营养生长过度，而且使果实内可溶性固形物的积累减缓，延迟果实成熟，影响产量和品质。当气温达到35℃以上时，猕猴桃叶片受强光照射易使叶缘失绿，继而变褐发黑，果面接触阳光的部分变褐发黑，限制果实生长，成熟后果个较小且果面不洁净，失去应有的商品价值。若35℃高温持续2天以上或气温达到38℃以上时，植株蒸腾加速，破坏水分代谢活动，叶片和果实出现“灼伤”，表现为叶缘变黑上卷，呈火烧状，即发生叶片“日灼”伤害，并使部分阳面果实发生灼伤或裂果，进而大大降低猕猴桃果实糖度和维生素C的含量，严重时，果实软腐甚至溃烂，对后期产量品质带来十分不利影响。果园叶面积系数与地面管理是影响“日灼”发生程度的重要因素。

陕西秦岭北麓猕猴桃种植区≥35℃、≥38℃的高温日数主要出现在6—8月的猕猴桃幼果期和果实膨大期。东部果区的渭南、华县、华阴、长安、蓝田年平均≥35℃高温日数均超过20天，最多为渭南达23.2天；中部果区的户县、周至、扶风、杨凌及东部的潼关为12～20天；西部果区的眉县、岐山、宝鸡市、宝鸡县为8～12天。≥38℃的高温日数与35℃日数比较，高温出现的日数明显减少，但危害程度明显加重。东部果区的渭南、华县、华阴及中部的长安等地，38℃以上高温日数超过4天，中部果区的周至、户县蓝田为2～4天，西部果区的眉县、岐山、扶风、宝鸡县、杨凌及东部的潼关38℃以上的高温日数仅1～2天。即东部重西部轻，而东部的潼关高温日数明显少于东部其他各县，而接近于中部和西部危害较轻果区。

(2)防御措施

①狠抓重点防护区基础设施建设和投资

东部果区的渭南、华县、华阴及中部果区的长安是高温热害的多发区、重发区，高温和干旱的叠加效应将严重影响猕猴桃的产量、品质和效益。要狠抓猕猴桃生产基础性建设和资金技术投资，改变粗放的猕猴桃栽培方式，如广开水源，建设果园喷灌、滴灌设施和搭建防护网、果园种草等，改善和营造猕猴桃适宜的气候生态环境条件，培养健壮树体，减轻和缓解夏季高温伏旱对猕猴桃的影响和危害。果园生草率大于60%可有效防治“日灼”。

②狠抓关键时段的水肥管理和果园小气候调控

6—7月既是高温热害的多发期、重发期，又是猕猴桃形成产量、品质和商品率的关键时期，通过狠抓果园覆草、果园灌溉、树冠喷水及合理留枝、适时套袋、科学夏剪等措施，降温增湿，改善果园小气候，缓解高温危害，促进果品提质增效。

12.4.2 低温冻害

(1)指标及特征

猕猴桃是一种较抗寒的树种。突然大幅度降温和超忍耐限度的低温对猕猴桃的危害，在早春表现为芽受冻，芽内器官不能正常发育，或已发育的器官变褐、死亡，导致芽不能正常萌发，或萌发的嫩梢、幼叶变色，死亡。美味猕猴桃在春季萌芽后和秋季落叶前，仅能忍受持续半小时－1.5℃的低温，否则就会使花芽和嫩梢受冻。低温常使萌芽期延长和萌芽不整齐。低温冻害主要是早霜和晚霜冻突然袭击，气温骤降。

深秋的冻害表现为来不及正常落叶的嫩梢、树叶干枯，变褐死亡，挂于树枝蔓上不脱落；未及时采摘的果实，因果柄不产生离层，难以采摘，摘后不通过后熟期，果实细胞不分离，始终硬而不能食用。

冬季－9～－10℃低温出现并持续1小时以上，会使休眠的猕猴桃发生严重冻害，由于地表温度更低，冻害常先发生在根茎部。休眠季节的冻害表现为枝干开裂，枝蔓失水，俗称“抽梢或抽条”，芽受冻发育不全，或表活内死，不能萌发。有时候虽然温度降低程度没有达到上述指标，但伴随有低湿度和大风，俗称“干冷风”，会导致严重枝蔓失水干枯，抽条，或大枝干纵裂，甚至全株死亡。

(2)防御措施

①向树体上喷水。水在凝结时释放的热量可以缓解局部降温的急剧性，凝结后可起到外衣的作用。此方法适合于水凝结点0℃以下的急剧降温情况。

②果园熏烟。用烟雾本身释放的热量和弥漫的烟雾作凝结核，促进空气里的水汽凝结所释放的潜热，缓解局部降温的急剧性。此法应用得比较普遍。注意熏烟时不能起明火。

③喷防冻剂。防冻剂有螯合盐制剂、乳油乳胶制剂、高分子液化可降解塑料制剂和生物制剂。有望在不久的将来彻底解决冻害问题。

以上熏烟、喷水和防冻剂三种方法，在应用时注意一定要在冻害来临前进行，否则起不到应有的作用。一般日温最低的时间段为凌晨3—4时，故上述措施应在凌晨1—2时进行。

④在深秋用石灰水将树干和大枝蔓涂白，或用稻草、麦秆等秸秆将树干包裹好，外包塑料膜，或两者并用。注意特别要将树的根颈部包严，培土可以有效地防止冻害发生，还可以收集和保护天敌。定植后不久的幼树可以下架埋土防寒。

⑤入冬后灌水。水的热容大，增加土壤中的水分也就增加了土壤中保存的热量，其热量可缓解急剧降温的不良影响。

(3)补救措施

第一，及时灌水培土。为防止果树冻后失水过多，冻害发生后应及时灌水，在树盘开环状浅沟，一次性灌足灌透，但忌渍水，灌后需轻锄树盘，并覆以稻草、薄膜等。同时，注意中耕培土，以提高地温，引根深扎。

第二，及时剪除枯叶。冻害轻的仅伤及枝梢的应及时剪除已枯死枝梢、叶片，以避免冻伤程度进一步加重。修剪宜轻不宜重，尽量保留成活的枝叶，有花芽的要少留花芽，减少负载量，使树体尽快得到恢复。

第三，适时适度修剪。对冻害较重已伤及枝干的，不要急于对枝干进行修剪，应待第二年春天新梢萌芽时，树体受冻部位可明显表现出来后进行。此时要剪锯受害枝干，并涂抹石硫合剂于伤口处，余者尽量保留，以恢复生长。冻害严重的可采用劈接、切接方法，高接较抗寒的优良品种。

第四，科学施肥。追施氮肥，以速效氮如稀薄人粪尿为主。第二次春肥可用0.3%～0.4%尿素加1%～2%过钙浸出液及4%草木灰浸出液进行根外追肥，10天后再喷施一次尿素加0.3%磷酸二氢钾，以促进新梢的生长，并促发新根。

第五，保花保果，合理负载。对花芽受冻而开花量少的树，要采取保花保果措施，如加强肥水管理、进行人工授粉等，提高坐果率；对花果量大的，冻后应及时疏花疏果，合理控制负载量；对树势较弱，尽量少结果或不结果，应以恢复树势和加大生长量为主要任务。

第六，及时防治病虫害。低温冻害后果树枝干易发生日灼、裂皮，导致枝腐病、腐烂病的发生，重视防治。剪后伤口要及时进行药剂涂抹消毒，以防止病害发生。

12.5 猕猴桃病虫害与气象条件

据调查，陕西猕猴桃病虫害有42种之多，其中主要病害有：细菌性溃疡病、根腐病、黄化病、细菌性花腐病、根结线虫病、叶枯病、黑斑病等。虫害主要有金龟甲、斑衣蜡蝉、蟓象、小薪甲、红蜘蛛、桃蛀螟，叶蝉、蟋蟀等。

12.5.1 主要病害与气象条件

(1)细菌性溃疡病

是猕猴桃生产中重要病害之一，溃疡病发生后来势凶猛，危害巨大，给生产造成重大损失，轻者减产、枝条干枯，重者死树、甚者毁园。

①发病症状

该病害一般发生在春季伤流期、开花期和秋季。主要危害植株主杆、枝蔓、叶片及花蕾等部位。一般新生嫩叶抗性差，较易侵入，初染叶片上出现退绿小点，水渍状，后发展到1～3毫米不规则形或多角形的褐色病斑，边缘有明显的黄色晕圈。新梢染病，发黑枯死；花蕾受害，不能张开；主杆和枝条受害，皮层组织呈水渍状，变软，梢隆起。当病斑扩大成一厘米宽，数厘米长的条斑后，病斑开裂，皮层和木质部分离，病斑周围变暗褐色或黑色。大部分树体染病后，春季伤流期，皮层渗溢出铁锈红色的胶状病菌，随分流液扩展，直蔓延至木质部变褐腐烂。导致枝条萎蔫、枯死或整株枯死。

②发病规律

溃疡病是一种腐生性强、又耐低温的细菌，主要在树体病枝上越冬，或者随病枝病叶等残体在土壤中越冬，成为第二年的初侵染源。翌年早春3月开始发病。4月下旬出现发病高峰期，发病部位多从衰弱的枝干皮孔、芽基、落叶痕、枝条分杈处开始，如遇风雨，不断重复侵染。低温高湿，多雨天气，气温突降遇冻后或先年超负荷挂果，树体抵抗力下降后，易染病原菌；农事操作人为碰伤，夏剪冬剪锯口愈合慢时有利病害侵入，则发病重。

③防治要点

第一，农业防治。多施农家肥料，改善土壤结构，提高树体对多种元素的吸收利用，限制挂果量，入冬早浇防冻水，增强树体抗寒适应能力。第二，化学防治。

(2)根腐病

①发病症状

猕猴桃根腐病由蜜环菌和假密环菌等真菌引起，在土壤黏重、渍水、根系不能进行良好呼吸的情况下，发病严重。该病主要危害根系，侵入根茎部的病菌沿主根和主干蔓延，初期在皮层出现黄褐色斑块，皮层软腐变黑，韧皮部易脱落，内部组织变褐腐烂。当土壤湿度大时，病斑迅速扩大并向下蔓延导致整个根系腐烂，病部流出许多褐色汁液，有酒糟味。木质部变为淡黄色。地上部植株生长不良，叶片迅速变黄脱落。树体萎蔫死亡。后期病组织内充满白色绢丝状菌丝，受害根系腐烂变黑，危害相邻植株根系。感病植株，表现树势衰弱，产量降低，品质变差，严重时还会造成整株萎蔫死亡，对生产影响极大。

②发病规律

该病一般4月开始发病，7—9月是严重发病期，夏季如遇久雨突晴，或连日高温，有的病株会突然出现萎蔫死亡。发病期间，病菌可多次侵染。10月以后停止发展，病株一般1～2年后死亡。

③防治要点

第一，选择无病地育苗，培养无病苗木；发现病株连根挖除销毁，土壤用溴甲烷熏蒸消毒。第二，消灭地下害虫，减少根部伤口，降低病菌感染率。第三，开沟排水，降低地下水位可以减少病菌感染。第四，采用定植前苗木浸根、发现病树，药剂灌根等药物防治。

(3)黄化病

①发病症状

发生黄化病的叶片，除叶脉为淡绿色外，其余部分均发黄失绿，叶片小，树势衰弱。严重时叶片发白，外缘卷缩枯焦，果实外皮黄化，果肉切开呈白色，丧失食用价值，长时间发病还会引起整株树干死亡。缺铁、不合理的耕作制度、根部病害是发病的主要原因。

②防治要点

第一，科学选址建园。第二，科学施肥灌水，要大力推广平衡施肥技术，做到氮、磷、钾配合施肥，大量元素与微量元素配合施肥；改大水漫灌为小畦分灌，避免过量灌水，谨防积水；有条件的可采用渗灌或滴灌技术。第三，严格控制产量，盛果期树每亩产量以 2000～2500 千克为宜，严防负载过量，以保持健壮的树势。第四，对症防治。对已经发生黄化病的植株，可挂吊瓶输液。

12.5.2 主要虫害与气象条件

(1)叶蝉

①危害症状

成虫若虫吸猕猴桃树的芽叶和枝梢的汁液，受害叶面初期出现黄白色斑点，渐扩展成片，严重时全叶苍白早落，树体衰弱，产量锐减。美味猕猴桃(如金魁品种)比中华猕猴桃受害轻。中华猕猴桃中叶片薄的“金阳一号”，“庐山香”受害严重，而叶片较厚的“金农一号”，“武植 3 号”等品种受害轻一些。

②发生规律

1 年发生 4 代，该虫害的发生与光照强度有关。以第 4 代成虫在冬季绿肥作物和杂草丛中越冬。早春越冬成虫开始活动交尾后产卵，卵期 7—10 天，若虫期 15—20 天。四月中下旬第 1 代成虫产卵，卵产于叶背靠近主脉的叶肉内顺主脉呈条状。少量产于侧脉附近的叶肉内，一次产卵 4～10 粒。第 2 代成虫发生在 6 月中旬至 7 月中旬，为全年中的发生高峰期，平均每叶达 13.9 头。

③防治要点

第一，选择抗性品种栽培；第二，选择适宜的架式，棚架受害重一些，T 形架和篱架轻一些；第三，清园消毒，清除果园内和四周杂草，冬季绿肥及时翻耕回田；第四，药剂防治。

(2)吸果夜蛾

①危害症状

当果实近成熟期，成虫用虹吸式口器刺破猕猴桃果皮而吮吸果汁。刺孔甚小难以察觉，约 1 周后，刺孔处果皮变黄而凹陷并流出胶液，其后伤口附近软腐，并逐渐扩大为椭圆形水渍状的斑块，最后整个果实腐烂。

②发生规律

1 年发生 3～4 代，幼虫成虫均可越冬，从 5 月下旬至 11 月中旬未曾间断，并在 6 月中下旬、8 月中下旬、9 月中旬至 10 月中旬形成三个发生高峰期，且每一代成虫期约为 38 天。危害猕猴桃果实多为第三代成虫。

③防治要点

第一，搞好清园消毒工作；第二，果实套袋，从幼果期始对猕猴桃果进行套袋；第三，诱杀；第四，拒避，在 10 亩猕猴桃园，设 40 瓦金黄色荧光灯 6 盏，能减轻吸果夜蛾为害的数量。

(3)蝙蝠蛾

①危害症状

以幼虫在树干基部 50 厘米左右和主蔓基部的皮层及木质部为害，蛀入时先吐丝结网将虫体隐蔽，然后边蛀食边将咬下的木屑送出，粘在丝网上，最后连缀成包，将洞口掩堵。有时幼虫在枝干上先啃一横沟再向髓心蛀入，因而常造成树皮环割，使上部枝干枯萎或折断。虫道多自髓心向下蛀食，有时可深达地下根部，虫道内壁光滑。化蛹前虫包囊增大，色泽变成棕褐色，先咬一圆孔，并在虫道的内口处用丝盖物堵在孔口准备化蛹。

②发生规律

1 年 1 代，少数 2 年 1 代，以卵在地面或幼虫在树干基部隧道内越冬，来年 4 月中旬孵化。初龄幼虫以腐殖质为食，2、3 龄后转向树根颈内蛀食，成虫于 8 月下旬至 9 月出现。

③防治要点

第一，保护天敌，食虫鸟、捕食性步甲虫和寄生蝇等均对蝙蝠蛾发生量具有一定的抑制作用；第二，检查果园，发现树干基部有虫包时，撕除虫包，用细铁丝插入虫孔刺死幼虫，孔口用湿泥堵塞，毒杀幼虫；第三，清除果园附近杂木，如黄荆，野桐等寄主植物；第四，结合修剪，剪除受害藤蔓并烧毁；第五，树冠下及干基部喷药消灭在地面活动期的初龄幼虫(2、3 龄幼虫)。

12.6　猕猴桃生长发育的气象条件与田间工作

12.6.1　自芽萌动至果实收获的气象条件与田间工作

每年 2 月下旬至 3 月上旬，秦岭北麓大部分猕猴桃产区气温开始回升，平均气温在 6℃以上时，猕猴桃树液开始流动，3 月上中旬，平均气温为 8.5℃以上时猕猴桃开始萌芽。萌芽前 15 天左右对全园喷一遍 3～5 倍波美度石硫合剂。萌芽后需施催芽肥，以促芽萌发和加速花芽分化。发芽期慎用化学药剂。施肥后应及时浇透水灌溉，无灌溉条件的果园要进行松土保墒和树盘覆盖。地面黄干时浅锄。猕猴桃芽萌动时怕风、怕旱、怕涝、怕强光、怕冻害，需要特别精心的管理，萌芽前喷防冻剂、熏烟、灌水等办法可以减轻芽萌动期低温冻害。萌芽期应避免修剪，防止伤流。重点防治溃疡病和蔓枯病，诱杀金龟子、甲虫。

3 月下旬至 4 月上旬，初春，气温迅速回升，当日平均气温高于 10℃，芽开始萌发，伤流逐渐减少，开始抽梢展叶，应进行抹芽定枝。随着嫩枝出现，进行疏枝，结果枝和营养枝留两侧，嫩枝和芽上有病的一律剪除。继续防治蔓枯病、溃疡病以及蛴螬和根结线虫病。

4 月下旬，猕猴桃显蕾，金龟子危害叶和花蕾，应进行诱杀。同时综合防治蟥象、东方薪甲、花腐病、根腐病、蚧壳虫等。疏花蕾，弱枝上花蕾一律疏掉，并生枝可全疏去，留 1 枝花蕾，培养成来年结果母枝。及时间苗、拔除杂草和防小苗立枯病。干旱时全园灌水，灌后及时中耕保墒。未施催芽肥的可结合补施。关中地区 4 月中下旬常出现晚霜冻，易使叶干枯、花蕾受冻。可采用果园熏烟法，提高果园温度，减轻晚霜冻危害。

5 月上中旬，春末，当气温高于 12℃时，猕猴桃开花，以 15～17℃最适宜开花。花开时，开始授粉。花期视天气情况，进行人工授粉或借蜂传粉。花后 7 天左右开始疏果，疏除病虫果、畸形果、边果，只留中心果，保留果形端正的优质果，留单果不留双果。长结果枝留果 4～6 个，中结果枝留果 3～4 个，短结果枝留果 2 个，一株盛果期结果树，留果 350～400 个，平均亩栽 56 株的 1 株产果 42.5 千克较为合理。开花期应人工捕杀害虫。花后果实迅速膨大，要施促果肥，并浇透水。有条件地区，实施果园行间种草。

6—8 月，夏季，是猕猴桃果实膨大期，继续施促果肥。从土壤中根本解决黄化问题。除抹芽、摘心、疏枝、绑蔓外，要注重处理好徒长枝。促发新枝，培养来年结果母枝。6 月上旬，东方薪甲、蜻象开始危害果实，形成硬斑，表面看不出，导致落果。其次有斑衣蜡蝉、金龟子、蚧壳虫，褐斑病、根腐病等危害，可喷布药剂。一家一户很难防治，要联合进行。同时果实套袋，生产无公害果品。对高接后新发的枝条要及时摘心、绑蔓，抹去母树新发枝条和芽。追施尿素，促其多发枝，发壮枝。施肥后浇足水，地面干后，叶片萎蔫要灌水，土壤仍潮湿，只是中午高温叶萎蔫则不宜灌水。雨季或多雨季节，应注意排水。高温季节，要给叶面喷水，搭盖草遮住果实，防止日灼。8月下旬早熟品种可溶性固形物达到6.5%时即可采收。此时气温高，采后要及时进入市场销售。除叶面喷肥外，土壤内要增施钾、钙肥，促进果实着色和增加硬度。继续摘心绑蔓，此时摘心只摘枝条顶细部的芽，使下面芽不萌发，促使成熟老化，来年形成健壮的结果母枝。8月以后不摘心，继续抹芽。7月上旬高接，当年抽生枝可老化，8月高接抽枝不老化，不剪上部母树原枝，不让新芽抽出，以免冬季冻死。

9月，初秋，猕猴桃果实成熟期，及时疏除徒长枝、病虫枝、细弱枝和过密枝等，打开光路，保持通风透光，提高树体光合利用率，积累养分，提高果实品质。9月中下旬对贮藏库进行消毒，适时采收贮藏猕猴桃。

9月下旬至10月上旬，早熟品种哑特可溶性固形物达到7%，中熟品种徐香可溶性固形物达到6.5%时即可采收。秦美可溶性固形物达到7%，海沃德、翠香可溶性固形物达到6.5%时即可采收，红阳、华优可溶性固形物达到6.2%～6.5%及时采收。采摘时注意轻拿轻放分级入库。入库前预冷24小时，温度逐渐降低，当库温降到0～2℃时，将预冷果入库，按分级垛堆放，有利于管理和空气流通，保持库温一致。轻摘轻放，严格分级，及时销售或贮藏。采收后收集农家肥，羊粪、牛粪、鸡粪、猪粪等堆积后高温发酵腐熟后再施基肥，这样可杀死害虫卵和病菌孢子。

12.6.2 落叶后的田间工作

11—12月，秋末冬初，秦岭北麓大部分猕猴桃产区平均气温降至5℃以下，天气开始寒冷。当日均气温稳定在10℃以下，猕猴桃开始落叶，落叶后开始冬季修剪和清园，改多主蔓为单主蔓，改篱架为“T”型架或大棚架；将园内落叶、烂果、病虫危害枝一律清除出果园。深翻果园，应在上一年深翻边缘向外深翻，不要重复深翻，砂土地不深翻，不要伤3毫米以上粗的根。封冻前给果园浇一次越冬水。继续施基肥，基肥要占全年施肥量的50%～60%。对树干涂白。给猕猴桃幼树根部培土或进行绑草、埋土，防冬季冻害。

1—2月，隆冬，落叶后猕猴桃进入休眠期。猕猴桃在冬季正常休眠需20～30天日平均气温低于7℃的低温。冬季修剪树形，从上年12月开始，1月继续进行。陕西冬季雨雪稀少，容易出现冬旱，气温骤降，应注意防御低温冻害和防止抽条。继续清园、树干涂白。

第13章　柑橘气象服务

13.1　柑橘树的地域分布

13.1.1　柑橘树的栽培历史

中国是柑橘的重要原产地之一。柑橘资源丰富，优良品种繁多，有4000多年的栽培历史。早在公元前21世纪～公元前17世纪的夏朝，中国的江苏、安徽、江西、湖南、湖北等地生产的柑橘，已列为贡税之物。经过长期栽培、选择，柑橘成了人类的珍贵果品。

中国柑橘分布在北纬16°～37°之间，海拔最高为四川巴塘达2600米，南起海南省的三亚市，北至陕、甘、豫，东起台湾省，西到西藏的雅鲁藏布江河谷。但中国柑橘的经济栽培区主要集中在北纬20°～33°之间，海拔700～1000米。全国生产柑橘包括台湾省在内有19个省(区、市)，其中主产柑橘的有浙江、福建、广东、四川、湖南、湖北、江西、重庆和台湾等省(市)，其次是上海、贵州、云南、江苏等省(市)，陕西、河南、海南、安徽和甘肃等省也有种植。

13.1.2　陕西柑橘树的地域分布

陕西柑橘主要分布于陕南汉中盆地、巴山山区，以及秦岭山区的部分山地，在城固、汉台、洋县、勉县、西乡、汉滨、汉阴、石泉、紫阳、旬阳、白河、平利、岚皋13个县区重点发展。截至2008年，陕西柑橘面积38.5万亩，产量23.7万吨，柑橘亩产1329千克。城固、洋县2个柑橘主产县的面积和产量分别为21.3万亩和17.8万吨，占全省柑橘面积和产量的49.3%和57.7%。

10.1.3　主要栽培基地县的气象条件　见附录1.4

13.2　柑橘树的生物学特性

13.2.1　柑橘树的种类与主要品种

(1)柑橘的种类

柑橘属芸香科柑橘亚科，是热带、亚热带常绿果树，用作经济栽培的有3个属：枳属、柑橘属和金柑属。中国和世界其他国家栽培的柑橘主要是柑橘属。

(2)主要品种

栽培的柑橘品种中特早熟品种有日南1号、大浦、山川、市文、宫本等温州蜜柑和特早熟柚类的早香柚品种，于 9 月中下旬—10 月上旬成熟；早熟品种以兴津、宫川、山下红等为主，于 10 月中下旬—11 月上旬成熟；中晚熟品种主要是当地选育的城固冰糖橘、少核朱红橘、金钱橘和狮头柑，11 月中旬—12 月上旬成熟。陕西柑橘主要品种：

①城固冰糖橘

陕南各地有栽培。树势健壮，树冠自然圆头形，枝条细软，萌发力强，发育枝上着生小刺；叶小，呈纺锤形或菱形；花小，多单花顶生；果实高扁形，果皮红，顶部微凹，果面有不规则的绿色隆起，皮薄而韧，易剥离；油胞小，圆形，平或微凹；果心近实心，囊瓣半圆形，9～11 瓣，整齐一致，囊壁薄而软，易化渣；风味甜，丰产，耐寒，品质中上。

②朱红橘

为汉中原有地方品种。树形高大，枝条开张，全树无刺；叶中大，纺锤形，先端略大，凹口明显；扁圆形，果皮薄，朱红色，顶部微凹或有小乳突；果心大，空虚，囊瓣 7～9 个，囊壁中厚，易分离，较易化渣；味甜，果汁较多，品质中等。

③金钱橘

为安康地方品种，栽培面广。树冠圆头形，枝条少刺；叶长椭圆形，翼叶不明显，先端略尖，凹口深，叶缘有波状锯齿；果实小，扁圆形，顶部微凹；果皮薄，光滑，橙红色，易剥离，油胞小，圆形，微凹；果心空，囊瓣 9 个，肾脏形，汁较多，味甜酸，品质中上。

④温州蜜柑

由四川江津引入汉中，陕南柑橘产区均有栽植。树形较矮，呈不整齐扁圆形，生长势强；树冠开张，主枝较多，枝叶茂密，略显披垂，全树无刺；叶长椭圆形或菱形，叶柄较长，质地肥厚；花大，腋生，偶有单花顶生，花粉退化，单性结实；果形扁圆，橙黄色，果皮厚，易剥皮，无核；耐寒性强，生长快，结果早，容易栽培，丰产稳产，适宜陕南地区栽培。

⑤宫川

树冠较小，枝条较开张，分枝角度大，抽枝多而丛生。叶片较小，质中厚，果实中大，高扁圆形，大小不够整齐，圆钝，柱点中大，基部较狭，萼附近凸出明显，并有数条明显放射沟，油胞平生或微凸；果皮橙黄色，较光滑，果心中大，较空，果肉细嫩，汁多。无核，品质上乘。

⑥兴津

树势强健，发育旺盛，分枝角度小，直立性强，幼年树枝梢偶有刺，随树龄增加逐渐消失。枝梢分布均匀，充实健壮；叶中大，质厚，色浓绿，着生角度小；果大，高扁圆，顶部宽，圆钝，柱点中大，油胞凸出，较大而稀，间有凹点；果皮橙色，略显粗糙，反卷果皮时，海绵层易龟裂，果心中大，较空；果肉细嫩，囊衣薄，橙红色，叶酸较浓，汁多，无核，品质上乘。

13. 2. 2　柑橘树的生物学特性

柑橘的根由主根、侧根、须根及须根端着生极短的根毛构成，其群体统称为根系。压条或繁殖的植株，无主根。柑橘根系主要分布在距地表 10～50 厘米的土壤中，约占总根量的 80% 以上，尤其树冠滴水附近的土壤中分布最为密集。柑橘根系受伤后能较快地长出新根，随着树冠的扩大，根系延伸过长而老化。柑橘根系与地上部是相互依存的、相互促进和对称的关系。根系吸收水分和无机养分供叶片进行光合作用，制造有机养分；叶片制造的有机养分又反供根系生长。根系发达，地上部就能枝叶繁茂。根系生长与抽梢是交替进行的，如根系第一次生长高峰是早春梢停止生长后至夏梢抽生前；第二次在夏梢抽生后；第三次是在秋梢停止生长之后至果实成熟期。一般根系与树冠的生长呈对称状，如果垂直根系发达，则地面部分的直立性就强，因而枝叶徒长，开花结果迟；水平根广而须根发达时，则树冠开张，树势中庸，有利于花芽形成，可提早开花结果，并获得高产。

柑橘枝干由主干、主枝、侧枝组成。柑橘的叶片为常绿性的单生复叶，由叶身、叶翼组成。叶翼着生在叶柄上。柑橘种类品种不同，叶的大小不等，形状各异。柑橘叶片的主要功能是光合作用、呼吸作用、蒸腾作用和储藏作用。多叶片对于柑橘的生长很有好处。增强树势，防止自然灾害和病虫害，使植株尽量保持较多的叶片，延长叶的寿命，保护老叶越冬，合理修剪，使枝叶在空间合理分布，是柑橘丰产、稳产、优越的重要技术措施。柑橘叶片是柑橘树最重要的功能器官。其寿命一般在2～3年左右，老叶一般是在采果后开始脱落，春梢大量抽吐时脱落最多，这是正常现象。柑橘的花芽都是混合芽，散发后具有枝叶花等器官，多产生单花。柑橘花的坐果率很低，通常是2%～5%之间。发育不全，退化或花形不正常的柑橘花，统称为畸形花，最大数量的是雌蕊畸形，称为露柱花，一般不能结果，所以畸形花越多产量越低。柑橘树每年能多次抽梢，最多能抽梢3～5次，即春梢、夏梢(可以二次抽吐夏梢)、秋梢和冬梢。柑橘树的春、夏、秋梢都能成为结果母枝，柑橘的幼龄树和壮年树都是以秋梢为主要的结果母枝。老年树才以春梢为主要的结果母枝，每年促发壮健的秋梢是保证丰产的基础。

柑橘树的寿命，短者10年，长者200年以上。因品种、栽培条件、繁殖方法和环境条件不同，柑橘寿命长短不一。柑橘营养生长期的长短，与品种、气候、繁殖方法和技术管理有关。正常的栽培条件下，实生树需要7～8年开始结果；嫁接树3～4年可以结果，稳定亩产量一般1500～2500千克。甜橙、柚类的营养生长期较宽皮类长1～2年，金柑类则短1～2年左右。生长结果期，根系和骨干离心生长逐年减弱，骨干根上大量增加细根，枝条开张角度增大，抽枝数量增多，充实而粗壮。一般具有6～7级分枝，即开花结果，而且结果逐年增多。初期结的果实较大，果皮粗糙而厚，果味较酸，味淡，较难化渣。耐磨性也较差。果实产量不断上升，达到大致稳定盛果期，此时树冠以达到最大限度，大枝生长缓慢小侧枝大量发生，产量达到最高峰。树冠叶幕层的小侧枝由抽发、开花、结果、枯死和更新抽发阶段组成。树干叶幕逐渐向外推移，树冠内部的主干枝则逐渐光秃裸露。

13.2.3　柑橘树的物候期

(1)柑橘的主要物候期及标准

春芽开放：芽裂开约0.2厘米。

抽梢：新梢出现，茎体长0.5厘米。

现蕾：结果母枝上有花芽开放，出现淡绿色的花蕾。

开花　始期：植株上第一批花朵的花瓣外层展开，能窥见雌雄蕊。

　　　盛期：全树半数以上的花朵开放。

　　　末期：多数花朵凋落。

果实膨大：果实快速增重增大，横向生长明显比纵向生长加快，海绵层变薄，砂囊迅速增长增大，彼此分离，含水量迅速增加，故又称上水期。种子内容物已充实硬化。果实大小因品种而异，一般约3厘米。

果实着色：果实绿色减退，因品种不同出现黄、橙黄或橙红等颜色。

成熟可采：半数果实达到该品种的典型大小、颜色和味道。

(2)柑橘物候期观测

柑橘物候期观测见附录 2.4

13.3　柑橘树栽培的气候生态条件

13.3.1　栽培对光、温、水的要求

(1)光照条件

柑橘对日照的适应范围较广，中国的柑橘产区，年日照时数约为 1000～2700 小时。一般表现生长结果良好，柑橘较耐荫，散射光有利于增强光合作用，直射光过强，往往不利于柑橘生长，易引起果实和枝叶灼伤。因此，适当密植对柑橘生长结果是有利的。但柑橘要高产和优质，也需要较好的光照，日照充足能保证枝叶生长健壮，叶小而厚，花芽分化良好，结果多而高产、着色好、香气浓、糖和维生素 C 含量高。

(2)热量条件

柑橘属亚热带长绿果树，喜温暖湿润气候，畏寒冷。因此，温度是柑橘分布与生长发育的决定因素。一般认为 12.8℃为柑橘开始生长温度，生长最适温度为 23～31℃，37～38℃时生长受抑制。有效积温对柑橘生长影响很大，中国的柑橘产区≥10℃年积温为 4500～9000 ℃ · d。适宜栽培柑橘的地区年平均气温为 15～22℃，冷月(1—2 月)平均气温 3℃以上。不同的柑橘种类和品种，要求适宜的温度也不同。某地能否栽培柑橘，决不能单凭年平均气温，还要考虑大于或等于 10℃的年积温、冷月的平均气温和极端最低气温出现的频率。柑橘能忍受的最低温度叫临界低温。超过临界低温，轻者落叶，重者枯死。不同柑橘种类和品种，其临界低温不同。宜昌橙、金柑、温州蜜柑、甜橙、柠檬的临界低温分别为－15、－10、－9、－7、－3℃，温度降至 5～0℃时果实脱落，－3℃时，果实冻坏。超过临界高温时，会引起落叶落果与果实灼伤等。果实品质与温度也有密切关系。柑橘果实发育初期，特别是成熟前，随着气温的升高，果实的含糖量升高，糖酸的比例增大，酸和维生素 C 的含量下降，风味特别好。

(3)水分条件

柑橘性喜湿润，周年需水量大，年降水量以 1200～2000 毫米为宜。在柑橘生长季节，雨量多而均匀，可降低灌溉成本，若降雨少或干旱季节，须进行灌溉。枝叶根的水分含量占 50%～75%，果实的水分在 85%以上。年降水量 1000～1500 毫米，柑橘生长季节每月 120～150 毫米的地区，适宜柑橘的栽培。土壤中的水分含量过大，氧气供应不足，根系生长不良，甚至烂根死树。缺水则生长缓慢，成熟期推迟。因此，控制土壤水分，不仅可调节空气湿度，也有利于增强树势，提高产量和品质。

13.3.2　栽培对土壤和其他生态条件的要求

柑橘在山地、丘陵、平地和江河冲积地都能栽培。对土壤的适应性亦较广，如紫色土、红黄壤、冲积潮土等都能生长结果。但柑橘根系好气好水，要求土层深厚，富含有机质，土质疏松，结构良好的肥沃土壤为宜。一般要求土壤有机质含量 3%以上，最好是 5%左右。柑橘对土壤酸碱度的适应范围较广，pH 值 4.8～8.5 范围内，均可获得丰产，而以 pH 值 6.0～6.5 为适宜。

柑橘属深根性果树，要求土壤深度至少1米。如山地土层薄，需要深挖和培土，增加土壤层厚度，才能使根系发达，地上部茂盛。柑橘根部要求疏松、通气、排水良好的土壤，以壤土为最适宜。土壤条件优劣不仅关系到柑橘的产量，也直接影响到果实的品质。

13.4　柑橘树的主要气象灾害与防御

13.4.1　冬季低温冻害

(1)指标及特征

低温冻害对柑橘树威胁极大，主要取决于低温出现的迟早，强度大小和持续的时间长短，具有8～10年周期。温州蜜橘、朱红橘、本地果可耐－3℃～－5℃低温，超过－8℃枝叶受冻，－9～－11℃全株死亡。

柑橘冻害发生时，叶片最先受冻而萎蔫、失绿、干枯或脱落，随后当年生枝自上而下脱水干缩，进而发展到主枝、主干。挂在树上越冬的果实先发泡水肿随后皱皮干缩。冻害程度与柑橘种类品种、果园立地环境、树龄大小、树势强弱、树体部位以及栽培管理水平密切相关。

坡地比平地、低洼地冻害轻，北坡比南坡受冻重，坡顶、坡腰以及坡壁较陡的山地柑橘比山脚谷地受冻轻。平地特别是低洼地柑橘园易受雪后霜危害，同一植株树冠下部冻害较上部严重。大年树、小年树比挂果适当的柑橘冻害重，密植园比稀植园受冻轻，幼年树、老年树比青壮年树冻害重。

(2)防御措施

第一，深耕改土，培育深广密的根群。柑橘园通过深耕改土，可以改善土壤结构，提高土壤保水蓄水能力，培育深广密的根群，能在严寒酷暑季节使根系处在土温较稳定的环境之中，提高根系吸水吸肥能力，增强树体抗逆性能。

第二，喷水、覆盖，改善霜冻时的小气候。辐射霜冻是柑橘冻害的防护重点，采取树冠喷水或树冠覆盖等临时性应急措施，可以减轻辐射降温，抵御短期低温的侵害。树冠喷水。晴空无云无风的辐射霜冻夜晚，于霜来临时的午夜至清晨时，结合根外追肥及时多次对树冠枝叶均匀喷水，水遇冷凝结可放出大量潜热，提高果园温度，还可增加空气湿度，加之根外追肥能增加细胞液浓度，降低冰点，起到预防和减轻辐射降温而引起的霜冻害。树冠覆盖。晴空无云无风的辐射霜冻夜晚，于霜来临前，及早利用草席、草帘、塑料薄膜等覆盖柑橘树冠甚至全园，可大大减少树冠内辐射散热，防止树冠四周气温急剧下降，使树冠内降温比较缓和，同时在枝叶解冻时又可起遮阴的作用，减缓枝叶水分的蒸发速度，起到保温防霜的效果。

第三，培土、刷白，防止主干受冻。柑橘砧穗接合部和根颈是抗寒力最弱的部位，严寒之前对树蔸高培土堆或树干刷白，能相对缩小昼夜之间和部位之间的温差，保护根颈主干不受冻害。

第四，冻后及时护理，尽快恢复树势。冻害发生后，柑橘易发生树脂病、日灼病以及食叶害虫。要及时排水、清除积雪、绑固伤枝，加强土肥水管理和树冠护理，尽快恢复树势。解冻后立即中耕松土增温，结合灌水增施稀薄的速效性氮肥。轻冻树剪去冻死的枝梢，争取当年产量。冻后的柑橘树抽梢不整齐，对蚜虫、凤蝶、红蜘蛛、潜叶蛾、炭疽病等要注意综合防治，以利新梢嫩叶正常生长。

13.4.2　高温干旱

(1)指标及特征

高温干旱天气，不仅抑制柑橘叶片光合作用，减弱养分的积累，而且还会导致严重落花、落叶、落果和缩果。从而严重影响柑橘的产量和品质，尤其是无核蜜橘、温州蜜柑、脐橙等品种受害更为严重。一般认为：盛花期日均温≥25℃、日最高气温≥30℃、相对湿度≤70%易发生落花；幼果期日均温≥28℃、日最高气温≥33℃、相对湿度≤70%易发生落果；柑橘在 37～38℃时生长受抑制，出现高温热害。陕西省柑橘的主要种植区，≥35℃的高温日数年平均 4～12 天，最长 20 天，高温对陕西柑橘产业影响较大。

(2)防御措施

第一，以水降温防旱。灌水降温。当连续出现气温在 35℃以上的天气时，橘园定期灌水，以水调温，补充蒸腾作用消耗的水分，改善园内小气候。但忌猛灌和串灌，以免冲刷园土，宜细流入园慢慢渗入土壤内。每次灌水或降雨之后，对园地进行全面松土，以便切断土壤中的毛细管，大大减少土壤水分的蒸发量，有利于减少裂果、落果。喷水降温。当气温上升到 33℃以上时，于早晨连续对树体喷水 3～4 次，可降温增湿防日灼。在傍晚均匀喷洒于树冠着生果实的部位，重点喷树冠中下部的果实。

第二，中耕松土，园内覆草。在干旱季节锄园松土，保墒抗旱，消除板结，切断毛细管，减少地面蒸发失水，提高抗旱能力。结合中耕松土后，用稻草、油菜秆、绿肥或杂草覆盖在根际周围的土壤上，厚度为 10～12 厘米，可以保持土壤疏松，降低地表温度，减少地面蒸发，从而使根系吸水功能不被破坏，最好全园覆草。

第三，抹芽、扭梢、修剪。高温干旱时及时抹除树冠外部过多的嫩梢，以减少水分的蒸发和营养物质的浪费，缓解梢果矛盾，使养分能尽量向果实集中，满足果实生长需要，从而防止或减少落果。对过密枝、细弱枝、丛生枝、徒长枝、病虫害枝进行修剪。此外，还要摘除部分病虫害果、小型果、畸形果，可减少水、肥的消耗量和裂果、落果数量，从而促进果实膨大。

第四，合理施肥。柑橘果实迅速膨大期又是秋梢开始抽生期，此时易出现缺肥落果现象。对于当年结果数量大，且往年也有严重裂果、落果现象的柑橘园，在施壮果肥时应减少磷肥的施用量，增施氮肥和钾肥。高温下施壮果肥应与水有机地结合，可用腐熟粪水或速效化肥兑成稀肥分次使用。选择阴天喷施，晴天应在上午 10 时之前或下午 4 时之后喷施，以确保喷施的效果。

13.5　柑橘树病虫害与气象条件

13.5.1　主要病害与气象条件

(1)炭疽病

①发病症状

炭疽病主要危害叶、枝和果实，可引起落叶、枝梢枯死、果实腐烂和落果，病斑上有黑色小点。该病危害叶片分急性型(叶枯型)和慢性型(叶斑型)两种症状；枝梢受害后也有两种症状，一种是由梢顶向下枯死，另一种是发生在枝梢中部，从叶柄基部腋芽处或受伤皮层处开始发病。幼果期发病，病果腐烂后，失水干枯变成僵果悬挂在树上。夏、秋梢抽发期和幼果期是重点防治期。

②发病规律

病菌以菌丝体和分生孢子在病组织中越冬。分生孢子借风雨和昆虫传播。分生孢子在适宜的环境条件下萌发产生芽管，从气孔、伤口或直接穿透表皮侵入寄主组织。炭疽病菌是一种弱寄生菌，健康组织一般不会发病。但发生严重冻害，或早春低温潮湿，夏秋季高温多雨等，或由于耕作、移栽、长期积水、施肥过多等造成根系损伤；或肥力不足、干旱、虫害严重、农药药害、空气污染等造成树体衰弱；或由于偏施氮肥使植株大量抽发新梢和徒长枝，均能助长病害发生。品种间以甜橙、椪柑、温州蜜柑和柠檬发病较重。

③防治要点

应采取加强栽培管理，增强树势，提高抗病力为主的综合治理措施。第一，改善果园管理；第二，喷药保护。

(2)煤烟病

煤烟病主要在叶果和枝梢发病，以病菌层遮盖枝叶和果实，阻碍光合作用，严重时致使叶片早脱落，树势弱，甚至死亡。主要随蚧壳虫、粉虱、蚜虫的活动而消长、传播和流行。

①发病症状

发生在枝梢、叶片和果实上。发病初期，表现出现暗褐色点状小霉斑，后继续扩大成绒毛状黑色或灰黑色霉层。后期霉层上散生许多黑色小点或刚毛状突起物。因不同病原种类引起的症状也有不同。煤炱属的霉层为黑色薄纸状，易撕下和自然脱落；刺盾属的霉层如锅底灰，用手擦时即可脱落，多发生于叶面；小煤炱属的霉层则呈辐射状、黑色或暗褐色的小霉斑，分散在叶片正、背面和果实表面。霉斑可相连成大霉斑，菌丝产生吸胞，能紧附于寄主的表面，不易脱离。

②发病规律

本病由多种真菌引起。除小煤炱是纯寄生菌外，其他均为表面附生菌。以菌丝体及闭囊壳或分生孢子器在病部越冬，来年春季由霉层飞散孢子，借风雨传播，栽培不良、密不透风、湿度大的果园有利本病发生。常以粉虱类、蚧类或蚜虫类害虫的分泌物为营养而发病。

③防治要点

一是及时抓好粉虱类、蚧类和蚜虫类的防治；二是做好冬季清园；三是小煤炱属应在发病初期开始防治；四是进行修剪，使柑橘园通风透光良好。

(3)脚腐病

①发病症状

脚腐病又叫裙腐病(树干)、褐腐病(果实)。此病主要发生于主干基部，引起皮层腐烂。发病初期，病部树皮呈水渍状，有酒糟气味，颜色变褐，常渗出褐色胶液。气候干燥时，病斑干裂。温暖潮湿时，病部不断向纵横扩展，向下蔓延至根群，向上蔓延一般不超过离地面 30 厘米，横向扩展，造成环割，最终导致植株死亡。病树部分大枝上或整个树冠叶片的中脉及侧脉呈黄色，引起叶落、枝枯，树势衰弱，开花多，花期短，结果少，所结的果实着色早，皮粗味酸。果实发病时，先为圆形的淡褐色病斑，后渐变成褐色水渍状。病健部分界明显，只侵染白皮层，不烂及果肉。干燥时病斑干韧，手指按下稍有弹性；潮湿时则呈水渍状软腐，长出白色菌丝，有腐臭味。发病严重的果实不久即脱落。

②发病规律

病菌以菌丝体和厚垣孢子在病株和土壤里的病残体中越冬。翌年气温升高，雨量增多时，旧病斑中的菌丝继续危害健康组织，同时不断地形成孢子囊，释放游动孢子，随水流或土壤传播，由伤口侵染新的植株。也可随雨滴溅到近地面的果实上，使果实发病。不同柑橘的抗病性有显著差异。其中枳、枳橙、枳柚、枸头橙、酸橙和柚类抗病性强；香橙、宜昌橙、红皮山橘、酸橘、红黎檬、粗柠檬中等；甜橙、椪柑、金橘、尤力克柠檬等较易感病。高温多雨，发生涝害；果园低洼，土质黏重，排水不良；橘树栽植过深、过密或间种高秆作物；吉丁虫、天牛等害虫危害及其他原因使橘树基部出现伤口；果实下挂，接近地面等均有利于此病的发生。果实也会在贮运时发病。

③防治方法

根据脚腐病的发生特点，防治该病采取以选用抗病砧木为基础，加强栽培管理，彻底防治树干害虫和及时治疗的综合措施。一是利用抗病砧木，适当提高接口位置。二是加强栽培管理。地势较低的果园，应搞好开沟排水工作，防止雨后积水。果园不要间种高秆作物，不能在树冠滴水线内种植作物或留草。施肥要环状施或开沟施入，以免烧伤树根树皮。及时防治蛀干害虫，中耕松土时，避免损伤茎基部树皮。三是病树及时治疗处理。四是幼龄病树更换砧木。在重病树周围种上3～4株抗病砧木苗，长大后靠接在病树的主干基部，愈合后，可把病树原来病根挖除。

(4)疮痂病

本病是柑橘的常见病，能危害柑橘新梢、叶片、幼果等幼嫩部分。危害严重时能造成落叶、落果、嫩梢枯死和果实畸形，品质变劣。

①发病症状

春梢初展时即发生，叶片上最先发生水渍状小斑点，后变为淡黄色，最后叶片的正面突起，背面凹陷，并逐渐变为黄褐色，病斑周围伴有水渍状晕环。随着叶片生长，病斑扩大，顶端逐渐木栓化，叶片畸形扭曲或早期脱落；幼果受害，果皮上形成突起的病斑，早期脱落或发育不良，果实形小、皮厚、汁少、果皮粗厚。

②发病规律

病菌以菌丝体在病枝、病叶和病果上越冬。春季阴雨多湿，气温上升到15℃以上时，越冬病菌开始活动，产生分生孢子，经风雨或昆虫传到当年的新梢和嫩叶上，开花时能侵害花瓣和花托，以后又侵害幼果。气温在15～25℃，多雨潮湿时容易发生蔓延；当气温超过25℃时，病菌生长便受抑制，因此，夏、秋梢一般发病轻。苗木及幼树因抽梢多，抽梢时期长，发病较重；壮年树发病就轻。柑橘不同种类和品种对疮痂病感病程度有一定差异，一般以橘类最易感病，柑类、柚类、柠檬中度感病，甜橙类和金柑抗病性最强；以品种来说最易感病的有早幅、本地早、温州蜜柑、南丰橘、乳橘、朱红、福橘等；中度感病有橄柑、慢橘、蕉柑、葡萄柚、香柠檬等；而脐橙、金橘等最抗病。

③防治方法

一是，结合春季修剪，剪除病枝和病叶，并清除田间落叶，加以烧毁，减少病源。二是，以保护幼嫩春梢和小幼果为重点的药剂防治。

13.5.2 主要虫害与气象条件

(1)柑橘全爪螨

又名柑橘红蜘蛛,属蜘蛛纲蜱螨目叶螨科。是我国各柑橘产区最主要的害螨,对柑橘结果及安全越冬影响极大。

①危害症状

能危害柑橘叶片、嫩枝和果实,同时可危害梨、桃和桑等。它吸食柑橘叶片、嫩梢、花蕾和果实汁液,尤以嫩叶受害最重。叶片受害处初呈淡绿色后变灰白色斑点,严重时叶片呈灰白色而失去光泽,叶背面布满灰尘状蜕皮壳,引起落叶落果。受害幼果表面出现淡绿色斑点,成熟果实受害后表面出现淡黄色斑点,使其品质变差。因果蒂受害而大量落果。

②发生规律

冬季多以成螨和卵在枝叶上活动,多数地区无明显越冬阶段,成虫在越冬期间仍能为害。雌虫寿命冬季一般50余天,夏季一般10天左右,交尾后2～4天交卵;卵期冬季可长达61天左右,夏季只要4～5天;其他虫态冬季平均2～12.5天,夏季平均0.5～1天,所以在夏季完成一世代只需14天左右。气温在12℃时虫口开始增加,20℃时盛发,20～30℃和60%～70%相对湿度是其发育和繁殖的最适宜条件,低于10℃或高于30℃虫口受到抑制。每年3—5月发芽开花前后由于温度适合,又正值春梢抽发营养丰富,是其发生和危害盛期,如此时干旱少雨就会造成危害。此后由于高温、高湿和天敌多,虫口受到抑制而显著减少。9—11月如气候适宜又会造成危害。它有趋嫩喜光性,苗木和幼树由于抽梢多、日照强,天敌少而受害重。常从老叶向新叶和幼果迁移。叶背和叶面虫口均多。土壤瘠薄、向阳的坡地发生早而重。

③防治要点

苗木和幼树应以化学防治为主,大树开花前天敌少,应注意化学防治,开花后由于高温高湿和天敌控制,6—8月一般不需喷药。抓紧春季越冬成虫向春梢转移时喷药,是防治的关键。第一,生物防治;第二,农业防治;第三,药剂防治。

(2)柑橘锈螨

①危害症状

柑橘锈螨又名锈螨、铜病,主要危害果实和叶片,以口针刺入柑橘组织内吸食汁液,使被害叶、果的油胞破裂,溢出芳香油,经空气氧化后,使果皮和叶片背面呈古铜色,表面粗糙,失去光泽,品质变劣,严重影响果品外观和商品价值。

②发生规律

在日平均温度21.5～30.0℃时,成螨寿命平均4～10天。平均产卵14粒,卵期平均3.2～5.3天。若螨期平均3.9～9.8天。平均一代历期10～19天。以成螨在夏、秋梢腋芽和由于病虫等因素引起的卷叶内越冬,第二年3月间,越冬成螨随着腋芽的生长,逐渐转移到春梢叶片上危害,并开始产卵。卵产在叶及果实的凹陷处。5—6月向果实迁移危害,8—9月间达顶峰。它以刺吸式口器,刺入柑橘叶片、果实等器官的组织,吸食汁液。

③防治要点

一是农业防治。加强果园管理,采用合理的农业措施。加强肥水管理,培育健壮树势,提高树体抵抗力;提倡果园留草栽培,在果树行间及园边种植绿肥、藿香莉、紫苏、豆类等植物,提高果园湿度,保护天敌繁殖和生存的生态条件。夏秋干旱季节,浇水抗旱,增施有机肥,改善橘园小气候，可减轻危害；二是生物防治，保护和利用天敌；三是采用对叶背和果实的阴暗面周密喷射的化学防治。

(3)柑橘大实蝇

①危害症状

柑橘大实蝇幼虫在果实瓢瓣内危害，使果实未熟先黄而脱落，果实内部腐烂，并有许多白色蛆虫幼虫常聚在个别瓤瓣中取食，并有转移瓤瓣危害的习性。

②发生规律

1 年发生 1 代，以蛹在土壤中越冬。成虫于 4 月下旬至 6 月上中旬先后羽化出土，越冬蛹于 4 月下旬，当气温上升到 19～20℃时开始羽化出土。盛期为 4 月下旬至 5 月上中旬。5 月中旬开始交尾，6 月上旬到 7 月中旬产卵，每只雌蝇可平均产卵 48 粒以上，产卵盛期为 6 月中旬至 7 月上旬，卵期一个月左右，卵于 7 月上旬至 9 月下旬先后孵化，9 月中旬为盛期。幼虫于 10 月中旬至 11 月上中旬先后老熟，出果钻入土中化蛹，盛期是 10 月下旬至 11 月上旬。化蛹期为 10 月中旬至 11 月下旬，盛期是 10 月下旬至 11 月上旬。

成虫羽化时间是在每天上午 8 时至下午 5 时，特别是 9 时至下午 1 时最多。羽化时适宜的温度是 21℃左右，24℃以上，羽化数量下降，相对湿度 70%～80%最为适宜，土壤干燥，对羽化不利，因此，在雨后天晴的日子羽化最多。

成虫活动在白天，尤以下午 1—4 时最盛，天黑以后停止活动。成虫活动一般以 21～30℃为宜，雨天很少活动，若遇过高的气温，常寻荫蔽处栖息。成虫羽化后 20 天左右开始交尾，交尾后 15 天开始产卵，成虫有多次交尾，因此，交尾产卵可同时出现。产卵时间多在下午 1—2 时，特别是晴天无云有微风的天气最多。

③防治要点

一是加强植物检疫工作；二是药剂防治；三是摘除蛆果杀死幼虫；四是冬耕灭蛹；五是高接换冠，改良品种。

(4)柑橘蚧类害虫

包括珠蚧科的吹绵蚧，蜡蚧科的红蜡蚧，粉蚧科的粉蚧，盾蚧科的矢尖蚧、糠片蚧、黑点蚧、褐圆蚧等。除粉蚧科的若、成虫终生均可移动外，其余蚧类仅初孵幼虫能作短距离爬行，而若、成虫固定在一处终生不动。

①危害症状

吹绵蚧危害干、枝和叶片，受害叶片发黄，引起落叶落果，严重时枝叶和果实发黑，进而整株枯死；红蜡蚧主要在当年生春梢枝条上取食为害，叶和果梗上有少数为害，受害树抽枝短而少、干枯枝多、开花结果少且果小，树势衰弱；粉蚧常群集于叶背、果蒂和枝条凹处或叶片与幼果结合处取食，造成落叶落果；盾蚧科多为害叶、果和小、侧枝，少数危害主干、主枝(糠片蚧)，使叶片和枝梢生长不良甚至焦枯，树势衰弱、产量低、品质差，严重时死树。蚧类在危害柑橘树的同时，还分泌大量“蜜露”、诱发煤烟病(部分盾蚧科种类例外)。红蜡蚧的三龄若虫和雌成虫体被很厚的蜡质，盾蚧科成虫体被盾牌状的蜡质蚧壳，蚧壳不透水、不导电、耐酸碱，故药剂防治难度很大。

②防治要点

第一，把住苗木关；第二，保护与引进天敌；第三，喷药防治。

13.6　柑橘树生长发育的气象条件与田间工作

13.6.1　自芽萌动至果实收获的气象条件与田间工作

春芽肥宜在 2 月下旬至 3 月上旬春芽萌发前施用为宜，以速效氮肥为主，配合施用磷肥。对幼年树、衰弱树或着果率不高的品种，为了促进花芽分化，可适当提早施肥；反之，在需要控制花量的情况下，可适当延迟。3 月是红蜘蛛防治的关键时期，注重红蜘蛛的监测和防治，同时做好田间杂草的锄草工作。

4 月是柑橘开花期，在花蕾现白时施用复合肥，促进保花保果；或在始花初期叶面喷施，促进花芽分化，保花保果，提高坐果率，增强抗病能力，耐寒耐涝，达到优质高产。对果园进行除草，减少病虫害基数；病虫害的防治对象有：红蜘蛛、蚜虫、花蕾蛆、潜叶甲、疮痂病、炭疽病等，尤其是红蜘蛛在 4 月最易发生危害应注意防治。

5 月份开花、谢花期，第一次生理落果期，提高坐果率的措施有加强肥水管理、采用植物生长激素来提高柑橘坐果率。在第一次生理落果结束时叶面喷施植物基因活化剂，有促进保花保果，提高坐果率，增强抗病能力，如果结合根外追肥，防病治虫，则效果更好。5 月份常见的病虫害有幼果疮痂病、红蜘蛛、蚜虫、卷叶蛾、介壳虫、粉虱、天牛等，应注意及时防治。

6 月份夏梢抽发，第二次生理落果期，对结果树抹除夏梢，以减少落果。有利于促进新梢的萌发和培养健壮充实的结果母枝。应根据柑橘种类、品种、树龄、树势、产量和环境条件而定，从 5 月下旬至 6 月下旬，早剪早发枝，对生长旺盛或易抽发夏梢影响落果的果树修剪宜迟，可在 7 月中旬定果后修剪，促抽良好的秋结果母枝。对夏梢生长旺盛的树，可采取控制夏梢，防止落果。凡营养不足的树，在 5 月下旬施用稳果肥，可以显著降低第二次(5 月下旬至 6 月下旬)落果幅度，提高坐果率。如施肥不当，有时会引起夏梢的大量发生，加剧梢果对养分的竞争，同样会导致大量的落果。因此，这次施肥要依树势和结果多少而定，对结果少的旺树可不施或少施，对结果多、长势中等或较弱的树要适量施肥。以速效氮肥为主，配合适量的磷肥，有利果树发育，减少落果。本月在正常气候条件下，如遇高温红蜘蛛轻度发生，此期注意抓好卷叶蛾、介壳虫、锈壁虱等的防治工作。

7—9 月为柑橘果实迅速膨大时期，又是秋梢抽发，且秋末柑橘花芽开始生理分化，此时施肥，具有壮果逼梢和促进花芽分化的作用，对提高当年产量，打下明年丰产基础关系极大。对早熟品种或结果多而树势弱的植株，更需早施，以氮、钾肥为主，腐熟有机肥、饼肥和无机肥配合施用。对幼龄、成龄柑橘树实行树盘覆盖可以降低地表温度、减少水分蒸发，抗高温干旱，保护表土不被雨水冲刷，保持土壤疏松。覆盖物应就地取材，除绿肥外，青草、枝叶、稻、麦秆等都可以利用。覆盖结束时，将已腐熟的有机质翻入土中。7 月份是高温易旱期，此期应注重干旱时的灌水和降温工作，保持土壤相对稳定的持水量。病虫防治重点是防治锈壁虱，也应注意红蜘蛛、潜叶蛾、蚱蝉、天牛、溃疡病的防治等。

8 月为柑橘裂果初发期，其重点是预防裂果，注重果园旱灌涝排工作，保持果园土壤持水量相对稳定，以利于果实正常生长，减轻裂果发生率。8 月 10 日前抽发的早秋梢，一般能避开潜叶蛾危害，但仍应喷药防治，还要加强蚜虫、炭疽病对新梢危害的防治，并注重对粉虱和锈螨的监测预防。

9 月为柑橘裂果高发生期，注意预防裂果，要注重果园旱灌涝排工作，保持果园土壤持水量相对稳定，以利于果实正常生长，减轻裂果发生率；抹除晚秋梢，有利果实糖分积累、品质提高和降低病虫危害。本月又是红蜘蛛高发期，注意预防，并及时预防粉虱类和蚧类的发生，主要病害有炭疽病和褐腐病。

10—12 月份果实成熟、采收期，10 月上旬结束施基肥，注意清除田间杂草，促进果园通风透光和降低湿度，减少病虫害；控制施氮量，追肥宜早施，辅以环割，方有利控制树势。采前注意加强对红蜘蛛、锈螨、粉虱和吸果夜蛾的防治工作，防止采前落果应结合病害防治喷施杀菌剂，并人工捡除病虫害果集中销毁，以降低果园再次侵染源。

加强柑橘果实后期品质提升管理，着重在降低采果前土壤持水量，采果前土壤的适度干燥，有利降低氮肥效用，可使果汁浓缩，糖度提高和维持较高酸度，使果实风味浓厚。同时要适时采收，在无霜冻的地区，采用挂树成熟，可使糖度提高 1～2 度，而且果实色泽更加鲜艳。

做好采收，贮运准备工作，精心采收，采收前应备好专用果剪、容器等物，采收过程中要避免机械损伤，减少果实损伤率，提高果实耐贮性。果实采收后，在 24 小时内用防腐保鲜药剂及时处理，有利提高轻伤果的愈合和耐贮性。

13.6.2　果实采收后的田间工作

1—2 月份越冬期，对成年树在冬季修剪则以改造树型、矮化树冠、增强树冠内部光照的大枝修剪为主。修剪时掌握“强树弱枝结果、弱树强枝稳果、大树适度重剪、小树适度轻剪”的原则，剪除衰弱枝、交叉枝、病虫枝、去密留稀。通过修剪，提高树冠受光面和内膛受光率，进而提高树体有效容积和生产率。

修剪下的带病虫枝条，要移出园外烧毁，以降低病虫基数。进行清园杀灭越冬病虫害，清洁橘园，对发生有脚腐病或流胶病的果树，可刮除病变烂皮，用保护剂涂抹伤口。

春植时期要掌握在气温明显上升和橘树萌芽以前为宜，一般在 2 月下旬至 3 月中旬。所选择的品种既要有地方特色，又要品种多样化，做到早、中、晚熟搭配。柑橘较适合计划密植，以提高早期产量。2 月下旬至 4 月中旬，枝接育苗。方法多为切接，成年树的高接换种，靠接换砧木。病虫防治对象有红蜘蛛成虫、卵块，介壳虫等。

第14章 石榴气象服务

14.1 石榴树的地域分布

14.1.1 石榴树的栽培历史

石榴自西汉时期引入我国,至今已有2000多年的栽培历史。石榴在我国分布较为广泛,优良品种众多,北至北京市,南到海南省,东到浙江省,西至新疆维吾尔自治区,在北纬20～40°、东经76～121°范围内,都有石榴种植。其中,陕西临潼、山东枣庄、安徽怀远、云南蒙自和会泽、四川会理、新疆叶城等地是石榴相对集中的产区。此外,河南开封和荥阳、广东南澳等地石榴也久负盛名,苏、浙、桂、湘、鄂等省,石榴栽培也相当普遍。

14.1.2 陕西石榴树的地域分布

陕西石榴集中分布于临潼的骊山周围,乾县、礼泉的中北部。截至2009年陕西石榴种植面积4.8万亩,产量5.26万吨。

14.1.3 主要栽培基地县的气象条件 见附录1.5

14.2 石榴树的生物学特性

14.2.1 石榴树的种类与主要品种

(1)石榴的种类

石榴品种类多达70余种,一般以风味、果皮颜色、果实大小、成熟期及用途分类。按风味可分为:酸石榴、甜石榴;按果皮颜色可分为:青皮类、红皮类、白皮类和紫皮类;按果实大小可分为:大型果类(单果重250克以上)、中型果类(单果重150～250克)、小型果类(单果重50～150克);按用途可分为:食用石榴、观赏石榴、药用石榴和食赏兼用石榴。

(2)陕西石榴主要品种

①临潼天红蛋

又名大红甜、大红袍,是临潼最佳品种。该品种树势强健,树冠半圆形。耐寒,耐旱,抗病。枝条粗壮,抽枝力强,茎刺少且硬。叶小,长椭圆形或阔卵形,浓绿色。花浓红色。果实大,近圆球形,平均单果重300克。果实美观,成熟时果有纵棱,果皮较厚,彩色浓红,光洁鲜艳,红嫩美丽。深熟时果面出现浅度稠密的红小裂纹,貌似果锈。果实籽底色黄白,粒大,色浓红,汁液极多，风味浓甜而香，品质极上等。

②净皮甜

又名粉红石榴、大叶石榴、红皮石榴和粉皮石榴。是临潼主栽品种。该品种树势强健，树冠较大。耐寒，耐旱，耐瘠薄。枝条粗壮，茎刺少。叶小，长披针形或长卵圆形。初萌新叶绿褐色，后渐转为浓绿色。花瓣和萼筒均为红色。果实大，圆球形，平均单果重 240 克。果实鲜艳美观，果皮薄，果面光洁，底色黄白，有粉红或红色彩霞。籽粒粉红色，浆汁多，种仁小，风味甜香，品质上等。

③御石榴

是乾县、礼泉的主栽品种。该品种树势强健，树冠半圆形，枝梢直立，发枝力强。主干主枝上多有瘤状突起物。叶片长椭圆形，较小，浓绿。耐寒，耐旱，耐瘠薄。花红色。果实极大，圆球形，平均单果重 750 克。果实表面光洁，底色黄白，阳面浓红色，果皮厚。籽粒大，红色，汁液多，味酸甜，品质中上等。

④鲁峪蛋

又名绿皮、冬石榴。该品种树势强健，树冠较大，枝条粗壮，直立，茎刺少。耐寒，耐旱，耐瘠薄。叶片大，长椭圆形或阔卵圆形，深绿色。花瓣鲜红色。果实圆球形，单果重 250～350 克。果面较粗糙，果皮较厚，阳面有条状紫红色彩晕。籽粒浅红色，汁液多，味酸甜，品质中上等。

⑤临潼大红酸

临潼优良品种，食、药兼用。该品种树势强健，直立。结果母枝灰褐色。叶长椭圆形，浓绿色。花黄红色。果实扁圆形，平均单果重 250 克。果实鲜红，果皮厚。果实籽粒大，深红色，汁液味酸，品质上等。

14.2.2　石榴树的生物学特性

石榴是石榴科石榴属植物，其作为果树栽培，只有石榴一种。石榴为落叶灌木或小乔木，树干高 2～3 米，分枝多，常带刺。石榴根际易生根蘖，可用于更新或分株繁殖，但在栽培条件下，一般多将根蘖挖除，留单干或多主干直立生长。叶狭长，对生，全缘，浓绿光亮。石榴花为两性虫媒花，有完全花与不完全花之分。完全花子房发达，上、下等粗，呈筒状，因此也叫“筒状花”，可以结果。不完全花是子房不发育的退化花，外形上大下小呈钟状，又叫“钟状花”，不能结果，退化花所占的比例一般较高，这是石榴低产的重要原因之一。花色有火红、粉红、纯白、娇黄、玛瑙、纯紫、红瓣白边、白瓣红边等等，花着生于新梢顶端及顶端下叶腋间。北方 4 月始花，花期较长，一年有 3～4 次开花高峰，即所谓的一蓬花、二蓬花、三蓬花。石榴结果枝自春至夏陆续抽生，石榴树也就由春到夏陆续开花，花期常可延绵二三个月之久。结果母枝多为春季生长的 1 次枝，或初春抽生的 2 次枝，特别是由母枝顶芽抽生的单花果枝最为可靠。夏、秋梢结果枝开花较晚，所结果实常发育较差，或花而不实。结果枝结果后，第 2 年由这些枝条的顶芽或腋芽中抽生新枝，重新形成新的结果母枝。石榴单株结实过多时，也会发生大小年现象。果实成熟期 9—10 月，开花到成熟需 120 天左右。果实萼筒与子房连生，形成果皮。果皮内通常分为 6 个子室，以薄膜隔开；每子室内有众多种子。种子的外种皮为肉质，有汁液，属浆果，富有清香味，有不同的甜、酸味，是主要的食用部分。石榴果实的成熟期全树参差不一，成熟的石榴果实易裂果，采收宜分批进行。充分成熟的果实皮色转亮，着色品种的全果着色均匀，阴阳面色泽差别缩小，有的品种果侧棱状突起明显。

14.2.3　石榴树的物候期

(1)石榴的主要物候期及标准

萌芽期:鳞片开裂到幼叶展开转色为止,鳞片上出现颜色较浅的部分。

抽梢:叶腋间生出的新梢出现长约 0.5 厘米的茎体。

现蕾期:花芽花萼裂开,露出花蕾顶端,可见花冠颜色。

开花　始期:花序上第一批花朵的花瓣开放。

　　　盛期:全树半数以上花序的花瓣开放。

成熟可采:半数果实具有该品种固有的大小,色泽和风味等特征。

落叶　始期:树上变黄的叶子第一批自然脱落。

　　　末期:叶子几乎完全自然脱落。

(2)石榴物候期观测

石榴物候期观测见附录 2.5。

14.3　石榴树栽培的气候生态条件

14.3.1　栽培对光、温、水的要求

(1)光照条件

石榴是喜光树种,光照充足,其生长结果良好,花芽分化率高,果实色泽艳丽,籽粒品质好。光照不足时,其生长结果较差,花芽分化率低,果实色泽淡,籽粒品质差。特别是石榴的中后期生长、果实着色,光照尤为重要。石榴的光补偿点 1000～2000 勒克斯,光饱和点 30000～70000 勒克斯。北方石榴产区全年日照时数应在 1700～2700 小时之间。要求年日照百分率在 40%～63%之间。果实成熟期的 9 月日照 200 小时以上,可满足石榴成熟对光照的要求,当月日照时数小于 140 小时对石榴成熟会造成影响,小于 100 小时产生严重影响。

(2)热量条件

石榴性喜温暖,畏严寒。主要产区的年平均气温在 12.0～21.0℃之间。生长期内要求≥10℃的活动积温至少在 4000 ℃·d 以上,生长期内积温越多,石榴品质越好。多数品种在春季日平均气温稳定 10℃以上开始生长。萌芽期与≥10℃的初始日期相当。日平均气温稳定在 10℃以上,是石榴进入生长期的重要气象指标。旬平均气温 10℃树液流动,11℃时萌芽。日平均气温 24～26℃时授粉受精良好。日气温 18～28℃时,且昼夜温差大,有助石榴籽粒糖分积累,适合果实生长和种子发育。从现蕾至果实成熟需≥10℃的活动积温至少在 3000 ℃·d 以上。石榴对低温反应敏感,当极端最低气温降低到－17℃时,石榴会发生冻害,－20℃会造成树干、整树冻伤或冻死。石榴对高温反应相对不敏感,当极端最高气温达 40℃时,如果水分充足,石榴树不至于受到危害,但在果实成熟期,当大气和土壤干旱时,易造成裂果。

陕西临潼年平均气温 13.4℃,气温稳定通过 10℃的初日 4 月 1 日,终日 10 月 27 日,无霜期 218 天,≥10℃的积温 4431 ℃·d 极端最低温度－17.0℃,极端最高温度 41.9℃。

(3)水分条件

石榴树是比较耐旱的树种。在萌芽、抽枝、现蕾、幼果生长等生育期,石榴树仍需要适宜水

分，若水分不足，容易出现落蕾和果实发育不良。反之，在其开花期若遇持续阴雨天气，也会因授粉不良而引起落花落果。果实膨大期，若遇突然降雨，加上温度和水分变化剧烈，会导致严重裂果。果实成熟期，若遇连阴雨，也会造成严重裂果。因此，石榴栽培要求年降水量至少在500 毫米以上，且季节分配均匀。北方石榴产区多数地方各月降水分布不够均匀，有的年份有春旱、伏旱和秋涝发生，需有灌排措施加以缓解。全生育期土壤相对湿度在 50%～85%，果实膨大期土壤相对湿度在 70%～85%，果实膨大后期土壤相对湿度在 70%左右，以控制秋梢的旺长。石榴树忌水涝，当生长期连续 3 天积水，叶片变黄，积水 7 天以上，就会造成植株死亡。

14.3.2 栽培对土壤和其他生态条件的要求

石榴对土壤的选择要求不严格，在多种土壤中都可种植，如棕壤、黄壤、灰化红壤、褐土、褐墡土、潮土、砂壤土和砂土等均可生长，一般以砂壤土为好。生长在砂壤土上的石榴树，由于土壤疏松、透气性好和微生物活跃，故根系发达，枝壮，叶茂，花期长，结果多。但生长在重黏土或土层浅薄、砾石层的根系分布浅，以及河道沙滩贫瘠土壤处的植株，由于透气不良或土壤保水肥、供水肥能力差，导致植株生长缓慢、矮小，根幅、冠幅小，结果量少，果实小，产量低。石榴树对土壤酸碱度的要求不太严格，pH 值在 4～8.5 之间均可生长，但以在 pH 值为 7±0.5 的中性和微酸偏碱土壤生长最适宜。土壤含盐量与石榴冻害有一定相关性。含盐量与石榴冻害指数呈显著正相关。因此，重盐碱区石榴园应特别注意防冻。

选择背风向阳的山地或丘陵地，最好在西北方向有大山做屏障或在水域附近。坡度在25°以下缓坡地带。

14.4 石榴树的主要气象灾害与防御

14.1.1 冻害

(1)指标及特征

主要由连续低温、霜冻、“倒春寒”等天气造成，其中寒流降温、“倒春寒”是造成冻害的主要因素。当石榴根干韧皮部、根系、枝条、受冻较轻时表现为皮部下陷或髓部变黑，形成层变褐，回暖后，形成层活动迟缓，枝条生长缓慢，严重时枝条脱水干缩，树皮干裂，木质部变褐，导致整个枝条或整株死亡。据史料记载，－9℃是陕西临潼石榴树冬季遭受冻害的起点温度，气温在－12.6℃时会使石榴出现局部死亡，－17.0℃为冻害致死的临界温度。近十年中陕西省在2002 年和 2008 年初出现了 2 次石榴低温冻害。

(2)防御措施

①合理施肥。施肥应做到“前促后控”，前期以适量氮肥为主，后期以适量磷肥、钾肥为主，秋后早施基肥。

②喷药保护。在冬季来临前，喷波尔多液，可减轻来年的病害和冻害的发生。

③提前进行冬季修剪。可在 11 月中旬至 12 月中旬进行冬季修剪，防止枝条抽干，有利于伤口愈合。对修剪的伤口，应涂保护剂，如石蜡，凡士林、白漆等，需要回缩或疏除的大枝，可在来年早春处理。

④树干保护。树干涂白、树干涂防冻剂，树干捆草把、外缠塑布条等也是树干保护的重要措施。

14.1.2　采收期连阴雨

(1)指标及特征

每年 9 月是石榴的采收期，也是陕西秋季连阴雨多发期，过多的降水对石榴采摘不利，容易形成落果，降低产量和品质。陕西省石榴主栽区 9 月降水量在 90～100 毫米，通常会出现一次连阴雨过程，过程持续时间为 10 天左右，降水强度在 7～8 毫米/天。9 月阴雨天气不超过此标准时，对石榴的采收、品质和产量基本没有影响，若多于此标准，石榴的品质及产量就会有所降低，采收困难亦会加大。

(2)防御措施

第一，尽量保持园地土壤含水量处于相对稳定。采取有效措施降低因土壤水分变幅过大造成的裂果，可采用树盘地膜覆盖、园地覆草、增施肥料、改良土壤等技术，提高旱薄地土壤肥力，增强土壤持水能力；掌握科学灌水技术，避免灌水不当造成裂果损失。

第二，适时分批采收果实。早果早采，晚果晚采；如成熟期久旱遇雨，雨后果实表面水分散失后要及时采收。及时采收可避免果皮与内在物质生长速度不一致引起的裂果。

第三，果实套袋。将石榴果实套袋，可减少机械创伤和降水直淋，能有效地减少裂果，同时起到防病、防虫作用。可在花谢后，子房开始膨大时套袋。

14.5　石榴树病虫害与气象条件

14.5.1　主要病害与气象条件

(1)石榴干腐病

①发病症状

石榴干腐病不仅危害生长期间的果实和贮藏果实，也侵染花器、果台和新梢。蕾期即发病，受侵染的花瓣最初变为褐色，以后扩大到花萼和花托，使花朵整个变为褐色，褐色部分发生许多暗色小颗粒，即为病菌的分生孢子器。树干染病，初期是黄褐色或浅褐色，以后变为褐色。被害部位表面粗糙，病部与健康部交界处往往开裂，病皮干裂翘起以至剥离。发病后病部迅速扩展，深达木质部，最后使全枝干枯死亡。幼果一般在萼筒处首先发生浅褐色病斑，逐渐向外扩展，直到整个果实腐烂。幼果严重受害后早期脱落。当幼果膨大到七成大时，则不再脱落而干缩成僵果，悬挂在枝梢。

②发病规律

干腐病菌可以菌丝或分生孢子存在于病果、病果台、病枝内越冬，分生孢子萌发最适宜的温度为 25℃，在小于 10℃或大于 35℃时不萌发，适宜的酸性环境，菌丝生长最适温度为 30℃，相对湿度小于 45%时孢子不萌发。干腐病菌可从花蕾、花、果实侵入，有伤口时，发病率高而且快。病菌在田间主要靠雨水传播，风不能单独传播，风雨交加可导致石榴株间病菌扩散。病菌在花期即侵入，此时平均气温已达 20℃以上，所以湿度和降雨是决定病情轻重的主要因素。萼筒内易存雨水、湿度高，一旦分生孢子传播到此处，很容易萌发侵染引起发病。7、8 月高温季节，分生孢子成活与萌发受抑，如果降雨，温度突然降低，果实由于干湿交替造成果实自然裂口，外渗物质多，此时孢子萌发侵入只需要 4 天，易造成大批果实发病。

③防治要点

一是，坐果后套袋；二是，加强栽培管理，平衡施肥、人工授粉、抹去钟状花蕾、合理修剪等措施，提高树体抗病能力，促进保果防病；三是，清理果园，清除侵染源；四是，药剂防治。

(2)早期落叶病

①发病症状

石榴早期落叶病，按病斑特征可分为褐斑病、困斑病和轮纹点病等，其中以褐斑病对石榴树的损害最严重。该病主要危害叶片，初期先在树冠下部和内膛叶上发生。病斑初为褐色小点，以后发展成针芒状、同心轮纹状或混合型病斑，病斑上的黑色小颗粒即为病菌孢子盘。圆斑病的病斑，初为圆形或近圆形，褐色或灰色斑点。轮纹病叶呈褐色或暗褐色，多发生于叶片边缘。空气潮湿时，叶片背面常有黑色霉状物出现。果实上的病斑近圆形或不规则形，亦有灰色绒状小粒点，果实着色后病斑外缘呈淡黄色。

②发病规律

高温多雨年份此病容易流行。石榴早期落叶病以菌丝体及子座组织在病落叶上越冬，年后 4—6 月间形成分生孢子，随风雨、气流传播，雨后出现侵染高峰，7—8 月为发病盛期，染病重的树 8—9 月树叶大量脱落，一般情况下，近地面和内膛叶先发病，最后发展至全树，树势衰弱时发病重。雨多潮湿，病害严重；雨水少，则很少发生此病。

③防治要点

一是在落叶后至翌年 3 月清除园内落叶，摘除树上病果、僵果、枯叶集中烧毁或者深埋，达到清除越冬病源的目的。二是加强综合管理，合理疏剪，改善树冠内通风透光条件，减少病菌发生条件和机会。三是从 3 月下旬至采收前 15 天，喷药 2～3 次。

(3)果腐病

①发病症状

有两种症状。一种症状是初发病时呈不定形淡色斑，后色斑变为褐色，无明显边缘，扩展后遍及整个果实。湿度大时，病斑上密生略带红色的棉絮状物，果实腐烂。另一种症状是初发病呈水浸状淡色斑，后扩展为稍凹陷暗褐色斑块，斑上有褐色蛛丝状霉。后期病斑中心常裂开，果实腐烂。

②发病规律

石榴果腐病以菌丝体在病僵果内越冬。翌年春季，病僵果上形成分生孢子器和分生孢子，借风雨传播。果实的体积长至七成左右时开始受侵染，发病的最适温度为 24～28℃。

③防治要点

第一，加强管理，雨后及时排水；摘除僵果，清除落果，并集中销毁。第二，果实套袋。第三，在开花期前后喷药防治。

(4)煤污病

①发病症状

石榴果实上，煤污病为棕褐色或深褐色的污斑，边缘不明显，像煤斑。病斑有 4 种类型：分枝型、裂缝型、小点型及煤污型四种类型。菌丝层极薄，一擦即去。主要危害叶片和果实，叶片或果实染病产生黑色片状可以抹去的菌丝层，即病菌于实层、叶上粘附一层烟煤，影响光合作用。

②发病规律

该病发生时常伴有蚜虫、介壳虫、粉虱等危害。病原菌以菌丝体、分生孢子、子囊孢子形式在病叶、病枝等上越冬，成为次年的初侵染源。翌年孢子通过气流、风雨及蚜虫、粉虱、介壳虫等传播，并以这些害虫的分泌物及排泄物或植物自身分泌物为营养继续发育繁殖。高温高湿、通风不良、隐蔽闷热及虫害严重的地方，煤污病害严重。每年3—6月和9—11月为发病盛期，湿度大发病重。盛夏高温病害停止蔓延，但夏季雨水多，病菌也会发生。

③防治要点

一是加强栽培管理，保持适当种植密度，及时剪除病虫枝和多余枝条，增强通风透光，降低温度，及时排水，防止湿气滞留。二是采用果实套袋防治。三是注意通风透光，降低湿度，合理修剪。切忌环境湿闷，病轻时可用清水擦拭、冲洗。四是该病发生与分泌蜜露的昆虫关系密切，喷药防治介壳虫、蚜虫、粉虱危害，是减少发病的主要措施。五是植物休眠期喷洒药剂，杀死越冬的菌源，从而减轻煤污病的发生。

14.5.2 主要虫害与气象条件

(1)茎窗蛾

①危害症状

石榴茎窗蛾属鳞翅目冈蛾科，是石榴的主要害虫。以幼虫蛀入新梢和多年生枝为害，造成树势衰弱，果实产量和质量下降，重者整株死亡。

②发生规律

1年发生1代，以幼虫在被害枝条内越冬。翌年春天开始活动，沿枝条继续向下蛀食。5月中旬前后，幼虫老熟后化蛹。蛹期20天左右。6月中旬开始羽化，7月上中旬为羽化盛期，8月上旬羽化结束。成虫白天在石榴叶背面隐藏，夜间活动。交尾后1～2天产卵，可连续产卵2～3天。卵期10～15天，7月上旬开始孵化。初孵出幼虫在芽腋处为害，随之危害2～3年生枝，直至入冬休眠为止。

③防治要点

一是结合冬季修剪，剪除虫蛀枝梢或春季发芽后剪除枯死枝并烧毁，消灭越冬幼虫；二是4月中下旬石榴发芽后开始，发现未发芽的枯枝应彻底剪除，消灭其中的越冬幼虫。6月底7月上旬开始要经常检查枝条，发现枯萎的新梢应及时剪除，剪掉的虫枝应及时烧掉，以消灭蛀入新梢的幼虫；三是幼虫发生期用磷化铝片堵虫孔；四是药剂防治。

(2)桃蛀螟

俗称蛀心虫、食心虫。属鳞翅目，螟蛾科。为杂食性害虫，寄主植物有40多种。

①危害症状

是石榴最主要的害虫。幼虫蛀食果实和种子，在被害果内外排积粪便，常导致果实腐烂及早落。

②发生规律

在我国各地发生代数不一。在北方，每年发生3～4代。主要以老熟幼虫在树翘皮裂缝、枝杈、树洞、干僵果内、贮果场、土块下、石缝、玉米和高粱秸秆等处，结茧越冬。在北方地区，越冬代成虫一般于4月下旬开始羽化，盛期在5月下旬到6月上旬，一直到9月下旬，均可见虫卵。卵多单产于石榴萼筒内或果与枝叶相接触处。卵期3～4天，初孵化幼虫在萼筒内、果梗或果面处吐丝蛀食果皮。2龄后蛀入果内食害籽粒，蛀孔处排出有细丝缀合的褐色颗粒状粪便。随着蛀道的深入，果内也有虫粪。第1代幼虫于6月上中旬开始老熟。老熟幼虫脱果后多在枝杈、翘皮、裂缝等处，结灰褐色茧化蛹。6 月下旬第 1 代成虫开始羽化，盛期为 7 月中下旬，7 月上中旬出现第 2 代幼虫，7 月下旬至 8 月上旬为盛期。第 2 代成虫发生盛期为 8 月中下旬。8 月下旬至 9 月上旬，第 3 代幼虫发生。此期正是石榴成熟采收的时期，对上市果、贮藏果危害严重，损失大。

③防治要点

清理石榴园，减少虫源；诱杀；果实套袋；采用喷洒杀虫药剂、用农药液浸泡棉球或制成药泥堵塞萼筒等药剂防治。

(3)桃小食心虫

①危害症状

是我国北方果产区的主要食果害虫，除危害石榴外，也危害苹果、枣、梨、山楂、桃、杏、李等。危害石榴时多由果面蛀入，蛀孔极小。

③发生规律

每 1 年可发生 1～3 代。以老熟幼虫在 3～10 厘米深的土壤中结茧越冬。第二年 5 月中旬至 6 月上中旬，越冬幼虫大量出土作茧化蛹。一般第一次成虫盛期在 7 月份前后，第二次盛期在 8 月份前后。成虫寿命 3 天左右，夜晚活动，午夜交尾，卵产在石榴果面上，每果 1 粒，每头雌虫产卵 30～40 粒。卵期 7～8 天。幼虫孵化后很快蛀入果内，蛀孔极小，4 天左右后沿蛀入孔出现直径 2～3 厘米的近圆形浅红色晕，以后加深至桃红色。幼虫蛀入石榴后，朝向果心或在果皮下取食籽粒，将虫粪留在果内。老熟幼虫脱果前 3～4 天，咬一脱果孔，并从中向外排粪便，粪便粘附在孔口周围。脱果后，虫孔易招致烂果而脱落，未腐烂者不脱落。

③防治要点

一是树盘覆盖地膜；二是果实套袋；三是性诱剂诱杀；四是药剂防治。越冬幼虫出土期，进行土壤药剂处理，直接在树冠下喷施。每年 5 月中旬，消灭越冬幼虫，在树冠下地面喷洒药剂，然后浅锄树盘，使药土混合均匀。成虫羽化产卵和幼虫孵化期，树上喷洒杀虫药剂，用专杀药剂效果好。

(4)棉蚜

①危害症状

主要危害棉花、木槿、石榴、车前草和石楠等植物。棉蚜为害时，喜群集在嫩梢及叶背吸取汁液，同时不断分泌蜜露，招致霉菌寄生，妨碍叶片光合作用，降低果实的商品价值。秋季棉蚜飞回越冬寄主上产卵越冬，卵多产在芽腋处，秋季棉蚜危害较轻。

②发生规律

棉蚜越冬卵在 3 月孵化，然后在石榴上繁殖危害叶片。棉蚜一般为卵胎生，繁殖很快，平均气温稳定在 12℃以上就开始繁殖，1 只雌蚜一天可生 5 只小蚜虫，一生可生 60～70 只。在温度合适、天气干燥时，胎生小蚜虫经 5 天生长发育就能繁殖后代。1 年能繁殖 20～30 代。春天气候多干燥，很适合棉蚜繁殖，故石榴树往往会受到严重危害。

③防治要点

第一，保护天敌。第二，搞好冬季清园工作，创造良好的外部环境。第三，石榴园内种植韭菜等驱避作物，或者在园外制作黄板诱杀有翅蚜虫，都能有效地减轻园内蚜虫对石榴的危害程度。第四，药剂防治。

14.6 石榴树生长发育的气象条件与田间工作

14.6.1 自芽萌动至果实收获的气象条件与田间工作

初春3月，暖气流开始增强，气温回升，土壤解冻。陕西大部地区月平均气温回升到0℃以上。石榴园需要浇灌芽前水，以利萌芽和开花，树盘灌水、穴灌水适宜旱地、坡地。土壤相对湿度小于等于50%的石榴园，不利于根系的生长。进行桃蛀螟、黄刺蛾等害虫及干腐病、落叶病的防治。

4月，气温明显回升，陕西大部地区月平均气温10℃以上，第一场透墒雨多出现在本月的中、后期。石榴树根系停止生长，地上进入萌芽、展叶抽枝期，一二批花芽继续分化，同时第三批花芽分化进入高峰，多形成不育花。此时，管理上要尽量节约养分，保证树体正常生长。4月常有倒春寒，终霜与气温低于3℃都对石榴的花芽造成危害，低温持续越长危害越重。设置黑光灯、糖醋液和果汁液等诱杀桃蛀螟、巾夜蛾等害虫。

5月，气温较高，陕西大部地区月平均气温15℃以上，降水量增多。石榴树冠叶面积已形成，叶片光合能力日渐增强。石榴树进入花期，花蕾日见明显，中旬始花，下旬大量开花，首批花以叶丛枝及短枝顶花为主，侧花随后开放，树体营养竞争激烈。大量退化花的开放，影响坐果，应适时疏花。注意防控越冬的桃小食心虫上树入果为害。

6月，天气开始炎热，陕西大部月平均气温普遍在20℃以上，常年前半月多晴、后半多雨。6月是盛花期，保花保果是中心，必须控制徒长，可用摘心、扭梢、疏枝、拉枝等手法保持树体健壮。影响坐果的关键因素是本月上中旬的连阴雨。6月上旬前后整园喷施农药控制第一代害虫幼虫入果。花后视树体情况追肥，量不宜大，以防徒长。石榴坐果后20天左右，应套袋与用药剂堵萼筒防桃蛀螟。

7月，是北方全年气温最高、天气最为炎热的一个月，月降水量全省大部地区在100毫米以上，易出现伏旱。7月进入果实膨大期，幼果开始膨大，第一批花芽开始分化，根系第二次生长。这一阶段的中心任务是保持树体健壮，视树体状况，适当追肥促进果实增大。阴雨过多时，要排水防涝。高温干旱，要注意防御日灼。

8月，仍为高温多雨时段，全省大部地区降水量100～120毫米。石榴果实继续生长，管理以病虫防治为主，注意伏旱，适时灌水。叶面喷施磷、钾肥，以促进果实肥大、枝条充实和花芽分化。

9月，是夏秋过渡时段，气温下降，天气转凉，月内多阴雨天气，常有秋淋。9月进入果实成熟采收期，果实相继成熟，第二批花芽分化开始，下旬根系开始第三次生长高峰。月日照时数少于140小时对石榴产生影响，月日照时数月达200小时以上，可满足石榴成熟对光照的需求。中旬后果实成熟，按成熟早晚分期采收，要成熟一批，采收一批，防止成熟果实的裂果。下旬树干绑草把，引诱桃小食心虫等害虫在其中越冬，开春前收集草把烧毁。

14.6.2 采摘后的田间工作

10月，气温继续下降，降水减少，秋高气爽，月内陕西自北向南以次出现初霜。上旬晚熟品种继续采收。对收获完的果园以施肥、清园为主，及时清扫枯枝落叶，剪除枝头病虫果。

11 月，天气渐冷，降水减少，寒潮入侵，月内陕西自北向南逐渐出现降雪。石榴树逐渐进入休眠期，继续清园，剪除病虫枝、干枯枝，刮除老翘皮，消灭越冬害虫，进行树干涂白，树干基部培土防冻，灌封冻水。

12 月，天气开始寒冷，雨雪稀少，易冬旱。秦岭以北平均气温降到 0℃以下，大地开始封冻。12 月开始冬季修剪。顺序为老弱树、中强树、幼旺树。

1 月，一年中最冷的月份，降水最少，多强寒潮，造成冻害。中龄树修剪，防御冻害。

2 月，气温开始回升，降水仍少，春节过后，土壤解冻，石榴根系开始第一次生长高峰。进行春季施肥，以氮肥为主，蓄积营养，增强树势。干旱时进行春灌。

第15章　葡萄气象服务

15.1　葡萄的地域分布

15.1.1　葡萄的栽培历史

葡萄属落叶藤本植物，是地球上最古老的植物之一，也是人类最早栽培的果树之一。作为世界四大文明古国之一的中国，栽培葡萄的历史亦很悠久，春秋时期的典籍《诗经》之《周南》篇里就有“南有樛木，葛藟纍之”的歌吟，而“葛藟”就是一种野生葡萄。由此可见，在2500多年前，中国土地上就生长着葡萄并清楚地载入史册。在漫长的历史长河中，中国人民不仅积累了丰富的葡萄栽培、贮藏经验，而且对葡萄寄予了无限情感，《左传》以“葛藟”为君子之喻，可见葡萄实为果中珍品。

葡萄是多年生、寿命较长的果树。葡萄树适应环境的能力很强，生长容易，但要种出品质好，有独特风味的葡萄却须有地域的配合。从世界范围来看，葡萄的种植主要集中在北半球的暖温带地区，北纬38°～53°之间是葡萄最适宜的栽培区。如法国的波尔多，地中海、黑海、里海沿岸，美国的加利福尼亚，都以盛产优质葡萄闻名。在中国长江流域以北的新疆、甘肃、陕西、山西、河北、山东等地均有葡萄种植，尤以新疆的葡萄种植历史最为久远，品种、果品质量、产量也都首屈一指。

15.1.2　陕西葡萄的地域分布

陕西的葡萄以鲜食品种为主，主要分布在西安、咸阳、宝鸡、渭南和铜川等交通方便的地区，截至2009年葡萄种植面积35.77万亩，产量25.88万吨。甜葡萄与柿子、板栗被统称为陕西“长安三宝”。

15.1.3　主要栽培基地县的气象条件　见附录1.6

15.2　葡萄的生物学特征

15.2.1　葡萄的种类与主要品种

(1)葡萄的种类

全世界约有上千种葡萄品种，总体上可以分为酿酒葡萄和食用葡萄两大类。世界葡萄栽培品系有欧洲品系及美洲品系两大品系，根据原产地不同，分为东方品种群及欧洲品种群。中国栽培历史久远的“龙眼”、“无核白”、“牛奶”、“黑鸡心”等均属于东方品种群。“玫瑰香”、“佳丽酿”等属于欧洲品种群。在生产上应用的鲜食、酿酒、制汁和制干的优良品种只有40～50种。

(2)陕西主要品种

陕西关中地区适宜栽培的早熟品种为早玫瑰、户太8号等;中熟品种为巨峰和无核白鸡心等。近年来,陕西注意发展晚熟、优质和耐贮运的鲜食品种,如红地球、黑大粒和红高等。

①户太8号

是西安市葡萄研究所从欧美杂交品种奥林匹亚芽变中选育的鲜食兼加工的品种。根系发达,生长和萌芽力强,冬夏早熟芽成花力强,一年可开5次花,结3次果,亩产量2000千克,采收期7月中旬至10月中旬。穗重600～1000克,果粒近圆形,纵径29毫米,横径28毫米,果粉厚,果皮中厚,顶端紫黑色,尾部紫红色,果粒大,单粒平均重10.4克,最大粒重18克,糖度17%～21%,含酸量0.5%,每果1～2粒种子。4月上旬左右萌芽,初花期5月上旬左右,7月中旬一次果充分成熟,开花到成熟65天左右;三次果开花期6月8日前后,9月中旬充分成熟,开花到成熟90天左右。果穗成熟后可树挂1个月,采摘后货架期7～8天。植株耐高温,在连续日最高气温38℃时新梢仍能生长,对霜霉病、灰霉病、炭疽病表现较强抗病性。

②早玫瑰

西北农学院1963年用玫瑰香与沙巴珍珠杂交育成,果穗中等大,重210～290克,最大穗重365克,圆锥形,紧密。果粒中等大,平均3.1～3.6克,最大粒重6.5克,圆形,紫红色,果粉厚;果皮中厚;肉厚多汁,含可溶性固形物14%～16%,含酸量0.7%～0.9%,味酸甜,玫瑰香味浓郁。每果粒含种子1～4粒,以2粒较多。果枝率70%～80%,每果枝1.3～1.5穗。在陕西关中地区果实于7月底成熟,由萌芽至果实充分成熟需要100～105天。树势弱,节间短,副梢多,新梢冬芽易萌发。一年生成熟枝条浅褐色。早玫瑰是我国当前果实成熟最早的品种,果穗外观美丽,具浓郁的玫瑰香味,品质上等,抗病力中等。适宜松软的沙壤土和有灌溉条件的地段栽培。

③玫瑰香

欧亚种,原产英国。果穗中等大或较大,平均重150～350克,圆锥形或分枝形,中等紧密或松散。果粒大,平均重5克左右,紫红色,果粉厚,果皮中等厚;肉多汁中,汁无色,玫瑰香味浓;含可溶性固形物15%～19%,含量酸0.6%～0.7%,味甜酸。每果枝平均1.5穗左右,果实在陕西关中地区于8月20日左右成熟。由萌芽至果实充分成熟需要140～150天,为中晚熟品种,树势中庸。该品种果粒大,品质极优,在良好管理条件下丰产性好,因而是全世界著名的优良鲜食葡萄品种。

④巨峰

欧美杂交种,原产日本,1959年引入中国。目前大多数省区都有较大面积栽培。果穗大,平均重300～430克,圆锥形,松散或中等紧密。果粒极大平均重9～12克,椭圆形,紫红色,果粉中等厚;果皮厚;肉软多汁,稍带美洲种味,皮、种子均易分离;含可溶性固形物14%～16%,含酸量0.6%～0.7%,味甜酸。每果枝平均1.3～1.8穗。副梢结实力强,由萌芽到果实充分成熟约需130～140天,为中熟品种。树势强。巨峰果粒特大,外观美丽,品质中上,丰产,适应性强,很受栽培者与消费者欢迎,是当前我国栽培地区最广、面积最大的鲜食葡萄品种。如管理不当,落花落果严重;结果过多,易使树势早衰,影响以后产量。4月下旬萌芽,5月中下旬开花，8 月中下旬浆果成熟，从萌芽至果实成熟需 137 天左右。

⑤红提葡萄

大穗大粒、果粒整齐均匀，色泽鲜艳，果皮中厚，果肉硬脆，味甜可口，风味纯正，可溶性固形物 16%左右，不裂果，品质上乘。果柄长，果刷粗大与果实着生极为牢固。贮藏及远途运输中不掉粒。货架期可延至翌年 5 月。是著名的葡萄晚熟品种，商品价值极高。红提葡萄喜光怕水。树势较强，秋季易徒长，肥水充足或多雨地区，徒长更明显。枝条成熟度差。负载量大或氮肥过多，极易造成枝条不成熟，对来年产量影响很大。抗寒抗病力较弱。抗寒抗病力皆比巨峰系列品种差。花芽形成容易，丰产性强。栽后第二年即可结果。适宜的生态条件是：年有效积温 3800 ℃ · d 以上，无霜期 160 天以上；年降雨量 600 毫米以下或排水良好的山坡梯田地，成熟期无连阴雨；年日照时数 2800 小时左右；春季无倒春寒，9 月底平均气温在 20℃以上。土壤砂质或砂壤土，土层深厚，有灌溉条件。特别在幼果膨大期不能缺水。

⑥无核白鸡心

又名森田尼无核、世纪无核，为欧亚种。原产美国。果穗为圆锥形，分枝着生比较紧密。果穗大，平均穗重 514 克左右，果粒鸡心形。果皮绿黄色，皮中厚，果皮韧性好，不裂果。果实含糖量为 16.5%，香甜爽口。具有树势旺、萌芽力强、丰产性高、果肉脆、品质佳等优势，但抗寒、抗病性较弱。为早熟品种。以套袋栽培为宜。4 月初萌芽，5 月中旬开花，7 月下旬至 8 月初成熟，较巨峰早 10～15 天，从萌芽至果实成熟需 110～115 天。

⑦龙眼

欧亚种，为原产我国的古老品种，山东平度、河北昌黎及张家口地区，山西清徐及陕西榆林等地栽培较多。果穗大，平均重 600～800 克，最大穗重 1500 克，圆锥或双肩圆锥形，中等紧密。果粒大，平均重 5～6 克，近圆形或椭圆形，紫红色，果粉厚；果皮中等厚；果肉多汁，汁无色；可溶性固形物 15%～20%，含酸量 0.6%～1.0%，味酸甜。每果枝平均 1.2～1.3 穗。在陕西榆林，果实于 9 月下旬至 10 月上旬成熟。由萌芽至果实充分成熟需 150～160 天以上，为晚熟鲜食及酿酒品种。龙眼葡萄树势极强，果穗、果粒大，耐贮运，鲜食品质中上，棚架整形极丰产，抗寒、抗旱、耐盐碱能力较强，但易感黑痘病。

⑧红地球

又名晚红、红提、大红球。果穗长圆锥形，平均穗重 1200 克，平均粒重 12 克，果粒大小均匀，着生松紧适度。果皮稍薄或中等厚，暗紫红色。在陕西西安地区，于 4 月中旬萌芽，5 月下旬开花，7 月下旬果实开始着色，9 月中下旬果实成熟，晚熟品种。品种要求肥水充足。主要病虫害有黑豆病、霜霉病等。抗寒性中等。

⑨白羽

欧亚种，原产格鲁吉亚，1956 年引入中国。华北、黄河故道、陕西等地栽培较多。果穗中等大，圆柱或长圆形，有的呈分枝形，中等紧密。果粒中等大，椭圆形，黄绿色；果皮薄，出汁率 75%～80%，由萌芽至果实充分成熟需要 140～150 天，为晚熟品种，树势中庸。喜肥水，产量中等或较高；对盐碱、黑痘病抗性强，但易感霜霉病和白粉病；在陕西关中越冬性强。用白羽酿造的葡萄酒浅黄色，澄清发亮，清香悦人，味正爽口，是我国当前生产白葡萄酒的主要品种之一。

15.2.2　葡萄的生物学特性

葡萄属落叶藤本果树。地上茎包括主干、主蔓、侧蔓、新梢和副梢。芽着生于新梢叶腋间，有冬芽和夏芽两种。花为圆锥花序，有花 200～1500 朵，帽状花，每朵花有雄蕊 5～6 枚。

葡萄为多年生藤本攀缘植物，是世界最古老的植物之一，其平均寿命大约为 60 年，生命期依照各品种与气候及管理因素而有所差异。一般在定植后地第 2 年即可开始结果，第 3～4 年即可获得可观的产量。第 3 年一般每亩产量可达 800 千克，第 4 年可进入盛果初期，每亩可产 1500 千克左右。葡萄结果早，易丰产，需根据土壤肥力、气候特点、品种特性和管理技术水平，控制单位面积产量，实行计划生产，既保证当年浆果品质优良，秋后枝条充分成熟，花芽分化较好，而且为下年开花、结果积累充足营养。葡萄由根、茎(包括枝、芽)、叶等营养器官和花(包括花序)、果(包括果穗、浆果、种子)等生殖器官组成。

葡萄是深根性果树，根系深度可达 12 米，根系在土壤中的垂直分布最密集的范围是 20～80 厘米，但随着气候、土壤类型、地下水位和栽培管理的不同，根系分布也有所不同。在旱地和砂地栽培的葡萄，根系主要分布在 60 厘米以下的土层内，土壤表层的根系分布少，吸收根系数量少。在经常灌溉和施肥的葡萄园，根系分布常靠近表层。全部枝蔓朝着一边生长的棚架葡萄，根系分布也主要集中在朝着一边枝蔓以下的土层内。

葡萄没有休眠期，条件适合全年均能生长，地温达到 6～6.5℃时根系就开始吸收养分和水分，地上部枝蔓伤口出现伤流时，标志着树液开始流动。当温度升到 12～14℃时根系开始生长，20℃时生长最旺。在根系尚未发生新根以前，主要是依靠上年形成的未完全木栓化的小根来吸收水分和养分。一般葡萄根系开始生长期比地上部分晚 10～15 天，根系 1 年中有 2 次生长高峰。葡萄根为内质根，能贮藏大量的营养物质，在大气潮湿和温度适宜的情况下，某些品种的枝蔓上还能产生气生根。

根干和其上分生出的各级侧根组成骨干根，而着生在各级侧根上的小细根是葡萄幼根，由根冠及生长区、吸收区、输导部分组成。根吸收养分、水分，贮藏营养，葡萄根系是营养库。

葡萄茎通称枝蔓，包括主蔓、侧蔓、结果母枝、一年生新梢(结果枝、营养枝)、副梢和萌孽。茎蔓长达 10～20 米。新梢具有节和节间，节上着生叶片，单叶，互生。叶片对面着生花序或卷须，节间的中心部位是髓，节处有横隔膜把髓隔开。以贮藏养分，加固新梢，节间萌芽抽生新梢，平均 2～3 天长出一节，节间急速生长。新梢叶腋内萌生夏芽和冬芽。葡萄叶掌状，互生，多 5 裂，也有 3 裂及全缘。

花由花萼、花冠、雄蕊和花梗组成，花序有锥形、翼形和圆筒形之分，故导致果穗多种类型。花序着生在结果新梢的 3～7 节，花小，黄绿色，叶对面花序以上的节位按规律着生卷须，组成圆锥花序。葡萄开花授粉受精后雌蕊中的子房发育成浆果。整个花序变成果穗。浆果圆形或椭圆形，因品种不同，有白、青、红、褐、紫、黑等不同果色。果熟期 8—10 月。葡萄植株由多年生的主干、主蔓、侧蔓、结果母枝和当年生的新梢所构成。各种枝蔓在架面上有相应的空间分布，才能形成牢固完整的树形骨架，从而获得优良品质的产品。

葡萄嫩梢为绿色，具极稀疏绒毛；新梢半直立，节间绿色。幼叶黄绿色，边缘稍带红晕，具光泽，叶背绒毛稀疏；成龄叶片中等大，黄绿色，叶中厚，近圆形，叶缘稍下卷；叶片 3～5 裂，上裂刻浅，下裂刻深；锯齿小而钝；叶柄黄绿色，叶柄洼与主脉等长；叶柄洼开张宽拱形。1 年生成熟枝条花为黄褐色，节间中等长。为两性花。

葡萄果穗大，圆锥形或圆柱形，果粒着生中等紧密；果粒大，长椭圆形，粒形美观诱人。果皮绿黄色，果皮中等厚，果肉硬而脆，味甘甜爽口，品质极佳，可溶性固形物含量达16.0%，含酸量0.37%，糖酸比高；果肉与种子易分离，每果粒含种子以2粒居多。

葡萄树在基部培养主干。主干加粗生长较快，冬季压倒埋土防寒地区上下架不便，易造成主干断裂。所以有主干的树形适宜冬季不下架的南方地区，北方下架防寒地区适宜无干多主蔓的树形，只在地表培养2～4个主蔓。

一年生葡萄苗木抽生新梢后在地表上留2～4片叶摘心，促其生长2～3个新梢，培养2～3个主蔓。篱架和棚架为大扇形的树形一般每个主蔓上分生1～2个侧蔓，以弥补架面下部的三角空间。结果母枝多着生在结果枝组上，有的直接培养在主蔓或侧蔓上。结果枝组是直接着生在主蔓或侧蔓上的多年生结果单位。一般结果枝组由2个以上中、小不同的结果母枝组成，各结果母枝每年都需要更新，形成龙爪形的枝组。新梢是从结果母枝上抽生出来的当年枝条，随结果母枝而均匀分布在架面所有的空间，组成生长期树体最外围的叶幕层。葡萄新梢上的芽，具有早熟性。着生在叶腋间，可分为冬芽和夏芽两种。冬芽外披鳞片，由一个主芽和4～8个副芽组成，主芽一般当年不萌发。来年春季萌发成新梢时，又在叶腋间形成冬芽和夏芽。夏芽是裸芽，易萌发，所萌发的新梢称为副梢，生长旺盛的树，可萌发2～4次副芽。有些芽第二年不萌发而称为潜伏芽。伏芽寿命很长，再萌发力强，使葡萄易于更新复壮。

葡萄结果母枝萌生的带有花序的结果枝数量因品种而异，每个结果枝上的花序数也不相同。葡萄的花序为复总状花序。葡萄的大多数栽培品种为完全花，自花、异花都能授粉。

15.2.3 葡萄的物候期

(1)葡萄的主要物候期及标准

伤流：春季芽膨大前，当日平均温度通过5℃时，剪断一根枝蔓尖端，如有液体流出，即为树液开始流动。

芽膨大：枝蔓的冬芽开始膨大，外部鳞片分离，出现褐色细毛。

芽开放：枝蔓的冬芽鳞片裂开，鳞片下的绒毛破裂，露出绿色或红色的嫩叶。

展叶始期：开放的芽展开第一片叶。

展叶盛期：半数枝蔓的叶片完全展开。

二次抽梢：在新梢叶腋间萌发副梢，长约0.5厘米。

花序出现：结果蔓上有圆锥花序出现，长度达2厘米。

开花始期：植株下部的结果蔓花序开花。开花时花冠同花托分离，并呈灯罩状落掉。

开花盛期：半数花序开放。

开花末期：多数花序的花朵凋落。

成熟可采：根据用途记载采收时所处的成熟度。

鲜食采收：半数果实充分表现出品质固有的色泽、含糖量和风味，果肉变软，富有弹性，穗梗基部逐渐木质化，达到生理成熟。

酿造采收：果实进一步成熟，半数果皮微显皱缩，甜度增加，一般含糖量达17%～20%。

枝蔓成熟：半数枝蔓已木质化，当年新梢的表皮已呈褐色，用指甲刮不下来。

(2)葡萄物候期观测　见附录2.6

15.3 葡萄栽培的气候生态条件

15.3.1 葡萄栽培对光、温、水的要求

(1)光照条件

葡萄产量和品质的90%～95%来源于光合作用。在我国一般葡萄园太阳能利用率仅为0.5%左右,现代科学一直在追求利用太阳能,提高转化率、挖掘增产潜力以达到高产优质。葡萄是喜光作物,对光的反应敏感。葡萄植株被阳光照射多则甜,少会酸。几千年来人们为它搭架和整形修剪,目的是使它获得更充足和合理的光照。近年来,人们仍然通过架式和修剪的改革,为葡萄创造更加适宜的叶幕微气候,以改善每片叶片的光合效率来达到优质和高产的目的。

在葡萄生长季节,充足的光照使花芽分化良好,叶片生长色绿、肥厚。新梢粗壮、果实着色良好,特别是对光照特别敏感的欧洲种葡萄,只有在阳光直射条件下才能着色正常,不像康克、卡它巴、黑虎香等欧美杂交种,在散射光的情况下,也可以形成鲜艳的颜色。正因为葡萄对光照的特别需求,因此,葡萄产区的光照条件都比较好,而在那些"天无三日晴"的我国南方省区,就不能生长出品质优良的葡萄,甚至不能栽培葡萄。因为在长期阴天多雨气候条件下,葡萄叶片薄而黄绿,新梢徒长或细弱,叶柄伸长,花芽分化不良,常产生小果穗和造成落花落果。由于光照不足,光合产物少。葡萄营养不良,葡萄产量下降,品质低劣,新梢不能充分成熟,越冬性差,易发生冻害。葡萄对光照的需求,也并不是光照越强越好。夏季中午高温伴随着强烈的光照,果实在强光的照射下,果面温度可达50℃以上,葡萄的日烧病常会发生。叶片在中午光照条件最好的时候,会发生"午睡现象"。在自然条件下,植物光合作用的日变化曲线大体有两种类型。一种是单峰型,中午光合作用最强,光合速率最高;另一种是双峰型,上午和下午各有一光合作用的高峰。而中午处于光合作用的低谷,就是所谓的"午睡"。"午睡"造成的损失,在某些植物中可占光合产物总量的30%～50%,甚至更多。因此、有必要寻找减轻或消除"午睡"的办法,使中午宝贵的光照条件,不至白白浪费掉。

(2)热量条件

温度是影响葡萄生长和结果最重要的气象因素。葡萄属暖温带植物。要求相当多的热量。葡萄生长期需要的月平均气温在10℃以上的活动积温,因品种不同而有所差异。

种植葡萄,应根据各地区的年有效积温来选择葡萄的品种。知道某一地区的有效积温和某一品种对有效积温的要求之后,就可以大致推断出该品种在某地区进行经济栽培的可能性。由于有效积温是多年的平均值,这一平均值的上下可能出现的变动幅度为200～300 ℃·d,因此,在具体应用时,对以上有关数据应予以考虑。

温度对葡萄生长、结果的进程会产生重要影响。春季当气温达到7～10℃时,葡萄根系开始活动。10～12℃时开始萌芽。葡萄新梢生长、开花、结果和花芽分化的适宜温度为25～30℃。开花期间如出现<15℃低温,葡萄就不能正常开花和授粉受精。鲜食葡萄和制干葡萄浆果成熟期的适宜温度为28～32℃,而酿酒葡萄则为17～24℃。

葡萄各种群在生长的各个时期对温度要求是不同的。如早春平均气温达10℃左右,30厘米地温在7～10℃时,欧亚和欧美杂交种开始萌芽;山葡萄及其杂种可在地温5～7℃时开始萌

芽。随着气温升高，萌发出的新梢便加速生长，最适于新梢生长和花芽分化的温度是25～38℃。气温低于14℃时不利于开花授粉。浆果成熟期最适宜的温度是28～32℃，气温低于16℃或超过38℃时对浆果发育和成熟不利，品质降低。根系开始活动的温度是7～10℃，在25～30℃时生长最快。不同成熟期品种要求的有效积温不同，如早熟品种莎芭珍珠有效积温需2100 ℃·d，中熟品种葡萄园皇后需2500 ℃·d，晚熟品种龙眼需3300 ℃·d才能充分成熟。

(3)水分条件

水分是葡萄植株各器官组织的重要组成成分，一般葡萄浆果含水量80%，叶片含水70%，枝蔓、根含水50%左右。葡萄植株的水分来源于根系从土壤中吸收，葡萄根系吸收水分的多少，对植株生长与结果有直接影响。如土壤水分充足，则发芽整齐，新梢生长迅速，果粒大。若土壤水分过多，会使植株徒长、组织脆弱、抗性差，还会引起土壤缺氧，根吸收功能减弱，根窒息而死。如大气干旱，土壤缺水，则枝叶生长量减少，易引起落花落果，影响浆果膨大，使品质下降。在久旱逢雨时，葡萄根系大量吸水，浆果迅速膨大，易发生裂果。因此，葡萄园要根据土壤干湿情况适时适量灌水与排水，使土壤水分保持相对稳定。

自然降水的多寡和降水量的季节分布，影响着葡萄的生长和发育，影响着葡萄的产量和品质。在某些地区，对某些栽培品种，降水量季节性变化是葡萄品种区域化的最重要的气候因素之一。降水量季节性的变化，因世界不同的气候类型，而表现出显著的差异。地中海气候的降水量季节分配的特点是：夏秋干旱，冬春多雨；而中国主要葡萄栽培区的气候为季风气候(除新疆外)，降水量季节分布的特点是：秋冬春三季干旱，夏季多雨，占全年的45%～65%，这与世界著名葡萄产区的降水特点完全不同。

中国葡萄产区都在夏季高温多雨的气候控制之下，南方春季阴雨天气更加重了葡萄栽培的难度。中国因降水季节分布的特点，对葡萄不利(除新疆外)，所以“水分胁迫”现象对葡萄影响十分显著。所谓“水分胁迫”就是指由于水分不足或过多或不适时都会使葡萄生长发育受阻，使光、热等气候资源不能充分发挥作用，生产潜力不能充分发挥，产量下降，品质低劣。例如，葡萄生长在水分较多的土壤中，根系吸收水分过多，新梢生长迅速，细胞膨大、细胞壁变薄，组织脆嫩，抗逆性差。开花期间碰上连阴雨天气影响授粉、受精过程，并引起严重落花落果、病害蔓延。当葡萄成熟期遇到较多的降水、浆果糖分积累困难，新梢旺长、叶幕郁闭、病害发生严重。冬春季，雨雪稀少，对葡萄越冬和第二年生长又会产生干旱等不利影响。虽然干旱造成的“水分胁迫”不像多雨造成的影响严重，然而在生产上也应引起充分重视，并通过灌溉予以解决。

15.3.2 葡萄栽培对土壤和其他生态条件的要求

葡萄对土壤的适应性很强，除沼泽地和盐碱地以外，几乎能在各种土壤上生长。葡萄喜欢排水通气良好的砾质土壤，过于黏质的土壤不利于葡萄的生长发育。土壤的化学成分直接影响葡萄的生长发育，葡萄对于氮、磷、钾的需求量较高，除了氮素之外，对磷、钾有特殊的要求。葡萄喜欢含钙质丰富的土壤，在这种土壤上种植，果实含糖量高，香味浓。当土壤可溶性钙含量大于15%～20%时，葡萄容易出现缺铁失绿症。葡萄是较耐盐碱的果树，成年植株的抗盐力比幼龄植株强，在盐碱地上建葡萄园，应挖排水沟，洗盐压碱，同时应加强土壤改良。葡萄对土壤酸碱度的适应范围较大，在弱酸、中性和弱碱性土壤上，都能生长良好，pH值低于4或高于8.5的土壤，则不利于葡萄生长。

在建园时要充分考虑气象灾害出现频率和强度，合理选择园地，确定适宜的行向，营造防护林带，并有其他相应的防护措施。

15.4　葡萄的主要气象灾害与防御

在葡萄栽培中，除了要考虑葡萄对适宜气候条件的要求外，还必须注意避免和防御气象灾害，如久旱、洪涝、严重霜冻，以及大风、冰雹等。这些都可能对葡萄生产造成重大损失。例如：生长季的大风常吹折新梢、刮掉果穗，甚至吹毁葡萄架。夏季的冰雹则常常破坏枝叶、果穗，严重影响葡萄产量和品质。

15.4.1　冻害

(1)指标及特征

受气候背景影响，陕西地区的葡萄易受冻害影响。多年来葡萄冻害发生的情况显示，陕西葡萄冻害主要分为以下两种：一是根系冻害，主要发生在冬季；二是枝芽冻害，主要发生在早春，即晚霜冻害。由于葡萄春季萌芽早，经常遇到晚霜危害，轻者造成减产，重者造成绝收。有些地区晚霜危害已成为发展葡萄的限制因子，严重影响着葡萄生产的发展。

葡萄对低温的忍受能力，因各种群和各器官的不同而异，如欧亚种和欧美杂交品种，芽可忍受－3～－4℃的低温；嫩梢和幼叶在－1℃、花序在 0℃时发生冻害。在休眠期，欧亚品种成熟新梢的冬芽可忍受－16～－17℃的低温，多年生的老蔓在－20℃时发生冻害。根系抗寒力较弱，欧亚群的龙眼、玫瑰香、葡萄园皇后等品种的根系在－4～－5℃时发生轻度冻害，－6℃时持续两天左右会冻死。北方地区采用东北山葡萄或贝达葡萄作砧木，可提高根系抗寒力，其根系分别可耐－16℃和－11℃的低温，致死临界温度分别为－18℃和－14℃。

低温危害主要是冬季严寒。欧亚种葡萄的抗寒力，不同品种之间差异很大，不同组织和器官之间也有相当差别。通常情况下，美洲葡萄的抗寒力大于欧亚种。葡萄的根系是抗寒性最弱的，大部分葡萄的根系在－5℃左右即受冻致死，根据沈阳农业大学 1983—1984 年测定，一些鲜食种砧木品种根系受冻致死的临界温度大致如下：玫瑰香－5.2℃、巨峰－6.7℃、康拜尔早生－7.0℃、山葡萄－15.5℃。为了减轻根系冻害，采用山葡萄和贝达作抗寒砧木，使葡萄通过埋土防寒能在较寒冷地区栽培，有重要的经济价值。但我国北方大部分地区不采用抗寒砧木，在某些寒冷的年份，即使在埋土条件下，根系冻害问题也相当严重。因此、必须要做好冬季防寒工作。一般认为，多年平均最低温度在－15～－14℃的地方，葡萄可不埋土越冬，而在低于－15℃的地方必须进行程度不等的覆土，葡萄才能安全越冬。葡萄的冬芽抗寒能力比较弱，其次是成熟的一年生枝条，多年生枝条、主干最抗寒。欧亚种葡萄的芽眼，在冬季能耐－20～－18℃的低温，但如果枝条成熟度较差，进入休眠期时间短，那么在－15～－10℃时，芽就会受冻，在－18℃时，如低温持续 3～5 天，那么不仅芽眼受冻，枝条也会受冻。

春季的晚霜危害，嫩梢和幼叶在－1℃时即开始受冻，0℃时花序受冻。秋季，在中国北方有些年份早霜过早发生，叶片和葡萄浆果也会受冻，导致叶片变色，浆果变软。这时气温一般下降到－5～－3℃。

(2)防御措施

①坚持埋土防寒。根据葡萄枝蔓角质层薄、蜡质少、髓部大、易失水的结构特点，要坚决克服因暖冬而产生的麻痹思想，克服困难，年年坚持下架埋土。

②增施有机肥。增施有机肥能增强树体抗寒能力，是避免或减轻冻害的有效措施。

③改善果园的小气候。

第一，加热法。加热防霜是现代防霜较先进而有效的方法。在果园内每隔一定距离放置一加热器，在将发生霜冻前点火加温，使下层空气变暖而上升，而上层原来温度较高的空气下降，在果树周围形成一暖气层，一般可提高温度1～2℃。

第二，吹风法。辐射霜冻是在空气静止情况下发生的，利用大型吹风机增强空气流通，将冷气吹散，可以起到防霜效果。试验表明，吹风后的升温值为1～2℃。

第三，熏烟法。根据天气预报，在园内气温接近0℃时，在迎风面堆放烟堆熏烟，可提高气温1～2℃。近年来，采用硝铵、锯末、柴油混合制成的烟雾剂代替烟堆熏烟，使用方便，烟量大，防霜效果好。

(3)补救技术

①枝芽冻害的补救

一是剪除不能恢复生机的枝条，加强地下肥水管理，使尚有生机的枝条得到较充足的水分与养分，促使其发芽整齐一致，新梢健壮生长。二是冻害严重时，疏除大量的花序，减少结果量或不让其结果，以恢复树势，增加枝量。三是出现严重光秃时，则采用曲枝促梢，留长梢母枝补空和压蔓补梢等措施。

②根系冻害的补救

一是地下催根。发现植株根系受冻后，则将根颈处1.5米内的土撤去，深约40～250厘米，露出根系，并剪除冻死根，尽量保留未受冻的健壮根，然后平铺10厘米厚的腐殖土，浇水浸透，之后盖上地膜或小拱棚使之升温，以促使半死根系恢复生机，提高活根吸收功能，以供给地上部的生长和发育。约20天后，受冻根可恢复吸收功能，并生发新根，之后再逐渐填平根颈周围的土层，并追肥浇水，发挥肥效。

二是压蔓待根。当根系受冻严重时，则将葡萄枝蔓沿上架方向，开挖一条宽30～250厘米、深约50厘米的沟，将根系受冻植株压入沟内，使枝蔓处于温度较低的环境，以使枝蔓发芽推迟，等受冻的根系发生新根后，再将枝蔓上架，称之为压蔓待根法。

三是重剪枝蔓。对根系受冻的植株，应根据根系受伤程度，相应剪除部分枝芽量和疏除果穗，尽量减少地上部养分和水分消耗，达到地上、地下的营养供需平衡，以利恢复树势。

15.4.2 大风

(1)指标及特征

春夏两季是葡萄生长、发育、坐果的主要时期，也是陕西葡萄种植区大风的多发期。陕西葡萄种植区春季的大风日数通常为3天，在夏季为2天，受大风袭击的葡萄园通常损失严重。

(2)预防措施

第一，葡萄园选址避开风口风廊，在葡萄园盛行风向侧营造防风林或设风障，加强肥水管理，矮化密植、撑杆、整形等增强抗风能力和降低灾害程度。第二，要经常关注天气预报，在大风来临前，认真检查地锚，深度不够的地锚要及时加深、加固；检查支架，发现有歪斜的支架要及时校正。

(3)补救措施

第一，及时清园。大风过后，及时清除园中的落果、断枝、落叶，防止果实、叶片等腐烂成为病害的传染源。对尚未完全断的受损枝条及时修剪、疏除，以免影响树体的通风透光。

第二，增产技术。由于大风危害，部分在风口的葡萄园果穗损失较大，有的甚至树上无果。严重减产情况下，利用巨峰等品种具有易二次结果的特性，采用逼迫冬芽萌发、生长、形成花序，二次结果，达到增产目的。

15.4.3　暴雨

(1)指标及特征

暴雨是指日降水量≥50 毫米的降水。对陕西葡萄生长有影响的暴雨主要发生在夏季，其中宝鸡地区的年暴雨日数在 0.6～1.4 天，其余地区的年暴雨日数在 0.6 天以下。葡萄园里长时间积水，极易造成土壤氧气缺乏，根系呼吸困难，从而影响葡萄正常生长，造成裂果，甚至腐烂、绝收。

(2)预防措施

在夏季来临前，在葡萄园内提前挖好排水渠，以帮助果园及时排水防涝。需在葡萄园四周挖深沟，腰沟与四周围沟保持通畅，并及时清沟理墒、深开外沟，保证在遇暴雨时水流通畅。

(3)补救措施

第一，病虫防治。由于暴雨后葡萄树体抗病力减弱，高温高湿天气条件有利于病虫害发生发展，要加强病虫害的预测及防治工作，特别要加强果树的腐烂病防治工作，及时疏除受暴雨伤害的果实和果穗。及时喷病虫害防治药剂，保护剂和杀菌剂交替使用。

第二，补充养分。增施有机肥，结合喷洒 0.3%的磷酸二氢钾和 0.1%尿素混合液叶面施肥；新梢采取多次摘心和去夏芽副梢措施，疏除过密枝，促进花芽分化、枝条成熟和果实的正常发育。

第三，加强土壤和水分的管理。暴雨后，及时排水除涝，清除园内积水，降低水位，为葡萄提供良好的土壤条件，以促进根系生长发育，提高其抗逆性。

15.5　葡萄病虫害与气象条件

15.5.1　主要病害与气象条件

(1)黑痘病

①发病症状

该病又称疮痂病，是我国葡萄种植区分布广、为害严重的病害。主要危害葡萄的绿色幼嫩部分，如幼果、叶片、叶柄、果梗、嫩梢等。黑痘病从萌芽到生长后期均可发生，春夏季危害严重。幼果染病后期病斑硬化或龟裂，病斑局限于果皮而不深入果肉，病斑硬。叶片染病，出现疏密不等的褐色圆斑，初病斑中央灰白色，后穿孔呈星状开裂，外围具紫褐色晕圈。幼叶染病，叶脉皱缩、畸形，停止生长或枯死。新梢、枝蔓、叶柄或卷须染病，初呈褐色不规则小短条斑，后变为灰黑色，边缘深褐或紫色，中部凹陷龟裂，严重时嫩梢停止生长，卷曲或萎缩死亡。

②发病规律

该病在雨水多、湿度大地区为害重。病菌主要以菌核在新梢和卷须的病斑上越冬，翌年春，气温高于 2℃，高湿持续 24 小时以上，从菌核上产生大量分生孢子，通过雨水传播到葡萄绿色幼嫩部位，在水中分生孢子产生芽管，迅速固定到基物上，萌芽后引致初侵染。侵染速度与气温有关：12℃潜育期7天，16.5℃为5天，21℃为3天，该病发生适温24～26℃。在葡萄园地面越冬的僵果也可形成分生孢子引起初侵染。远距离传播靠带菌苗木或插条。果园低洼、排水不良、通风透光差或偏施氮肥致徒长或成熟期延迟，易发病；葡萄幼嫩组织，如嫩叶、穗粒或新梢，在生长初期幼嫩阶段易感病。葡萄穗粒长大，枝叶长成后则较抗病。

③防治要点

一是因地制宜，选用抗病品种。二是清除菌源，秋季葡萄落叶后清除落叶和病穗，集中深埋，刮下的老树皮立即烧毁，春季葡萄芽鳞萌动时喷药剂。三是加强栽培管理，结合夏季修剪，细心剪除病枝、病叶、病果，减少再侵染；合理增施磷钾肥，控制氮肥，以增强树势，防止徒长；合理留枝，改善通风透光条件等是防治该病重要措施；四是早喷药，巧用药。

(2)霜霉病

①发病症状

葡萄霜霉病只危害葡萄地上部幼嫩组织，如叶片、新梢、花穗和果实等。叶片染病病斑变褐、叶片干枯。新梢、卷须染病，病梢生长停滞，扭曲或干枯。染病小花及花梗易腐烂脱落。幼果病部变硬下陷，长出白色霉层，皱缩；果粒半大受害，延及果梗，果实软腐，后干缩脱落。果实着色近成熟期，一般不受害。

②发病规律及预测预报

病菌以卵孢子在病组织中或随病残体在土壤中越冬，可存活1～2年。翌年春季萌发产生芽孢囊，芽孢囊产生游动孢，借风雨传播到寄主叶片上，通过气孔侵入，菌丝在细胞间隙蔓延，并长出圆锥形吸器伸入寄主细胞内吸取养料，然后从气孔伸出孢囊梗，产生孢囊，借风雨进行再侵染。病害的潜育期在感病品种上只有4～13天，抗病品种则需20天。秋末病菌在病组织中经藏卵器和雄精器配合，形成卵孢子越冬。

气候条件对发病和流行影响很大。该病多在秋季发生，是葡萄生长后期病害，冷凉潮湿的气候有利发病。病菌卵孢子萌发温度范围13～33℃，适宜温度25℃，同时要有充足的水分或雨露。孢子囊萌发温度范围5～27℃，适宜温度10～15℃，并要有游离水存在。孢子囊形成温度13～28℃，15℃左右形成孢子囊最多，要求相对湿度95%～100%。游动孢子产出温度范围12～30℃，适宜温度18～24℃，须有水滴存在。试验表明：孢子囊有雨露存在时，21℃萌发40%～50%，10℃时萌发95%；孢子囊在高温干燥条件能存活4～6天，在低温下可存活14～16天；游动孢子在相对湿度70%～80%时能侵入幼叶，相对湿度在80%～100%时老叶才能受害。因此秋季低温、多雨易引致该病的流行。

果园地势低洼、通风不良、密度大、修剪差有利于发病；南北架比东西架发病重，对立架比单立架发病重，棚架比立架发病重，棚架低比高的发病重。迟施、偏施氮肥刺激秋季枝叶过分茂密而果实延迟成熟发病重。含钙量多的葡萄抗病力强。葡萄细胞液中钙钾比例是决定抗病力的重要因素之一。当钙钾比例大于1时(老叶)表现抗病，小于1时(幼叶)则较易感病。含钙量取决于不同的葡萄品种的吸收能力以及土壤和肥料的含钙量。

葡萄霜霉病预测预报根据多年试验和积累经验主要根据以下几项指标：其一是病菌卵孢子在土壤湿度大的条件下，当日平均温度达到13℃时即可萌发。二是日均温在13℃以上，同时有孢子囊形成；寄主表面有2～2.5小时以上水滴存在，病菌即能完成侵染。三是病菌潜育期长短因温度而异，与品种抗病性也有一定关系，抗病品种潜育期长。感病品种在适宜条件

23～24℃，潜育期短时仅有 4 天，而在 12℃时则延长至 13 天。四是病害潜育期终结时，还须有高湿条件（有雨或重露）才可长出孢子囊进行再侵染。五是降雨多少、持续时间长短是霜霉病发生流行的主要因素。每年 6 月中旬至 9 月中旬，连续两旬降水量之和超过 100 毫米，必将大流行。

③防治要点

第一，选用抗病品种。第二，加强葡萄园的管理，做到“三光、四无、六个字”。春、夏、秋季修剪病枝、病蔓、病叶为三光；树无病枝、枝无病叶、穗无病粒、地无病残，早期架下喷石灰水杀死病残体中病原物为四无；六个字则为提：提高结果部位及棚架高度（2.5 米）；摘：摘心；绑：主蔓斜绑；锄：锄掉园中杂草；排：排水要好；施：适当增施磷钾肥。第三，根据测报喷药保护。第四，果穗及时套袋，采收前 20 天摘掉，促果穗增糖上色。

（3）炭疽病

①发病症状

又名晚腐病，是葡萄成熟期引起果实腐烂的主要病害，也是南方葡萄早春花穗腐烂的主要原因。果实染病，可致果实腐烂。花穗期易染炭疽病，小花、小花梗渐变黑褐色并腐烂，有时整穗腐烂，有时只剩几朵小花不腐烂但易脱落。嫩梢、叶柄或果枝染病，影响果穗生长或致果粒干缩。叶片染病多在叶缘部位产生近圆形暗褐斑，直径 2～3 厘米，湿度大时也可见粉红色分生孢团，病斑较少，一般不引起落叶。

②发病规律

病菌主要以菌丝体在枝蔓上越冬，翌年产生分生孢侵染果穗，多在一年生新枝上带菌，发生侵染依气候情况而定，与降雨有关。越冬病菌要求有一定温、湿度条件才形成分生孢子。15℃开始形成分生孢，适宜温度 20～30℃，超过 36～40℃，孢子不能形成；有雨、露、雾的条件有利于孢子形成。分生孢在 15℃时少量孢子萌发，19℃半数以上萌发，孢子萌发适温 28～32℃，分生孢在 9℃以下或 45℃以上不能萌发。在炎热夏季，葡萄着色成熟时，病害常大流行。一般情况下，分生孢团是一团胶质，借雨水溅散传播，因此分生孢的传播与萌发都需要一定的水分或降雨。田间发病与降雨关系密切，降雨后数天易发病，天旱时病情扩展不明显。炭疽病发生与日灼有关，日灼的果粒容易感染炭疽病。

栽培环境对炭疽病发生有明显影响，株行过密，双立架葡萄园发病重，宽行稀植园发病轻。施氮肥过多发病重，配合施用钾肥可减轻发病。该病先从植株下层发生，特别是靠近地面果穗先发病，后向上蔓延。沙土发病轻，黏土发病重，地势低洼、积水或空气不流通发病重。

③防治要点

一是选育抗病品种；二是清洁田园，清除越冬菌源；三是加强栽培管理。开花坐果期根据施肥情况及植株长势适当疏花疏果，果实采收前新梢要摘心、摘副梢，及时绑蔓尽量使其通风透光，要尽可能提高结果部位。平地果园严防积水。每年秋冬季施足有机肥，果实发育期间追施适量磷、钾肥，保持植株旺盛长势，增强抗病力。此外，疏花时剪去发病变黑的花穗可减少幼果的侵染；四是喷药保护；五是果穗疏粒以后，及时套袋，采前 20 天摘袋，促果实增糖上色。

（4）白粉病

①发病症状

葡萄白粉病是北方干旱种植区发生的一种病害，主要危害叶片、新梢及果实等幼嫩器官，老叶及着色果实较少受害。白粉病致叶片霉斑、卷缩或干枯、形成畸形果，易龟裂露出种子。

果实发酸，穗轴和果实容易变脆。

②发病规律

干旱或雨后干旱或干湿交替适其流行。葡萄白粉菌以菌丝体在被害组织或芽鳞片内越冬，翌年春季借风传播，落到寄主表面萌发侵入。菌丝在寄主表面蔓延，以吸器伸入寄主细胞内吸取营养。气温 29～35℃病害扩展快。

③防治要点

一是清洁葡萄园，减少菌源；二是发芽前喷药剂杀死越冬病菌；三是发病初期喷药剂防治。

15.5.2　主要虫害与气象条件

(1)葡萄二星叶蝉

①危害症状

又名葡萄二点浮尘子，整个葡萄生长期均能为害，被害叶片出现许多小白点，严重时叶色苍白，致使叶片早落。

②发生规律

陕西 1 年发生 3 代。成虫在果园杂草丛、落叶、土缝、石缝等处越冬。翌年 3 月葡萄未发芽时，气温高的晴天，成虫即开始活动。先在小麦、毛叶苕等绿色植物上危害。葡萄展叶后即转移至葡萄危害，喜在叶背面活动，产卵在叶背叶脉两侧表皮下或绒毛中。第 1 代若虫发生期在 5 月下旬至 6 月上旬，第 1 代成虫在 6 月上中旬。以后世代交叉，第 2、3 代若虫期大致在 7 月上旬至 8 月初，8 月下旬至 9 月中旬。9 月下旬出现第 3 代越冬成虫。此虫喜荫蔽，受惊扰则蹦飞。凡地势低洼潮湿、杂草丛生、副梢管理不好，通风透光不良的果园，发生多、受害重。葡萄品种之间该虫发生也有差别，一般叶背面绒毛少的欧洲种受害重，绒毛多的美洲种受害轻。

③防治要点

第一，清除落叶和杂草以消灭越冬成虫；第二，加强生长期田间管理，改善通风透光条件；第三，葡萄园内尽量避免间作黄豆、瓜菜；第四，抓住第一代幼虫和若虫发生期进行喷药防治。

(2)葡萄红蜘蛛

①危害症状

葡萄红蜘蛛又称葡萄短须螨，以若虫、成虫危害嫩梢、叶片、幼果等。叶片、嫩梢受害后，呈现黑色斑块，严重时焦枯脱落。果穗受害呈黑色，变脆易折断。果粒受害，果皮变成铁锈色，粗糙易裂，影响产量和品质。

②发生规律

1 年发生 6 代以上。以雌成虫在老皮裂缝内、叶腋及松散的芽鳞绒毛内群集越冬。第二年 3 月中、下旬出蛰，危害刚展叶的嫩芽，半月左右开始产卵，卵散产。全年以若虫和成虫危害嫩芽基部、叶柄、叶片、穗柄、果梗、果实和副梢。10 月下旬逐渐转移到叶柄基部和叶腋间，11 月下旬进入隐蔽场所越冬。在葡萄不同品种上，发生的密度不同，一般喜欢在绒毛较短的品种上为害，如玫瑰香、佳利酿等品种。而叶绒毛密而长或绒毛少，很光滑的品种上数量很少，如龙眼等品种。葡萄短须螨的发生与温湿度有密切关系，平均温度在 29℃，相对湿度在 80％～85％的条件下，最适宜其生长繁殖。因此，7、8 月的温湿度条件最适合其繁殖，发生数量最多。

③防治要点

第一，消灭越冬虫刮老皮、清园，是集中歼灭的好方法。第二，葡萄发芽后展叶前以药剂防治。

(3)葡萄斑叶蜡蝉

①危害症状

葡萄斑叶蜡蝉又名浮尘子，以若虫与成虫聚集在叶背面刺吸汁液，被害叶片正面呈现许多失绿的小斑点，严重时正叶面发白、焦枯、早期落叶。同时，葡萄斑叶蜡蝉排泄出密密麻麻的褐色虫便堆，分布在叶片和果实上，引起霉菌发生，直接损害果实。

②发生规律

1年发生3代，5月下旬出现若虫。6月上旬发生第1代成虫。8月中旬和9—10月间为第2代和第3代成虫盛发期。葡萄整个生长季节都能受该虫危害。一般副稍管理不好，杂草多，通风差的果园发生严重。

③防治要点

冬季清园时刮除卵块，利用若虫假死性人工捕捉，成虫、若虫发生期以药剂防治。

15.6　葡萄生长发育的气象条件与田间工作

15.6.1　自芽萌动至果实收获的气象条件与田间工作

4月上中旬，萌芽期，此时枝蔓出土，应加强肥水管理和病虫防治。埋土防寒地区，扒土出蔓，待发芽后引绑上架。在芽膨大期喷一次波美5度石硫合剂，防治黑痘病、毛毡病、白腐病、根腐病、蚧壳虫等，兼防绿盲蝽。

4月下旬至5月上旬，展叶期，当新梢长出2～3片叶时，抹去副芽、不定芽及去除无用的发育枝；当新梢长出6～7片叶时，去除花少的枝，选留健壮的果枝及营养枝。坐果率低的品种，如巨峰在开花前3～5天对结果枝摘心。防治黑痘病、白粉病等，兼防绿盲蝽、金龟子、叶蝉、斑衣蜡蝉等病虫害。

5月中下旬，开花期，坐果率高的品种(如红地球)在开花后4～5天摘心，一般品种在始花初期摘心。发育枝在花期留15片叶摘心。去除穗尖、副穗，修正果穗。严格疏花，预防落花落果。花期停止灌水，注意雨后排水。落花后10天，追施促果肥及灌水。

6月，幼果期，加强病虫防治。疏粒，每穗留50～80粒。在6月底进行果实套袋，选择专用纸袋。套袋前果园视长势全面进行引绑新枝，摘除副梢。

7月，果实膨大期，防治霜霉病、白粉病、炭疽病等。视长势进行引绑新枝，摘除副梢。采收早熟品种。

8—9月，着色成熟期，加强病虫防治。摘除果穗周围遮光叶片，促进着色。采前15～20天，根据情况进行除袋。高海拔地区的套袋红地球葡萄可不解袋。采收中、晚熟品种。

10—11月，落叶期，株施农家肥25～50千克，并混入龙飞大三元生物肥1～1.5千克。喷叶面肥，促进营养回流。寒冷地区，红地球葡萄进行冬剪，并下架埋土、彻底清园。

15.6.2 葡萄落叶后的田间工作

休眠期，葡萄植株正常落叶后，到来年伤流期开始为葡萄的休眠期。至此葡萄完成一年的生长周期。叶片正常脱落后，在0～5℃低温条件下经过一个月左右，绝大部分品种即可满足其对需冷量的要求。这时，给予适宜的温湿条件，即可以正常萌芽生长。在露地栽培条件下，因受外界自然环境条件的制约，休眠期长短，地区之间差异较大，一般为130～200天之间。

12月，休眠期，清园，刮树皮，清除果园残叶、烂果，疏除病枝蔓、病僵果穗等，消灭越冬病源和害虫。进行冬季修剪。

1—3月，休眠期，病虫防治，对树干、老蔓、架杆及架壁等处斑衣蜡蝉的卵进行刮除，清除果园病虫枝。拉铁丝，上架。

第 16 章　樱桃气象服务

16.1　樱桃树的地域分布

16.1.1　樱桃树的栽培历史

樱桃是我国古老的栽培果树之一，栽培历史已达 3000 余年之久。樱桃分布在北半球温带，大多数集中分布在东亚地区。目前确定产于我国的有 70 多种，分布很广，北起辽南、华北，南至云南、贵州，西至甘肃、新疆，东至山东、江苏、浙江都有种植。甜樱桃原产于欧洲和西亚，主要集中分布于欧洲西部和美洲北部，大樱桃引入我国于 19 世纪 70 年代，由当时的传教士和侨民等带进来，此后通过不同的途径从俄国、德国、法国等国家引入种植于青岛、大连、威海等地。大樱桃经济栽培始于 20 世纪 80 年代，大面积推广始于 20 世纪 90 年代，并陆续从国外引进了近 200 个品种，在全国广泛试种及发展。我国樱桃的主要栽培地区为山东的烟台和辽宁的大连，近十年来，除山东烟台以外，陕西、四川、北京、河南、河北、甘肃、山西等地都有较大地发展。

16.1.2　陕西樱桃树的地域分布

陕西樱桃主要栽培区以陇海线为中心轴线，辐射两边，北沿以延安市以南地区，具体包括铜川、渭南、西安、咸阳、宝鸡、汉中、安康、商洛等市的 30 县（区），目前樱桃栽培面积已达 24.5 万亩，全省樱桃近期发展的总面积应以 50 万亩为宜。

16.1.3　主要栽培基地县的气象条件见附录 1.7

16.2　樱桃树的生物学特性

16.2.1　樱桃树的种类与主要品种

(1)樱桃的种类

樱桃属于蔷薇科李属樱桃亚属。目前我国栽培或作为砧木用的樱桃主要有四个种，即甜樱桃（洋樱桃、大樱桃）、中国樱桃、酸樱桃、毛樱桃，其中以甜樱桃的经济价值最高。目前我国生产上主要栽培的只有中国樱桃与欧洲甜樱桃两种。过去种植的主要是中国樱桃，也称小樱桃，而近年发展的樱桃，基本上是欧洲甜樱桃，国内称大樱桃实际是指欧洲甜樱桃。

(2)陕西樱桃主要品种

包括秦樱 1 号、红灯、波兰特、艳阳、吉美、先锋、斯坦勒、美早、萨米脱、拉宾斯、吉墨斯 1

号、美国巨红、雷尼尔、马吉特以及乌克兰系列等大樱桃。

早熟品种

①秦樱 1 号

陕西省果树研究所培育，5 月上旬成熟，成熟期比红灯早 7～10 天，果实紫红色，单果重 8 克，味甜，汁多，异花授粉，较抗裂果病。

②波兰特

法国品种，5 月上旬成熟，成熟期比红灯早一周，单果重 8 克，异花授粉，果面鲜红，品质优，较抗裂果病。

中熟品种

①先锋

加拿大品种，5 月中旬成熟，单果重 9 克，果面鲜红色，丰产性强，树势中等，异花授粉。

②马吉特

匈牙利品种，成熟期同先锋，单果重 9～10 克，果面紫红，果实硬度大，树势强旺，异花授粉。

③美国巨红

美国品种，5 月中旬成熟，单果重 10 克，果面紫红，果实硬度大，树势旺，异花授粉。

晚熟品种

①吉墨斯

匈牙利品种，5 月下旬成熟，单果重 11 克，果面紫红色，果肉硬度大，结果均匀，树势强旺，异花授粉，丰产性强。

②斯坦勒

加拿大品种，5 月中、下旬成熟，单果重 10～11 克，果面紫红色，较抗裂果病，树势强，自花授粉。

③艳阳

加拿大品种，5 月下旬成熟，果面鲜红，单果重 13 克，自花授粉，对裂果病较敏感，树势中等。

④拉宾斯

加拿大品种，5 月下旬成熟，果面红色，抗裂果，果肉硬度大，单果重 11～12 克，自花授粉，树势强，丰产，是优良推荐品种。

16.2.2 樱桃树的生物学特性

樱桃是喜光植物，为落叶乔木型。树体比较高大，大樱桃作为经济栽培，由于矮化砧木及矮化栽培技术的应用，树高一般可控制在 3～5 米，3 年开始结果，5～6 年可进入盛果期，亩产量在 500～2000 千克。樱桃的根按发生部位可分为主根、侧根和不定根。根系的呼吸强度较大，在土壤中分布较浅，多数根系分布在 5～60 厘米的土层中，最深达 1.8 米，水平扩展范围约为树冠的 2.5 倍，但主根不发达；由于呼吸强度较大，分布较浅，所以耐水性较弱，对积水非常敏感，在雨季如果发生土壤内渍水，可导致根系缺氧而腐烂死亡，同样的原因也很不耐干旱。

樱桃的芽根据着生部位可分为顶芽和腋芽，按性质可分为叶芽和花芽，中国樱桃和欧洲甜樱桃的芽都是单芽，顶芽都是叶芽，面腋芽既有叶芽也有花芽。樱桃的枝条按性质分为营养枝和结果枝两大类，营养枝上着生大量的叶芽，抽生出新的发育枝，由各级营养枝构成树体骨架和整个树冠；结果枝着生花芽，开花结果，形成产量。根据结果枝的长度分为长果枝、中果枝、短果枝和花束状果枝 4 种类型，不同类型的果枝和发育枝比例通过改善通风透光条件和树体营养水平，可以相互调整，从而实现优质、丰产、稳产。

樱桃叶缘锯齿状，每个叶柄上有 1～5 个蜜腺体，在旺盛生长季节蜜腺体能分泌出透明的蜜汁，春天树体萌芽展叶，幼叶的颜色从浅红色至淡绿色，随着叶龄增加，浅红色、淡绿色的叶片渐变为绿色，进而变为浓绿色，叶背面为淡绿色，有白色的短茸毛。樱桃的花芽为纯花芽，每个花芽有 1～6 朵花，平均约有 2.5 朵花，白色或粉红色。发育正常的 1 朵花只有 1 个雌蕊，柱头在开放 4 天之内授粉能力最强，5～6 天内仍有一定授粉能力，7 天后授粉能力很低，开花数小时后释放出花粉，花粉落到柱头上，只有具亲和性的品种花粉才能萌发，完成授粉受精过程。

樱桃花经过授粉和受精后，子房发育成果实，果实由内果皮、中果皮和外果皮三部分组成，大樱桃果实可食部分占果重 78%～98%，大大高于中国樱桃。樱桃的外表皮有许多气孔，果实成熟期遇阴雨天或雾天，水汽或雨水可通过果皮的气孔被吸进果实内，引起果实的膨大，当其膨压超过果皮的耐力时，即发生裂果。樱桃果实有两个生长高峰，即落花后和果实着色期，在硬核期果实增大缓慢。

樱桃一年中规律性地通过萌芽、生枝、长叶、开花、结果、果实发育、花芽分化、落叶、休眠等过程，完成一个生长周期。

①萌芽和开花

大樱桃对温度反应比较敏感，当日平均气温到 10℃左右时，花芽开始萌动；日平均气温达到 15℃左右开始开花，整个花期约 10 天，一般气温低时，花期稍晚，大树和弱树花期较早。同一棵树，花束状果枝和短果枝上的花先开，中、长果枝开花稍迟。同一朵花通常开 3 天，其中开花第一天授粉坐果率最高，第二天次之，第三天最低。中国樱桃的花期比欧洲甜樱桃早 15 天左右。

②新梢生长叶芽萌动期

一般比花芽萌动期晚 5～7 天，叶芽萌发后约有 7 天左右是新梢初生长期。开花期间，新梢基本停止生长，花谢后再转入迅速生长期。以后当果实发育进入成熟前的迅速膨大期，新梢则停止生长。果实成熟采收后，对于生长势比较强的树，新梢又一次迅速生长，到秋季还能长出秋梢。生长势比较弱的树，只有春稍一次生长。幼树营养生长比较旺盛，第一次生长高峰在 5 月上中旬，到 6 月上旬延缓生长，或停长，第二次在雨季之后，继续生长形成秋梢。

③果实发育

樱桃属核果类，果实由外果皮、中果皮（果肉）、内果皮（核壳），种皮和胚组成。可食部分为中果皮。果实的生长发育期较短，从开花到果实成熟 35～55 天。甜樱桃的果实发育过程表现为 3 个阶段：第一阶段为第一次迅速生长期，从谢花至硬核前。主要特点为果实（子房）迅速膨大，果核（子房内壁）迅速增长至果实成熟时的大小，胚乳亦迅速发育。第二阶段为硬核和胚发育期。主要特点果实纵横径增长缓慢，果核木质化，胚乳逐渐被胚发育所吸收而消耗，这阶段大体为 10 天。第三阶段为第二次迅速生长期，自硬核至果实成熟。主要特点是果实迅速膨大，横径增长量大于纵径增长量，果实着色，可溶性固形物含量增加。

④花芽分化

大樱桃花芽分化时间较早，在果实采收后 10 天左右便开始生理分化，而后转入形态分化。

开始形成苞片而后形成花原基，再进入花萼形成期，花瓣形成期及雄蕊和雌蕊原基形成期等 5 个时期，历时 1 个多月。在正常情况下，甜樱桃每朵花只分化 1 个雌蕊，但在夏季高温干燥时，1 朵花可以分化出 2～4 个雌蕊，第二年开花结果后，能结出 2～4 个果连在一起的畸形果。

④落叶和休眠

落叶后即进入休眠期，树体进入自然休眠后，需要一定的低温积累，才能进入萌发期。

16.2.3　樱桃树的物候期

(1)樱桃的主要物候期及标准

花芽膨大：芽开始膨大，鳞片错开，鳞片上出现颜色较浅的部分。

现蕾：膨大的花芽花萼裂开，露出花蕾顶端。

开花：

始期：全树有 5%～25%的花开放；

盛期：全树有 25%～75%的花开放；

末期：全树有 50%的花瓣凋落。

叶芽开放：叶芽从芽苞中露出卷曲的小叶尖。

展叶：开放的芽出现幼叶并开始平展。

抽梢：新梢出现长约 0.5 厘米的茎体。

新梢停止生长：新梢生长停止，顶端叶片完全展开，形成顶芽。

硬核：果实无明显增大，约半数果核逐渐木质化，刀切不易裂开。

成熟可采：半数果实具有该品种固有的大小、色泽和风味等特征。

叶变色：始期：秋季第一批叶子绿色减退开始变黄。

末期：所有的叶子完全变色。

落叶：始期：树上变黄的叶子第一批脱落。

末期：叶子几乎完全脱落。

(2)樱桃的物候期观测见附录 2.7

16.3　樱桃树栽培的气候生态条件

16.3.1　栽培对光、温、水的要求

(1)光照条件

樱桃是强喜光性的果树。樱桃在年日照时数 2600～2800 小时、日照百分率为 57%～64%的条件下生长良好。在管理条件、光照条件良好时，树体生长健壮，结果枝寿命长，花芽发育充实，花粉发芽力强，坐果率高，果实成熟早，着色度好，含糖量高，酸味少，品质佳。相反，如果光照条件差，树冠外围枝梢易徒长，冠内枝条弱，结果枝寿命短，结果部位外移，花芽发育不良，坐果率低，着色差，硬度变小，可溶性固形物含量降低，品质差，成熟晚。因此，建立樱桃园必须在光照条件良好的阳坡或半阳坡，同时采取适宜的栽植密度和整形修剪，使其通风透光良好。

(2)热量条件

樱桃理想的露地栽培区的年平均气温为 7～14℃，一年中日平均温度高于 10℃的天数为

150～200 天。大樱桃果实成熟适宜温度为 20℃左右。大樱桃果实的发育，要求日平均气温高于 10℃的有效积温为 200～300 ℃·d。果实发育期间平均气温的高低，对果实的发育速度、果实大小和果实品质等都有显著的影响。大樱桃在休眠期间，要求冬季低于 7.2℃的温度条件下，经过 900～1300 小时的自然休眠，第二年才能正常的萌芽、开花和坐果。大樱桃虽不耐低温，但过高的温度同样会造成伤害。生长季高温高湿会造成徒长，引起果园郁蔽；而高温干旱，又易使叶片早衰，植株生长发育不良，产生大量畸形花芽，来年形成畸形果。果实发育期间温度过高，果实不能充分发育，造成“高温逼熟”，成熟期提前但果个小，肉薄味酸，果实品质差。

(3)水分条件

樱桃是一种喜水又不耐涝的果树。樱桃根系分布比较浅，抗旱能力差，但其叶片大，蒸腾作用强，所以需要较多的水分供应，故有“樱桃不离水”之说。一般樱桃适于年降水量 600～800 毫米的地区生长。在气温适宜、年降水量少，但有灌溉设施的地方，樱桃不仅能够良好地生长，而且产量高、品质优。如果土壤相对含水量下降到 60%左右时地上部分停止生长，下降到 50%以下时就会引起大量落果，下降到 40%叶片发生萎蔫。

樱桃对水分状况十分敏感，既不抗旱，也不耐涝，土壤缺水或水分过多都会产生不良影响。降水或浇水过多，排水不良，造成土壤缺氧，根系呼吸不畅，使根系生长不良，严重者造成根系死亡、根茎腐烂、树干流胶，引起死枝甚至整株死亡。因此，土壤和水分管理，要为根系创造既保水又透气的土壤环境，雨涝季节注意排水，经常中耕松土。

16.3.2　栽培对土壤和其他生态条件的要求

土壤肥力和质地对樱桃的生长发育和产量、品质都有决定性的影响。樱桃树生长在土层深厚、质地疏松的砾质壤土、沙壤土、壤土或轻黏土壤中，根系发达，分布较深。在土壤黏重、透气性差的土壤上，根系发育不良，易发生根腐病、根癌病，分布层较浅，不抗旱、不抗涝、不抗风，也不抗寒，导致植株生长不良。进入盛果期的樱桃树，肥沃的土壤能够保证植株的健壮生长和稳产、丰产，应强调多施有机肥料。樱桃要求土壤 pH 值为 6.0～7.5，不耐盐碱，在碱性土壤上轻者生长不良，易感缺素症，重者死亡。

地势对大樱桃栽培也有很大影响，海拔高度、坡度、坡向及小气候都很重要。一般海拔在 400～1000 米范围内、3°～15°的坡度、风速小适宜大樱桃栽培。因为山地缓坡空气流通，光照充足，排水良好，空气湿度小，病虫害少，果实含糖量和维生素含量增多，果面色艳光洁，品质好，果实耐贮性增强。风对大樱桃栽培影响很大，严冬大风易造成枝抽条，花芽受冻；花期大风易吹干柱头黏液，影响昆虫授粉；夏、秋季的大风和暴雨，更易将树体刮断或刮歪。

16.4　樱桃树的主要气象灾害与防御

16.4.1　晚霜冻

(1)指标及特征

大樱桃开花早，遭受倒春寒冻害的几率较高。在低温的影响下，大樱桃花、果、叶细胞原生质脱水，即当温度降到 0℃以下时，花、果、叶细胞间隙的水分结冰，这些冰不断地从邻近细胞中夺取水分而导致原生质胶体物质凝固，细胞死亡。最有害的是低温之后，大樱桃的花、果、叶受到早晨阳光的直接照射，温度迅速回升，花、果、叶体内的冰迅速解冻，加速了细胞间隙的水分蒸发，从而更快地导致细胞死亡。若遭受较强低温，寒流所到之处，大樱桃树轻者花、果、叶萎蔫，生长受阻，重者花蕊发黑，果实裂落，几乎绝产。

樱桃冻害的临界低温是－20℃，在－20℃时会发生大枝冻裂而流胶，－25℃时发生大量死树。樱桃发芽期适宜的温度为 10℃，开花期适宜温度为 15～23℃，樱桃显蕾后抗寒力降低。花蕾期发生冻害的临界温度为－1.7℃，在－3℃下 4 小时花蕾会 100％受冻。开花期遇 26℃以上持续高温时，因花粉失去活力而降低坐果率。果实发育到成熟期适宜气温为 20～25℃。开花和幼果发育期冻害的临界温度为－1.1℃。

(2)防御措施

①选择适宜园址，经常发生霜冻的地区，建园要选择背风向阳、地势平缓、土肥水条件较好的地段，避开谷底、盆地和低洼地。同时要根据路、林、田、园布局，科学规划，营造防护林网。

②采用优良砧木和品种。选用萌芽、开花晚，抗霜冻能力强的优良砧木和品种，并注意搭配授粉树，以适应低温环境，避开晚霜期，预防冻害发生。这是花期防霜冻最根本、最有效的措施。

③加强土肥水管理，促进树体健壮。秋季增施有机肥和优质果树专用肥，肥后灌水；生长季根外喷施优质叶面肥，促使树体生长健壮，增加储备营养，对预防和减轻霜冻有一定的作用。

④搞好树体管理。合理整形修剪，科学疏枝留果，及时防治病虫，全面增强树体抗性。

⑤树盘覆草。用玉米秸秆、麦草、树叶和杂草等覆盖树盘，既可保墒提湿，又能阻隔冷空气入侵，对保持和提高地温，防止和减轻霜冻，效果明显。

⑥应急措施。密切关注天气预报，在霜冻出现之前，进行人工防霜，可采取熏烟、喷水、灌水等措施。熏烟不仅能提高果园气温，还可通过产生的烟幕阻止地面热量的散发而使果园气温一下降速度减缓，避免霜冻。树体喷水是在霜冻前或霜冻始期向大樱桃树上喷水，水的比热容大，水温稍高可适当提高树体温度，从而减轻霜冻。但气温过低，不可喷水。因低温持续时间长，喷水易结冰，反而加重冻害。地面灌水与喷水防霜道理一样，只不过是在霜冻前地面大量灌水，利用水的大比热容释放出热量，减轻或防止霜冻。

(3)补救措施

①对受冻的大樱桃树，喷施 1～2 次蔗糖加杀菌剂，以迅速补充营养，修复伤害，提高坐果率，促进幼果发育，减少病菌感染。

②充分利用晚茬花，抓好授粉，重点放蜂，增加果量。

③待受冻伤花、果、枝、叶恢复稳定后，及时进行复剪。将冻伤严重不能自愈的枝叶、残果剪掉，将影响光照的密挤枝、徒长枝疏除，旺梢摘心。以改善光照，节约养分，促进果实发育。

④冻后追施适量优质专用肥或速效肥，促进树体及早恢复。

⑤适当晚疏果，留好果，提高果品质量档次，弥补霜冻损失。

16.4.2 成熟期连阴雨

(1)指标及特征

大樱桃成熟初期，此时发生连阴雨，容易引发大樱桃果实开裂和烂果，造成严重损失。同时，降水过多，果园排水不良，容易造成土壤缺氧，根系呼吸不畅，使根系生长不良，严重者造成根系死亡、根茎腐烂、树干流胶，引起死枝甚至整株死亡。陕西省大樱桃成熟期在每年 5 月中旬到 6 月上旬，平均每年发生连阴雨 1 次左右，对大樱桃的着色和成熟有一定影响。

(2)防御措施

①在连阴雨天气来临前或连阴雨间隙，加大人力进行抢收，将八成熟以上的果实提前采收，降低损失。

②在连阴雨到来之前，建造塑料薄膜遮雨大棚，造成无雨小环境，防止裂果、烂果发生。

③积水果园要及时进行果园排水；对于受涝樱桃园，天晴后要及时中耕，加速土壤水分蒸发，增加土壤透气性，尽快恢复根系生机。

16.5　樱桃树病虫害与气象条件

16.5.1　主要病害与气象条件

(1)樱桃褐斑穿孔病

①发病症状

叶片初发病时，有针头大的紫色小斑点，以后扩大并相互联合成为圆形褐色病斑，直径1～5 毫米，病斑上产生黑色小点粒，最后病斑干缩，脱落后形成穿孔。

②发病规律

低温多雨利于病害的发生和流行。病原菌以菌丝体在病叶、病枝梢组织内越冬，翌年春气温回升，降雨后产生分生孢子，借风雨传播，侵染叶片以及枝梢和果实。此后，病部多次产生分生孢子，进行再侵染。病菌在 7～37℃ 均可发育，适温为 25～28℃。一般 5—6 月发病，8—9 月为发病高峰，引起早期落叶，影响来年产量。

③防治要点

一是加强果园管理，做好排灌，不积水，增施有机肥，合理修剪，注意园内通风透光；二是药剂防治。

(2)根癌病

①发病症状

该病又叫根头癌肿病，主要危害樱桃根部，根茎和茎部，一般是通过伤口(虫伤、机械伤、嫁接口等)侵入皮层组织繁殖，刺激细胞分裂，形成癌瘤。受侵部发生大小、形状不等的根瘤，初生根瘤为灰色略带肉色，质软光滑，以后逐渐变硬并木质化，表面不规则，粗糙而后龟裂。樱桃感染此病后，轻者生长缓慢，树势衰弱，结果能力下降，重者全株死亡。

②发病规律

根癌病的病源为根癌土壤杆菌，在癌瘤组织的皮层内越冬，或在癌瘤破裂脱皮时，进入土壤中越冬，在土壤中它能存活 1 年以上。雨水和灌溉水是传病的主要媒介。地下害虫和蛴螬、蝼蛄、线虫等在该病传播中也起了一定的作用。苗木带菌是远距离传播的重要途径。从病菌侵入到显现病瘤所需的时间，一般由几周到 1 年以上。林、果苗木与蔬菜重茬或果苗与林苗重茬一般发病重，特别是核果类果树苗与杨树苗(林)地重茬根癌病发生明显加多、加重。

根癌病的病原属于细菌。最适发育温度为 22℃，最高为 34℃，最低为 10℃，致死温度为 51℃，最适 pH 值为 7.3，60％的相对湿度最适合病瘤的形成。适宜的温、湿度是根癌病菌进行侵染的主要条件。病菌侵染与发病随土壤湿度的增高而增加。癌瘤的形成与温度关系密切。瘤的形成以 22℃最为适合，18℃或 26℃时形成的根瘤细小，在 28～30℃时不形成，30℃以上则几乎不能形成。

③防治要点

一是选用抗病砧木；二是禁止重茬地育苗，及时销毁发病苗木；三是定植前用放射土壤杆菌 K84（抗根癌菌剂一号）1 倍液浸根；四是及时刮治病瘤，用抗根癌菌剂一号 1 倍液浸根或涂抹伤口，1∶1 细土撒在根系周围；五是加强肥水管理，增强抗病性。

（3）流胶病

①发病症状

主要危害樱桃主干和主枝，一般 4—10 月发生，初期枝干的枝杈处或伤口处肿胀，流出黄白色半透明的黏质物。皮层及木质部变褐腐朽，导致树势衰弱，严重时枝干枯死。

②发病原因

一是病害、虫害、冻害、机械伤造成的伤口引起流胶；二是修剪过度、施肥不当、水分过多、土壤理化性状不良等，导致树体生理代谢失调而引起流胶。

③防治要点

第一，施有机肥，增强树势，防止旱、涝、冻害；第二，虫害防治，避免造成过多伤口；第三，应选择在树液流动前防治，夏季尽量减少较大的剪锯口；第四，流胶病要及时刮除，然后涂药保护。

（4）枝干干腐病

①发病症状

干腐病多发生在主干、主枝上。发病初期，病斑暗褐色，不规则形，病皮坚硬，常溢出茶褐色黏液，后病部干缩凹陷，周缘开裂，表面密生小黑点，可烂到木质部，枝干干缩枯死。

②发病规律

病菌主要以菌丝体、分生孢子器和子囊壳在病树皮内越冬，翌年春病菌靠风雨传播，从伤口、枯芽、皮孔侵入。该菌寄生力弱，具潜伏侵染特点，树势弱时发病，树势恢复后，该病则停滞扩展。

③防治要点

一是加强管理，多施有机肥料，增强树势，涂药保护伤口，防止冻害；二是及时检查并刮治病斑，刮治后涂药保护。

16.5.2　主要虫害与气象条件

（1）红颈天牛

①危害症状

该虫是危害大樱桃的主要害虫，危害面积大，极易造成树干枯死。其幼虫在蛀孔道内越冬，老熟幼虫在蛀孔道内化蛹，6—7 月羽化为成虫，产卵于主干和主枝基部翘皮裂缝中；孵化的幼虫当年只在树皮下蛀食危害，第二年开始蛀入木质部，锯末状粪便从蛀孔处排出。树干蛀食后，易流胶，削弱树势，严重时造成大枝甚至整树死亡。

②发生规律

2～3 年发生一代，以幼虫在树干隧道内越冬。春季树液流动后越冬幼虫开始危害，红颈天牛一生大部分时间是以幼虫在树干内蛀食危害。往往多头不同龄期的幼虫在同一被害处生存，但它们在各自蛀食的隧道内活动。中午成虫多静伏于枝干上。

③防治要点

第一，成虫发生前对树干和大枝涂白，以防产卵；第二，成虫发生期的中午进行人工捕捉。第三，树干及大枝上有新鲜虫粪，用刀挖除蛀道内幼虫；第四，幼虫活动期尽早采用毒棉球堵塞虫孔，或向蛀孔内注射药剂防治。

(2)金缘吉丁虫

①危害症状

该虫又叫串皮虫，初孵幼虫先在枝干的老皮层中危害，随虫体长大，深入形成层与木质部之间串食，被害树流胶，严重时整株死亡。

②发生规律

1 年发生 1 代，以大龄幼虫在皮层越冬。翌年早春越冬幼虫继续在皮层内串食危害。5—6 月陆续化蛹，6—8 月上旬羽化成虫。成虫有趋光性和假死性，产卵于树干或大枝粗皮裂缝中，以阳面居多。卵期 10～15 天。孵化的幼虫即蛀入树皮为害。长大后深入木质部与树皮之间串蛀。虫便粒粗，塞满蛀道。

③防治要点

一是发生期防治，每隔 2～3 天人工振落树上成虫捕杀；二是幼虫为害期人工挖除枝干中的幼虫；三是加强枝干保护，防止造成机械伤口，避免和减少成虫产卵；四是对失去结果能力的衰老树要刨除。

(3)金龟子类

①危害症状

金龟子种类很多，主要有苹毛金龟子，铜绿金龟子和黑绒金龟子。主要啃食嫩枝、芽、幼叶和花等器官。

②发生规律

3 种金龟子都是 1 年发生 1 代，幼虫在土壤中活动，成虫出土危害时间不同。危害甜樱桃的金龟子类害虫主要有苹毛金龟子和黑绒金龟子。

苹毛金龟子，以成虫在土中越冬，当日平均温度在 9～10℃时即出土，白天取食，主要危害花蕾、花器，傍晚入土或在背阴处潜藏，有假死性，无趋光性。5 月成虫入土产卵，孵化的幼虫取食根茎，8 月化蛹，9 月开始羽化成虫。成虫当年不出土，在蛹室内越冬。

黑绒金龟子，以成虫在土中越冬，日平均温度超过 10℃时便大量出土，成虫多傍晚交尾、取食，危害幼芽、嫩叶，白天潜伏土中，有假死性和趋光性。6 月产卵，8—9 月做土室化蛹，蛹期 10 天。

③防治要点

第一，利用金龟子的假死性，早晚用振落法捕杀成虫；第二，药剂防治。

16.6　樱桃树生长发育的气象条件与田间工作

16.6.1　自芽萌动至果实收获的气象条件与田间工作

每年 2 月份是樱桃芽膨大期，各种生理活动已经开始，大多数樱桃品种的芽体中、下部开始膨大，变为尖卵圆形。樱桃需水、需肥量开始逐渐增加。此时主要管理工作为冬季修剪和追肥。在幼树将萌芽时，解除防止抽条用的塑料条，并进行必要的补充修剪；沟施或穴施复合肥及速效化肥；施肥后浇一次水，以促进开花及芽萌发生长；对生长过旺的幼树，在浇水前可在土壤中施少量的多效唑以抑制生长，促进开花坐果；防治根癌病。

3月初樱桃芽开始萌动，进入发芽期，樱桃育苗工作开始进行。此时也是各种病虫害开始活动的初期，是樱桃病虫害防治的关键时期。中国樱桃的花期较早，约在3月中旬，大樱桃花期较晚，从3月中旬末开始开花，至4月初结束。每年由于气温变化，开花期略有提前或延迟。在这一时期，气温变化较大，樱桃的花期往往受到低温危害，花期土、肥、水管理，疏花、保花、授粉等管理工作都直接影响当年的产量和品质。

4—5月初是樱桃新梢、果实迅速生长期，也是樱桃果实着色和成熟期。此期的主要任务是促进新梢、果实生长发育，保护好果实不遭受各种自然危害。4月开花坐果及新梢生长期应做好防霜冻准备；花前和花期进行复剪，调节花芽分布，使果实靠近骨干枝；花前放蜜蜂或壁蜂，结合进行人工授粉，提高坐果率。

5月上旬大樱桃的大部分品种开始着色，成熟期在5月中旬到6月上旬。果实着色期至成熟期，是樱桃果实生长的第三阶段，即果实第二次迅速生长期，果实重量和体积迅速增大，增加的果实重量约占总重量的50%～70%。做好果实保护，促进果实生长是重中之重。同时此期也是花芽开始形成时期，采取促进花芽形成的生产措施也是工作重点之一。5月果实膨大及采收期，果实膨大期要浇小水，保持土壤不干旱、不过湿，利于根系吸收水分养分，促进果实生长；对丰产树适当追施速效肥，叶面可喷0.3%的尿素、磷酸二氢钾；人工捕捉金龟子及防治鸟害；对早熟品种适时采收，精心分级、包装后上市。

6月采收期及花芽分化期，保持土壤含水量适中，防止产生裂果；适时采收中、晚熟品种，精心分级包装上市；采收后进行追肥或灌水，恢复树势和促进花芽分化；开张枝条角度，进行夏季修剪，重点进行摘心；进行人工或化学除草，最好用秸秆等进行果园地面覆盖；要重点防治介壳虫、金龟子、天牛等害虫。6—8月份是各类病虫害发生和为害的集中时期，生产管理措施是搞好病虫防治。降水较多时注意及时排除果园积水。7月中旬以后停止追肥和新梢摘心、剪梢修剪，防止秋后新梢过旺生长。

16.6.2 采摘后的田间工作

进入秋季以后，气温逐渐降低，生长速度减缓，最后停止生长。此时叶片可以制造大量的营养用于树体营养的积累，要做好防治树体早期落叶和秋施基肥工作，提高树体营养积累水平，安全越冬。

7—9月新梢生长及花芽进一步发育期，继续进行夏剪，重点是拉枝开张角度、摘心、剪除徒长枝；清除根颈部的萌蘖，并在树干四周压土，清除杂草；挖排水沟，防止果园积涝，雨水可排到果园之外；喷波尔多液，防治叶部各种病害；防治各种食叶虫害。

10月新梢成熟及养分回流期，秋施基肥，以厩肥、土杂肥、复合肥为主，施肥方法可以与秋季土壤深翻相结合，也可采用辐射状或环状施肥；平原地区要深翻土壤，山地果园要扩穴、深翻；落叶前喷较高浓度的尿素和磷酸二氢钾，可增加枝条养分的积累；防止大青叶蝉等危害。

11—12月落叶及休眠期，落叶后清园，减少病源；清园后浇封冻水，要求浇透，以利于有机肥的分解及樱桃树安全越冬；对幼树进行修剪，而后用塑料条绑缚，同时进行地膜覆盖，保持土壤水分，提高土温，防止抽条；用涂白剂涂主干和主枝，以防冻害和杀死枝干上的越冬害虫。

1—2月休眠期，制订全年樱桃管理工作计划，介壳虫发生严重的果园或部分果树，可用刷子刷树干上的越冬介壳虫。

第 17 章　桃气象服务

17.1　桃树的地域分布

17.1.1　桃树的栽培历史

桃树原产于中国西北黄土高原，是中国最古老的果树树种之一，已有 4000 多年的栽培历史。在我国的《诗经》、《尔雅》、《魏风》等书中均有桃的记载。

桃树喜光耐旱，适应性强，栽培容易，分布较广，遍及在纬度 25°～45°之间几乎所有的国家和地区。我国桃树种植主要分布在西北、华东、华北、西南和东北桃产区。陕甘地区早春升温快，昼夜温差大，气候干燥，病虫害较少，发展早、中、晚熟品种都有优势。桃树结果早，受益较快，近年来发展迅速。

17.1.2　陕西桃树的地域分布

陕西桃树种植多集中在关中地区，截至 2009 年种植面积 42.1 万亩，产量达 44.1 万吨。

17.1.3　主要栽培基地县的气象条件见附录 1.8

17.2　桃树的生物学特性

17.2.1　桃树的种类与主要品种

(1)桃的种类

桃属蔷薇科李属桃亚属植物。我国桃的品种十分丰富，栽培品种约有 1000 个左右，根据品种起源、适应性及地理分布一般将桃划分为南方系、北方系和南欧系三大品种群。

生产上常见的有普通桃(包括栽培桃和毛桃)、山桃、甘肃桃、新疆桃等品种。普通桃有蟠桃、油桃和寿星桃三个变种。

(2)陕西桃主要品种

早熟品种

①庆丰(北京 26 号)

树势健壮，树姿半开张，结果枝花芽着生节位较低，花芽耐寒力强，花粉多，坐果率高，丰产。果实长圆形，平均单果重为 130～150 克。果面底色淡黄绿色，阳面有红色或深红色细点状晕，茸毛稍多，肉质柔软多汁，味甜。果皮稍厚，比较耐贮运。关中地区 6 月中旬成熟，冬季休眠期需冷量 850 小时。

②雨花露

树势健壮，树姿开张，复花芽多，产量中上等。果形较大，平均单果重 125 克，果面底色乳黄，果顶有淡红细斑点，果肉乳白色，柔软多汁，风味香甜，品质中上。关中地区 6 月中旬成熟，冬季休眠期需冷量为 750～850 小时。

③西农早蜜桃

树势强健，以中、长果枝结果为主，花芽形成良好，丰产性强。果实圆形，平均果重 85 克，果面底色白黄，1/2 以上着鲜红色。陕西杨凌成熟期为 6 月 10—13 日。

中熟品种

①大久保白桃

自然实生种，全国各产区普遍栽植的优质丰产中熟品种。树势中等偏弱，树姿开张，多复花，花粉多，是很好的授粉品种，自花结实力强，坐果率高，丰产性好。果实近圆形，果面浅黄绿色，阳面有红晕，平均单果重 135～270 克。果肉乳白色，肉硬溶质，风味香甜，品质上乘。关中地区 7 月中下旬成熟。幼树抗寒力稍弱，花芽抗寒力强。冬季休眠期需冷量为 850～900 小时。

②白凤

树势中等，树姿半开张，复芽多，结果率高，多丰产。果形近圆形，阳面有红霞，果色艳美，平均单果重 230 克。果肉浅黄白色，柔软多汁，较耐贮运。陕西渭北 7 月中下旬成熟。花芽抗寒力强，抗病力稍弱。冬季休眠期需冷量为 850 小时。

晚熟品种

①颐红水蜜

北京颐和园育成的优良晚熟品种。树势较强，丰产性好。果实扁圆或圆形，底色浅绿色，果面浓红，光亮美观，果形极大，平均单果重 357 克，肉质脆嫩，含糖量高，品质上乘，较耐贮运。果实成熟于 9 月上旬。

②秀峰

油桃品种之一，幼树长势强，易直立，树冠开张。平均单果重 230 克，肉质好，酸味少，风味良好。易裂果，应套袋栽培。果树成熟于 9 月上旬。

17.2.2　桃树的生物学特性

桃树是喜光性小乔木，干性弱，树冠较低，叶面积大，进入结果期早。一生可分为幼树期、初果期、盛果期、结果后期和衰老期 5 个生物学年龄时期。幼树期指从定植到第一次开花结果，一般为 3 年，以营养生长为主；从第一次开花结果到有一定的经济产量为止，为结果初期，一般为 4～6 年；结果盛期一般为 7～20 年，其特点是结果多，生长缓和，树冠、根系发达，果品品质表现较好；结果后期一般为 15～25 年，长势弱，坐果量少；衰老期生长衰弱，树冠残缺不全，果枝稀少，果实品质低劣，根系大量死亡。

桃为浅根性树种。根系由主根、侧根构成的骨干根和须根组成。大部分呈水平状分布，一般分布在 20～60 厘米土层。根系具有固定树体，吸收、合成、分泌、贮藏水分、养分，形成根菌的多种功能。地温 4～5℃时，根系开始活动；15～20℃时，为根系生长活动的适宜温度；地温超过 30℃时，停止生长。

桃芽分叶芽和花芽。一个节上着生 1 个花芽或叶芽的为单芽，着生 2 个以上芽的为复芽，复芽有1个叶芽和数个花芽，长果枝上复芽多，短果枝上单芽多。叶芽瘦小，枝条顶芽均为叶芽，只抽生枝头；花芽为纯花芽，两性花，芽体肥大呈圆锥形，着生于叶腋间，先于叶芽开放。桃芽具有早熟性，即当年的芽即可萌发成二次枝、三次枝、四次枝。同时，当年抽生的枝头均可形成花芽。

桃枝梢由于生长势强弱在生长季中可形成叶丛枝、徒长性结果枝、长果枝、中果枝、短果枝及花束状结果枝、单芽枝等不同类型的枝条，并随树龄、树势、栽培条件而有变化。

桃树花芽比叶芽萌发早，大部分品种能自花结果，且结实率高，有些品种则须配授粉树。桃花在10℃以上才能授粉受精，结实率与花期温度有关，温度高则结实率高。桃花为粉色或桃红色，随开花进程而变化。

果实发育可分为迅速生长期、缓慢生长期(硬核期)、果实迅速增大增重期三个时期，采前10～20天，果实体积和重量增长迅速，而后随着果实的着色成熟生长开始停止。桃果的颜色尤其果肉的颜色，是决定某些品种品质的重要因素。

17.2.3 桃的物候期特征

(1)桃的主要物候期及标准

花芽膨大：树枝上花芽鳞片开始分离，露出浅色部分。

显蕾：膨大的花芽花萼裂开，露出花蕾顶端。

开花：始期：第一批花朵开放，雄蕊露出花药，雌蕊露出柱头；

盛期：全树半数以上的花朵开放；

末期：多数花朵凋落。

叶芽开放：叶芽从芽苞中露出卷曲的小叶尖。

展叶：开放的芽出现幼叶并开始平展。

抽梢：新梢出现长约0.5厘米的茎体。

新梢停止生长：新梢生长停止，顶端叶片完全展开，形成顶芽。

硬核：果实无明显增大，约半数果核逐渐木质化，刀切不易裂开。

成熟可采：半数果实变软，并出现该品种的标准颜色。

叶变色：秋季树上叶子绿色减退并开始变黄。

落叶：树上变黄的叶子开始脱落。

(2)物候期观测见附录2.8

17.3 桃树栽培的气候生态条件

17.3.1 栽培对光、温、水的要求

(1)光照条件

桃属喜光性很强的树种，光合作用最旺盛的季节是5、6月份，光合强度随着叶龄的增加而增大。就单株桃树来说，树冠上部枝叶过密，极易造成下部枝条枯死，造成光秃现象，结果部位迅速外移，光照不足还会造成根系发育差、花芽分化少、落花落果多、果实品质变劣的后果。

(2)热量条件

桃树对温度的适应范围较广。从平原到海拔3000米的高山都有分布，年平均温度在12～

17℃的地区，均能正常生长发育。桃的生长最适温度为 18～23℃，果实成熟期的适温为 25℃左右。桃树生长期温度过低或过高会影响桃树的正常生长，温度过低树体发育不正常，果实不易成熟；温度过高，果实容易被灼伤，品质下降，南方品种群较耐高温。桃树冬季须有一定时间的低温才能正常通过休眠阶段，通常以≤7.2℃以下的小时数计算，称为需冷量或需寒度。桃树的需冷量因品种而异，一般为 750～1250 小时，北方品种群的大部分品种比南方品种群的品种需冷量高。如果冬季 3 个月的平均气温在 10℃以上，翌年春萌芽期开花期会参差不齐，甚至引起花蕾枯死脱落，影响坐果，造成减产；桃树在不同时期的耐寒力不一致，休眠期花芽在－18℃的情况下受冻；桃树根的耐寒力较弱，冬季 1—3 月能抗－10～－11℃的低温，3 月下旬耐寒力降低，低于－9℃即受冻；果实成熟期需要较高的温度，生长期月平均气温在 18.3℃以下，则果实品质较差，达到 24.9℃则产量高、品质好。

(3)水分条件

桃树需水量较低、耐旱力较强，以年降雨量 500～600 毫米为最适宜。当土壤含水量为最大田间持水量的 20%～40%时生长良好，15%～20%时叶片出现凋萎现象。桃树虽耐旱，但关键生育期仍需充足的水分。特别是在春季硬核初期及新梢迅速生长期如遇干旱缺水，则会影响枝梢与果实的生长发育，并导致严重落果；果实膨大期干旱缺水，会引起新陈代谢作用降低，细胞体积增大受到抑制，同时叶片的同化作用也受到影响，减少营养的积累。同时，桃树也属极不耐涝树种，桃园连续积水 5 天左右，桃树就发生萎蔫，甚至死亡。雨量过多，易使枝叶徒长，花芽分化质量差，数量少，果实着色不良，风味淡，品质下降，不耐贮藏。

17.3.2　栽培对土壤和其他生态条件的要求

桃树对土壤的要求不严，但以排水良好、土层深厚、通透性强的沙质壤土为最适宜。如沙性过重，有机质缺乏，保水保肥能力差，生长受抑制，花芽虽易形成，结果早，但产量低，且寿命短；在黏质土或肥沃土地上栽培，树势生长旺盛，进入结果时期迟，容易落果，且容易发生流胶病和根腐病；土壤的 pH 值在 4.5～7.5 为宜，pH 低于 4 或超过 8 时，则生长不良，在偏碱性土壤中，常因缺铁而发生黄叶病，特别在排水不良的土壤更为严重。桃树对土壤的含盐量很敏感，含盐量在 0.14%以上时即受害，含盐量达 0.28%以上时则会造成死亡。

桃园应建立在交通方便、地势高爽、光照充足、土层深厚、排水良好、便于灌溉的地方。

17.4　桃树的气象灾害与防御

17.4.1　花期冻害

(1)指标及特征

桃树开花较早，早春气候多变，“倒春寒”、大风沙尘等天气共同作用常对果树花期产生严重影响。花芽在萌动后的花蕾变色期受冻温度为－6.6～－1.7℃，开花和幼果期的受冻温度分别为－2.0～－1.0℃和－1.1℃。花芽是营养生长和生殖生长的雏形，受冻花芽髓部及鳞片基部变褐，严重时花芽干枯死亡；花朵受冻害后，花瓣早落，柱头发黑干枯，不能进行正常的授粉受精，坐果率降低。从花芽受冻的总体情况看，徒长树的花芽受冻率高于中庸偏弱树，长果枝的花芽受冻率多于中、短果枝，一般枝条上端的花芽受冻率低于中下部，背风处果树花芽冻害轻于迎风坡，早中熟品种花芽冻害较晚熟品种花芽冻害轻。2007 年 3 月 31 日—4 月 4 日，陕西省出现了一次强寒潮、大风和沙尘天气过程，过程平均降温幅度普遍在 10℃以上，4 月 3 日关中地区最低气温 0.5～－3.5℃，此次强寒潮降温过程对正处于初花—盛花期的桃树产生了严重影响，果花受冻率达 60%左右。

(2)预防措施

①采取熏烟、灌水或喷水改善小气候。早春尤其是花期和幼果期注意收听天气预报，在霜冻前 2～3 天开始浇水或树体喷水，以提高土壤湿度，增加土壤热容。霜冻来临时，可在夜间熏烟，以减少地面辐射热的散发，驱除冷空气，烟粒还可以吸收空气中的湿气，加热周围的空气。

②合理栽培，加强管理。建园时要避免在河滩上、低洼处及风口处建园，尽量选择地势高、丘陵区土层深厚的地块建园。生长期加强肥水管理，提高树体营养贮藏，生长季喷施叶面肥，果实采收后及时追施有机肥。

③合理修剪。减少树体内养分和水分的消耗，注重生长季的修剪。运用疏枝、捋枝、摘心、拉枝等技术，控制枝条徒长，使枝条发育充实，提高抗寒能力。

(3)冻害后的补救措施

①对受冻较轻的果花进行 1～2 次授粉或进行果园放蜂，同时，喷施 0.6%蔗糖水和 0.2～0.3%的硼砂等，减轻冻害，提高坐果率；受冻树要严格疏花疏果，合理负载、调节树体营养分配。

②及时清理受冻花、叶、枝，加强肥水管理，增强树势。

③加强病虫防治。果树受冻后，抵抗力较低，常诱发多种病害，如褐腐病、细菌性穿孔病等，应及时防治。

17.4.2 春夏季连阴雨

(1)特征

春夏季连阴雨对桃树生长结果的危害主要表现为在光照不足，排水不良，引起枝梢徒长，落花落果，引起早衰、叶薄、色淡。陕西桃树种植区春夏两季的连阴雨发生次数为 1～2 次。

(2)预防及补救措施

第一，要及时清淤，疏通排水沟，保证雨后园中无积水。

第二，按照"自然开心形"的树形，进行拉、压、疏、拿等工作。行间留有 50 厘米的通风透光带，保持独立树冠；适当剪除树冠下部枝叶，提高树冠通风透光条件；疏去过多过旺的营养性春梢，疏除密生枝、徒长枝，剪除果前梢，其余枝梢长至 50 厘米时摘心。

第三，少施或不施氮肥，增施磷、钾肥及叶面肥，如硼砂、磷酸二氢钾；勤施薄施速效肥，注重根外追肥。

17.5 桃树病虫害与气象条件

17.5.1 主要病害与气象条件

(1)桃褐腐病

①危害症状

该病也称灰霉病，主要危害花、叶、枝梢及果实，以果实受害最重。幼果受侵染后，初为暗绿色凹陷病斑，使幼果凹凸不平，僵缩而停止生长，发病重时引起大量幼果脱落；可采成熟果发病时，在果顶部先出现褐色凹陷腐烂病斑，初始仅危害果面，严重影响外观品质，加重时使全果快速软腐，并长出鼠灰色霉层，不久在病部长出黑色块状菌核。

②发病规律

病菌的适宜温度为 20～24℃，整个生育期中开花期和果实成熟期是两个病菌易感时期。3 月上中旬桃树花期的连绵春雨和高湿、较低温最容易诱发灰霉病流行，造成大量花腐烂脱落；坐果后果实逐渐膨大，很少发病，果实近成熟或成熟期，遇阴雨天气即可发生严重危害，造成大量烂果。

③防治要点

农业防治：桃树落叶后及时进行整枝修剪和刮除粗皮及胶状物，清理树冠中的残枯枝、僵果和干叶，然后清除全园枯枝落叶和僵果，并集中烧毁；注意树形、树势培育，加强整枝修剪，改善通风透光条件，降低田间湿度。

药剂防治：冬季清园后选择晴天用百菌敌 300 倍液或波美 5 度石硫合剂加 0.5％五氯酚钠对全园树冠和地面仔细喷布，以清除越冬病源；花前喷 1～2 次药剂预防，可使用 50％多菌灵可湿性粉剂 500 倍液或 70％甲基托布津可湿性粉剂 800 倍液等。

(2)桃疮痂病

①危害症状

主要危害果实，其次危害枝梢和叶片。果实发病开始出现褐色小圆斑，以后逐渐扩大为 2～3 毫米黑色点状，病斑多时汇集成片，形成暗灰色以至黑色的痣状物或疮痂状。由于病菌只危害病果表皮，造成果面粗糙，并常发生龟裂；枝梢发病初期产生褐色圆形病斑，后期病斑隆起，颜色加深，有时出现流胶现象；叶片发病多在叶背面叶脉之间，病斑多为角形或不规则形，由灰绿色变为暗绿色、褐色或紫红色，最后病斑枯死，脱落穿孔，严重造成落叶。

②发病规律

多雨潮湿的春季及初夏发病严重，潮湿是病菌传播的必需条件。病菌在枝条的病部或芽鳞中越冬，翌年春借风雨传播。潜伏期约 40～70 天，北方一般 6 月开始发病，7—8 月为发病盛期，中晚熟品种受害较重。病菌侵染的最适温度是 19～28℃。

③防治要点

农业防治：避免在低洼、易积水的地方建园；通过修剪整枝改善桃园通风条件，降低湿度；结合修剪剪除病枝，集中烧毁。

药剂防治：春季谢花后 2～4 周内为防治关键期，发芽前喷波美 5 度石硫合剂，发芽后的 5—6 月份，每隔半个月可喷波美 0.3 度石硫合剂、500 倍代森锌(65％可湿性粉剂)或 600～800 倍百菌清 1 次。

(3)细菌性穿孔病

①危害症状

主要危害叶片，在桃树新梢和果实上均能发病。叶片背面最初呈现水渍状并有黄晕小圆斑，病斑逐渐扩大成圆形或不规整形病斑，颜色变为红褐或黑褐色，以后病斑干枯、脱落、穿孔，严重时病斑相连，造成早期落叶，影响花芽分化和第二年结果。枝条发病分为春季溃疡和秋季溃疡。春季溃疡发生在上一年夏季发出的枝条上，夏季溃疡多于夏末发生在当年生的嫩枝上；果实发病，最初果实上先发生淡褐色水渍状小圆斑，稍凹陷，以后病斑稍扩大，天气干燥时病斑开裂，裂纹处容易被其他病菌侵染，造成腐烂，严重影响桃果品质和产量。

②发病规律

病菌发育最适宜的温度为25℃，最低温度为7℃，最高温度为38℃。病害一般在4、5月间出现，温暖阴湿、雨水频繁有利于病菌的侵染和繁殖，夏季干旱时病势进程缓慢，到雨季发病严重。秋雨多的年份常造成晚期侵染，以后形成春季溃疡，对桃树危害更大。若受害严重，常引起早期落叶，降低树体当年的营养贮藏，严重影响晚熟品种果实的产量和质量，并增加翌年病情的基数。

③防治要点

农业防治：冬季结合修剪清除病枝，彻底清扫枯枝、落叶、落果及枯草等，集中烧毁，以消灭越冬病源；注意果园排水，合理修剪，使果园通风透光良好，降低果园湿度；增施有机肥料，避免偏施氮肥，使果树生长健壮，提高抗病能力。

药剂防治：重点放在前期防治春季初侵染和再侵染。桃树发芽前喷波美3～5度石硫合剂。5月末至6月末喷65%的可湿性代森锌300至500倍液1～2次。喷硫酸锌石灰液也有良好防治效果，配方为1：4：190～240的硫酸锌、消石灰、水混合。

17.5.2 主要虫害与气象条件

(1)梨小食心虫

①危害症状

春、夏发生的幼虫主要危害桃树新梢，多从上部叶柄基部蛀入髓部，向下蛀至木质化处便转移，蛀孔流胶并有虫粪，被害嫩梢渐枯萎，俗称“折梢”；夏、秋发生的幼虫主要危害果实，幼虫蛀入直达果心，高湿情况下蛀孔周围常变黑腐烂渐扩大。

②发生规律

梨小食心虫一般在雨水多的年份产卵数量多，危害严重，干旱年份则较轻。在北方地区1年发生3～4代。以老熟幼虫在树体粗皮裂缝中结茧越冬。翌年4月份化蛹，羽化为成虫后，在桃叶上产卵。桃果主要受第2、3代危害，第2代成虫盛发在6月初，主要危害早中熟桃，第3代成虫高峰期在7月初，主要危害晚熟桃。成虫白天多静伏在枝、叶、杂草等隐蔽处，黄昏后活动，对糖醋液及黑光灯有强烈的趋性。一般完成1代约需30～40天。

③防治要点

农业防治：冬春至萌芽前刮除老皮、翘皮中的越冬幼虫，集中烧毁；1、2代幼虫危害桃梢时，及时剪除虫梢并烧毁。物理防治：利用害虫的趋性，采用糖醋、黑光灯和梨小食心虫性诱剂诱捕。生物防治：以梨小食心虫诱芯为监测手段，在蛾子发生高峰后1～2天，人工释放松毛赤眼蜂，每公顷150万头，每次30万头/公顷，分4～5次放完，可有效控制梨小食心虫为害。药剂防治：在每代成虫羽化和产卵盛期喷药，可用1000倍的50%杀螟松乳剂、50%对硫磷，3000倍的2.5%溴氰菊酯乳剂、20%杀灭菊酯乳剂和10%二氯苯醚菊酯乳剂。

(2)桃蚜

①危害症状

桃蚜以成虫或若虫群集叶背或嫩梢先端吸食汁液。为害的嫩叶皱缩扭曲，影响枝梢生长和果实发育，危害严重时，影响桃果产量及花芽形成，并削弱树势。

②发生规律

桃蚜在我国北方1年发生10余代。卵在桃树枝条间隙及芽腋中越冬，翌年3月中下旬开始孤雌胎生繁育，新梢展叶后开始危害。繁殖几代后，于 5 月份开始产生有翅成虫，6—7 月份飞迁至第二寄主，到 10 月份再次飞回桃树上产卵越冬。桃蚜发育的起点温度为 4.3℃，在 15～17℃时增殖最快，相对湿度在 40%以下和 80%以上均不利桃蚜的生长繁殖。春暖早，雨水均匀的年份，有利于桃蚜发生；初夏时节为此虫繁殖盛期，危害最重。

③防治要点

农业防治：合理整形修剪，加强土肥水管理，清除枯枝落叶、剪除被害枝梢集中烧毁。物理防治：桃蚜对白色和黄色有趋性，可在桃园设置黄色器皿或挂黄色塑料布，涂上黏胶诱杀。生物防治：保护和利用天敌如瓢虫、食蚜蝇、草蛉、蜘蛛等，尽量避免在天敌多时喷施对天敌有害的药剂。药剂防治：在桃树萌芽期和蚜虫发生期，喷 10%吡虫可湿性粉剂 4000～5000 倍液或 50%马拉硫磷乳油 1000 倍液，也可喷施 0.3%苦参碱水剂或 10%烟碱乳油 800～1000 倍液。

17.6　桃树生长发育的气象条件与田间工作

17.6.1　自芽萌动至果实收获的气象条件与田间工作

萌动期。陕西省桃树的萌芽期一般出现在 3 月上中旬，在果树萌芽前应及时追肥浇水，以保障桃树开花、新梢抽发及幼果期养分供应，施肥量因树势强弱和基肥用量不同而异，约占氮磷年施肥总量的 15%～20%；桃树萌芽前，喷布药剂消灭越冬蚜虫、桑白蚧等害虫以及褐腐病、穿孔病、疮痂病的初侵染源。

开花期—坐果期。桃树开花期的适宜温度为 12～14℃，陕西关中桃树花期一般出现在 3 月下旬—4 月上旬初。早春气候多变，“倒春寒”、大风沙尘及低温阴雨寡照天气常对果树花期产生严重影响。此时段果园管理应以保花保果为重点，对无花粉的品种，种植时配授粉树，同时在不良气候情况下要进行人工授粉和果园放蜂。在盛花期喷施花粉、蔗糖、硼砂和水的混合液，可有效提高果花授粉受精及坐果率；自花蕾膨大开始疏除弱枝、弱花及预备枝上的花蕾。盛花期可疏除全树总花量的 30%～40%，倒春寒发生时，适当减少疏花数；谢花后 15～20 天浇小水，可减少生理落果；疏果有增大果实、提高品质、减少树体营养负担和病虫危害、促使梢果生长平衡，达到丰产、优质、节省劳力和成本的作用。疏果一般分 2 次进行，第 1 次在花后 25～30 天，第 2 次疏果在套袋前进行，疏果量根据品种、树势、肥水条件及气候等因素灵活掌握；谢花后 10～15 天，选用杀螨剂、杀虫剂、杀菌剂混配后施药，防治卷叶虫、梨小食心虫、绿盲蝽、红蜘蛛、穿孔病、疮痂病等。及时剪除病虫梢，摘除卷叶、包叶并集中深埋。

果实生长期。果实套袋可防止病虫危害，促进果面光洁、成熟一致、果皮柔软和提高商品价值。套袋时间可根据桃果实主要病虫害的发生规律和桃品种特性确定，一般应在 5 月下旬—6 月上旬生理落果基本结束时进行，应避开梨小食心虫和桃蛀螟等害虫的产卵期，套袋前要均匀喷布一次杀菌杀虫剂；夏季桃树生长量大，枝叶繁茂，容易郁闭，影响通风透光，病害严重，消耗营养。应及时进行夏剪，抹除徒长枝、过密枝，疏除直立枝、强旺枝和延长枝，促进果实生长。增施壮果肥，以钾为主，约占氮磷年施肥总量的 20%～25%，早熟种在生理落果基本停止后施，中熟品种在 5 月下旬施，迟熟品种在 6 月上旬施。对于树势弱、结果多的桃树最好在采果前 20 天左右增施壮果肥，有利于果实膨大，提高品质。6 月中下旬高温天气易对果实产生灼伤，宜采用树冠喷水、果园浇水、果园行间覆草等方法调控果园小气候，缓解高温危害；夏季暴雨、冰雹等强对流天气频发，桃树根系呼吸活动要求土壤含氧量保持10%左右，如桃园积水，易造成根系腐烂、枝叶黄化、落果增多，甚至植株死亡，因此暴雨后应注意排除园内积水。

果实采收期。陕西早熟桃一般成熟于6月中旬至6月下旬，中熟品种成熟于7月中下旬，晚熟品种成熟于9月上旬至中旬。果实采收前为促进着色，应及时摘袋，并疏除果实周围的过密枝和贴果叶片，硬肉桃于采前10天左右摘袋，软肉桃于采前7天左右摘袋。采收桃果应在晴天早上或傍晚进行，根据成熟度分批采收，轻采轻放，采收装箱的果实应尽快销售或进行贮藏前处理。

17.6.2　采摘后的田间工作

桃树在采果后正是花芽开始分化形成的关键时期，此时期管理水平的高低直接影响着翌年花芽的数量和质量，是第2年高产和丰产的保证。因此，桃树采果后要精心管理，才能为翌年桃果的丰产打下基础。

果实采收后施肥可有效提高树体贮存的营养水平。采果后本着“早、全、足、广”的原则进行施肥。一般以有机肥为主，适量掺入氮、磷、钾复合肥。同时全园喷布药剂防治叶部病虫害，减轻叶片早期脱落，提高光合效能和树体营养贮存，保证有充足的养分供给花芽分化，为翌年丰产奠定基础。

要掌握“宜早宜轻”的原则，在采果后即可修剪，主要剪除树冠内的病虫枝、交叉枝、重叠枝、细弱枝、下垂枝，短截顶部的徒长枝，减少树体养分的损失，提高花芽质量，枝条修剪伤口要及时消毒保护。修剪完毕后，彻底清园，将枝条带出果园集中烧毁，减少病源基数。

冬季进行果园深翻改土，增强土壤通透性，促进根系生长，减少越冬病虫基数。深度依树龄、土质而定，一般为40厘米左右。

入冬前灌封冻水，根据土壤墒情，水量要足，要湿透干土层。浇冻水不宜太晚，不得迟于11月中旬。充足、及时的灌水有利于树体对养分的吸收，并能有效防止抽条。

第 18 章　核桃气象服务

18.1　核桃树的地域分布

18.1.1　核桃树的栽培历史

核桃原产于亚洲西部的伊朗，在我国的栽培历史十分悠久。公元前 10 世纪传入亚洲西部、地中海沿岸国家及印度，后在汉代张骞出使西域时传入我国。核桃在我国分布十分广泛，从辽东半岛到云贵高原，从东部沿海到新疆边塞，涉及北京、天津、辽宁、河北、山东、山西、陕西、甘肃、新疆、四川、湖北、湖南、安徽、江苏、云南、贵州、广西等多个省(区、市)。

18.1.2　陕西核桃树的地域分布

陕西核桃主要分布和发展区域是秦巴山区和渭北，以黄龙、宜君、洛南为中心，辐射带动包括黄龙、宜君、洛南、宁强、陇县、镇坪、宁陕、平利和山阳 9 个重点县。陕西核桃种植面积截至 2009 年约 463 万亩。

18.1.3　主要栽培基地县的气象条件见附录 1.9

18.2　核桃树的生物学特性

18.2.1　核桃树的种类与主要品种

(1)核桃的种类

核桃的种类多达 20 余种，在我国主要有普通核桃、铁核桃、野核桃、核桃楸、麻核桃、黑核桃和吉宝核桃 7 种。但作为栽培的只有普通核桃和铁核桃两种。

(2)陕西核桃的主要品种

①香玲

树势中等，树姿直立，树冠呈半圆形，分枝力较强，为中熟品种。坚果卵圆形，基部平，果顶微尖。中等大，纵径、横径、侧径平均 3.3 厘米，单果重 12.2 克。壳面光滑美观，壳厚 0.9 毫米左右。内皱壁退化，易取整仁。核仁充实饱满，出仁率 65.4%。核仁乳黄色，味香而不涩。该品种适应性较强，盛果期产量较高，大小年不明显。较抗寒、耐旱，抗病性较差。适应在山丘土层较深厚和平原林、粮间作栽培。

②中林 5 号

树势中庸，树姿较开张，分枝力强，枝条节间粗而短，树冠长椭圆形或圆头形，为早熟品种。适于在肥水较好地区栽培。坚果圆形，果基及果顶均较平，纵径 4.0 厘米，横径 3.6 厘米，侧径 3.8 厘米，平均单果重 13.3 克。壳面光滑，色浅，缝合线较窄而平，结合紧密，易取整仁，出仁率 58%。核仁充实、饱满，纹理中色。

③鲁光

树姿较开张，树干银灰色，树冠呈半圆形，新梢绿褐色，母枝褐色，叶片浓绿色。树势较强，以中长果枝结果为主。果实为长椭圆形，黄绿色，茸毛少，果柄中短，青果皮较薄。坚果略长圆球形，外形美观，浅黄色，果基圆，果顶微尖，壳面刻沟较浅，较光滑，缝合线不易开裂。核壳较薄，取仁易，可取全仁。内种皮黄色，无涩味，核仁饱满。平均单果质量 14.5 克，品质优。

④陕核 5 号

树势强健，生长旺盛，树干直立，树姿开张，成枝力、萌芽力均较强。果实卵圆形，壳面光滑，壳薄，核仁色浅，风味甜香，平均单果重 12.29 克，平均出仁率 56%。

⑤辽核 1 号

分枝能力强，坚果形圆，单果重 9.4 克，壳面较光滑，缝合线微隆起，结合紧密，壳厚 0.9 毫米，易取整仁，出仁率 59.6%，核仁黄白色，味香，充实饱满。

⑥秦核 1 号

树势强健，坚果表面光滑，单果重 14.3 克，果壳厚 1.1 毫米，果仁饱满，出仁率 53.3%。产量高且稳定，核仁品质好，树体对自然条件的适应性强。

18.2.2　核桃树的生物学特性

核桃属胡桃科，落叶乔木，芽具鳞，小枝髓部呈薄片状分隔。树皮灰色，幼时光滑，老龄时有纵裂。单数复叶，小叶为对生，小叶形状为椭圆型，叶边缘有的光滑，有的有锯齿。雄花呈柔荑花序，花芽萌发后形成雄花序，多长在一年生枝条的中部或中下部，数量不等，单生或叠生；雌花芽着生于枝条顶端 1～3 节，花芽为混合芽，芽体肥大，圆形，鳞片紧包，芽萌发后抽生结果枝，开花结果。一般情况下，雌花芽和雄花芽的花期不一致，所以栽培时要考虑授粉问题，应该有两个以上的品种搭配，这样结果才多。核桃的雌花柱头不分泌花蜜，故无蜜蜂或其他昆虫来传花粉，而靠风媒。花粉的寿命并不长，大约只有 2～3 天。果实的外果皮由总苞及花被发育而成，肉质光滑或有小突起，被绒毛，完全成熟时常不规则开裂，每个果实一般有种子 1 枚，极少数出现 2 枚；内果皮骨质，表面有不规则的刻沟或近于平滑；果核内不完全室 2～4 个，壁内及隔膜内常具空隙；种皮膜质，极薄，子叶肉质，富含脂肪和蛋白质。

核桃树寿命长，几百年老树仍能结果。根据树体的发育特点，可将其划分为四个时期：一是从苗木定植到开花结果之前这段时期称为生长期。晚结实核桃一般 5～8 年，早结实核桃 3～4 年，这一时期树体生长旺盛，是积累营养物质的重要时期。二是从开花结果到大量结果以前这段时期称为生长结果期，大概 10～20 年。这段时期结果量增多，树体稳定。三是盛果期，盛果期主要特征是果实产量逐年达到高峰，并持续稳定，一般 20～25 年进入盛果期，是核桃树一生中产生经济效益最大的时期。四是衰老更新期，这一时期的特点是果实产量明显下降，骨干枝开始枯死，后部发生更新枝，表明进入了衰老更新期，一般 80～100 年开始，这段时期当树势明显下降，产量递减时，可以通过采取老树复壮措施进行改造，提高产量。

陕西的核桃 4 月中下旬进入花期。5 月初至 6 月初，进入迅速生长期，此间核桃果实的体积和重量迅速增加。6 月初至 7 月初，核桃进入硬壳期，此时果实大小基本定型，营养物质迅速积累。7 月上旬至 8 月下旬，核桃果实进入油脂迅速转化期，此时果实大小定型后，核仁不断充实饱满。8 月下旬至 9 月上旬后，核桃进入果实成熟期。

18.2.3　核桃树的物候期

(1)核桃的物候期及标准

芽膨大：芽开始膨大，鳞片错开，鳞片上出现颜色较浅的部分。

芽开放：芽进一步膨大，鳞片裂开，顶端幼叶露出了绿色的叶尖。

展叶：始期　开放的芽出现 1～2 片幼叶并开始平展；

　　　盛期　半数树枝上的叶片完全平展。

雄花开放：花序上小花开放，散出花粉，花序松散下垂。

雌花开放：圆卵形花芽开放，柱头两裂，呈羽毛状突起并反曲。

可采收期：半数果实总苞皮色由绿变黄，个别果实脱落。

叶变色：始期　秋季第一批叶子绿色减退开始变黄；

　　　　末期　所有的叶子完全变色。

落叶：始期　树上变黄的叶子第一批脱落；

　　　末期　叶子几乎完全脱落。

(2)核桃的物候期观测见附录 2.9

18.3　核桃树栽培的气候生态条件

核桃树适应性较强。然而，它对适生条件的要求比较严格。生态条件超越时虽能生存，但往往生长结实不良，产量低、坚果品质差，不能形成产量，没有经济效益。

18.3.1　栽培对光、温、水的要求

(1)光照条件

核桃树是喜光树种，生长期日照时数与强度对树体生长、花芽分化及果实发育有很大影响。一般情况下，在进入结果期后更需要充足的光照，全年日照时数在 2000 小时以上，方能保证正常发育；如小于 1000 小时，则结果不良，影响核壳、核仁发育，降低坚果品质。

(2)热量条件

核桃是较喜温的树种。适宜生长的温度范围是年平均气温 9～16℃，冬季极端最低气温不低于－30℃，夏季 7 月平均气温不低于 20℃，最高气温不超过 38℃，无霜期在 150 天以上的地区。成年核桃树能耐－30℃低温，但在低于－28℃时，枝条、雄花芽及叶芽受冻；幼树在－20℃时即遭遇冻害，出现"抽条"或冻死的情况；核桃展叶后，如遇－2～－4℃低温，新梢会受到冻害；花期和幼果期气温降到－1～－2℃时即受冻。当极端最高气温达到 38℃时，果实易发生日灼，抑制核仁生长或使其变黑，形成空苞。

(3)水分条件

核桃树对空气湿度的适应性强，能耐干燥空气，但对土壤水分则比较敏感。核桃树的不同

品种对水分条件的要求差异较大，核桃产区年降水量在500～700毫米较为适宜，铁核桃喜较湿润的条件，年降水量800～1200毫米较为适宜。土壤过干或过湿均不利于核桃树的生长和结实。土壤过干有碍根系吸收和树体枝叶的水分蒸腾，影响生理代谢，甚至提早落叶。土壤过湿，通气不良，会使根系生理机能减弱而生长不良。所以山地核桃需采取水土保持工程措施，平地核桃则应注意排水。

18.3.2 栽培对土壤和其他生态条件的要求

核桃树对土壤的适应性强，无论是山地、丘陵或平地，只要土层大于1米，排水良好的地方均能生长。总体而言，核桃适宜种于坡度平缓、土层深厚而湿润、背风向阳的环境。种植在阴坡，尤其坡度过大和迎风坡上，往往生长不良、产量较低，坡位以中下部为宜。土壤条件以疏松、含钙的微碱性土最好，pH为6.3～8.2，土壤含盐量宜在0.25%以下，稍有超过即影响生长和产量。

18.4 核桃树的主要气象灾害与防御

18.4.1 低温冻害

（1）指标及特征

核桃树遭受低温冻害较轻时，秋梢失水抽干，不影响当年产量，一般年份都有不同程度发生，多发生在1～2年生幼树以及当年嫁接后生长的新梢。当冻害严重时，核桃主干受冻后产生纵向裂纹，部分主枝及多年生大枝死亡，当年大量减产，甚至绝收。1～3年生幼树根颈部形成层受冻后先产生环状褐色坏死病斑，以后皮层变褐腐烂，流出黑水，严重时，地上部分整株死亡。

成年核桃树能耐－30℃低温，但在低于－28℃时，枝条、雄花芽及叶芽受冻；幼树在－20℃时即遭遇冻害，出现“抽条”或冻死的情况；核桃展叶后，如遇－2～－4℃低温，新梢会受到冻害，－4～－6℃低温，新梢会受到严重冻害，－6℃以下低温，新梢会冻死；花期和幼果期气温降到－1～2℃时即受冻。陕西地区近年来偶有核桃受冻的灾害，其中2007年春季冻害全省核桃几乎绝收，2010年春全省主要核桃种植区均遭受冻害，铜川地区宜君县10个乡镇80%的核桃树受冻，商洛市1/3的核桃树受冻，经济损失巨大。

（2）防御措施

①选择园地。核桃不宜在地下水位高、土壤板结及盐碱地块栽植。地下水位高，核桃树生长过旺，冬季落叶晚，易受冻害；在土壤板结和盐碱地种植核桃，则生长不良，树势弱，也易受冻害。同时，建园时应设防护林系统，可减轻风害、冻害、霜害的发生。

②在树体越冬前采用保护树体、改善园内的条件等技术，可以避免寒害或减轻寒害的程度。对新定植幼树可涂白、树干缠地膜，对30厘米以下小苗可封土堆等。根颈进入休眠最晚，而解除休眠又早，常因地表温度剧烈的变化，容易产生冻害，采取根颈培土可以减小温差，提高根颈的越冬能力。

③越冬前灌封冻水是重要的防寒技术。有条件的还可以喷洒果树专用防冻保水剂、抑制蒸腾剂等，都可以收到较好的效果。

④冻害后减灾措施。冻害发生后，为防止冻害加重和腐烂病的大发生，应立即进行树干涂白。一旦发现腐烂病，应及时进行防治。同时，对受冻害树进行适度修剪，剪除冻害严重的枝干和枯死部分。土壤解冻后及时施肥浇水，以促进生长，增强树势。

18.4.2　干旱

(1)指标及特征

核桃是落叶果树中比较耐旱的树种，但在果实生长发育过程中，干旱可直接影响果实的正常发育。核桃产区年降水量在 500～700 毫米较为适宜，低于此指标，核桃即遭遇干旱，常出现新梢、叶片萎蔫和果实总苞皱缩现象，旱情严重时，会导致核壳发育不全，核仁干瘪甚至空壳，造成严重减产。陕西核桃种植区干旱发生频繁，年干旱频率在 20%以上。

(2)防御措施

第一，树盘覆盖。即将杂草或秸秆覆盖在山核桃树根周围直径 0.5～1 米的范围内，以减少林地水分蒸发。第二，筑小围堰。在坡度较陡的山核桃树下坡，用石头筑小堤坎。一方面防止水土流失，抗旱保收，另一方面防止树体倒伏。第三，种植防护林带。为了起到长期的抗旱保水作用，应在冬春季，在林内按 20～25 米的距离，环山套种紫穗槐等绿肥林带。一方面防止水土流失，另一方面可以一年两次割紫穗槐覆盖树盘，以减少蒸发和增加土壤肥力。第四，筑水池。筑水池是一种永久性的抗旱措施。在林内浇筑蓄水池或埋设 0.5～1 米 3 的大型塑料蓄水桶，在雨季蓄水，以确保旱天抗灾。第五，结合整形修剪在幼树萌发时抹除多余的幼芽，摘心定干，剪除扰乱树形的枝条以及瘦弱枝，并采取涂料涂抹、包扎等措施，减少因蒸腾作用的水分散失。

18.5　核桃树病虫害与气象条件

18.5.1　主要病害与气象条件

(1)核桃炭疽病

①发病症状

主要危害果实、叶、芽和新梢。一般果实受害后引起果实早落、核仁干瘪，失去商品价值。果实受害后，果皮出现褐色或深黑色病斑，呈圆形或近似圆形，中央下陷且有小黑点，有时略呈纹状排列。空气湿度大时，病斑上有粉色孢子团突起。病斑的数量可从一至数十个，多时可连成片，使果实变黑、腐烂和早落，影响出油率和产量。

②发病规律

发病的早晚、轻重和高温高湿天气有密切联系。雨季早、空气湿度大则发病早而重；反之则发病晚且轻。病菌在病枝、叶痕、残留病果和芽鳞中越冬，借风、雨和昆虫传播，从伤口和自然孔口侵入。发病期在 6—8 月，气温为 25～28℃条件下，病菌潜伏期为 3～7 天。

③防治要点

第一，清除病枝、落果和落叶并集中烧毁，加强树体管理，改善通风透光条件；第二，发病前喷 1∶200 的波尔多液；第三，发病期间喷甲基托布津、炭疽灵、百菌清等。

(2)核桃细菌性黑斑病

①发病症状

主要危害核桃的果实、叶片、嫩梢、芽和雌雄花序。一般植株受害后,会造成果实变黑、腐烂、早落,或核仁干瘪、减产、出油率低等问题。幼果受害后,初为黑褐色小斑点,后扩大成圆形或不规则形黑色病斑,无明显边缘,周围呈水渍状晕圈,由外向内扩展,严重时变黑腐烂。

②发病规律

病菌在病枝、病斑内、芽鳞和残留果内过冬,借风、雨、昆虫传播,经气孔、皮孔、柱头等自然孔口侵入。病菌潜育期一般为10～15天,发病早晚、程度与降水有关,在多雨年份和季节发病早且重,反之晚且轻。一般在5月中下旬开始发生,6—7月为发病盛期,核桃树冠稠密,通风透光不良的发病重。

③防治要点

第一,选育抗病品种,加强栽培管理,提高抗性;第二,结合采后修剪,清除病枝、病果;第三,发芽前喷波美度石硫合剂,生长期喷多菌灵、代森锰锌等。

(3)核桃腐烂病

①发病症状

又叫黑水病,为真菌病害。该病主要危害核桃树枝、干,阻止养分输送,受害后会造成树体生长衰弱,结实力下降,严重时全株死亡。症状因树龄和发病部位不同而异。

②发病规律

病菌以菌丝体及分生孢子在病部越冬。翌年春季树液流动后产生分生孢子,借风雨、昆虫传播,从伤口侵入。病斑扩展及病菌活动以4月中旬到5月下旬为发病第一高峰期,8月份出现第二次发病高峰,直至越冬前停止。一般土壤瘠薄、排水不良、管理粗放遭受冻害和干旱失水的核桃树易发病。

③防治要点

第一,改良土壤,加强栽培管理,增施有机肥,合理修剪、增强树势,提高抗病力。第二,早春及生长期及时刮治病斑。第三,树干涂白防冻,冬季日照长的地区,应在冬前先刮净病斑,然后涂白涂剂防止树干受冻,预防该病发生和蔓延。

(4)核桃溃疡病

①发病症状

主要危害核桃树幼树主干、嫩枝和果实,初为褐、黑色近圆形病斑,直径0.1～2厘米,多发生在树干及主侧枝基部。在幼嫩及光滑的树皮上,病斑呈水渍状或为明显的水泡,破裂后流出褐色黏液,遇空气变黑褐色,随后病部散生许多小黑点,严重时病斑相连呈菱形或长条形。

②发病规律

病菌以菌丝体在病部越冬,翌年春季气温达到11.4～15.3℃时开始活动,5月下旬气温28℃左右时,分生孢子大量形成,借风雨传播,发病达高峰,夏季气温超过30℃以上时病害基本停止蔓延,入秋后温湿度适宜时,病害又发展,但较春季轻。土壤贫瘠、土质黏重、排水不良、地下水位高或管理粗放、不施肥、不修剪以及冻害、虫害造成伤口多的果园易发病。另外,树干阳面发病较多。

③防治要点

第一,树干涂白,防日灼和冻害;第二,刮治病部,用刀刮除病部深达木质部,或将病斑纵横划开，涂波美石硫合剂或硫酸铜液或碱水或波尔多液，均有一定防治效果。

（5）核桃枝枯病

①发病症状

主要危害核桃枝干，造成枯枝和枯干。受害后不仅影响核桃产量，而且影响树体生长发育。1～2 年生的枝梢或侧枝受害后，先从顶端开始，后蔓延至主干，受害枝上的叶变黄脱落。发病初期病部皮层呈灰绿色，后变褐色或灰色，干燥时开裂下陷。

②发病规律

北方地区常因冻害或冬春连旱使病害大量发生。病菌在病枝上过冬，翌年借风、雨传播，通过各种伤口侵入皮层，此菌是弱寄生菌，只能危害衰弱的枝干和老龄树。发病轻重与栽培管理、树势强弱有密切关系。

③防治要点

第一，加强核桃园管理，及时剪除病枝，深埋或烧毁，以减少菌源。增施有机肥，增强树势，提高抗病力。第二，北方注意防寒，预防树体受冻。及时防治核桃树害虫，避免造成虫伤或其他机械伤。第三，主干发病，应及时刮除病部，并用 1%硫酸铜或 40%福美胂可湿性粉剂 50 倍液消毒再涂抹煤焦油保护。

18.5.2　主要虫害与气象条件

（1）核桃云斑天牛

①危害症状

以幼虫蛀食树干，成虫危害新梢嫩皮和叶片，严重时造成死树。受害树树势衰弱，产量下降，且木材失去利用价值。

②发生规律

2 年发生 1 代。该虫以成虫或幼虫在被害树干内越冬，4 月中旬开始活动，5 月成虫羽化盛期，6 月中下旬为产卵盛期，8 月化蛹，9 月羽化成虫。

③防治要点

一是人工扑杀。利用成虫有趋光和假死习性，晚上用灯光引诱到树下扑杀；幼虫产卵期刮除树干上月牙形产卵槽中的虫卵和幼虫；幼虫危害期，发现虫孔后清除粪便，用棉球沾敌敌畏药液塞入虫孔，然后用稀泥封死，杀虫效果良好。二是冬季或产卵期前，用生石灰 5 千克、硫磺 0.5 千克、食盐 0.25 千克、水 20 升充分拌匀后，涂刷树干基部，以防成虫产卵，也可杀死幼虫。三是对 20 年生以上严重受害木，秋冬或早春砍伐后及时处理，以减少虫源。

（2）核桃举肢蛾

①危害症状

核桃举肢蛾又名“核桃黑”。对核桃危害很大，常常造成核桃产量下降、果实品质降低，重发区甚至颗粒无收，给广大果农造成重大的损失。该虫以幼虫蛀食危害核桃果皮和种仁。每年 6—8 月份，幼虫蛀入核桃青果内纵横穿食，使果实变黑而大量脱落，群众称为“核桃黑”。早期蛀入的部分幼虫可蛀入种子硬壳内，危害种仁，轻者种仁不能成熟，出现瘪仁，品质降低，重者受害果变黑皱缩脱落。

②发生规律

1 年发生 1 代，以老熟幼虫在树下较疏松的土中、石块、杂草下及石缝间结茧越冬。越冬幼虫在6月中旬—7月下旬化蛹，蛹期7天左右。成虫6月上旬开始羽化，8月初结束，羽化盛期为6月中旬—7月上旬，6月雨季更有利于成虫羽化和出土，6月下旬幼虫开始孵化，危害果实。老熟幼虫从7月下旬开始脱果坠地，大部分在8月中旬前脱果，坠入树冠下1～5厘米深的土层内或杂草、石块缝隙间结茧越冬。成虫略有趋光性，多在树冠下部叶背活动、交尾和产卵。幼虫孵化后，初蛀入果时，蛀入孔处出现黄白色透明胶珠，后变为琥珀色。

③防治要点

采取“树冠下垦复耕种、扩盘、深翻清除残枝落叶为基础，地表药剂封锁、摘除深埋虫果为主要措施，树冠喷药为应急手段”的综合防治技术，利用农业防治、物理防治和药物防治等综合防治措施，适时有效地对核桃举肢蛾进行防治。

(3)刺蛾类

①危害症状

刺蛾类又名洋拉子、八角等，常见的有黄刺蛾、福刺蛾、绿刺蛾和扁刺蛾。以初齿幼虫取食叶面下表皮和叶肉，仅留表皮呈网状透明斑，近几年黄刺蛾在核桃树上猖獗危害，由次要害虫发展成为危害核桃树的主要害虫，该虫发生后蔓延迅速，常表现暴发性，危害严重。一般年份核桃树叶片被害率高达50%～60%，平均每叶聚集有大龄幼虫1～2头，大部分叶片被吃光，严重影响树势和果实发育。

②发生规律

每1年发生1～2代，6月初出现成虫于叶背产卵，7月中旬至8月上旬孵化成幼虫开始危害叶片。8月下旬老熟幼虫结茧越冬。

③防治要点

一是秋季结合修剪铲出虫茧并深埋，成虫出现期(6月上中旬)每天用黑光灯诱杀成虫。摘除群集危害的虫叶并立即埋掉或将幼虫踩死；二是幼虫危害严重时，在幼虫发生期喷洒25%亚胺硫磷乳油600倍液或2.5%溴氰菊酯乳剂5000倍液。

(4)核桃小吉丁虫

①危害症状

该虫又名黑小吉丁虫，幼虫俗称串皮虫，该虫食性专一，除危害核桃外，目前尚未发现其他寄主。此虫在商洛核桃产区最为严重，据调查该区一般危害株率在40%～50%，重灾区可达90%以上，每年因此虫危害导致的核桃减产达20%～30%，严重地影响了核桃产业的发展。

②发生规律

1年发生1代。以幼虫在木质部越冬，4月中旬开始化蛹，6月上旬为羽化盛期，6月下旬至7月初为卵孵化盛期，幼虫危害盛期为7月下旬至8月下旬。树势强，受害轻，蛀道常能愈合；树势弱，蛀道多不能愈合。

③防治要点

第一，合理规划，适地种树，加强管理，增强树势。核桃树的定植应选择土层深厚而肥沃的土地。并要选择壮苗，平时加强管理，适时施肥浇水，促进树势旺盛，提高抗虫力。第二，人工防治。核桃采收后至落叶前，或在春季核桃树发芽后1个月内，彻底剪除受害枝梢，集中销毁，可以消灭越冬幼虫或蛹。第三，饵木诱卵。在成虫羽化产卵期(6月上旬至7月上旬)，及时设立一些饵木，诱集成虫产卵后及时销毁。第四，红剂防治。第五，保护天敌。

18.6　核桃树生长发育的气象条件与田间工作

18.6.1　自芽萌动到果实收获的气象条件与田间工作

每年 3 月，陕西核桃主产区平均气温均达 3.8℃以上，核桃树处于萌动时期，病虫害也蠢蠢欲动，3 月后期，核桃树芽已陆续萌发，草履介壳虫、溃疡病菌等已开始侵染危害。本月首先以清理果园和刨树盘为主，继续刮老皮、翘皮和腐烂病病皮，同时结合春剪，首先短截主枝延长稍，并拉枝到 70°。剪除背后枝、病虫枝、直立枝、密挤枝、细弱枝、竞争枝，短截部分有发展空间的枝条。修剪后彻底清洁果园，减轻当年病虫害的危害。秋后未施基肥的果园，应在发芽前对每株结果树施入有机肥，肥料要与土充分混合，埋土后浇一次透水，然后整理树盘、划锄，提高地温。

4 月上旬，核桃树进入展叶盛期，中下旬为开花盛期和新梢迅速生长期。陕西核桃主产区平均气温达 11℃以上，第一场透雨多出现在本月的中后期。此时草履蚧大量危害嫩芽、嫩枝，溃疡病和腐烂病斑开始扩散，本月首先需要控制草履蚧、溃疡病和腐烂病扩散。防治病虫害的方法可以结合挖树盘、施基肥等办法，挖除根周围的卵囊，同时配合化学农药，集中杀虫灭菌。其次是保证正常开花及授粉。花期应及早疏除部分雄花，疏除量占雄花量的 90%。若主栽品种少，且雄、雌花期不吻合，周围又缺少实生大树，就要进行人工授粉以提高坐果率。同时需要警惕“花期冻害”，采用熏烟等方式，避免或降低花期冻害的损失。还需要合理进行水肥管理，一般只要秋季基肥足够，可不追施氮磷肥。但如果秋季未施基肥，此期可施基肥或追施氮肥。干旱地区要及时灌溉，保证并增强树势，这样既省去了许多防治病虫的费用，而且产量不会因干旱或缺肥受到影响。

5 月，气温上升至 15℃，降水量也逐渐增多。核桃新梢生长最快，果实迅速增大，花芽开始分化。小吉丁虫、云斑天牛等害虫开始羽化，出现成虫。腐烂病和溃疡病在气温高、多雨、湿度大的地方开始扩散危害。本月的重点就是对病虫害采用化学药剂防治，同时追肥、浇水。此次追肥以氮肥为主，适当配合磷钾肥，以促进果实的发育。

6 月，核桃树正值花芽分化和硬核期，当平均气温达到 20℃左右时，核桃新梢生长最快，生理活动最强。麦收后及时进行树盘覆麦秸、杂草，如果初夏干旱，需立即浇灌补水，同时需要夏剪，剪掉内膛过多的徒长枝，对部分发育枝以及徒长枝、旺枝进行短截或摘心。

7 月，是一年中最高气温出现的时间，此时核桃主产区降水量多在 100 毫米以上。果实已经进入核仁充实期的盛果期，此期核仁发育和花芽继续分化均需要充足的营养，有条件的果园此时应视前期情况进行追肥。7 月是陕西主要核桃产区的雨季，降水量充沛，绿肥生长迅速，肥源充足，可直接就地翻压苜蓿等绿肥，由于 7 月份降水分布不均，也是陕西的伏旱期，出现伏旱的园区需要及时灌水，并中耕除草。

8 月，气温和降水较 7 月有所下降，但仍为高温多雨时期。此时核桃果实已基本成形，核桃枝条生长明显变慢，个别枝条封顶，顶芽形成。雨水较多，个别易积水的核桃园，应开沟排水，另外雨过天晴后，及时松土除草，蓄水保墒，保证土壤透水、透气。此期常出现大量落果，应及时捡拾并深埋，杜绝举肢蛾、炭疽病病菌等传染源。

9 月，平均气温下降到 15℃左右，降水也有所减少。此时是果实成熟和采收的时期，大多数核桃枝条已停止生长，只有个别位置的枝条继续生长，形成秋梢，根系活动较旺。这样的枝条往往经过冬天会冻死，各种病虫害尤其是早期落叶病危害严重，应及时控制。因为虽然果实已采收，但叶片的作用不能忽视，它们正在为明年的萌芽、开花积累营养，因此，一定要保证此期叶片的正常生长。当核桃青皮有 5%～30%裂口时，即可采收。采收一般使用竹竿自上而下进行。采收后，及时将能脱青皮的核桃脱皮，将未离皮的核桃放在阴蔽处或室内堆成 50 厘米厚的堆进行催熟。个别年份雨水较多，应该烘干，否则会因霉变，使全年的劳动成果付之东流。果实采收后，需要及时清园，消灭越冬病虫害。

18.6.2 采收后的田间工作

10 月，进入秋季，温度下降，出现早霜冻，降水也随之减少。核桃枝条几乎停止生长，叶片继续进行光合作用。继续清理落果、病枝、病叶。并深翻树盘。此时根系活动旺盛，因此应及时施基肥，保证叶片正常进行光合作用，为来年增产贮备营养，施基肥不能浇水或单施氮肥。

11 月，初冬，冷空气活动频繁，气温显著下降，上旬出现初雪。核桃树落叶进入休眠期。大多数病虫害也进入越冬期，此时是修剪核桃树的最佳时期，对于旺树，尽量多留少剪。对弱树，可多回缩，可重剪。对病虫枝、未木质化的枝条都要剪去，修剪后，将落叶、枯枝、病虫枝等清除集中深埋。此期严禁施任何氮肥。严禁浇水，否则会引起徒长。

12 月至来年 2 月，是核桃树冬季管理时段。冬季核桃树已完全进入休眠期。此期需要完成整形修剪，同时要刮粗皮、老皮，在土壤结冻前深翻树盘土壤，深度 50～70 厘米，以此改变各种病虫害越冬的环境。最后清洁果园，保持果园干净。

第 19 章　枣树气象服务

19.1　枣树的地域分布

19.1.1　枣树的栽培历史

枣树原产于我国黄河流域，栽培历史悠久，可追溯到 7000 年以前，有文字可考的历史也在 3000 年以上。1973 年在山东省临朐县发掘出的酸枣枝、叶化石，距今已有 1200 万～1400 万年；我国古代书籍《诗经》（公元前 1200 年）中就有“八月剥枣，十月获稻”的记载。枣在世界各国的栽植，均自我国引进。我国是国际上唯一的红枣贸易国，枣树的栽培面积和产量遥居世界首位。

枣树耐干旱、盐碱和贫瘠，适应性较强，在全国分布较广，分布区域跨东经 75°～125°，北纬 19°～43°的广大范围。除西藏、青海高原和新疆北部等高寒地区及黑龙江、吉林省等严寒地区外，其他省（区、市）都有枣树栽培。以陕、冀、鲁、豫、晋 5 省栽培最为集中，总产量占全国总产量的 90％以上，是全国枣的主要生产基地。

19.1.2　陕西枣树的地域分布

陕西红枣主要分布在榆林东部黄河沿岸及泾河沿岸地区，以清涧、延川为中心，辐射带动佳县、清涧、绥德、吴堡、神木、延长、延川、府谷、大荔、临渭区、彬县、高陵、泾阳 13 个重点县发展。红枣面积和产量分别为 217.9 万亩和 59.4 万吨，红枣亩产 370 千克。5 个红枣主产县的面积和产量分别为 141.8 万亩和 39.2 万吨占全省红枣面积和产量的 65.1％和 65.9％。

19.1.3　主要栽培基地县的气象条件见附录 1.10

19.2　枣树的生物学特性

19.2.1　枣树的种类与主要品种

枣的品种多达 700 余种，在我国栽培比重较大的主栽品种有 10 个左右。一般按照干制、鲜食、兼用分类，其中干制类有金丝小枣、婆枣、木枣、灰枣、扁核枣、圆铃枣、长红枣等；鲜食枣有梨枣、冬枣等；兼用枣包括赞皇大枣、晋枣等。陕西品种榆林地区主要有木枣、油枣、骏枣、赞皇大枣、狗头枣等。陕西泾河两岸及彬县以晋枣为主，渭南地区以圆枣、大荔水枣为主。陕西枣主要品种：

(1)木枣

木枣又名中阳木枣、吕梁木枣、绥德木枣，是陕西榆林、米脂、清涧等地的主栽品种。该品种树势较强，树体较大，干性中等强，枝条中密度，树姿开张，较丰产；叶片中等大，长卵形或卵状披针形；花量多，每花序平均6朵，蜜盘浅黄色；果实中等大，圆柱形，皮厚、深红色，肉厚，质地紧密，味酸甜，平均单果重15克，品质中上，适宜制干，制干率约48%，也可鲜食和加工，鲜枣可食率96.4%。

(2)油枣

佳县油枣是从中阳木枣中优选的品种，是陕西府谷、佳县等地的主栽品种。该品种树势较强，树冠圆头形，干性较强，枝条较密，树姿半开张。叶片中等且厚，深绿色；花量较多，坐果率较高；果实中等，椭圆形，果实大小均匀，平均单果重12.5克。果皮中等厚，黑红色，质地硬，汁少味甜，品质优，适宜制干，制干率约47.6%。

(3)狗头枣

延川狗头枣是从陕西延川县张家河乡庄头村“狗头枣”中优选而出。该品种树势强，树体高大，树冠呈自然圆头形；叶中等大，深绿色，圆形或卵状披针形；花量少，花小；果实大，卵圆或锥形，似狗头状，平均单果重18.7克，果皮中等厚，深红色，肉质致密细脆，味酸甜，品质上乘，是西北地区优良的鲜食、制干兼用品种。鲜枣可食率94.5%，制干率约47%。

(4)圆枣

大荔圆枣又名铃铃枣，为陕西大荔县主栽品种。该品种树势较强，树体中等大，干性强，树冠呈自然圆头形；叶较小，卵圆形，绿色；花量较少，花小；果实中等大，紫红色，圆形或近圆形，平均单果重18.2克，皮薄肉厚，品种中上等，适宜制干，制干率为60%～62%。

(5)晋枣

晋枣又名吊枣、长枣，是陕西的优良品种。主要分布在陕西省泾河两岸，为彬县枣区的主栽品种。该品种树势强健，树体高大，干性强，树冠多呈散头型；叶较大，卵圆形，浅绿色；花量大，每花序平均5～9朵；果实特大，长卵形或圆柱形，果皮中等厚，暗红色，果肉汁多味甜，肉质致密酥脆，平均单果重21.6克。品质上乘，适宜鲜食、制干和蜜枣加工，鲜枣可食率达97.8%。

(6)大荔水枣

主要分布于陕西大荔县。该品种树势中等，树体中等大，干性较弱，树冠呈自然圆头形；叶片小而较厚，长卵形，绿色；花为夜开型，花量较少；果实较大，长圆形，平均单果重17.8克，呈深红色，肉质细松，汁少味甜，适宜制干和蜜枣加工，干枣含总糖72.2%，酸0.77%，品质上等。

19.2.2　枣树的生物学特性

枣树的寿命长达数百年，生命周期包括生长期、生长结果期、盛果期、结果更新期和衰老期。从苗木定植到主枝骨架形成为生长期，一般为5～10年，此期以营养生长为主；生长结果期树冠逐年扩大，产量逐年提高，此期一般可维持20年左右；盛果期枣树由营养生长逐步转化到以生殖生长为主，产量迅速提高，是效益最佳的时期，盛果期一般长达50～80年；结果更新期表现为树势逐年衰弱，产量逐年下降，此期可持续100年左右；衰老期的特点是树势衰弱，抗逆性差，骨干枝部分开始枯死，果实小，质量差，经济效益不高。

枣树是核果类属李科植物，为多年生落叶乔木，树干高度因品种和栽培条件不同而有所差异。

枣树的根系由水平根、垂直根、侧根和须根构成，容易萌生根蘖苗。枣树根系骨架由水平根和垂直根构成。

枣树的芽有主芽和副芽。主芽萌发后形成枣头和枣股，大部分主芽当年不萌发，到翌年春天萌发为结果母枝。副芽主要着生在枣股上，萌发后形成枣吊和永久性二次枝。

枣树的枝有枣头、枣股和枣吊三种。枣头构成枣树树冠骨架，基部着生脱落性结果枝和木质化枣吊，中部着生结果基枝，即二次枝。枣股即缩短性结果母枝，是枣树结果的重要器官，主要着生在二次枝上，由主芽萌发而成，生长量很小，寿命为 15～20 年，抽吊能力的强弱因品种、树龄、管理水平等因素而异。枣吊也称脱落性结果枝，由副芽萌发而成，主要着生在枣股上和当年生枣头二次枝上，是枣树生叶、开花、结果、进行光合作用的重要器官。

枣树的叶属完全叶类型，在枣吊上呈单叶互生排列，叶色深绿或绿色，大部分品种为长卵形或卵状披针形。

枣花属两性完全花类。花序为二歧聚伞花序，着生在枣吊叶腋间，一般每序开花 6～8 朵，花芽具有当年分化，当年开花，多次分化，随生长随分化等特点。花期晚，花量大，一般不遭受晚霜冻危害。

枣树果实的生育期长短因品种而异，早熟品种 90～100 天，中熟品种 100～110 天，中晚熟品种 110～120 天，晚熟品种 120 天以上。果实有圆形、扁圆形、椭圆形、圆柱形等，外果皮幼果时为淡绿色，白熟时为白色，完熟时呈红色或紫红色，大果型品种平均单果重 30 克以上，小果型品种平均单果重 3～5 克。

19.2.3 枣树的物候期

(1)枣树的物候期及标准

枣树的物候期具有萌芽迟、开花晚、落叶早、生长期短、休眠期长的特点，一般分为：

芽膨大：芽的鳞片开始松开，出现新鲜的棕黄色绒毛。

芽开放：芽的鳞片裂开，出现新鲜颜色叶的尖端。

展叶：开放的芽出现幼叶并开始平展。

花序出现：枣吊的叶腋间出现小的花序。

开花期：始期：花序顶端的小花完全开放；

盛期：全树半数以上花序完全开放；

末期：多数花朵凋落。

硬核：果实无明显增大，约半数果核逐渐木质化，刀切不易裂开。

成熟可采：以果皮的颜色和果肉硬度确定白熟、脆熟、完熟(红熟)期。

白熟：果实停止膨大，半数由青绿变成白绿色，适宜做蜜枣；

脆熟：半数果实皮色转红，水多肉脆，适宜鲜食或做乌枣、醉枣；

完熟：半数果实变软，果皮呈深紫红色，稍现皱缩，制干枣品质最佳。

叶变色：秋季叶子绿色减退开始变黄。

落叶：树上变黄的叶子开始脱落。

(2)枣树的物候期观测见附录 2.10

19.3 枣树栽培的气候生态条件

19.3.1 栽培对光、温、水的要求

(1)光照条件

枣树系喜光树种,整个生育期都需要充足的光照。一般优质红枣要求年日照时数大于2000小时,从芽膨大到成熟日照时数大于1450小时,尤其在脆熟到完熟期每天需日照时数大于9小时。由于枣树受光方位和受光时间长短的不同,一般树冠上部和外围光照条件优于果树内膛。顶部和外围光照充足,叶片光合效率高,碳素同化作用强,干物质积累多,坐果率高,果实发育好,品质优且产量高;树冠内膛,由于叶片的遮蔽光照差,光合效率低,坐果率低,果实小,品质不佳。

(2)热量条件

枣树对气温的适应性较强,年平均气温19℃以上和极端最低气温－30℃以下的地区均能种植。枣树的生长期需要较高的温度,一般日平均气温14～16℃时芽开始萌动;日平均气温17℃以上展叶抽梢;日平均气温20～22℃时进入始花期,日平均气温在22～25℃以上时进入盛花期。枣树的花期较长,大部分品种在35天以上。花粉发芽的最适温度为24～26℃,相对湿度以80%左右为宜。陕西枣树花期多出现在5月中下旬—6月上旬,此时段多初夏高温天气,若枣树花期遭遇36℃以上连续高温天气,加之空气干燥,易发生焦花现象;日平均气温24℃以上时果实生长迅速;成熟期要求旬平均气温18～22℃,且昼夜温差大于12℃,有利于糖分积累,个大色浓。从坐果到成熟要求≥18℃的天数100～120天,从萌芽到成熟要求≥0℃积温大于3600 ℃·d;秋季当气温降至15℃以下时枣树开始落叶;冬季枣树可耐短时间的－30℃以下低温,低温持续时间长则易发生冻害。

(3)水分条件

枣树生态适应范围较广,抗旱、耐涝,在年降水量不足60毫米及年降水量超过1500毫米的地区均能很好的生长和结果。

陕西榆林、渭北地区为黄土丘陵沟壑区,属半干旱大陆性季风气候区,年降水量为390～500毫米,较之关中、陕南地区明显偏少,且降水时段分布不均,冬春季降水仅占全年总降水量的20%左右,加之地形复杂,海拔较高,灌溉条件有限,经常发生冬、春旱或冬春连旱,但由于枣树抗旱能力较强,该地种植的枣树长势好、品质优,畅销国内外市场,已成为地方支柱产业之一。

枣树不同的生育期对水分的需求不同。萌芽期需要充足的水分,水分不足,萌芽不整齐;开花期要求有较高的湿度,空气相对湿度以85%左右为宜,有利于枣花授粉、受精,也有利于提高坐果率。若空气过于干燥,将加快柱头枯萎,不利于花粉发芽;果实生育期干旱缺水,将影响果实膨大发育,果个小,且落果多,产量低;果实脆熟到完熟期,要求晴天少雨的天气,空气相对湿度小于60%,有利于着色和成熟采摘,但该时段多发的秋季连阴雨易造成大量的裂果、烂果和落果。如2007年秋季9月26日—10月10日陕北佳县出现的长达半月之久的历史罕见秋季连阴雨,造成该县红枣基本绝收,53万亩红枣损失达95%,直接经济损失2亿元。

19.3.2 栽培对土壤和其他生态条件的要求

枣树对土壤要求不严，无论山地、丘陵、平地、河滩、盐碱地、砾质土、沙质土、黏质土、酸性土等都能生长，但一般生长在沙壤土的枣树树势优于黏土上的枣树。沙壤土上的枣树由于土壤疏松，透气性好，根系发达，植株健壮。而黏性土上的枣树由于土壤透气性差，根系发育不良，树势较弱。陕西榆林地区属西北黄土高原，土壤多为黄壤土，pH 值为 8 左右，以盛产木枣、油枣而闻名；陕西大荔枣区土壤为砂土，当地种植的圆枣、冬枣质高品优，已成为当地的名优产品。

枣树在生长期抗风能力较弱，可抵御 3 级以下的弱风和微风。大风不仅会对枣树造成机械性损伤，还对产量和品种造成严重影响。花期刮大风，易发生落花及坐果不良现象，果实生长期的大风易引起落果、枝条折断及果面受损现象。因此，枣树种植宜选择背风地区，迎风方向需建立防风林带。

19.4 枣树的主要气象灾害与防御

19.4.1 连阴雨

(1)指标及特征

枣成熟期的连阴雨天气或阴雨相间天气会造成红枣裂果霉烂，严重影响枣的产量、质量和枣农收入。陕西枣树主要分布区域，每年盛果生长旺季，即 9 月上旬到 10 月中旬，均易出现连阴雨。其中榆林东部黄河沿岸秋季平均出现连阴雨的次数小于 1 次，渭南地区在 1～2 次之间。详见表 19.1。

表 19.1 陕西枣树种植县 9 月中旬—10 月上旬连阴雨资料

站名	最长持续降水日数(天)	过程降水量(mm)	连阴雨过程日期
佳县	7	100	1969 年(9.24～9.30)
清涧	10	19	1977 年(9.14～9.23)
延川	9	74	1975 年(9.24～10.2)
彬县	14	163	1975 年(9.21～10.4)
	14	145	2001 年(9.16～9.29)
大荔	17	96	1992 年(9.11～9.27)

备注：资料统计年份为建站至 2005 年。

陕西佳县农业气象研究人员发现，当红枣处于红眼圈到通红的盛果生长旺季时，红枣越红，连阴雨对红枣裂果的影响越大，鲜食品种比制干品种更易裂果。根据统计和调查，当红枣基本全红时，连阴雨天气如果出现 5 天或其以上，鲜食红枣 90%以上会出现裂果，大部分出现霉烂，制干品种 70%以上裂变，部分出现霉烂；而如果出现 7 天以上连阴雨，鲜食品种会全部裂变霉烂，制干品种 90%以上会出现裂变霉烂。

(2)防御措施

①合理修剪。防止树体郁闭，改善树体通风透光条件。

②雨季做好排水和注意枣园通风透光的管理。

③喷施硼、钙等微量元素。7 月下旬开始，每隔 10～15 天喷施一次生石灰 100 倍液，直到采收，即可有效地减轻裂果。喷氯化钙水溶液、喷硼也可明显降低枣裂果症。在防治病害时应用含钙药物波尔多液，也可减轻裂果发生。

④幼果坐果后及时灌溉，促进果实正常发育，防止裂果现象发生。

19.4.2 花期干热风

(1)指标及特征

干热风对枣树的危害较大。枣的花期温度要求一般在 20℃以上，通常在 5 月底至 6 月初，这个时期温度较高，干热风强度大。在花期及幼果期，如温度≥27℃、相对湿度≤40%～50%的高温干燥天气和风力≥3 级的多风天气持续出现，可影响枣树授粉与坐果。可导致枣树叶片和幼果萎蔫、发黄，造成严重落叶落果现象。当相对湿度小于 25%时，可造成枣树焦花现象严重发生。

(2)防御措施

①及时喷水。在每天傍晚或早晨给树冠喷施少量清水，既能洗尘、降温，又能控制叶面呼吸消耗，增加养分积累，增强抗旱性。

②应用抗蒸腾剂。应用抗蒸腾剂可以减少果树的蒸腾量，在一定程度上提高了水分的利用率。叶面喷施黄腐酸，可明显降低蒸腾和提高水势，而且叶温未受明显影响。在早期喷布，会明显改善枣树体内水分状况。

③喷施化肥或微肥。在大旱情况下，喷 2～3 次 0.2%左右的磷酸二氢钾水溶液或 1500 倍以上硼砂水溶液，可有效减弱叶片蒸腾失水强度，增强耐高温、抗干旱能力。

19.5 枣树病虫害与气象条件

19.5.1 主要病害与气象条件

(1)枣炭疽病

①发病症状

主要危害果实，也能侵染枣吊、叶片、枣头和枣股。果实染病后，果肩部初变淡黄色，进而出现水渍状斑点，逐渐扩大为不规则黄褐色斑状，中间产生圆形凹隐。病斑连片后呈红褐色，造成果实早落，落果枣核变黑，味苦。炭疽病果果肉糖分低、品质差，多数不能脱落，非感病部分果实可正常着色，近成熟时发病越来越重。炭疽病一旦在染有缩果病的果实上感染，果褐色病斑的发生非常迅猛，落果严重。枣吊、枣头、枣股受侵染后，前期不表现症状，而以潜伏状态存在，病菌以菌丝体在残留的枣吊及枣头、枣股上越冬，和病浆果一起成为次年的初侵染病源。

②发病规律

该病发病早晚和程度与当地降雨早晚和阴雨天持续长短密切相关。一般在 7 月中旬到 8 月中旬发病较重。病菌借露水和风雨进行传播，发病早晚与降雨早晚有关，如果 6 月份雨水多则往往从 6 月下旬就开始发病，干旱年份发病则轻或不发生。叶片受害后变黄早落，有的呈黑褐色焦枯状，悬挂枝头。炭疽病一般零星发生，如能及时防治，一般不会形成大的危害，有时炭疽病也往往与缩果病、浆烂果病交叉感染。枣炭疽病分布于河南、山西、陕西、安徽等省。

③防治要点

一是清理枣园，加强树冠下土壤的通透性；二是进入 7 月中旬防治枣炭疽病的关键时期进行药物防治。

(2)枣树裂果病

枣果采收前期，许多品种极易发生不同程度的裂果现象，在陕西省普遍存在。枣裂果属于一种生理性病害，在北方枣种南移后最易发生。果实接近成熟时遇连阴雨，果面即会开裂，使果肉外露，腐烂变酸，失去商品价值。

①裂果原因

主要是枣成熟期含糖量增高，果皮弹性降低，由韧变脆；阴雨天过多地吸收水分后使果肉膨压加大，致使表皮破裂；日烧、日灼也造成裂枣；同时裂果与品种有关，果肉弹性大、角质层和果皮薄的品种易裂果；另外，缺钙也可加重裂果程度。

②防治要点

第一，加强果园管理，增强树势，提高树体的抗病力。冬季清园，保温防冻；合理修剪，改善风光条件，降低果园湿度；修剪的伤口及时涂抹"愈伤防腐膜"保护，防水分蒸发、干裂，防病虫害侵害。第二，可将易裂果的品种在早熟期采收加工成蜜枣，发现裂枣及时将其烘干。第三，从 7 月下旬开始，每隔 10～20 天喷洒 1 次 3000 毫克/千克氯化钙水溶液，连续喷洒 3～4 次，直到采收，可明显降低枣果实的裂果现象发生。此外，在冬枣开花前、幼果期、果实膨大期各喷一次瓜果壮蒂灵，可以保花保果、防裂果和落果。第四，幼果坐果后及时灌溉，促进果实正常发育，防止裂果现象发生。

19.5.2　主要虫害与气象条件

(1)枣尺蠖

①危害症状

枣尺蠖又名枣步曲、弯腰虫，该虫害普遍发生我国枣区，不仅严重影响当年产量，还影响翌年产量。主要以幼虫危害嫩芽、叶、花蕾，严重时可将树叶全部吃光，造成严重减产甚至绝收。

②发生规律

1 年发生 1 代，以老熟幼虫在 3～10 厘米深土壤中化蛹越冬，翌年 3—4 月羽化，雌蛾与雄蛾交尾产卵后，4 月下旬幼虫开始孵化，5 月上旬为孵化盛期，5 月中下旬为幼虫为害盛期，6 月上旬为入土盛期。陕北地区枣尺蠖发生时间、危害程度与气候有着密切的关系，当春季日平均气温上升到 8～11℃，0.0～8.0℃的积温达 27.0 ℃ · d 以上时枣尺蠖开始羽化；成虫高峰期大多发生在羽化后 10 天左右，日平均气温为≥12.0℃，5 厘米地温≥13.0℃，0.0～12.0℃积温为 150.0 ℃ · d 以上，积温值越高，出现时间越晚，则成虫羽化的数量越多，并且相对集中，造成的危害越大。

③防治要点

在树干基部周围 0.3 米范围的地面上采用一绑、二堆、三挖、四撒、五涂五项防治措施。一绑：在紧贴树干基部距地面 5～10 厘米处绑一条 8～10 厘米的塑料布，接口用塑料胶粘合或用小鞋钉钉紧，使雌蛾不能上树；二堆：在塑料袋下，堆筑圆锥形土堆，土堆表面要拍实，光滑，上缘要埋住塑料布 1.5 厘米，使塑料布更加牢固，无缝可入；三挖：在土堆周围挖宽深各 10 厘米的小沟，沟壁直而光滑，使爬不上的雌蛾集中跌落在沟里，以上三道防线要求在惊蛰前完成。

成虫出土后再进行第四、五道防线，即四撒：春分成虫出土后，在小沟内和土堆上撒施药剂以杀死小沟内和土堆上的雌蛾；五涂：少数产在土块石块缝隙下的卵粒，枣芽萌动期开始孵化上树危害，在幼虫上树前，要在塑料布上缘1.5厘米处涂一圈粘杀幼虫药膏。未能及时用五道防线防治枣步曲的枣区，可在枣树发芽展叶、大部分幼虫进入二龄时用农药喷洒，毒杀幼虫。

(2)桃小食心虫

①危害症状

桃小食心虫简称“桃小”，又名钻心虫，是危害枣果实的主要害虫。枣果被害后，前期发生落果现象，后期果内虫粪形成“豆沙馅”果，严重影响枣树的产量和枣果品质。

②发生规律

1年发生1～2代，以老熟幼虫在土壤中作茧越冬，翌年5—7月出土，出土幼虫在树干基部的土缝、石缝、杂草等处结夏茧化蛹，7月上旬开始羽化成虫，成虫多次交尾、产卵，幼虫卵孵后开始蛀果，8月中旬—9月中旬幼虫脱果，脱果早的幼虫在地面作夏茧化蛹，羽化后交尾产卵，发生第2代幼虫，第2代幼虫脱果盛期在9月中下旬，随后入土化作冬茧越冬。陕西榆林地区桃小食心虫每年发生2代，发生时间、危害程度与出现时段的气象条件有着直接的关系，特别是与降水量、降水日期有着密切的关系。第1代桃小食心虫蛹虫从5月下旬至6月上旬之间出现，当日平均气温为20.0℃左右，日总降水量≥8.0毫米时开始计算，10天后成虫出现，其时降水量越大，则成虫出现越集中，降水次数越多，出现的成虫也就越多，危害越大。第2代从7月中旬—8月上旬之间出现，日总降水量达10.0毫米，降水过程的降水量越大，以后的成虫越多，越集中，危害越大。

③防治要点

一是春季解冻后至幼虫出土前进行挖茧或扬土灭茧；二是地膜覆盖，控制幼虫出土、化蛹和成虫羽化；三是拣拾落果，消灭脱果幼虫；四是树下培土、阻止幼虫出土；五是利用桃小食心虫性诱剂进行性诱防治；六是药剂防治。

19.6 枣树生长发育的气象条件与田间工作

19.6.1 自芽萌动至果实收获的气象条件与田间工作

枣树较其他果树萌芽晚。萌芽至展叶显蕾期，春季旬平均气温达13℃时枣树开始萌芽，陕北地区一般出现在4月中旬，关中、渭北东部多出现在4月上旬；旬平均气温17～18℃时开始展叶、抽枝显蕾。萌芽期果树生长快，需水量大，此时段陕北、渭北、关中地区常干旱少雨，第一场透雨出现较晚，多出现在4月中下旬，不能满足果树生长之需要，此时应及时追肥浇水，以促进萌芽、抽枝、展叶和花蕾的形成。

花期，枣树花芽具有当年分化、随生长随分化、分化期持续时间长的特点，成花量大，花期长。一般每个枣吊着花30～50朵，花期多在30天以上。枣树花粉发芽需要一定的温度和湿度，适宜气温为24～30℃，适宜相对湿度为70%～80%，温度过低或空气干燥都将使花粉发芽率降低，严重影响坐果。观测资料显示，旬平均气温19℃左右时枣树进入始花期，陕北地区一般出现在5月下旬，关中、渭北东部多出现在5月中旬；旬平均气温22～25℃时进入盛花期，陕北地区为6月上旬，关中、渭南地区为5月下旬。陕北初花期的大风沙尘和春末夏初多出现的高温、干旱天气常对枣树开花授粉造成不利影响，大风沙尘造成大量落花，高温干旱易形成“焦花”现象。此时段果园管理应以促花坐果为重点，通过花前追肥浇水、花期喷施生长调节剂和微量元素、花期修剪、果园喷水增湿、果园放蜂等有效措施为树体提供充足养分，缓解营养生长和生殖生长矛盾，减少落花落果，发挥枣树增产潜力。枣树花期也是枣尺蠖幼虫的危害盛期，应采取树干绑草、喷施药剂等措施灭杀。

果实膨大期要求旬平均气温 25～30℃最佳；硬核期渭南、关中地区一般多出现在 8 月上、中旬，陕北地区一般出现在 8 月中下旬。夏季是枣树生长旺盛期，枝繁叶茂，养分消耗量大，营养生长和生殖生长对养分竞争激烈，幼果期常由于大量新生叶片对养分的竞争力大于幼果而发生生理性落果，对产量造成一定影响，要及时追施促果肥，通过抹芽、摘心、拉枝、环割、环剥等措施改善果园通风透光环境以及缓解养分供需矛盾，减少落果数量，促进果实生长。7 月下旬枣吊迅速膨大期，正处陕北地区伏旱期，高温干旱，易导致枣幼果萎蔫脱落，应及时追肥灌水，没有灌溉条件的山地应注意加强蓄水保墒工作。

成熟期，枣果的成熟一般分为白熟、脆熟和完熟期，白熟适宜蜜枣加工，脆熟适宜鲜食，完熟枣果适宜制干。陕北主栽品种大多适宜制干，关中、渭南地区主栽品种一般以鲜食为主。陕西 8 月下旬枣果陆续进入白熟期，9 月上旬枣果由南向北陆续进入脆熟期，9 月中下旬日平均气温 20℃左右成熟。枣果着色成熟期恰逢陕北秋季连阴雨多发期，连阴雨常造成裂果、烂果、落果现象发生，严重年份甚至造成绝收，经济损失惨重。因此果农应根据枣果用途以及枣果成熟情况利用晴好天气及时分批采收加工，减少损失。枣果采收前是枣炭疽病高发期，尤其是雨后，要特别注意及时防治。为保证枣树来年能健壮生长和获得高产，果实采收后，应做好秋施基肥工作，以有机肥料为主，以增加土壤有机质，提高树体抗逆性。

19.6.2　落叶后的田间工作

10 月中旬，旬平均气温下降至 15℃时枣树开始落叶，先落叶后落枝，随后进入休眠期。冬季灭杀害虫可起到事半功倍的效果，大大降低虫口基数。果实采收后，剪除病虫枝、干枯枝，刮除老翘皮，树干绑草把诱杀越冬害虫，彻底清园，并集中烧毁；深翻果园，使虫茧暴露于地表，被冻死；冬季合理修剪可培养树形，平衡树势，也可调整翌年果树萌芽生长时养分分配；同时陕北地区冬季寒冷，极端最低气温常在－20℃以下，为防止果树受冻应采取树干捆草绑膜，土壤冻结前灌一次封冻水，以保证枣树安全越冬。

第20章 板栗气象服务

20.1 板栗树的地域分布

20.1.1 板栗树的栽培历史

板栗原产中国，是中国栽培最早的果树之一，已有约2000～3000年的栽培历史。板栗在中国分布较为广泛，南至北纬18°30′的海南岛黎族、苗族自治州，北至北纬43°55′的吉林永吉马鞍山，西至雅鲁藏布江河谷，东至台湾省，跨越寒温带、温带、亚热带；其垂直分布从海拔高度尚不足50米的山东郯城及江苏新沂、沭阳等地至海拔高度达2800米的云南维西。其中，河北、山东、湖北黄冈、信阳罗山、陕南镇安是板栗著名的产区。

20.1.2 陕西板栗树的地域分布

陕西板栗主要分布于秦巴山区及附近的西安、渭南、汉中、安康和商洛地区，截至2009年种植面积435万亩。主要以长安、蓝田、华县、城固、镇巴、留坝、岚皋、平利、镇坪、宁陕、紫阳、镇安、柞水和山阳14个县(区)为重点种植区。

20.1.3 主要栽培基地县的气象条件见附录1.11

20.2 板栗树的生物学特性

20.2.1 板栗的种类与主要品种

板栗为壳斗科栗属植物。主要有板栗(每苞有坚果3粒)、茅栗(每苞有坚果2～3粒)、锥栗(每苞有坚果1粒)、日本栗(每苞有坚果2～3粒)、欧洲栗和美国栗等种类。具有较高栽培价值和经济价值的有板栗、日本栗和欧洲栗。陕西板栗的主要品种：

(1)镇安1号

该品种树冠呈圆头形，树形呈多主枝自然开心形，树势开张，自然分枝良好，总苞圆形，平均每苞坚果2.5个，坚果大，扁圆形，果皮红褐色，有光泽，种仁涩，皮易剥离。该品种嫁接后第2年就可以挂果，平均单籽重13.15克，坚果纵径2.72厘米，横径3.15厘米，出籽率达35.3%，早实、丰产，品质优良，抗病力强。适宜种植地区为陕西商洛、汉中、安康和秦岭北坡的宝鸡、长安、周至、眉县等地。

(2)金丰

又名徐家 1 号，该品种结果早，高接当年即能结果，坚果较小，单粒重 8 克，果皮红褐色，果肉细腻甜糯，树势较旺，结果后长势中等，枝条开张，早期丰产，成龄树亩产 250 千克。果实耐贮藏，此品种喜肥不耐瘠薄，立地条件差时空苞率高。因此栽植条件差、土壤瘠薄的地方不宜栽植该品种。

(3)安栗 2 号

该品种树冠自然开心形，树姿极开张，分枝角度大，结果早，刺束稀、短而硬，平均每苞含坚果 2.72 粒，出实率 45.7%。坚果均重 9.3 克，大小均匀。果皮深褐色、光滑无毛，种皮易剥离。结果枝较多，占整个树枝的 80%。该品种果实成熟期 9 月上旬，具有成熟早、稳产、高产抗性强等特点，在栽培上应加强水肥管理。

(4)上丰

该品种幼树树姿直立，成龄树呈圆头状，叶较小椭圆形。栗苞椭圆形，栗实深褐色，每千克 120 粒。该品种适应性广，结果早，产量上升快而稳定，4 年生树最高株产达 9 千克。每果枝平均结苞 1.95 个，出实率 38%，空苞率低于 10%。栗实品质优，炒食香甜，耐贮藏。

(5)柞板 11 号

该品种树势呈主干分层形，坚果扁圆形，棕红色，油光发亮，色泽美观，单果重 10.9 克，每千克 62 粒左右，种皮易剥离，品质优良。果实病虫害率为 4.0%，抗病虫能力强。

(6)柞板 14 号

该品种栗果椭圆形，红棕色，单果重 12.5 克，每千克 78 粒左右。种仁涩皮易剥离，品质优良。果实病虫害率为 4.5%，抗虫能力较强。

20.2.2　板栗树的生物学特性

栗是山毛榉科栗属中的乔木或灌木总称，大约有 7～9 种，原生于北半球温带地区，大部分种类栗树都是 20～40 米高的落叶乔木，只有少数是灌木。

板栗属深根性树种，土层深厚时其垂直根和水平根都很发达。板栗垂直根的分布受到土壤性状、土层厚度等因素的影响，最深可达 2 米以上，但一般都集中在 80 厘米内的土层。板栗的水平根分布比较广，可达 15 米以上，但一般集中分布在距树干 50～250 厘米的范围内，且距地面越近，水平根扩展越远。

板栗的枝条大体可分为雌花枝、雄花枝、营养枝和结果母枝四类。枝条的生长可分为加长生长和加粗生长，且雄花枝和营养新梢的加长生长只有一个生长高峰期。

板栗芽按其性质可分为混合芽、叶芽和休眠芽三种。从芽体大小和形态区分，混合芽芽体最大，叶芽次之，休眠芽最小。板栗芽外有鳞片，除休眠芽外，均有 4 片，分两层对称排列。

板栗雄花序一般着生小花 600～900 朵，每朵小花有花被 6 枚，雄蕊 9～12 个，花丝细长，花药卵形，没有花瓣，每 3～9 朵小花组成一簇。每一雌花序一般有 3 朵雌花，聚生于一个总苞内。雌花有柱头 8 个，露出苞外，由 6～9 个心皮构成复雌蕊。

板栗树实生苗达到开花结果一般要 5～8 年，但也不乏 2～3 年就开花结果的植株。板栗的花期一般在 6 月上中旬，一般雄花序开放后 8～10 天雌花开放。授粉期在 6 月上旬至下旬，历时 20 天左右，受精期在 6 月下旬至 7 月初。板栗的果实由总苞和总苞内的坚果组成，总苞上着生苞刺，坚果由外果皮、种皮和果肉组成。一个总苞中通常含有坚果 3 个，2 个边栗，1 个中栗。果实的生长有两个高峰期，第一次生长高峰期在7月下旬到8月上旬种子形成期，第二个生长高峰期在采收前25天左右，此时总苞中的干物质积累达到高峰。

20.2.3 板栗树的物候期

(1)板栗的物候期及标准

芽膨大：芽开始膨大，鳞片错开，鳞片上出现颜色较浅的部分。

芽开放：芽进一步膨大，鳞片裂开，顶端幼叶露出了绿色的叶尖。

展叶：始期：开放的芽出现1～2片幼叶并开始平展；

盛期：半数树枝上的枝叶完全平展。

雄花开放：花序上小花开放，散出花粉。

雌花开放：柱头膨大，自总苞露出。

成熟可采：半数果实总苞皮色由绿变黄，部分总苞裂口，个别果实脱落。

叶变色：始期：秋季第一批叶子绿色减退开始变黄；

末期：所有的叶子完全变色。

落叶：始期：树上变黄的叶子第一批脱落；

末期：叶子几乎完全脱落。

(2)板栗的物候期观测见附录2.11

20.3 板栗树栽培的气候生态条件

20.3.1 栽培对光、温、水的要求

(1)光照条件

板栗为喜光树种，耐阴性弱，在生长发育期，要求有充足的光照。板栗产区的年日照时数应在1200～2900小时，光照充足时，板栗才能正常结果，每天光照不足6小时的沟道地带，板栗生长叶薄枝细，产量低、品质差。板栗开花期，光照不足会引起生理落果。建园时，选择日照充足的阳坡或开阔的沟道地较为理想。

(2)热量条件

板栗对温度的适应性较强，不仅耐寒，而且耐热。在年平均气温为10～22℃，≥10℃的积温3100～7500 ℃·d，极端最高气温不超过39.1℃、极端最低气温不低于−24.5℃的条件下均能正常生长，最适宜的气温为10～15℃。4—9月间气温在16～20℃，开花至果实成熟需要2000～3000 ℃·d的积温，当气温过高且湿度过大时，果肉粉质，含糖量降低。北方板栗与南方板栗对气温要求差别较大。北方板栗一般需要年平均气温10℃左右，≥10℃积温3100～3400 ℃·d；南方板栗要求平均气温15～18℃，≥10℃积温4250～4500 ℃·d。亚热带地区板栗生长的年平均气温达到14～22℃，≥10℃积温6000～7500 ℃·d。

(3)水分条件

板栗对降水量的要求不高，年降水量500～2000毫米的地区均能栽培。一般认为以降水量500～800毫米最为适宜。北方板栗适应当地的干燥气候，较抗旱，但板栗亦喜雨，北方有“旱枣涝栗子”之说。南方板栗适于多雨潮湿的气候，但降水量过多，阴雨连绵，光照不足，会导

致光合产物积累少，坚果品质下降，贮藏性低。雨水多且排水不良时，影响板栗根系正常生长，树势衰弱，易造成落叶落果，甚至淹死栗树。4—10 月生长期降水能促进板栗生长与结实，南方栗区 7—8 月的夏旱易导致栗树减产。

陕西板栗的主要种植区光、热、水资源丰富。年平均气温 11.4～15.1℃，极端最高气温 36.7～41.9℃，极端最低气温－21.2～－8.9℃，年平均≥0℃积温 4100～4800 ℃·d，≥10℃积温 3200～4200 ℃·d，生长期日数 240～320 天，热量资源较充沛。年平均日照时数 1270～2025 小时，板栗生育期光照充足。年平均降水量 633～1274 毫米，春夏连旱小于 30 天，对板栗雄穗分化有利。9 月份连阴雨 8～15 天，对栗蓬膨大略有影响。气候资源完全符合板栗生长的生理要求，适宜种植板栗。

20.3.2　栽培对土壤和其他生态条件的要求

板栗对土壤条件的要求不高，在土层深厚、通透性好、有机质含量高的沙壤土中生长最好。板栗在碱性土壤中不宜生长；适宜的土壤 pH 值为 5.5～6.5，pH 值超过 7.2、含盐量超过 0.2%时，影响栗树对土壤中锰的吸收，引起叶片黄化，生长不良。总之，板栗适宜生长在海拔 600 米以下的阳坡、半阳坡，土层厚度在 60 厘米以上的地方。

板栗花授粉主要靠风媒。微风有助于花期授粉，但强风易造成落花落果，甚至枝干折断。因此，在建园时应尽量避开风口。此外，在山地建园对坡地的选择不太严格，可在 15°以下的缓坡建园，因为缓坡土层深厚，排水良好，便于土壤管理和机械操作。在 15°～25°的坡地建园易发生水土流失，必须在建园时修筑梯田和水土保持工程。30°以上的陡坡，不便于水土保持及肥水管理，只能采取粗放栽培，但可作为绿化树来经营。

20.4　板栗树的主要气象灾害与防御

20.4.1　干旱

(1)指标及特征

板栗虽是一种较耐干旱的树种，但是严重的干旱，可使栗树水分供应不足，生长受阻，造成空苞，此外，干旱还会影响板栗子叶增重膨大，进而影响产量。陕西省地处干旱和半干旱地区，板栗的种植区域基本每年均有不同程度的干旱。其中紫阳和柞水的年干旱频率为 15%～20%；长安、蓝田、华县、岚皋、镇坪和山阳的年干旱频率为 20%～25%，城固、镇巴、留坝、平利、宁陕和镇安的年干旱频率为 25%～30%。

(2)防御措施

①施硼可控制空苞。在空苞发生严重的板栗产区，要施用硼肥，对防治板栗缺素性空苞非常明显。施硼可春施和秋施，春施对降低当年空苞有明显作用，秋施对第二年降低空苞有明显效果。施用的方法有根下施和叶面喷洒两种，叶面喷洒不如根下施的效果好，但是叶面喷洒见效快，省工省时。

②加强土壤管理控制空苞。土壤管理包括垦复、树盘覆盖、合理间作和水土保持等。秋季垦复深翻 25 厘米左右，夏季 6—8 月浅锄，并在树盘盖草。对于土薄山地可沿树盘修梯田、台田等水土保持工程措施。因板栗多在山地栽植，无灌水条件，应重视保水、保土、保肥以及保墒

工作。

③合理配置授粉树。由于板栗自花授粉的结实率低，果粒小，空苞率高，因此在板栗栽植过程中要合理配置授粉树。不同品种花粉授粉结实率是有很大差异的，空苞率相差可达10多倍，要选取最佳授粉组合。如果是成龄园无法配置授粉树，可采用人工辅助授粉的办法。

④合理修剪。主干疏层形和自然开心形是适合板栗丰产的树形。通过不同龄期的整形修剪，合理负载，调节树势，也是防治板栗空苞的重要措施。

20.4.2 冻害

(1)指标及特征

板栗较耐寒，当气温低于－25℃时发生冻害。陕西板栗种植区的年极端最低气温为－21.2～－8.9℃，高于受冻临界气温，但受地形等因素影响，偶有冻害发生。陕西地区板栗受冻的主要表现为枝条受冻和花芽受冻。

(2)防御措施

板栗主要通过适当修剪来对冻害进行预防。以9月下旬到10月上旬为宜，树形为自然开心形，主要是整修骨干枝和外围枝，培养好树体骨架，促进枝条粗壮生长。

(3)补救措施

①根据受冻程度不同采用不同的修剪方法，冻害严重时用重剪法(去枝2/3以上)，冻害轻时用轻剪法(去枝1/3以下)，并结合夏剪，迅速扩大树冠，恢复树势，增强来年成枝或成花的能力。

②肥水管理。早春芽萌动前后在树冠外开沟施有机肥或果树专用肥，促进树势的恢复，保证当年产量。

③病害防治。冻害为枝干病害的流行提供了较好环境条件，雪后应该及时清理栗园的枯枝落叶，集中焚烧。清园后，用波尔多液或50%多菌灵800～1000倍液全面对树体及地表喷施一次。

20.5 板栗树病虫害与气象条件

20.5.1 主要病害与气象条件

(1)板栗疫病

①发病症状

病症主要发生在树干和主枝上，引起树皮腐烂，危害小枝，造成枝梢枯死。发病初期，枝干退绿，并逐渐变为黄褐色圆形斑点，尔后发展成较大的不规则红色斑块。病部略微凹陷，病斑有呈水肿状隆起的橙黄色小粒点，内部湿腐，有酒味，干燥后树皮纵裂。幼树常在主干基部发病，枝干四周树皮腐烂，上部即枯死。老树干发病时，树皮上病斑不明显。

②发病规律

病原菌在病枝病皮中越冬，来年春季气温回升时开始活动。3月开始发病，4—5月病情达到高峰。10月下旬产生有性世代子囊孢子，翌年春天由风、雨水、昆虫等传播至健康栗树。侵染途径主要是各种伤口，尤以嫁接口为最多。孢子萌发通过伤口进入组织，引起组织腐烂。管理好的栗园发病轻，管理差的栗园发病重。另外，在密植、栗园土壤过干或过湿、树势衰弱等情况下发病重。板栗疫病在土层深厚、水肥条件好的立地条件下发生较轻，而在土层薄、水肥条件差的地方发生相对较重。

③防治要点

一是加强栽培管理，改土施肥，及时治虫和防寒，增强树势，提高抗病力；二是新建栗园选用抗病品种，加大定植穴，换土施肥，促使栗树生长健壮；三是及时拔除病株和剪除病枝，并集中烧毁；四是保护嫁接口以及避免一切机械损伤；五是及时刮治，刮后涂药保护。

(2)板栗白粉病

①发病症状

板栗白粉病有两种，表白粉病和里白粉病。嫩枝、嫩梢、嫩叶被害表面布满灰白色粉状霉层，严重时幼芽和嫩叶皱缩卷曲，凹凸不平，叶色缺绿，影响生长发育，甚至早期落叶。

②发病规律

病原主要以闭囊壳在板栗落叶、病梢或土壤内越冬，翌春，由闭囊壳放出子囊孢子，借气流传播到嫩叶、嫩梢上进行初次侵染。通常在4月上中旬至5月中旬开始出现，6—7月份病情达到高峰；8—9月份高温、干旱，病情稍稍缓和；10—11月中旬，在白粉层上，大量产生闭囊壳，进入越冬期，在病叶或病梢上越冬。板栗林或苗木过密，低洼潮湿，通风透光不良，或者光照不足，都有利于病原菌侵染和流行；苗圃地偏施氮肥，磷、钾不足，苗木徒长，或入夏后气候干燥，板栗生长势下降，气孔开张时间过长，都有利于病菌侵染，发病严重。

春季气温达4～5℃以上时，病菌开始生长，寄主开始发病；夏季当气温上升到20～30℃时，病斑扩展加快，病势加重；秋季当气温下降到10℃以下时，病斑发展缓慢，最后停止，进入越冬期。

③防治要点

一是彻底清除有病的枝梢和落叶并及时烧毁，耕翻林地或圃地土壤，消灭越冬病源；二是合理施肥，不偏施氮肥，重病区适量增施磷钾肥，增加植株抗性；三是药剂防治。

(3)板栗枝枯病

①发病症状

板栗枝枯病又名板栗溃疡病。在受病枝梢或枝干上，病斑初期呈圆形或不规则形黄褐色水渍状病斑，无明显的病健交界线，后期病斑迅速扩展包围全干，并向下蔓延，病斑上部枝梢枯死。

②发病规律

病菌多以菌丝体、子座在病组织中越冬，借风和风雨、昆虫及人为活动而传播，从刀伤、虫伤和嫁接等伤口和皮孔侵入。一般3月下旬至4月中旬，老病斑开始活动，向上下扩展。气温25～27℃时再侵染危害。此病菌属弱寄生菌，栗树生长旺盛的则少发病或不发病；反之，发病重，其主要侵染来源为未清理的病枯枝梢。

③防治要点

一是严格调运检疫，选育抗病品种。二是结合冬季修剪，及时清除并烧毁病株、病枝，消灭越冬病源。三是加强经营管理，改土施肥，及时治虫和防寒，增强树势，提高抗病力。四是药剂防治。

(4)板栗实腐病

板栗在贮藏运输过程中，常造成腐烂。在较好的常规贮藏条件下，板栗实腐病的损失约为

10%左右，而贮藏不当时，损失率可达50%。

①发病症状

果皮及种皮无异常或稍变黑，种仁表面病斑红褐色或黑褐色，常溃烂。

②发病规律

病菌在板栗雌花受粉期以后开始侵入花柱和栗苞外壳，侵入后处于潜伏状态，采后贮藏中陆续发病。沙藏温度在15℃以下病粒少，15℃以上病粒增加。栗仁轻微失水即明显促进病害的加重。此外，树势衰弱，尤其栗瘿蜂危害后，病害加重。

③防治要点

一是加强栽培管理，防治栗瘿蜂等虫害，增强树势，提高抗病力。二是在贮运保鲜过程中，尽力避免机械损伤，从而减少病原菌的侵染机会。三是栗果采收后在适宜的条件下进行保湿冷藏（如沙藏），并缩短采收、交售、加工、运输等各个环节的时间，减少自然高温的影响，防止栗仁失水风干，抑制病害发生。四是板栗花期和幼果发育期定期药剂防治，阻止病菌侵入。

20.5.2 主要虫害与气象条件

(1)板栗桃蛀螟

①危害症状

板栗桃蛀螟幼虫危害板栗的栗棚和果实。栗棚受害率为10%～30%，严重时可达50%，是板栗的主要虫害之一。危害板栗时，幼虫多从果柄附近蛀入，在板栗生长期多数幼虫危害棚皮和棚壁，少数幼虫蛀入栗实，而采收后在堆集7～10天内即大量蛀入栗实。

②发生规律

该虫1年发生2～3代。以老熟幼虫在栗实堆集处等不同场所越冬。翌年5月上旬至6月上旬越冬幼虫化蛹，5月中旬至6月中旬出现成虫。第1代幼虫发生于5月下旬至7月上旬，主要危害桃、李、石榴；第2代幼虫发生于7月中旬至8月中旬，主要危害玉米、高粱及桃等；第3代幼虫发生于8月下旬至9月上旬，主要危害栗实及向日葵等。

③防治要点

一是采收后堆积5～6天，及时脱粒，可减轻危害。二是采后堆积时喷90%敌百虫1000倍液，也可将总苞在药液中浸一下，取出堆放，防治效果好。三是清理越冬场所，杀死越冬幼虫。四是利用黑光灯或糖、醋液诱杀成虫。五是在栗园内散种向日葵，诱杀幼虫。

(2)栗实象甲

①危害症状

又名板栗象鼻虫，是危害板栗果实最严重的害虫。成虫体长10毫米左右，黑色，体表有淡黄色的斑和横带，象鼻状的口管呈黑色。成虫取食嫩枝和幼果，幼虫在果内危害。后期幼虫危害种仁，受害栗果易霉烂。被害果实失去食用价值和发芽能力。此虫除危害板栗外还危害野板栗、茅栗、栓皮栎、麻栎和榛子、梨等果实。

②发生规律

该虫一般2年发生1代，以幼虫在土中越冬。翌年6月中旬至7月上旬，土壤中的幼虫大量化蛹。7月上旬开始出现成虫，7月中旬至8月上旬为羽化盛期，7月下旬至8月上旬成虫大量出土。成虫出土后，先取食栗实和嫩枝，而后于8月中下旬大量产卵。9月上旬为孵化盛期，栗实成熟后，幼虫即脱果入土越冬，入土深度一般为5～20厘米。

③防治要点

一是清除板栗以外的寄主植物；二是在水泥地上堆放和脱粒；三是利用成虫的假死性，于早晨露水未干时，在树下铺设塑料薄膜，轻击树枝，兜杀成虫；四是适期采收，可用 50% 杀螟松乳剂或 80% 敌敌畏 500～1500 倍液喷洒总苞，杀虫效果近 100%；五是用二硫化碳熏蒸栗实，温度在 20℃ 以上时，1 立方米空间用药 20 毫克，处理 20 小时，可杀死幼虫，而对栗实无影响。

(3)栗实蛾

①危害症状

栗实蛾别名栗小卷蛾，成虫灰黑色，前翅前缘有大小不等的白色斜纹，后缘有斜生的白色波形纹，腹部灰色。以幼虫蛀食栗棚和果实，受害果外堆有白色或褐色颗粒状虫便。幼虫老熟后在果上咬一不规则脱果孔脱果。该虫是引起早期落花落果的重要原因。

②发生规律

该虫 1 年发生 1 代。以老熟幼虫在栗棚或杂草落叶内结茧越冬。6 月中下旬出现成虫，7 月上中旬为成虫羽化盛期，成虫寿命为 7～14 天；7 月中旬为产卵盛期，7 月下旬幼虫孵化；9 月上旬大量蛀入栗实内，一般一个虫果内 1 头幼虫。9 月下旬至 10 月上中旬幼虫老熟后，将种皮咬成不规则孔脱出，落入地面落叶、杂草、残枝中结茧越冬。

③防治要点

一是栽培抗虫品种；二是适时采收、清理果园；三是采用释放赤眼蜂、栗园养鸡等生物防治方法；四是采用树冠喷药、药剂熏蒸等药剂防治方法；五是人工防治，栗实贮存宜在水泥地或地上铺篷布收集幼虫、集中消灭。

(4)板栗透翅蛾

①危害症状

板栗透翅蛾成虫很像黄蜂，又称为“串皮蜂”。主要危害锥栗和茅栗，以幼虫在树干或枝干韧皮部内取食为害，在主干嫁接口附近危害频繁。受害部位表皮粗糙皱缩、开裂，并呈环状肿瘤隆起。危害严重时，大量幼虫环绕韧皮部横向穿食，取食韧皮组织一周后，致使主枝枯死或树体死亡。

②发生规律

该虫 1 年发生 1 代，少数 2 年 1 代，以 2 龄幼虫、少数 3 龄幼虫在老树皮内越冬，越冬幼虫一般在 3 月中旬后开始活动，蛹期为 6—8 月，7—8 月开始羽化。成虫一般产卵于近地面 15～50 厘米处的树干粗皮缝或虫道内，以成虫或卵越冬。

③防治方法

一是初冬或早春刮除老树皮、涂抹树干、消灭幼虫。二是 8—9 月或成虫产卵盛期和幼虫初孵化阶段，清除 1 米以下树干老皮，喷药杀灭成虫及初孵幼虫，也可涂刷 10 倍氧化乐果等药剂防治。

20.6　板栗树生长发育的气象条件与田间工作

20.6.1　板栗自芽萌动至果实收获的气象条件与田间工作

初春 3 月，陕西板栗种植区月平均气温 7℃ 左右，这时需要整修栗园，深耕改土，整修梯田地堰，耧平树盘。早春可进行一次春刨，深度 10～15 厘米，刨后耧平。中旬需要施肥浇水，并搞好穴贮水肥、地膜覆盖和果园覆草工作；达到蓄水保墒、增强树势和节肥保水、提高地温的目的。覆草时应根据树冠大小确定覆草面积，覆草厚度 20 厘米左右，草上面撒一层薄土保墒。

4 月，陕西板栗种植区月平均气温 13℃左右，气温明显升高。上旬刮治干腐病和栗透翅蛾，将病部老皮刮净直至木质部。喷药保护树干、防治干腐病，消灭越冬红蜘蛛、蚜虫；中下旬进行良种嫁接，做好更换良种工作。

5 月，陕西板栗种植区月平均气温 16～17℃左右，降水量增加。上旬做好捕捉金龟子和抹芽工作，保护枝叶，提高嫁接成活率；中旬绑防风柱防止新梢风折，病虫严重的栗园，此时可将树干刮一个 15～20 厘米宽的环，环内老皮刮净露出嫩皮，涂上保护剂。下旬进行夏季修剪，促发分枝。当年嫁接树，待新梢长到 30 厘米左右时进行第一次摘心，留作骨干枝的 40～50 厘米摘心，二次新梢长到 30～40 厘米时再摘心。

6 月，陕西板栗种植区月平均气温上升至 21℃左右，当年嫁接树上的绑扎物，雨季前一定经常检查，及时解除绑扎物，防止缢伤；中旬喷药防治皮夜蛾、红蜘蛛等病虫害；下旬有条件的栗园可进行疏棚工作，以提高坐果率。壮结果枝留 2～3 个棚，中庸枝留 1～2 个棚，弱枝留 1 个棚或不留，以减少空棚。

7 月，是全年气温最高，降水最多的月份，陕西板栗种植区月平均气温 23℃左右，降水量 150～200 毫米之间。此时板栗进入膨大期，由于降水充沛，栗园杂草生长迅速，可结合中耕除草，将杂草及其他绿肥作物翻压到树下土壤中。为了促进果实膨大，应在此期追肥、浇灌浆水，追肥后需及时浇水、中耕除草。

8 月，陕西板栗种植区月平均气温 22～23℃左右，降水量仅次于 7 月。板栗依然处于果实膨大期，可继续追施复合肥，追肥后应根据土壤墒情适时浇水并及时中耕除草。中下旬开始喷施叶面肥，以提高叶片的光合作用，促进营养物质向栗实转移，增加单果粒重，提高产量。

9 月，陕西板栗种植区月平均气温回落至 17～18℃，此时常出现秋淋天气。栗实成熟期多在 9 月中旬至 10 月上旬，9 月上旬进行秋剪，将不充实的秋梢秋棚剪除，以充实枝条和先端大芽。9 月中旬即可开始采收，对集中成片栗园提倡落地后拾粒，坚决纠正不成熟就一次打落栗棚以及不注意保护枝叶的不良做法。10 月下旬有条件的丰产栗园，采收后喷一次叶面肥、施一次基肥，增强叶功能和树体贮备营养。

20.6.2 采收后的田间工作

10—11 月，陕西板栗种植区月平均气温从 12℃降至 6℃。此时要搞好栗实贮藏工作。在板栗出售前将采收的板栗堆放于阴凉通风处，长期保存时，可于初雪前选择地势高、不易积水处挖沟，沟长视栗子数量而定，沟底铺一层湿沙，将拌沙的栗子放入沟内。如果 9 月中下旬未施基肥，应抓紧时间施好有机肥和果树专用肥。

12 月至来年 2 月，陕西板栗种植区月平均气温在 0～3℃之间，板栗树进入越冬期。此期需灌足封冻水，保持冬季土壤水分，抵御早春干旱和枝条遭遇寒旱发生抽条。结合冬季修剪，剪除病虫危害枝、细弱枝、刮除树干上的老粗皮；清理果园内的枯枝落叶及杂草；清除板栗腐烂病危害严重或死亡的病株等，减少越冬虫源和菌源。

第 21 章　柿气象服务

21.1　柿树的地域分布

21.1.1　柿树的栽培历史

柿树原产于我国长江流域及其以南地区，栽培历史达 3000 年以上，在《诗经》、《尔雅》、《礼记内则》、《齐民要术》、《本草衍义》等古书中有记载。在历史长河中，我国劳动人民积累了丰富的柿树栽培经验，有些品种仍沿用至今。特别是 1949 年以后，我国柿子产业发展迅速。20 世纪 80 年代的产量较 50 年代初期增产一倍多，在病虫防治、果品贮藏保鲜、加工技术等方面也都有新突破。我国是世界上柿树栽培最多的国家，国外柿树多自我国直接或间接引入。

柿子素有"木本粮食""铁杆庄稼"之美誉。柿树适应性强，抗干旱，耐贫瘠，在我国有广泛的种植。分布大致以年降水量大于 450 毫米、年平均气温 10℃的等温线为分界线，在分界线以北和以西的地方柿树分布较少，其他地区均有分布，其中以黄河流域的山东、山西、河南、河北、陕西五省分布较多，栽培面积占全国的 80%～90%。

21.1.2　陕西柿树的地域分布

陕西柿树主要集中在渭北，截至 2009 年种植面积为 86 万亩，主要种植在富平、彬县、商州、岐山等县(区)。

21.1.3　主要栽培基地县的气象条件见附录 1.12

21.2　柿树的生物学特性

21.2.1　柿树的种类与主要品种

柿树属柿科柿属植物，为高大落叶乔木。我国柿树品种繁多，约 1000 个左右，从涩味上分为甜柿和涩柿类，我国大部为涩柿品种。陕西主栽品种涩柿类有眉县牛心柿、火晶柿、镜面柿、富平尖柿等，甜柿也有少量栽种，以次郎、富有为主。陕西柿子主要品种：

(1)眉县牛心柿

又称水柿、帽盔柿，盛产于陕西省眉县、周至、武功、扶风、彬县一带。树势强健，树冠圆头形，叶卵圆形，果大，平均单果重 180 克左右，方心形，果皮橙黄色或红色，顶部有 4 条不明显小沟，果肉细软多汁，味甘甜爽口，无核，品质上乘。适宜软食或脱涩后生食，亦可制饼，柿饼品质极佳。

(2)火晶柿

盛产于陕西临潼县，渭南临渭、澄城等县也有栽培。树势强壮，树冠开张，枝条稠密，叶片椭圆形，果实小，平均单果重约70克，方形，果皮橙红或深红色，果顶有十字浅沟纹，果肉致密，纤维少，浆液多，味甘甜，无核，品质上乘，为软食之著名品种。

(3)镜面柿

又名小二糙、橘蜜柿，原产于山东菏泽，在陕西渭南地区分布较广。树势中等，树冠圆头形，树体开张，叶椭圆形，果实中等大，平均单果重120～150克，扁圆形，果皮橙红色，果肉松脆，味甜汁多，无核，品质极上，生食加工均可。用其制成的柿饼，质地细腻，柔软透明，味甜，霜厚。

(4)富平尖柿

尖柿主要分布在陕西富平县。树势强健，树冠圆头形，叶片椭圆形，果个中等，平均单果重190～220克，按果形分为升底尖柿和辣椒尖柿，果顶尖，呈圆锥形或长圆锥形，果皮橙红色，肉质致密，纤维短而少，汁多，味甜，无核或少核，品质上等。该品种最宜制饼，出饼率高，加工的"合儿饼"具有个大、霜白、底亮、质润、味香甜5大特色，为陕西名优特产，驰名中外。

(5)次郎

次郎又称治郎柿，属甜柿品种，原产于日本静岗县，1920年前后引入我国，20世纪70、80年代又多次引种。树势强健，发芽时期略早，嫩叶呈特殊的淡黄绿色，持续时间长，这一特征易与别的品种区别。果较大，扁四方形，平均单果重200～300克，果皮橙黄色，微带红色，果顶有纵沟及十字纹较明显，肉质致密，汁多味甜，品质佳。

(6)富有

属甜柿品种，原产于日本岐阜县，1920年前后引入我国。树势强健，树冠圆头形，发芽迟，叶椭圆形，墨绿色，果中等大，平均单果重100～250克，扁圆形，果皮橙红色，成熟后淡紫色，果顶圆，十字沟浅，肉质细密，柔软，味甘甜，有核，品质上乘，宜生食。

21.2.2 柿树的生物学特性

柿树的生命周期一般可达300～400年，可分为生长期、结果初期、结果盛期和衰老期。从嫁接成活到幼树第一次结果为生长期，一般为2～5年，以营养生长为主；从幼树第一次结果到盛果期为结果初期，这一时期的长短与品种、立地条件和栽培管理水平密切相关。此时柿树由营养生长逐渐转向生殖生长；从大量结果到衰老前为盛果期，该期是柿树生产经济效益最高的时期，一般可维持100～250年；盛果期后到植株呈现衰老至植株枯死的过程为衰老期。

柿树是以嫁接繁殖为主的果树，其根系随砧木的不同而异，但仍属深根性果树，根深一般为2～4米。柿树根系分布深而广，分叉多，角度大，能在土壤中均匀分布根毛，具有强大而持久的吸附能力，因此柿树的适应性特强，抗干旱、耐贫瘠。但柿根单宁含量多，受伤后难愈合，发根难，移植后树势恢复慢，移植时应尽量多保留根系。

柿树枝条生长以春季为主，成年树一般1年仅1次生长，春季发芽展叶后枝条即迅速生长，枝延长生长持续期较短，达到一定长度后，顶端幼尖即自行枯萎脱落，这是柿树枝条的"自剪"习性，枝条根据其形态特征一般分为结果母枝、结果枝、发育枝和徒长枝。结果母枝指能抽生结果枝的2年生枝条，长10～25厘米，生长势中等，顶端着生1～5个混合芽，叶芽抽生发育枝；结果枝着生在一年生枝条的先端，由混合芽抽生而成，生长健壮，以中部数节开花结果为主，顶部3～5节为叶芽；发育枝由2年生枝条上的叶芽发出，一般短而弱；徒长枝由潜伏芽萌发，枝条较长且直立向上生长，可通过摘心、短截等措施使其转化为结果母枝。

柿树叶片大，浓绿，秋季叶片转为橘红或红色，赏心悦目。

柿花有雌花、雄花和雌雄两性花3种，生产上栽培多以雌花品种为主。雌花单生于结果枝叶腋，通常只有1朵，形状比雄花和两性花大些；雄花呈吊钟状，簇生，成聚伞花序，每个花序有1～3朵花；两性花一般出现在着生雌花的植株上，是完全花，其大小介于雌花和雄花之间，结实率低。

柿树的果实外形、大小、颜色、成熟期等因品种及地域原因而异。果实发育一般分为3个时期：第一时期(6月下旬—7月上旬)，幼果迅速膨大期，一般出现在开花后的60天内，主要是增加细胞数量，果实基本定形；第二时期(7月中旬—9月上、中旬)，果实缓慢膨大期，果形无明显变化；第三时期(9月上旬至采收)，果实继续膨大和质变过程，此时果实因果肉细胞吸水膨大而显著增大，内溶物质进行转化，水解与积累，单宁含量开始下降，糖分迅速增加。

21.2.3　柿树的物候期

(1)柿树的物候期及标准

柿树的物候期一般分为芽膨大、芽开放、展叶、开花期、可采成熟(鲜食采收、加工采收)、落叶期。

芽膨大：芽的鳞片开始分离，露出明亮的条纹。

芽开放：芽进一步膨大，鳞片裂开，顶端幼叶露出了绿色的叶尖。

展叶：开放的芽出现幼叶并开始平展。

开花期：雌花花簇开放。

成熟可采：以果皮的颜色和所处的成熟度确定鲜食采收和加工采收期。

鲜食采收：半数果实果皮完全黄色尚未转红，种子呈褐色，果肉硬脆。

加工采收：半数果实果皮黄色减退稍呈红色，为制作柿饼采收适期。

叶变色：秋季叶子绿色减退开始变黄。

落叶：树上变黄的叶子开始脱落。

(2)柿树的物候期观测见附录2.12

21.3　柿树栽培的气候生态条件

21.3.1　栽培对光、温、水的要求

(1)光照条件

柿树为喜光树种，光照条件对柿树的产量、品质以及树势有明显的影响。据测定，柿树的光补偿点约相当于夏季10点太阳光的1%。在背风向阳处的柿树，光照充足，光合速率高，有机养分积累多，枝条发育充实，树势强健，成花坐果率高，果实发育良好，皮薄肉嫩，色艳味佳，品质好且产量高；在阴坡的柿树由于光照不足，养分积累少，花量少且坐果率低，易发生落花落果现象，成熟期果实色暗皮厚，果肉粗糙，含糖量少，品质差。而且树势较弱，抗逆性低，病虫害发生的几率较大，枝条有细弱徒长现象；一般同一株果树光照条件阳面优于阴面、树冠上部和

外围优于果树内膛。外围枝果多，色艳，内膛枝果少，色淡。

(2)热量条件

柿树喜温暖气候，在年平均气温 9～23℃地区均有栽培，一般以年平均气温 11～20℃为宜，当年平均气温低于 9℃时，柿树难以生存。年平均气温超过 20℃时，果皮粗糙，果肉不纯，品质降低；柿树耐寒力也相当强，休眠期可耐短期－20℃低温，到－25℃时开始发生冻害。柿树萌芽后抗寒力开始减弱，要求平均气温在 12℃以上；枝叶生长要求 13℃以上；开花期为18～22℃；果实发育为 22～26℃；果实成熟以 14～22℃为宜。若成熟期温度过高，则果皮粗厚，色泽偏黄，品质差。甜柿总体较涩柿要求温度较高，有利于在树上脱涩。

(3)水分条件

柿树喜湿润，在年降水量 450～1500 毫米地区均可种植，以年降水量 500～700 毫米地区最适宜，一般当根际土壤相对湿度为 60%～80%时，果树生长发育正常。

柿树整个生长发育期需要大量水分，尤其在新梢生长和果实发育期，需要有充足的水分供应，以满足树体和果实生长发育所需。陕西柿树幼果期一般出现在春末夏初，此时气温高降水少，土壤蒸发量大，土壤含水量降低，不能满足果实生长之需要，常发生大量生理落果现象。

空气湿度对柿树生长发育也有一定影响。花期和幼果期时如果阴雨过多，空气湿度大，易引起落花落果，造成花芽分化不良，影响当年和翌年产量；采收期湿度大，果实色淡味差，品质不佳。空气湿度的大小也与一些病害的暴发流行有密切关系，湿度大时柿树易染炭疽病和早期落叶病，使树势衰弱。但空气湿度小时对柿树生长不利，易引发生理性落果，且成熟期果实个小，水分含量低，品质差。

21.3.2 栽培对土壤和其他生态条件的要求

柿树对土壤要求不严格，不论山地、平地、丘陵、肥沃或贫瘠地均能正常生长，但以土壤深厚肥沃、排水良好、保水力强的壤土或黏壤土为好。土壤贫瘠干旱地区，柿树易落花落果，产量低下。

柿树对土壤酸碱度要求，pH 值在 5～8 的范围内均可生长，但以 pH 值 6～7 的土壤对树体生长发育最适宜。野生柿砧木适于微酸性土，pH 值在 5～6.8 范围内最适宜。

柿树怕风，在栽培上，不宜将柿树种在风口处。大风可导致树冠损坏，抑制树体生长；刮风时柿叶间的摩擦易使果实受损，影响外观及品质；但微风对柿树生长有利，可改善空气温度和湿度，补充柿树周围的二氧化碳浓度，有利于光合作用进行。

21.4 柿树的主要气象灾害与防御

21.4.1 高温干旱

(1)特征

柿树对环境条件较为敏感，花期高温干旱对柿树的开花、授粉和受精有明显影响，极易造成落花落果。天气久旱无雨，土壤干旱，肥水吸收困难，根的吸收能力降低，生理活动失调，易引起落花。陕西省柿树的主栽区，四月花期天气波动较大，高温干旱和低温冻害经常出现，对柿树的开花、坐果影响极大。

(2)防御措施

①花期环剥。在初花期进行,盛花期完成。环剥适用于壮树、壮枝或大型结果枝组。环剥宽度为0.3～0.5毫米,剥后用塑料布条包扎剥口,以保持剥口湿度,促进愈合。

②合理夏剪。在生长期内疏去过密枝、无效枝,迎风面多留枝、背风面少留枝,促进通风透光。一般柿树经过修剪后,隐芽会大量萌发,为减少营养消耗,应将无用萌芽在木质化前抹除;有生长空间的长枝,特别是徒长枝,要在40厘米时摘心。

③疏除花蕾。当结果母枝上抽生2～4个结果枝时,保留前2个结果母枝中部的3个花蕾,其他结果枝上的花蕾全部疏除,留作预备枝。若结果母枝抽生5个以上的结果枝时,应保留前3个结果枝结果,每个结果母枝上留中部3个花,其余全部疏掉。

④巧施肥水。进入结果盛期的大树,要加强肥水管理,春季早施基肥,秋季施足基肥,但追肥不能过早。一般在5月份枝条枯顶期和7月份果实膨大期追肥,对提高坐果率有明显的促进作用,同时,可以增加下一年的花芽数量和提高花芽质量,遇天气干旱时进行浇水。

21.4.2 低温冻害

(1)指标及特征

柿树自身在发芽期抵抗低温和晚霜的能力弱,嫩芽和新梢容易受到危害,特别在山区地势低洼、低温滞流的地方容易遭受冻害。柿树可耐短时－20℃低温,－25℃时开始发生冻害。温度低于－15℃且持续12小时也易发生冻害。幼树或苗木受冻后地上部全部干枯,如干柴状,芽变褐干枯,枝条韧皮部及木质部发褐发黑。较轻的症状表现是韧皮部一圈变褐色,但枝条未干。春季有叶期调查时,表现为受冻的枝条上发出的叶片扭曲、缺刻、皱缩,缺刻处的叶缘发黑,且树体南部靠上的枝条发生较多,不同品种表现出的程度也不同。

(2)防御措施

第一,选择适栽区。年降水量在450毫米以上、年均温10℃等温线经过的地方为界,此线以南可栽植。甜柿则要求年均温13℃以上的地区才能栽植。总体来说,柿子的经济栽培区在年均温13～18℃的地区。

第二,选好栽培地块。尽量选在背风向阳的低山缓坡地带,不要选在风口、低洼地。甜柿要求地块肥沃平坦,土层较深的中性壤土。

第三,适当的管理及保护措施。注意以下几点:幼树期氮肥不能过量。不能过早结果,一般第3年开始坐果,大树结果量要适量。有条件的地区一定要进行冬灌。易发生冻害的地区,新栽苗冬季应埋土覆盖,保护树干。幼树及大树冬季树干涂白。

21.5 柿树病虫害与气象条件

21.5.1 主要病害与气象条件

(1)柿炭疽病

①发病症状

柿炭疽病是柿子的主要病害,主要危害果实、枝梢和苗木枝干。造成大量落果,枝条枯死。发病严重时落果可达20%～40%,严重影响柿子的产量和品质。

叶片染病多发生于叶柄和叶脉，起初黄褐色，然后变为黑褐色至黑色不规则形病斑；新梢染病时，初生黑色小圆斑，后变为暗褐色，扩大成椭圆形，中部略凹陷，常纵裂，表面生有黑色小粒点，病斑下的木质部腐朽，易折断；果实发病初期，果面上出现深褐色或黑色斑点，后扩大为黑褐色圆斑，稍凹陷，外围呈黄褐色，中央密生灰色至黑色轮纹状排列的小粒点。病斑常深入皮层以下，果内形成黑色硬块，病果在成熟前脱落。

②发病规律

该病菌喜高温高湿，夏季多雨年份发生严重，病菌发育适宜气温为 25℃左右，低于 9℃或高于 35℃不利于生长发育。病菌以菌丝体潜伏在新梢病斑内越冬，第二年春季，当平均气温在 15℃以上，并在高湿的条件下，开始产生新的分生孢子，借风雨传播，引起初次侵染。6 月上旬侵染枝梢，6 月下旬—7 月上旬侵染果实，直至采收。

③防治要点

一是加强水肥管理，增强树势，提高抗病能力；二是合理修剪；三是药剂防治；四是彻底清园，消除病源，减少传播。

(2)柿角斑病

①发病症状

角斑病是柿树的重要病害，分布极广，危害柿叶及果蒂。常使柿树早期落叶、落果，对树势及产量影响极大。

叶片受害，初期在正面出现黄绿色病斑，形状不规则。随病斑扩展，颜色逐渐加深，呈浅褐色。后期受叶脉限制，病斑常形成多角形，中间黑褐色，边缘黑色，其上散生许多黑色小点粒。病斑多时往往连接在一起，形成大型枯斑。叶背的病斑较叶面稍浅。果蒂上的病斑多近圆形，深褐色。一般自蒂的尖端向下面扩展，病斑上生黑色点粒。

②发病规律

发病轻重与雨量多少有密切关系。雨量多，发病重，雨量少发病轻。病菌发育适宜气温为 30℃左右，最高 40℃、最低 10℃也能发育。病菌以菌丝体在病蒂和病叶上越冬，翌年 5 月下旬至 6 月间，产生新的分生孢子，分生孢子主要借风雨传播，从叶背气孔侵入，进行初次侵染。直至 9 月，在越冬的病残体上可陆续产生分生孢子，进行重复侵染，病蒂为主要初侵染源和传播中心。

③防治要点

一是秋末冬初结合整枝修剪，将落叶、病果蒂、枯枝清除干净，以减少侵染源；二是喷药保护；三是发病期喷药防治；四是加强栽培管理，增施有机肥料，改良土壤，促进树势健壮，提高抗病能力。

(3)柿圆斑病

①发病症状

柿圆斑病为常发病，造成早期落叶，柿果提早变红、主要危害叶片、也能危害柿蒂。叶片染病，初生圆形小斑点，叶面浅褐色，边缘不明显，后病斑转为深褐色，中部稍浅，外围边缘黑色，病叶在变红的过程中，病斑周围现出黄绿色晕环，病斑直径 1～7 毫米，一般 2～3 毫米，后期病斑上长出黑色小粒点，严重者仅 7～8 天病叶即变红脱落，留下柿果。后柿果亦逐渐转红、变软，大量脱落。柿蒂染病，病斑圆形褐色，病斑小，发病时间较叶片晚。

②发病规律

病原称柿叶球腔菌，属子囊菌亚门真菌。菌丝发育适温 20～25℃，最高 35℃，最低 10℃。

病菌经未成熟的子囊果在病、落叶上越冬，翌年 6 月中下旬至 7 月上旬子囊果成熟，形成子囊孢子，借风传播，子囊孢子从气孔侵入，经 2～3 个多月潜育，于 8 月下旬至 9 月上旬显症，9 月下旬进入盛发期，病斑迅速增多，10 月上中旬引致落叶，病情扩展就此终止。圆斑病菌不产生无性孢子，每年只有 1 次侵染。该病病菌越冬数量和病叶的多少影响到当年初侵染的情况及当年病害轻重。6—8 月降雨影响子囊果的成熟和孢子传播及发病程度。因此，上年病叶多，当年 6—8 月雨日多降雨量大，该病易流行。此外，土壤瘠薄、肥料不足、树势弱的柿园，落叶多，发病重。

③防治要点

一是清洁柿园，秋末冬初及清除柿园的大量落叶，集中深埋或烧毁，以减少初侵染源；二是加强栽培管理。增施基肥，干旱柿园及时灌水；三是及时喷药预防。

(4)柿白粉病

①发病症状

主要危害叶片，引起早期落叶，偶尔也危害新梢和果实。对柿果品质量和树势造成不良影响。发病初期(5—6 月)，在叶面上出现密集的由针尖大的小黑点群所构成的病斑。病斑近圆形，直径 1～2 厘米，或有黄晕，叶背呈淡紫色。与一般白粉病特征不同，往往不易识别。秋后在叶背出现白色粉状的菌丝及分生孢子，10 月在菌丛中散生黄色至暗红色像红蜘蛛一般的小粒点，即病菌的子囊壳，以后子囊壳呈黑红色。

②发病规律

病原菌属子囊菌纲白粉菌目。分生孢子呈倒卵形或乳头状，无色，单孢。病菌以子囊壳在落叶上越冬。分生孢子的寿命很短，一般只能存活 3～7 天，所以不能成为越冬的器官。至于冬芽内是否潜伏有越冬菌丝，有待研究。翌年 4 月上旬，柿树萌芽、展叶时，落叶上的子囊壳内的子囊孢子即成熟，并从子囊壳飞散出子囊孢子，被风吹落附在叶背，发芽后从气孔侵入。而后产生分生孢子，当年进行多次侵染。病菌发育最适宜温度 15～25℃，26℃以上发育几乎停止，15℃以下便产生子囊壳。

③防治要点

一是及早清扫落叶，集中烧毁。二是冬季深翻果园，将子囊壳埋入土中。三是 4 月下旬至 5 月上旬喷波美度石硫合剂，杀死发芽的孢子，防止侵染。四是 6 月中旬在叶背喷波尔多液，抑制菌丝蔓延。

21.5.2　主要虫害与气象条件

(1)柿蒂虫

①危害症状

柿蒂虫又名柿实虫、柿食蛾、钻心虫。以幼虫钻食幼果危害。幼虫从柿蒂蛀入果心，食害果肉，蛀孔有虫粪和丝混合物。

②发生规律

1 年发生 2 代，以老熟幼虫在干枝老皮下，根颈部，土缝中，树上挂的干果、柿蒂中结茧越冬。越冬幼虫次年 4 月下旬化蛹，5 月中、下旬为成虫羽化盛期。初羽化的成虫飞翔力差，白天停留于叶背面，夜晚活动、交尾产卵。第一代幼虫自 5 月下旬开始蛀果，先吐丝将果柄与柿蒂缠住，使柿果不脱落，后将果柄吃成环状，或从果柄蛀入果实。一般而言，1 头幼虫可为害

5～6个果。6月下旬至7月下旬，幼虫老熟后一部分留在果内，另一部分在树皮下结茧化蛹。第二代幼虫于8月上旬至9月中旬为害，造成柿果大量脱落。

③防治要点

第一，早春彻底刮除树干枝老翘皮。树干下培土堆，堵树洞，压低越冬虫量。第二，树上着重对果实、果梗和柿蒂部位喷药防治。第三，人工在树上摘虫果，地下拣落果，晚秋摘除树上残留的柿蒂。

(2)柿绵蚧

①危害症状

柿绵蚧属同翅目，绵蚧科，又名柿绒蚧，俗称柿虱子。发生严重时造成落花落果，影响柿树正常生长结实。该虫以成若虫刺吸嫩枝、叶片、叶柄和果实。成若虫喜欢群集叶下表面和柿蒂与果实结合的缝隙处危害，被害处初呈黄绿色小点，逐渐凹陷变黑，叶片变黑后形成多角形黑斑，叶柄被害后变黑畸形，提早落叶。果实被害后由绿变黄变软，提前脱落。

②发生规律

1年发生4代，以若虫在树皮裂缝粗皮下和柿蒂上越冬。翌年4月下旬开始活动，爬至嫩枝、新梢、叶柄、叶背处刺吸汁液，以后在柿蒂和果实表面等处固着危害。虫体逐渐长大分化为雌雄两性。5月中下旬成虫交配产卵，卵期10～20天，一年中各代若虫出现盛期，第1代6月中旬；第2代7月中旬；第3代8月中旬；第4代9月中下旬。各代若虫发生不整齐，互有交叉，基本上每月1代。前两代主要危害叶片和新梢，后两代主要危害柿果，对产量和质量影响很大。10月中下旬以后以第4代若虫越冬。

③防治要点

第一，结合果园管理人工防治，在柿树落叶后至发芽前，剪除树上的病虫枝和柿蒂，刮除树干老粗翘皮，及时清理出园，集中烧毁，减少越冬虫源；第二，化学防治；第三，保护天敌，在天敌发生期尽量不用或少用农药，以免杀伤天敌；第四，对苗木和接穗要严格检疫，发现虫害应及时熏蒸消毒，防止扩散蔓延。

21.6　柿树生长发育的气象条件与田间工作

21.6.1　自芽萌动至果实收获的气象条件与田间工作

柿树萌芽期(3月下旬—4月中旬)，一般日平均气温在12℃以上时柿树开始萌芽，柿树在萌芽期需要足够的土壤水分，萌芽期水分不足，新梢生长发育短小细弱，花芽分化不整齐，易引起早期落蕾。果树萌芽期陕西有效降水较少，经常发生春旱或冬春连旱，此时段渭北东部柿树种植区降水量仅为27～32毫米，渭北西部地区为32～40毫米，关中和陕南东部地区为38～46毫米，且陕西的第一场透墒雨多出现在4月中旬以后，降水不能满足果树萌芽生长的需要，因此萌芽期要追肥、灌水。追肥以速效氮肥为主，一般在新梢停止生长后至开花前进行，有利于提高坐果率和促进花芽分化。

开花期(4月下旬—5月中旬)，柿树适宜开花气温为18～22℃。柿树对环境条件较为敏感，落花落果现象比较突出，除病虫因素影响外，花期高温干旱、低温阴雨均对柿树的开花、授粉和受精有明显影响。天气久旱无雨，土壤干旱，肥水吸收困难，根的吸收能力降低，生理活动失调，易引起落花；阴雨绵绵，昆虫授粉机会少，一些需授粉的品种果花花粉粒易吸水胀破而使授粉不良，造成后期落果。为防止和减轻落花落果的发生，应加强病虫害的防治和果园水肥管理，增强树势；花期环剥和环刻调整养分输送，缓解生长和发育的矛盾；科学疏花疏果，合理负载，才能消除大小年现象，保持柿树高产、稳产。

果实生长期(5月下旬—9月中旬)，果实生长过程中会发生两次生理性落果，第一次落果严重，发生在花后2～4周，一般在6月上中旬；第二次生理落果出现在8月中旬以后，落果较少。前期落果柿蒂连同柿果一起落下，后期落果只落果不落蒂。落果是由于花器发育不健全、授粉受精不良、树势衰弱、有机养分分配不均、土壤干旱等原因造成的，应在幼果期、果实膨大期及时喷施叶面肥，使果实及时吸收养分，提高坐果率；在生理落果高峰以后进行根外追肥，可促进果实膨大，提高产量；果实膨大期，若久旱无雨、土壤干旱，要及时灌水，保证柿树对水分的要求；疏除过密枝、无效枝，增加果园通风透光，保证叶果比例适当，平衡生殖生长与营养生长的关系。

夏季是柿树各种病虫害危害盛期，要加强柿炭疽病、柿绵蚧、柿蒂虫等病虫害的防治工作。

果实成熟期(9月下旬—10月中旬)，柿子采收时间因品种、地区、气候等不同而有所差异，一般需要脱涩或准备贮藏的柿子七八成熟就可采收，鲜食的甜柿八九成熟方可采收，用于柿饼加工的宜在果实成熟由橙变红时采收，一般采收期在霜降前后。采后必须剪去果柄，并注意轻拿轻放，因柿子属于浆果，果柄很硬，容易在采收和贮运过程中戳伤其他果而引起腐烂，造成不应有的损失。

果实采收后要深翻果园，重施基肥，基肥以充分熟化的有机肥为主。施用方法可采用穴施或沟施，也可结合深翻扩穴施入。秋施基肥可为翌年柿树枝叶生长、花芽分化、开花坐果奠定基础，同时可改良土壤结构，改善土壤的理化性质。

21.6.2 落叶后的田间工作

柿树落叶及休眠期(10月下旬—翌年3月)，冬季柿树处于休眠期，各种病虫害也进入越冬期，此时狠抓病虫害防治，对避免和减轻翌年病虫对柿树的危害作用很大。结合清园修剪病虫枝条、剔除残蒂、刮除老翘皮等，深埋或集中烧毁；深翻果园，将越冬虫卵暴露在寒风中，将其冻死；柿树休眠期耐寒力也相当强，可耐短期－20℃低温，到－25℃时开始发生冻害。陕西关中、渭北柿树种植区冬季极端最低气温为－16～－19℃，陕南东部地区－8～－15℃，一般成年树冻害发生几率较小，但幼树及幼枝耐低温程度相对较弱，冬季应捆草绑膜进行御寒，可在冬前灌一次封冻水，以提高树体抗寒能力。

第三编
果树气象服务技术方法

第22章 苹果产量预报方法
第23章 苹果气象指数预报方法
第24章 果树与气候变化
第25章 陕西林果气象业务服务系统设计

第 22 章　苹果产量预报方法

22.1　全省苹果单产非线性预测模式

· 参数说明

$\sum T \geqslant 10$:苹果生育期 4—8 月日平均气温≥10℃积温(℃·d);

$R_{4\sim8}$:苹果生育期 4—8 月降水量(mm);

$S_{4\sim8}$:苹果生育期 4—8 月日照时数(h);

$R_{6\sim8}$:苹果果实膨大期 6—8 月降水量(mm);

$\hat{Y}_D$:苹果亩产量预测值(kg/亩);

n:资料样本数,1993—2006 年,n=14 a;

r:单产与气象因子间的线性相关系数;

r_α:r 的临界值,α=0.05,置信水平为 95%;

R_b:非线性相关比,R_b 越接近 1,非线性回归效果越显著。

表 22.1　洛川苹果单产气象因子非线性回归预测模式

因子	n	预测方程	r	$r_\alpha(\alpha=0.05)$	R_b
$\sum T \geqslant 10$	13	$\hat{Y}_D = 499.7813\exp\left(0.00033\sum T \geqslant 10\right)$	0.6177	0.5530	0.6256
$R_{4\sim8}$	12	$\hat{Y}_D = 920.4768\exp(0.00093R_{4\sim8})$	0.7148	0.5760	0.7203
$S_{4\sim8}$	7	$\hat{Y}_D = 421.4445\exp(0.00095S_{4\sim8})$	0.7105	0.7540	0.7266
$R_{6\sim8}$	12	$\hat{Y}_D = 1010.4012\exp(0.00083R_{6\sim8})$	0.6054	0.5760	0.6125

表 22.2　白水苹果单产气象因子非线性回归预测模式

因子	n	预测方程	r	$r_\alpha(\alpha=0.05)$	R_b
$\sum T \geqslant 10$	13	$\hat{Y}_D = 228.6950\exp\left(0.00052\sum T \geqslant 10\right)$	0.7006	0.5530	0.6748
$R_{4\sim8}$	8	$\hat{Y}_D = 902.4154\exp(0.00119R_{4\sim8})$	0.8788	0.7070	0.8775
$S_{4\sim8}$	5	$\hat{Y}_D = 372.9425\exp(0.00106S_{4\sim8})$	0.7777	0.8780	0.8036
$R_{6\sim8}$	8	$\hat{Y}_D = 1023.2530\exp(0.00096R_{6\sim8})$	0.7741	0.7070	0.7696

表 22.3　旬邑、礼泉、凤翔苹果单产气象因子非线性回归预测模式

因子	n	预测方程	r	$r_\alpha(\alpha=0.05)$	R_b
$\sum T \geqslant 10$	10	$\hat{Y}_D = 169.2463\exp\left(0.00072\sum T \geqslant 10\right)$	0.6873	0.6320	0.6744
$R_{4\sim 8}$	8	$\hat{Y}_D = 1023.0272\exp(0.00055R_{4\sim 8})$	0.7250	0.7070	0.7100
$S_{4\sim 8}$	10	$\hat{Y}_D = 469.3712\exp(0.00068S_{4\sim 8})$	0.7425	0.6320	0.7632
$R_{6\sim 8}$	9	$\hat{Y}_D = 770.2022\exp(0.00017R_{6\sim 8})$	0.8662	0.6660	0.8561

表 22.4　礼泉苹果单产气象因子非线性回归预测模式

因子	n	预测方程	r	$r_\alpha(\alpha=0.05)$	R_b
$\sum T \geqslant 10$	5	$\hat{Y}_D 875.0712\exp\left(0.00018\sum T \geqslant 10\right)$	0.5754	0.8780	0.5790
$R_{4\sim 8}$	8	$\hat{Y}_D = 1121.6462\exp(0.0017R_{4\sim 8})$	0.8564	0.7070	0.8332
$S_{4\sim 8}$	10	$\hat{Y}_D = 571.3911\exp(0.00093S_{4\sim 8})$	0.6441	0.6320	0.6375
$R_{6\sim 8}$	8	$\hat{Y}_D = 1093.7321\exp(0.0016R_{6\sim 8})$	0.7190	0.7070	0.7262

表 22.5　凤翔苹果单产气象因子非线性回归预测模式

因子	n	预测方程	r	$r_\alpha(\alpha=0.05)$	R_b
$\sum T \geqslant 10$	8	$\hat{Y}_D = 122.6651\exp\left(0.00064\sum T \geqslant 10\right)$	0.8461	0.7070	0.8200
$R_{4\sim 8}$	7	$\hat{Y}_D = 286.1191\exp(0.0035R_{4\sim 8})$	0.8486	0.7540	0.8723
$S_{4\sim 8}$	9	$\hat{Y}_D = 6.1297\exp(0.00581S_{4\sim 8})$	0.7530	0.6660	0.7611
$R_{6\sim 8}$	7	$\hat{Y}_D = 1013.0567\exp(0.0017R_{6\sim 8})$	0.6839	0.7540	0.6909

表 22.6　全省苹果平均单产气象因子非线性回归预测模式*

因子	n	预测方程	r	$r_\alpha(\alpha=0.05)$	R_b
$\overline{R}_{4(6\sim 8)}$	5	$\hat{\overline{Y}}_D = 2283.8213\exp\left(-\dfrac{140.2427}{\overline{R}_{4(6\sim 8)}}\right)$	0.8270	0.8780	0.8890

* $\overline{R}_{4(6\sim 8)}$：4 站（洛川、白水、旬邑、礼泉）平均 6—8 月降水量（mm）；

$\hat{\overline{Y}}_D$：全省苹果平均亩产量预测值（kg/亩）。

表 22.7　全省苹果总产量增(减)%气象因子非线性回归预测模式*

因子	n	预测方程	r	$r_\alpha(\alpha=0.05)$	R_b
$\overline{R}_{4(6\sim 8)}$	5	$D\hat{S}(\%) = 1349.0695\exp\left(-\dfrac{1775.2666}{\overline{R}_{4(6\sim 8)}}\right)$	0.9258	0.8780	0.7746

* $\overline{R}_{4(6\sim 8)}$：4 站（洛川、白水、旬邑、礼泉）平均 6—8 月降水量（mm）；

$D\hat{S}(\%)$：全省苹果总产量增（减）产%预测值。

22.2　全省苹果产量多因子线性回归预测模式

22.2.1　预报因子分析

(1)气候因子

$\sum_{4\sim8}\overline{T}\geqslant10℃$；$R_{4\sim8}$；$S_{4\sim8}$；$R_{6\sim8}$。

(2)面积因子

$S_{挂}$；$S_{盛}$。

(3)预报因子意义

X_1——$\sum_{4\sim8}\overline{T}\geqslant10℃$，为苹果生长前期 4—8 月日平均气温 $\geqslant10℃$ 的积温，前期热量条件的定量指标；

X_2——$R_{4\sim8}$，为苹果生长前期 4—8 月降水量，前期水分条件的定量指标；

X_3——$S_{4\sim8}$，为苹果生长前期 4—8 月日照时数，前期光照条件的定量指标；

X_4——$R_{6\sim8}$，为苹果主要果实膨大期(旺长期)降水量，旺长期水分条件的定量指标；

X_5——$S_{挂}$，为挂果面积，使苹果增产的面积因素的定量指标。$S_{挂}$ 由初果面积(3～4 年幼树)、正常挂果面积(5 年树龄)和盛果面积($\geqslant$ 6 年树龄)组成；

X_6——$S_{盛}$，为进入盛果期的结果面积，是面积因子中对总产量贡献较大的定量指标。

22.2.2　因子与产量的相关分析

(1)单因子相关系数计算(有编好的程序)

对于产量 Y 和因子 X 一组数据(X_i,Y_i)，$i=1,2,\cdots,n$，n 为资料样本数，

$$r=\frac{\sum_{i=1}^{n}(X_i-\overline{X})(Y_i-\overline{Y})}{\sqrt{\sum_{i=1}^{n}(X_i-\overline{X})^2}\sqrt{\sum_{i=1}^{n}(Y_i-\overline{Y})^2}}$$

其中，$\overline{X}=\frac{1}{X}\sum_{i=1}^{n}X_i$；$\overline{Y}=\frac{1}{n}\sum_{i=1}^{n}Y_i$。

(2)相关系数显著性检验

设 $\alpha=0.05$，用 $n-2$ 查系数检验表得 r_α，若算得的 $r\geqslant r_\alpha$，认为 Y_i 与 X_i 相关关系显著，否则不显著。

(3)因子的确定

将通过显著性检验的因子，按的大小排序，找出 4～5 个因子。

22.2.3　收集资料

(1)总面积和总产量

由于 1998—2000 年全省苹果处于种植区域和品种结构调整，面积和产量变化无常，生产力水平也很低，所以此时面积和产量资料很难使用。从 2001 年起结构调整已完成，面积和产

量稳定上升，生产力水平也有较大提高，面积和产量资料也较好使用。

(2)总面积资料

收集 2001 年后，每年总面积资料。

(3)总产量资料

收集 2001 年后，每年总产量资料。

(4)挂果面积资料

在挂果面积难以从果业或统计部门获得的情况下，只有采取逐年推算的方法。挂果面积推算方法：由于我省苹果品种以红富士为主，约占 67%，所以推算挂果面积以红富士为准。红富士 3 年挂果。

当年总面积为 S_0；前一年总面积为 S_{-1}；前二年总面积为 S_{-2}；……；当年幼树面积为 S_{0Y}；前一年幼树面积为 S_{-1Y}；前二年幼树面积为 S_{-2Y}，那么

$$S_{0Y}=S_0-S_{-1}$$

$$S_{-1Y}=S_{-1}-S_{-2}$$

$$S_{-2Y}=S_{-2}-S_{-3}$$

于是当年挂果面积

$$S_{0G}=S_0-S_{0Y}-S_{-1Y}-S_{-2Y}$$

用 2001—2009 年总面积可推得 2004—2009 年，$n=6$ 个挂果面积。

(5)盛果面积资料

进入盛果期的面积资料同样难以获得。也可用总面积进行推算。以红富士为准，6 年生进入盛果期。

当年盛果面积

$$S_{0S}=S_0-S_{0Y}-S_{-1Y}-S_{-2Y}-S_{-3Y}-S_{-4Y}-S_{-5Y}$$

显然，只有较长的 S_0 资料才能推出较多的 S_{0S}样本。

(6)气候因子资料

· 选取代表站：洛川站代表延安果区，白水站代表渭北东部果区，旬邑站代表渭北西部果区，礼泉站代表咸阳果区，凤翔站代表宝鸡果区。

· 气候因子：

$\sum_{4\sim8}\overline{T}\geqslant 10$℃，5 站平均值；

$R_{4\sim8}$，5 站平均值；

$S_{4\sim8}$，5 站平均值；

$R_{6\sim8}$，5 站平均值；

收集上述 5 站 4 因子历年平均值。

22.2.4　多因子回归建模

(1)构造协方差矩阵

· 以 5 因子为例，构造 $L(5\times5)$矩阵

$$L_{5\times5}=\begin{pmatrix} L_{11}\,L_{12}\,L_{13}\,L_{14}\,L_{15}\\ L_{21}\,L_{22}\,L_{23}\,L_{24}\,L_{25}\\ L_{31}\,L_{32}\,L_{33}\,L_{34}\,L_{35}\\ L_{41}\,L_{42}\,L_{43}\,L_{44}\,L_{45}\\ L_{51}\,L_{52}\,L_{53}\,L_{54}\,L_{55}\end{pmatrix}$$

对角元素：

$$L_{11}=\sum_{i=1}^{n}(X_{1i}-\overline{X}_1)^2$$

$$L_{22}=\sum_{i=1}^{n}(X_{2i}-\overline{X}_2)^2$$

$$\vdots$$

$$L_{55}=\sum_{i=1}^{n}(X_{5i}-\overline{X}_5)^2$$

其他元素：

$$L_{12}=\sum_{i=1}^{n}(X_{1i}-\overline{X}_1)(X_{2i}-\overline{X}_2)$$

$$L_{13}=\sum_{i=1}^{n}(X_{1i}-\overline{X}_1)(X_{3i}-\overline{X}_3)$$

$$\vdots$$

$$L_{54}=\sum_{i=1}^{n}(X_{5i}-\overline{X}_5)(X_{4i}-\overline{X}_4)$$

其中，n 为因子样本数，$\overline{X}_{1\sim5}$ 因子平均值

$$\overline{X}_j=\frac{1}{n}\sum_{i=1}^{n}X_{ji}$$

$j=1,2,\cdots,5$ 为因子个数，$i=1,2,\cdots,n$ 为因子样本数。

· 5 因子与产量构造 $L(5\times1)$矩阵

$$L_{5\times1}=\begin{pmatrix} L_{10}\\ L_{20}\\ L_{30}\\ L_{40}\\ L_{50}\end{pmatrix}$$

其中各元素

$$L_{10}=\sum_{i=1}^{n}(X_{1i}-\overline{X}_1)(Y_i-\overline{X})$$

$$L_{20}=\sum_{i=1}^{n}(X_{2i}-\overline{X}_2)(Y_i-\overline{X})$$

$$\vdots$$

$$L_{50}=\sum_{i=1}^{n}(X_{5i}-\overline{X}_5)(Y_i-\overline{X})$$

产量平均值

$$\overline{Y} = \frac{1}{n}\sum_{i=1}^{n} Y_i$$

(2)解 5 阶线性方程组

设产量与 5 因子的线性回归方程为

$$\hat{Y} = b_0 + b_1 X_1 + b_2 X_2 + b_3 X_3 + b_4 X_4 + b_5 X_5$$

则 5 因子回归方程的正规方程组为

$$\begin{pmatrix} L_{11} L_{12} L_{13} L_{14} L_{15} \\ L_{21} L_{22} L_{23} L_{24} L_{25} \\ L_{31} L_{32} L_{33} L_{34} L_{35} \\ L_{41} L_{42} L_{43} L_{44} L_{45} \\ L_{51} L_{52} L_{53} L_{54} L_{55} \end{pmatrix} \begin{pmatrix} \hat{b}_1 \\ \hat{b}_2 \\ \hat{b}_3 \\ \hat{b}_4 \\ \hat{b}_5 \end{pmatrix} = \begin{pmatrix} L_{10} \\ L_{20} \\ L_{30} \\ L_{40} \\ L_{50} \end{pmatrix}$$

用 Guass/Jordan 消去法求解正规方程组得回归系数 $\hat{b}_{1\sim 5}$，常数项

$$\hat{b}_0 = \overline{Y} - \hat{b}_1\overline{X}_1 - \hat{b}_2\overline{X}_2 - \hat{b}_3\overline{X}_3 - \hat{b}_4\overline{X}_4 - \hat{b}_5\overline{X}_5$$

22.2.5 回归效果显著性检验

回归平方和：

$$U = \sum_{i=1}^{n} (\hat{Y}_i - \overline{Y})^2$$

残差平方和：

$$Q = \sum_{i=1}^{n} (Y_i - \hat{Y}_i)^2$$

统计量：

$$F = \frac{U/m}{Q/(n-m-1)}$$

其中，n 为资料样本数，m 为因子个数。

取 $\alpha=0.05$，依自由度 $f_1=m$，$f_2=n-m-1$，查 F 的临界值得 F_α。若算得的 $F \geqslant F_\alpha$，认为回归效果是显著的，否则是不显著的。

回归方程的标准差

$$S_r = \sqrt{\frac{1}{n-m-1}\sum_{i=1}^{n} (Y_i - \hat{Y}_i)^2}$$

S_r 越小，回归效果越好，S_r 越大回归效果越差。

22.2.6 预测值的误差订正

(1)理论误差订正

$$\hat{Y} \pm U_\alpha S_r$$

其中，U_α 是显著水平为 α 时的系数，S_r 为回归方程的标准差，或叫剩余均方差。

$\alpha=0.1$ 时，$U_\alpha=1.64$；

$\alpha=0.05$ 时，$U_\alpha=1.96$；

$\alpha=0.01$ 时，$U_\alpha=2.57$；

$\alpha=0.001$ 时，$U_\alpha=3.29$。

(2)理论置信区间估计

$$\hat{Y}\pm 1.64S_r,\beta=90\%,$$
$$\hat{Y}\pm 1.96S_r,\beta=95\%,$$
$$\hat{Y}\pm 2.57S_r,\beta=99\%,$$
$$\hat{Y}\pm 3.29S_r,\beta=99.9\%。$$

$\beta=1-\alpha$ 为置信水平。

· 样本数 n 与因子个数 m 的关系

理论上认为 $n=(5\sim10)m$

就是说为了保证回归方程有较好的稳定性，样本数应该足够大。

22.3　苹果产量双向差分预测模式原理与应用

22.3.1　模式原理

苹果总产量时间序列为一单调递增型动态变量序列，可视为一动态系统，其变化特性可用最简单的一阶单变量常微分方程表示为

$$\frac{\mathrm{d}x}{\mathrm{d}t}=b_0+b_1x \quad b_0\neq0,b_1\neq0$$

式中 x 为苹果总产量系统的状态变量，b_0、b_1 为常数，$\mathrm{d}x/\mathrm{d}t$ 为状态变量随时间的变化率。

用分离变量法求得上述微分方程的解

$$x_{k+1}=\left(x_1+\frac{b_0}{b_1}\right)\mathrm{e}^{b_1k}-\frac{b_0}{b_1}$$

式中 x_1 为初值，$k=1,2,\cdots,N$，该式为时间响应方程。

用双向差分建模，用最小二乘法估计 b_0 和 b_1。

设 $x^{(0)}=\{x_1,x_2,\cdots,x_N\}$为苹果历年总产量动态变量序列，对 $x^{(0)}$ 进行 n 次累加计算，由于全省苹果总产量仅有 10 a (2001—2010)资料好用，所以只做 1 次累加计算，生成序列

$$x^{(1)}=\{x_k^{(1)}\}=\left(\sum_{i=1}^{k}x_i^{(0)}\right)$$

根据向前差分预报误差和向后差分预报误差达到最小的原则，用最小二乘法求得预报参数经简化后为

$$\begin{cases}Z_0=\dfrac{1}{2(N-2)}\left(\sum\limits_{k=2}^{N-1}x_k^{(0)}+\sum\limits_{k=2}^{N-1}x_{k+1}^{(0)}\right)\\[2ex] Z_1=\dfrac{1}{2(N-2)}\left(\sum\limits_{k=2}^{N-1}x_k^{(0)}x_k^{(1)}+\sum\limits_{k=2}^{N-1}x_{k+1}^{(0)}x_k^{(1)}\right)\\[2ex] S_1=\dfrac{1}{N-2}\sum\limits_{k=2}^{N-1}x_k^{(1)}\\[2ex] V_0=\dfrac{1}{N-2}\sum\limits_{k=2}^{N-1}(x_{0k}^{(1)})^2=1\\[2ex] V_1=\dfrac{1}{N-2}\sum\limits_{k=2}^{N-1}(x_k^{(1)})^2\end{cases}$$

式中 $k=2,3,\cdots,N,x_{0k}^{(1)}=1$。

由以上参数得二阶正规线性方程组

$$\begin{pmatrix} V_0 & S_1 \\ S_1 & V_1 \end{pmatrix}\begin{pmatrix} b_0 \\ b_1 \end{pmatrix}=\begin{pmatrix} Z_0 \\ Z_1 \end{pmatrix}$$

用 Cramer 法则求解得

$$\begin{cases} \hat{b}_0=\begin{vmatrix} Z_0 & S_1 \\ Z_1 & V_1 \end{vmatrix} \Bigg/ \begin{vmatrix} V_0 & S_1 \\ S_1 & V_1 \end{vmatrix} \\ \hat{b}_1=\begin{vmatrix} V_0 & Z_0 \\ S_1 & Z_1 \end{vmatrix} \Bigg/ \begin{vmatrix} V_0 & S_1 \\ S_1 & V_1 \end{vmatrix} \end{cases}$$

于是求得时间响应方程

$$\hat{x}_{k+1}^{(1)}=\left(x_1^{(1)}+\frac{\hat{b}_0}{\hat{b}_1}\right)e^{\hat{b}_{1k}}-\frac{\hat{b}_0}{\hat{b}_1}$$

通过后向差分由 $\hat{x}_{k+1}^{(1)}$ 求得 $\hat{x}_{k+1}^{(0)}$

$$\hat{x}_{k+1}^{(0)}=\hat{x}_{k+1}^{(1)}-\hat{x}_k^{(1)}$$

式中 $k=N,N-1,\cdots,2$。用该式对未来进行预报。

22.3.2 模式检验

根据上述模式原理，用全省苹果产量 $N=9$ a (2001—2009)资料建立预测模式，分别做了独立样本预测试验和对 2009 年实际预报。

用 2001—2007 年 $N=7$a 资料建立模式，得到预测 2008 年的 $x^{(1)}$ 预测方程

$$\hat{x}_{k+1}^{(1)}=3780.55994e^{0.10609k}+3389.28994$$

再通过后向差分得出 2008 年预测值 $\hat{x}^{(0)}$，取下限为 756.9，2008 年实际值为 745.5。

同理，可对 2006 年、2007 年做出独立样本预测试验，结果见表 22.8。

表 22.8　全省苹果产量独立样本预测试验结果

年	2006	2007	2008
预测值(取下限)	631.9	683.6	756.9
实际值	649.98	701.57	745.51

用 $N=8$ a (2001—2008)资料，对 2009 年实际预报预测效果尚好，预测值，取下限为 809.8，实际值为 805.2。该模式主要利用单调型动态变量累加序列和微分方程提供的关系来预测变量的未来状态，与灰色模式形似，但模式原理有根本区别，经预测试验，该模式精度明显高于灰色模式。

第 23 章　苹果气象服务指数预报方法

23.1　苹果气象灾害指数的定义和序列建立方案

仅用常规气象要素定义苹果气象灾害的程度，非实际调查的灾害强度，是从气象角度来反映灾害程度。

23.1.1　花期冻害指数

(1)分果区，分花期定义

- 洛川/4 月上旬　　(延安果区)
- 白水/4 月上旬　　(渭北东部果区)
- 礼泉/3 月 25 日—4 月 5 日　　(关中西部果区)
- 旬邑/4 月中旬　　(渭北西部果区)

(2)花期冻害指数 H_a 定义

$$H_a = N_{T_e \leqslant 0} / \overline{T}_{旬}$$

- $N_{T_e \leqslant 0}$ 为开花期逐日极端最低气温在 0℃以下的日数，该日数越大，花期冻害/冷害就越严重；
- $\overline{T}_{旬}$ 为花期旬平均气温，作为花期气温背景。该值越低，发生冻害/冷害的可能性越大。
- 视资料统计情况，也可将 $N_{T_e \leqslant 0}$ 调整为 $N_{T_e \leqslant -1}$(意指 -1℃以下的日数)。

23.1.2　冰雹灾害指数

(1)冰雹灾害指数定义

$$B_b = \frac{N_b}{N_j} + \frac{N_c}{N_t} + \frac{N_{\overline{D} \geqslant 1}}{N_c}$$

(2)参数说明

- N_b 为苹果基地县每年多雹期(5—9 月)冰雹发生的县数；
- N_j 为冰雹多发的基地县数；
- $\frac{N_b}{N_j}$ 为基地县每年 5—9 月冰雹灾害区域发生率，该发生率反映冰雹发生的空间分布特征；
- N_c 为基地县每年 5—9 月的冰雹日数；
- N_t 为基地县多雹期(5—9 月)总日数；
- $\frac{N_c}{N_t}$ 为基地县 5—9 月冰雹发生的概率，该项反映冰雹发生的时间分布特征；
- $N_{\overline{D} \geqslant 1}$ 为冰雹平均直径 $\overline{D} \geqslant 1$ cm 的冰雹次数；

· $\frac{N_{\overline{D}\geq 1}}{N_c}$为大冰雹的发生率，该项反映冰雹强度特征。

· 本方案物理意义更明确，资料统计建立序列更方便。

23.1.3 伏旱指数

(1)分果区，按伏期定义

· 果区　延安果区(洛川)
　　　　渭北东部果区(白水)
　　　　关中西部果区(礼泉)
　　　　渭北西部果区(旬邑)

· 伏期　7 月中旬—8 月上旬

(2)伏旱指数定义

$$F_h = N_{R=0}/R_{7中-8上}$$

· $N_{R=0}$为伏期无降水日数，该日数越大，伏旱可能越强；

· $R_{7中-8上}$为伏期降水量，该值越小伏旱可能越重。

23.1.4 高温热害指数

(1)分果区，按月定义

· 果区　洛川、白水、渭南、旬邑、礼泉、凤翔。

· 夏季　6 月、7 月、8 月

(2)高温热害指数 G_r 定义

$$G_r = N_{T_g \geq 35}/N_{R \geq 0.1}$$

· $N_{T_g \geq 35}$为夏季月逐日极端最高气温≥35℃的日数，该日数越大，热害可能越重；

· $N_{R \geq 0.1}$为夏季月 $R \geq 0.1$ 毫米的雨日数，该日数越少，热害可能越重。

23.1.5 连阴雨指数

(1)分果区定义

· 果区　洛川、白水、旬邑、礼泉。

(2)连阴雨指数 L_u 定义

$$L_u = N_{r \geq 3}/N_{R=0}$$

· $N_{r \geq 3}$为 9 月中旬—10 月上旬雨日($R \geq 0.1$ mm)连续 3 天以上的日数，该日数越多，连阴雨危害越重；

· $N_{R=0}$为 9 月中旬—10 月上旬无降水日数，该日数越多，连阴雨危害越轻。

23.2 苹果生长适宜指数的定义和序列建立方案

23.2.1 苹果(梨)开花适宜指数

(1)分果区，分花期

· 延安/4 月中旬

· 洛川/4 月上旬
· 白水/4 月上旬
· 蒲城/3 月中旬
· 旬邑/4 月中旬
· 彬县/3 月 25 日—4 月 5 日
· 礼泉/3 月 25 日—4 月 5 日
· 凤翔/4 月上旬

(2)开花适宜指数 H_s 定义

$$H_s = N_{T_s} / N_{T_b}$$

· N_{T_s} 苹果(梨)开花期适宜开花气温的日数;开花授粉适宜气温 $T_s = 17 \sim 20$℃;N_{T_s} 日数越多,开花越适宜;

· N_{T_b} 为开花期气温不适宜的日数;不适宜气温 20℃$<T_b<$17℃,不适宜开花授粉的日数越多,开花适宜指数越小。

23.2.2　苹果果实膨大指数

(1)分果区,分膨大期定义

· 果区　　洛川、白水、旬邑、礼泉。

· 膨大期　6 月(幼果膨大期),7 月、8 月(主要膨大期),9 月(第 2 膨大期)。

(2)果实膨大期指数 P_α 定义

$$P_\alpha = (N_{T_s} + N_{R \geqslant 0.1}) / N_{T_g \geqslant 35}$$

· N_{T_s} 为膨大期适宜膨大气温的日数,$T_s = 20 \sim 27$℃,在膨大期日平均气温序列中挑选;N_{T_s} 越多,越适宜果实膨大;

· $N_{R \geqslant 0.1}$ 为膨大期雨日数($R \geqslant 0.1$ 毫米),膨大期雨日数越多,越有利于果实膨大;

· $N_{T_g \geqslant 35}$ 为膨大期最高气温≥35℃的日数,当气温≥35℃时果实停止膨大,热害严重,$N_{T_g \geqslant 35}$ 越多,越不利于果实膨大。

23.2.3　苹果着色期光照指数

(1)分果区,分品种定义

· 果区　　洛川、白水、旬邑、礼泉。

· 品种　　早熟、中熟、晚熟。

(2)着色光照指数 G_z 定义

· 早熟品种

$$G_z = S_8 / N_{R \geqslant 0.1}$$

· 中熟品种

$$G_z = S_9 / N_{R \geqslant 0.1}$$

· 晚熟品种

$$G_z = S_{9中-10中} / N_{R \geqslant 0.1}$$

· S 为不同品种着色期的日照时数,S 越大,着色越好;

· $N_{R \geqslant 0.1}$ 为不同品种着色的雨日($R \geqslant 0.1$ 毫米)的日数,该日数越大,着色越差。

23.3　陕西苹果花期冻害年型划分及预报模型研究

利用陕西果区 29 个苹果基地县 1971—2007 年连续 37 年 4 月极端最低气温资料和灾情调查数据，提出苹果花期冻害年型标准，并进行逐年年型划分。综合运用天气学理论、马尔柯夫链等方法，建立苹果花期冻害年型预测模型，进行苹果花期冻害年型预报。

23.3.1　苹果花期冻害年型划分

为了便于气象服务，结合果业管理部门和广大果农对冻害年型的评价，以及 2000 年以来的灾情调查资料，以陕西果区 29 个苹果基地县 4 月份最低温冻害强度及所影响范围相结合的方式，将陕西苹果花期冻害年型划分为四个等级(见表 23.1)。

表 23.1　陕西苹果花期冻害年型划分等级表

冻害指标 / 冻害年型	状态	−2℃	0℃	2℃
严重冻害年型	4	T_d≤−2℃苹果基地县个数≥10 个		
中等冻害年型	3	T_d≤−2℃苹果基地县个数<10 个	T_d≤0℃苹果基地县个数≥15 个	
冷害年型	2	T_d≤−2℃苹果基地县个数<10 个	T_d≤0℃苹果基地县个数<15 个	T_d≤2℃苹果基地县个数≥19 个
正常年型	1	T_d≤−2℃苹果基地县个数<10 个	T_d≤0℃苹果基地县个数<15 个	T_d>2℃苹果基地县个数≥10 个

注：表中 T_d 为 4 月极端最低气温。

根据以上花期冻害年型划分标准，对陕西果区 29 个苹果基地县 1971—2007 年 4 月份极端最低气温进行普查，在 37 年中出现严重冻害年型 9 年、中等冻害年型 9 年、冷害年型 9 年，正常年型 10 年。其中 70 年代和 2000 年后冻害较重，80 和 90 年代相对较轻(见表 23.2)。

表 23.2　陕西苹果不同冻害年型统计表

各年代际 / 冻害类型	70 年代	80 年代	90 年代	2001—2007	合计
严重冻害年型	4	1	1	3	9
中等冻害年型	3	2	3	1	9
冷害年型	3	3	1	2	9
正常年型	0	4	5	1	10

结果表明，70 年代冻害多，而且重，严重冻害和中等冻害年型占到 70%，其中严重冻害年型占到 40%。80 和 90 年代冻害少，而且轻，严重冻害年型仅占 10%，正常年型却占到 40%和 50%，为严重冻害年型最少和正常年型最多的年代际。进入 21 世纪后，冻害又有加重趋势，

2001—2007 年的 7 年中严重冻害和中等冻害年型达 4 年，占到 57%，其中严重冻害年型占到 43%，而正常年型仅占 14%。随着气候变暖加剧，严重冻害年型等极端气候事件发生风险明显增加，苹果花期冻害监测、预报、防御的任务将更加艰巨。

23.3.2 苹果花期冻害年型预测模型选择

分析陕西苹果花期冻害年型资料，可以看出当地苹果花期冻害年型是一个随机变动较大的时间序列，作为一个随机过程，它的时间和状态都是离散的，并且具有无后效性特点。马尔柯夫链预测是根据状态之间的转移概率来推测系统未来发展变化，转移概率反映了各种随机因素的影响程度，马尔柯夫链适合于随机变动较大的序列的预测问题。以马尔柯夫链主要理论和方法为依据，结合陕西苹果花期冻害年型划分标准及历史资料，运用马尔柯夫链方法建立苹果花期冻害年型预测模型，根据预测模型开展苹果花期冻害年型预报，可以适时、有效地开展陕西苹果花期冻害气象服务。

根据马尔柯夫链特点及苹果花期冻害年型的状况，运用马尔柯夫链转移概率表达式(23.1)，进行转移概率计算。

$$P_{ij}(m)=\frac{M_{ij}(m)}{M_i}(1)(i,j=1,2,\cdots,i,j) \tag{23.1}$$

式中：$M_{ij}(m)$为由状态 i 经过 m 步转移到状态 J 的原始数据样本数；M_i 为处于状态 i 的原始数据样本数。

从某一状态开始经过 m 步转移后出现的各种状态的转移概率矩阵 $R(m)$ 见(23.2)式。

$$R(m)=\begin{vmatrix} P_{11}(m)P_{12}(m)\cdots P_{1j}(m) \\ P_{21}(m)P_{22}(m)\cdots P_{2j}(m) \\ \vdots \\ P_{i1}(m)P_{i2}(m)\cdots P_{ij}(m) \end{vmatrix} \tag{23.2}$$

状态转移概率矩阵 $R(m)$，反映了苹果花期冻害年型状态之间的转移概率，它是苹果花期冻害年型状态预测的基础。

23.3.3 模型应用实例分析

根据陕西苹果花期冻害年型划分标准，对 1971—2007 年陕西果区 29 个苹果基地县花期冻害年型状态划分结果见表 23.3。

表 23.3 1971—2007 年陕西苹果花期冻害年型状态统计表

年份	1971	1972	1973	1974	1975	1976	1977	1978	1979	1980
状态	2	4	3	4	4	3	2	2	4	3
年份	1981	1982	1983	1984	1985	1986	1987	1988	1989	1990
状态	1	2	3	1	2	1	3	2	1	4
年份	1991	1992	1993	1994	1995	1996	1997	1998	1999	2000
状态	4	1	3	2	1	3	1	1	1	3
年份	2001	2002	2003	2004	2005	2006	2007	2008	2009	2010
状态	4	3	1	2	2	4	4			

表 23.4 陕西果区 1996—2007 年苹果花期冻害状态回代检验表

年份	1996	1997	1998	1999	2000	2001	2002	2003	2004	2005	2006	2007
预测状态	3	1	1	3	3	1	3	1	2	2	4	4
实况状态	3	1	1	1	3	4	3	1	2	2	4	4
评价	对	对	对	错	对	错	对	对	对	对	对	对

结果表明，陕西果区 1996—2007 年 12 年的苹果花期冻害状态预报中有 10 年与实况相符，两年预报错误，预报准确率达 83.3%。可见应用马尔柯夫链方法进行苹果花期冻害年型预报，在气象服务实践中具有一定的参考价值，在苹果花期冻害防御实践中具有一定的指导作用。

23.4 陕西苹果气象指数预报

23.4.1 苹果套袋气象指数预报

指数级别	指数名称	气象指标	评价及建议
1 级	适宜套袋	多云或晴天，48 小时内无雨，日平均气温 20℃左右，风力<1 级。	一般落花后 40 天左右蔬果定果后套袋，10～15 天结束。关中和渭北东部果区一般在 5 月底到 6 月上旬；延安和渭北西部果区一般在 6 月上旬末到中旬，晴天时应在 12 时以前和 15 时以后套袋。
2 级	较适宜套袋	多云或晴天，24 小时内无雨，日平均气温<25℃，风力 1～2 级。	平均气温接近或超过 25℃时，袋内温度会更高，易产生熔蜡，导致日灼发生。
3 级	不适宜套袋	有雨或日平均气温>25℃，风力>2 级。	高温易导致果袋熔蜡，发生灼伤，风速大影响套袋质量和速度。

23.4.2 苹果解袋气象指数预报

指数级别	指数名称	气象指标	评价及建议
1 级	适宜解袋	阴天或多云，48 小时无雨，日平均温度 11～13℃，气温日较差>10℃，风力<1 级。	解袋时间：中熟苹果采收前 15 天左右，晚熟苹果采收前 30 天左右。我省晚熟苹果一般在 9 月上旬选择多云或阴天解袋，晴天时解袋应避开中午高温时期，先解除外袋，隔 5～6 天再解除内袋。气象条件有利于果面清洁，果皮细腻。一般选阴天或多云天解除内袋较好。
2 级	较适宜解袋	多云或晴天，24 小时无雨，日平均气温为 13～15℃，气温日较差 8～10℃，风力 1～2 级。	解袋后着色缓慢，对果实外观质地有一定影响。
3 级	不适宜解袋	雨天或晴天日平均气温>15℃，气温日较差<8℃，风力>2 级。	解袋后易造成果面粗糙水锈严重，色泽暗淡，外观品质下降。

23.4.3　苹果着色气象指数预报

指数级别	指数名称	气象指标	评价及建议
1 级	适宜着色	晴天或多云，日照时数 6～7 小时，湿度为 13～15℃，气温日较差＞10℃。	光热条件有利于果实着色，要重视疏除过密、直立枝条，摘除"贴果叶"、"遮光叶"，增加树冠进光量，并适时转果促进着色。
2 级	较适宜着色	多云或阴天，日照时数 5～6 小时，日平均气温为 11～13℃，气温日较差 8～10℃。	果实着色的光热条件欠佳，除疏枝、摘叶转果措施外，要重视树盘和行间铺设反光膜，增加反射光，促进着色。
3 级	不利着色	雨天或多云，日照时数＜5 小时，日平均气温＜11℃，气温日较差＜8℃	光热条件不利于果实着色，果园管理中要重视树盘和行间铺设反光膜，增加反射光，喷施着色剂促进着色。

23.4.4　农药喷洒气象指数预报

指数级别	指数名称	气象指标	评价及建议
1 级	适宜喷洒	多云或晴天，48 小时无雨，风力＜1 级，日平均气温 20℃左右，空气相对湿度 60%～85%。	喷药最佳时间应选在晴天早上 8～10 时和下午 4 时以后进行。
2 级	较适宜喷洒	多云或阴天，24 小时无雨，风力1～2 级，日平均气温＜25℃，空气相对湿度 35%～60%。	有风时喷药要顺风或背风倒退进行，慎防人、畜农药中毒和果树药害。
3 级	不适宜喷洒	雨天或 24 小时以内有降水，晴天日平均气温＞25℃，空气中相对湿度＜35%，风力＞2 级。	若晴天急需喷药，要注意调节配药浓度，搞好安全防护，严防人、畜农药中毒和果树药害。

23.4.5　果园冬春灌气象指数预报

指数级别	指数名称	气象指标	评价及建议
1 级	适宜灌溉	晴天或多云，日平均气温 3℃左右。	一般在日消夜冻的上午或中午气温较高时灌溉，有利于水分下渗。
2 级	较适宜灌溉	多云或阴天，日平均气温 0～2℃。	一般在日消夜冻温度较高时灌溉；严防夜间积水结冰，伤害树体。
3 级	不适宜灌溉	雨雪天气，日平均气温＜0℃。	应停止灌溉，待天气条件适宜时再行灌溉。

23.4.6　低温冻害气象指数预报

指数级别	指数名称	气象指标	评价及建议
1级	严重低温冻害	主要果区70%以上台站日最低气温<−2℃。	部分花絮冻死，中心花受冻率达60%以上，应狠抓灌溉、树冠喷水和一定规模的熏烟防冻。
2级	低温冻害	主要果区70%以上台站日最低气温0～−2℃或30%～70%台站日最低气温<−2℃。	部分柱头、子房受冻变褐色，中心花受冻率达30%，要抓好灌溉和熏烟防冻。
3级	低温冷害	主要果区70%以上台站日最低气温0～2℃或30%～70%台站日最低气温在0～−2℃之间。	花粉活力减弱，影响授粉受精。花瓣受冻变褐色。要抓好灌溉及改善果园小气候。

23.4.7　高温热害气象指数预报

指数级别	指数名称	气象指标	评价及建议
1级	严重高温热害	主要果区70%以上台站日最高气温>40℃。	果树叶片变黄脱落，果实萎蔫，果实或树皮严重灼伤。应及时采取灌溉、树冠喷水等降温、增湿措施。
2级	高温热害	主要果区70%以上台站日最高气温38～40℃或30%～70%，台站日最高气温>40℃。	下部叶片萎蔫，个别变黄脱落，部分果实阳面中度灼伤。要适时进行灌溉，改善果园小气候。
3级	高温害	主要果区70%以上台站日最高气温35～38℃或30%～70%，台站日最高气温在38～40℃。	果树叶片部分萎蔫，早晚恢复正常，个别果实阳面发白。重点抓好覆盖和松土保墒，有条件果区应进行灌溉降温。

23.4.8　苹果生长期干旱指数预报

指数级别	指数名称	气象指标	评价及建议
1级	严重干旱	50厘米土壤相对湿度<40%。未来10天内降水量<3毫米。	土壤水分接近或达到凋萎湿度，农作物体内水分循环和平衡遭到破坏，农作物发生凋萎或部分枯死，应立即进行灌溉。
2级	中等干旱	50厘米土壤相对湿度<50%。未来10天内降水量<5毫米。	土壤有效水分含量较少，农作物体内水分循环和平衡受到明显影响，正常生长发育受到抑制，应适时进行灌溉或覆盖保墒。
3级	轻旱	50厘米土壤相对湿度<60%，未来10天内降水量<5毫米。	农作物体内水分循环和平衡受到一定影响，重点进行覆盖保墒，有条件的果园可结合天气条件适时灌溉。

第 24 章　果树与气候变化

24.1　陕西果树气候适应性区划成果

24.1.1　陕西富士系苹果气候适应性区划

(1)区划指标

选取年平均气温、年降水量、6—9 月平均最低气温、8—9 月平均最高气温作为富士系苹果品质区划因子，各指标因子的权重集合为：α={0.3，0.25，0.25，0.2}，区划指标见表 24.1。

表 24.1　陕西富士系苹果气候区划指标

区划因子	指标范围	评分
年平均气温(℃)	9.0～11.0	25
	8.0～9.0，11.0～13.0	20
	<8.0，>13.0	15
年降水量(毫米)	500～700	20
	400～500，700～800	10
	<400，>800	5
6—9 月平均最低气温(℃)	14.0～17.0	30
	<14.0，17.0～19.0	25
	>19.0	20
8—9 月平均最高气温(℃)	25.0～27.0	25
	23.0～25.0，27.0～29.0	20
	<23.0，>29.0	15

(2)区划结果及分区评述

①优质区

本区综合评分≥95。主要从西部的千阳、宝鸡、凤翔、岐山、扶风、乾县、礼泉一带开始，向东延伸经耀县至富县，再延至蒲城、澄城、韩城黄河西岸，形成一横形优质苹果发展林带；然后从铜川、白水往北，经宜君、洛川、黄陵、富县至延安，形成一竖形苹果发展林带；再在这一线西北方向经由永寿、淳化、彬县、旬邑、长武西部形成一点形苹果发展林带；东部黄河西岸自韩城、经宜川至延长，形成东部竖形苹果发展林带。优质区范围具有明显的地貌特征，其南缘在渭北北山以北，地理上是陕北高原和关中平原的交接地带，海拔一般在 800～1300 米。该区土层深厚，年平均气温 9.0～11.0℃，年降水 500～650 毫米，6—9 月平均最低温度 14.0～17.0℃，8—9 月平均最高温度 24.0～27.0℃，夏季相对湿度 60%～70%，生长期季气温日较差 10.0～

12.0℃，日照百分率≥45%。由于处于最佳气候条件，该区果实果形指数高，为高冠形；果面着色好，着色常在97%以上，全红果率高；含糖量在15%以上。此区既是陕西省富士系苹果品质最优地区，同时也是其他鲜食苹果品种的优质区。

②适宜区

本区综合评分≥90，它是在优质区基础上向外围扩展。主要位于西部的陇县、宝鸡县、千阳、凤翔、岐山、扶风、乾县、礼泉大部地区。其中宝鸡县、眉县、周至可延伸至秦岭南北麓。中东部一般自优质区向南至渭北黄土台塬区，海拔通常在600～800米。关中东南部骊山周围市县长安、蓝田、临潼、渭南等亦在此范围。北部自延长、延安北部向北延伸，包括延川、清涧、绥德、米脂、吴堡、佳县大部，子长、子洲东部，横山、榆林、神木、府谷等南部地区。此外洛南有部分地区属气候适宜区范围。该区年平均气温南部一般在11.0～12.0℃，北部8.0～9.0℃；年降水量西部600～700毫米，北部450～550毫米；6—9月平均最低气温北部13.0～14.0℃，南部17.0～18.0℃，8—9月平均最高气温北部23.0～24.0℃，南部27.0～29.0℃。适宜区内品质因素果形指数与优质区大致相同，着色率≥95%，含糖量北部和中、西部地区在14%左右，南部地区可在15%以上。本区可通过田间栽培管理技术措施，使品质达到优质标准。由于适宜区内西部的多雨、北部的冷凉，均是生产加工型苹果的有利条件，且它又位于优质区周围，故通过品种更新，选择含酸量高的苹果种植，此区不失为我省加工型苹果原料生产基地的最佳选择。

③次适宜区

本区综合评分80～90。包括关中平原大部（海拔小于500米）及陕北黄土高原海拔较高处（海拔通常大于1400米）。年平均气温北部、高海拔处小于8.0℃，南部大于13.0℃；年降水量北部小于500毫米，南部500～600毫米；6—9月平均最低气温北部小于12.0℃，南部大于13.0℃，8—9月平均最高气温北部小于23.0℃，南部大于29.0℃。由于此区北部低温冻害和干旱少雨、关中平原高温等诸多不利气象条件，所以该区苹果品质差，故应逐渐减少此区苹果种植面积。

(3)陕西省富士系苹果气候区划图见彩图1

24.1.2 陕西省沙梨气候区划

(1)区划指标

根据沙梨气候适应性分析，影响陕西沙梨生长发育的气候条件是热量和水分两大气象要素，即年平均气温、1月平均气温、年降水量、全年小于10℃日数，其中年平均气温和年降水量反映了当地基本的热量条件和水分状况。1月平均气温为最冷月的平均气温，可反映当地作物越冬期间的热量条件。全年小于10℃日数，可反映当地全年低温日数。各指标因子的权重集为：$\alpha=\{0.15,0.15,0.55,0.15\}$，具体的区划指标和评分见表24.2。

表24.2 沙梨气候区划指标及评分

区划因子	指标	评分
年平均气温$\overline{T}_y$(℃)	≤8.5	5
	8.6～14.5	10
	14.6～23.0	15
	≤−10.1	−10

续表

区划因子	指标	评分
1 月平均气温 $\overline{T}_1$(℃)	−10.0～1.0	0
	1.1～10.0	15
	≥10.1	5
年降水量 R_y(毫米)	≤450	25
	451～800	40
	801～1900	55
全年<10℃日数(天)	0～80	5
	81～140	15
	141～200	5
	≥201	−10

(2)区划结果及分区评述

①适宜种植区

主要分布在小于海拔 600 米的汉中、安康盆地区。此区年平均气温 14.2～16.3℃,年降水量 800～1100 毫米,年日照时数 1550～1700 小时,1 月平均气温−0.7～0.6℃,7 月平均气温 25.0～27.5℃,年无霜期 231～253 天,6—8 月相对湿度 74%～80%,本区光、热、水条件适中。

②沙梨次适宜种植区

包括陕南、关中大部分地区(凤县、陇县、麟游、旬邑除外)、陕北地区的黄陵东部、洛川大部、富县东南部、宜川、延长、延安市部分地区、延川、清涧及绥德南部。此区年平均气温 8.8～14.0℃,年降水量 450～1400 毫米,年日照时数 1300～2600 小时,1 月平均气温−7.7～−0.8℃,7 月平均气温 14.8～27.5℃,年无霜期 154～235 天,6—8 月相对湿度 60%～83%。此区大部分地区热量不足,降水偏少,给沙梨的生长带来一定的影响,此区不宜发展沙梨产业。

③沙梨不适宜种植区

此区包括陕北北部、陕北中西部及关中地区的凤县、陇县、麟游、旬邑。其年平均气温 6.5～8.7℃,年降水量 330～700 毫米,年日照时数 1550～2820 小时,1 月平均气温−10.5～−5.0℃,7 月平均气温 17.0～23.8℃,年无霜期 140～160 天,6—8 月相对湿度 58%～76%,本区光、热、水条件不能满足沙梨生长的基本需求。

(3)陕西省沙梨气候区划图见彩图 2。

24.1.3　陕西黑核桃气候区划

(1)区划指标

在气候条件中,取限制黑核桃生长发育的热量和水分要素,即年降水、无霜期和 1 月平均最低温度作为区划因子,具体指标及权重见表 24.3。

表 24.3　黑核桃适生气候区划指标和权重

因子	指标	权重
年降水量(毫米)	≥700	0.4
	500～700	0.3
	400～500	0.2
	＜400	0.05
无霜期(天)	≥210	0.3
	180～210	0.2
	160～180	0.1
	＜160	0.05
1月平均最低温度(℃)	≥−6.0	0.3
	−10.0～−6.0	0.2
	−15.0～−10.0	0.1
	＜−15.0	0.05

(2)区划结果及分区评述

根据综合得分,将黑核桃种植分为果用型(≥0.90)、林果兼用型(0.80～0.90)、材用型最适宜区(0.60～0.80)、材用型次适宜区(0.40～0.60)和材用型不适宜区(＜0.40)5个气候区。

①果用型适宜区

本区位于陕南秦岭南坡海拔低于1000米以下的低山丘陵、汉江河谷和巴山低山丘陵区,包括商洛、安康和汉中大部分地区以及关中地区的蓝田、西安、户县、韩城、武功、三原、耀县。尤其陕南地区水热条件好,年降水量800毫米以上,年平均气温11.4～15.6℃,1月平均最低气温−5.0～−0.1℃,年极端最低气温−15.0～−7.0℃,无霜期长,可达200～260天,非常有利于黑核桃的生长发育。关中地区上述7县气候条件虽不如陕南优越,但也能满足生产产量高、果大、优质黑核桃的要求。

②果材兼用型适宜区

本区位于秦岭南坡海拔1000～1200米和关中渭河谷地海拔600米以下地区,区内气候条件较好,年降水为550～750毫米,年平均气温10.0～13.5℃,1月平均最低气温−7.0～−5.0℃,无霜期为180～215天,年日照时数1800～2250小时,适宜黑核桃生长,但因无霜期偏短,黑核桃易遭早晚霜冻危害,加之秋霖和夏季高温伏旱,对结果多少及果型大小均有影响。

③材用型适宜区

本区位于秦岭海拔1200～2500米中山区和关中渭北高原海拔600～1200米处。区内光照资源充足,降水量偏少,对黑核桃结果不利,但对黑核桃树的生长影响不大。年平均气温为8.0～12.0℃,1月平均最低气温−10.0～−6.0℃,年极端最低气温−22.0～−18.0℃,无霜期140～200天,年日照时数为2000～2400小时,年降水量渭北旱塬雨量少,在不具备灌溉条件的地方,黑核桃结果比较困难,黑核桃树生长相对较慢,但木材材质好,可作为优质林区,秦岭中山区雨量较丰富,年降水量可达900毫米以上,水分条件虽好,但热量条件略显不足,早晚霜冻严重,极易引起抽梢,因而结果也较困难。

④材用型次适宜区

本区位于渭北以北黄土高原丘陵沟壑区,包括延安地区大部和榆林地区东南部分地区。区内光资源丰富,水热资源较差,年日照时数2400～2650小时,年降水量470～570毫米,年平均气温8.5～11.0℃,1月平均最低气温−13.0～−10℃,年极端最低气温可达−26.0～

－20.0℃，无霜期 140～180 天，由于水热条件差，不仅不能结果，其生长速度相当缓慢，极易受霜冻和干旱危害。

(3)陕西省黑核桃气候区划图见彩图 3

24.1.4 陕北制干红枣气候适宜性区划

(1)区划指标

根据陕北红枣主产区气候条件和对影响陕北枣树生长气象因子分析结果，选取年平均气温、年降水、年日照时数、≥10℃积温、无霜期、花期平均气温(6 月)、采摘期(9 月中旬—10 月上旬)降水作为陕北制干红枣气候区划指标，前 5 项决定了陕北红枣正常生长、产量形成，后 2 项为影响陕北红枣丰收的重要因子，各区划因子的权重集合为 $\alpha=\{0.2,0.15,0.15,0.15,0.15,0.1,0.1\}$，陕北制干红枣气候区划指标见表 24.4。

表 24.4　陕北制干红枣气候区划指标

	年平均气温(℃)	年降水量(毫米)	≥10℃积温(℃·d)	年日照时数(小时)	无霜期(天)	花期平均气温(℃)	采摘期降水(毫米)
适宜	9.6～11.1	430～580	≥3000	≥2400	≥165	22～25	≤45
次适宜	8.0～9.6 11.1～14.0	350～430 580～680	2800～3000	2300～2400	140～165	20～22 25～27	45～65

首先需要计算无测站地区的气候数据。即根据地形因子与气候资源的关系，建立各指标因子的空间分布模型，模拟出高分辨率的气候资源，再根据区划指标建立各区划因子隶属函数，计算出各区划因子的评分栅格图，各评分栅格图与对应的权重相乘后进行累加，即得区划综合评分图，依据综合评分≥80、80～50、<50 进行分级划类，依次形成红枣适宜种植区、次适宜种植区及不适宜种植区。

(2)区划评价

①适宜区

该区主要位于陕北黄河东岸，包括宜川中东部、延长大部、延川、清涧、绥德、吴堡、佳县东部、神木东部、府谷东部，延安部分地区、子长东南部、子洲部分地区和陕北南部的黄陵、洛川、富县三县的交界地区。该区海拔高度为 800～1100 米，年平均气温 9.0～11.8℃，年降水 387～600 毫米，≥10℃积温 3050～4180 ℃·d、无霜期 154～190 天，1 月平均气温－8.4～－3.5℃，7 月平均气温 22.0～24.5℃。该区降水适中，气温适宜，光照充足，有利于制干红枣的产量形成和品质的提高，是陕西制干红枣的主要生产基地，红枣产量高，品质好，适宜规模种植。在品种选择上应优先考虑本土品种中阳木枣及其优良变异品种油枣、狗头枣。

影响该区红枣生产的主要气象灾害为红枣采摘期的连阴雨，其中黄陵、洛川、富县三县的交界地区采摘期降水大于 45 毫米且出现连阴雨过程为 2 年 1 遇，由于采摘期易出现阴雨天气，红枣裂果、烂果严重，因此黄陵、洛川、富县三县的交界地区应谨慎发展制干红枣产业。黄河沿岸的清涧、延川、延长、宜川采摘期降水大于 45 毫米且出现连阴雨灾害性天气为 3 年 1 遇，而其他大部分地区为 5～8 年 1 遇，生产中对采摘期的阴雨危害要多加防范。

②次适宜区

该区包括宜君大部分地区、黄陵部分地区、富县部分地区、宜川部分地区、延安大部、子长中东部、子洲、米脂、佳县西北部、神木东南部、府谷中东部、榆林部分地区、横山部分地区、靖边部分地区、安塞部分地区、甘泉部分地区。该区海拔高度 1000～1250 米，年平均气温 7.5～10.0℃，年降水 320～630 毫米，≥10℃积温 2850～3100 ℃·d、无霜期 149～170 天，1 月平均气温－10.1～－3.5℃，7 月平均气温 21.0～23.3℃。该区生产红枣的热量资源较适宜区偏少，生育期偏短，生产的红枣制干率较低、弹性较差，产量和品质均不及适宜区。此区应以发展引进品种如赞皇枣为主，适量发展本地品种。

红枣采摘期的连阴雨对此区南部影响较大，安塞、延安、甘泉、富县、黄陵、宜君采摘期降水大于 45 毫米且出现连阴雨灾害性天气为 2 年 1 遇，其偏北部榆林、横山、子洲、米脂、子长为 4～5 年 1 遇，而最北部的府谷、神木受红枣采摘期连阴雨危害最轻为 8～13 年 1 遇。

③不适宜区

此区位于陕北的西部、北部地区以及黄龙山区，包括神木北部、榆林北部、横山部分地区、子长西部、安塞大部分地区、甘泉大部、富县部分地区、黄龙、黄陵西部、志丹、吴旗、定边、靖边大部地区，宜川西南部。该区光照条件好，但夏季气温低，花粉不能正常发育，枣果受精不良，坐果率低，加之初霜冻来得早，红枣有效生育期短，不能满足红枣生育期的要求，另外降水偏少，对红枣的生长不利，因此建议此区不种植制干红枣。

(3)陕北制干红枣气候区划图见彩图 4。

24.2　气候变化与陕西果业

陕西渭北黄土高原地区是符合苹果生产气象指标的优生区之一，是中国苹果产业带的重点建设地区。据统计，2009 年全省苹果园面积达 850 万亩，产量 805 万吨，苹果面积和产量双获全国第一，是全国乃至世界集中连片面积最大的优质苹果生产基地。近年来，全球气候变化已成为世界各国普遍关注的热点问题。陕西地处我国苹果种植区位于黄土高原南部，特殊的地理位置与复杂地形，使陕西果区成为气候高度敏感区。

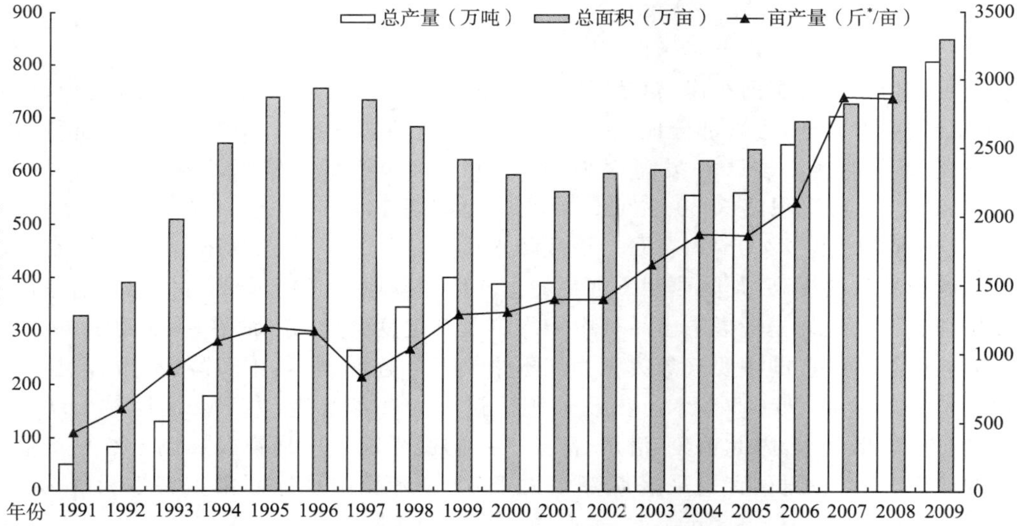

图 24.1　近 20 年来陕西省苹果产业发展规模变化图

* 1 斤＝0.5 千克＝500 克

24.2.1　果区增温变暖趋势明显

四大果区除了夏季变化有增有减外，其余季节与年平均气温均有增温趋势，尤以冬春气候变暖趋势显著。春季各果区呈变暖趋势，渭北西部果区的升温最快，其次是延安果区、关中西部和渭北东部果区；夏季呈现出有升有降的变化趋势，其中延安和渭北西部果区为变暖趋势，而渭北东部和关中西部果区为变冷趋势；秋季也呈现出变暖趋势，按变暖的程度依次是延安果区、渭北西部、关中西部和渭北东部果区；冬季的变暖趋势与春季相当，但变暖趋势最明显的为关中西部和渭北西部果区，其次是渭北东部和延安果区。各苹果种植区年平均气温呈明显上升趋势，延安果区上升的最快，其次是渭北西部果区，渭北东部和关中西部果区上升的相对较慢。

表 24.5　陕西各果区 1961—2008 年年、季平均气温年代际变化情况　单位：℃/10 年

果区	春	夏	秋	冬	年
延安果区	0.366	0.179	0.259	0.374	0.356
渭北西部果区	0.384	0.018	0.249	0.429	0.330
渭北东部果区	0.345	−0.107	0.197	0.426	0.288
关中西部果区	0.350	−0.110	0.198	0.429	0.287

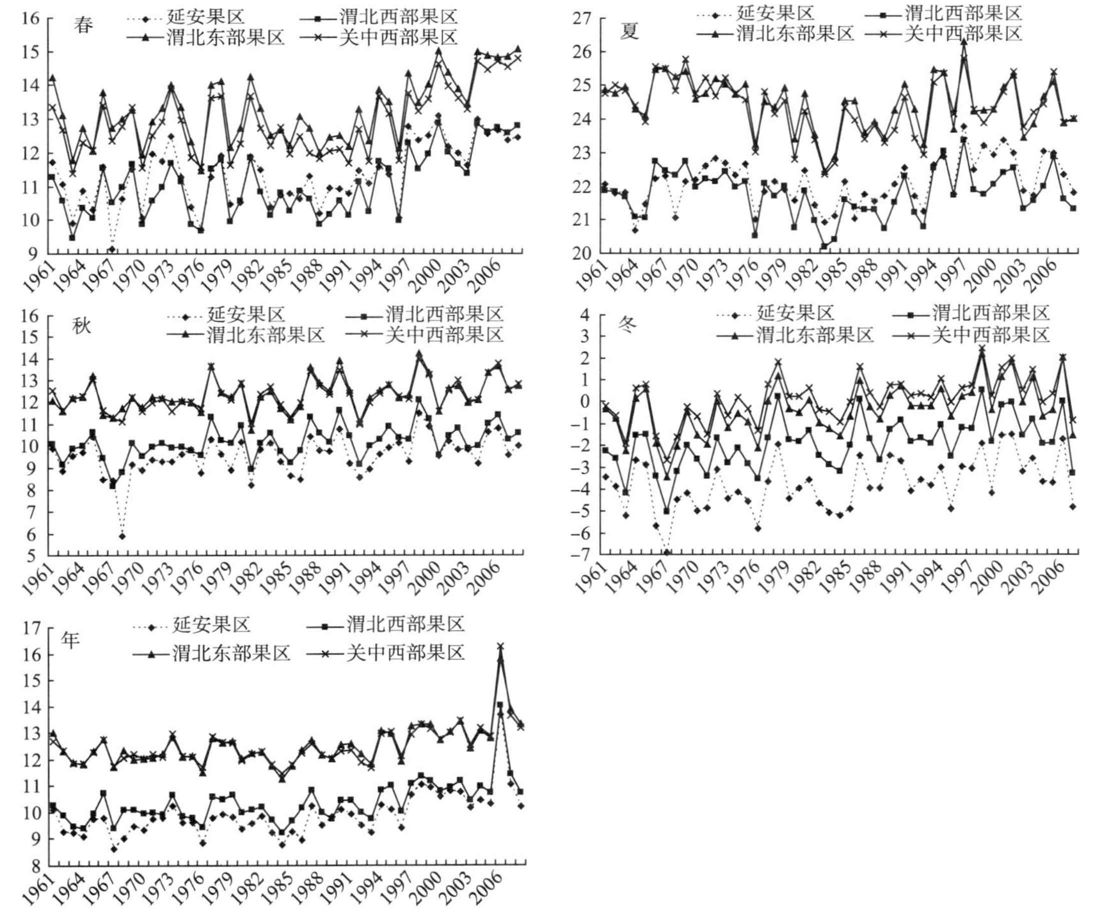

图 24.2　陕西省各苹果果区 1961—2008 年年、季平均气温变化曲线（单位：℃）

苹果树的冬季抗寒锻炼情况与开花、坐果、病虫害防治等方面均有密切联系,负积温既包含冬季低温强度,也涵盖低温的持续时间,是对冬季寒冷程度的综合反映。陕西四大果区的负积温在过去的 48 年中,均呈现出减少趋势,其中渭北西部的减少趋势最明显(-2.854 ℃·d/年),其次是延安果区(-2.543 ℃·d/年)、渭北东部果区(-1.995 ℃·d/年)和关中西部果区(-1.971 ℃·d/年)。说明在增温变暖的趋势下,冬季果树的抗寒锻炼正逐渐减弱,这在一定程度上将影响果树生理发育特性,进而影响产量与品质。

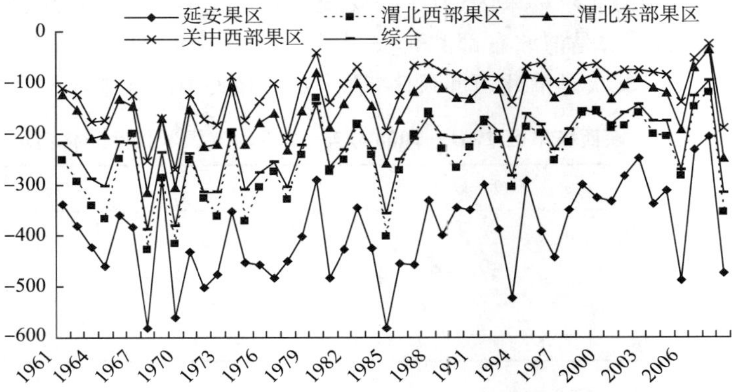

图 24.3 陕西果区 1961—2008 年负积温变化曲线

24.2.2 果区水资源变化

果区年雨量变化总体呈平缓减少趋势(-15.0 毫米/10 年),各年代变化趋势不同,随时间变化而上下波动。20 世纪 60—70 年代末总体呈下降趋势,80 年代波动的振幅较大,90 年代各果区均呈明显下降趋势,自 90 年代末开始,各果区降水趋势缓慢上升,特别是 2004 年以后增加明显。

陕西省属季风性气候,降水四季分配不均,多集中在夏、秋两季,冬春降水较少,仅占全年降水的 20%~30%。同时,各季雨量随时间变化的趋势也有较大差异,总体春、秋两季降水呈减少趋势,夏、冬两季呈增加趋势。

春季降水除呈减少趋势外,同时存在变率较大,稳定性差(离散系数 0.40~0.50)的特点,这对果树萌芽、开花及坐果有一定影响。土壤水分少会引起果树生育期推迟、开花期落花和坐果率下降、生理落果等一系列现象发生,进而影响果品产量和果农种植效益。

夏、冬两季降水呈增加趋势,其中以夏季增幅较大。夏季是果树生长旺盛期,也是果品产量和品质形成的关键期,树体需水量大,夏季降水量的增加比较有利于果树的生长和产量的增加,但同时夏季又是果树早期落叶病及叶螨、蚜虫等病虫害的暴发流行期,高温高湿有利于病虫害的爆发和流行,应引起关注。

冬季降水量的增加有利于增加底墒,为来年果品优质丰产打好基础,同时也可防止冬季果树枝条因干旱、低温等综合因素影响而发生抽条;另一方面,冬季的降水过程往往伴随有寒潮、强降温、冰冻雨雪等不利天气,对果树安全越冬造成了一定威胁,严重时可造成幼树、幼枝冻害的发生。

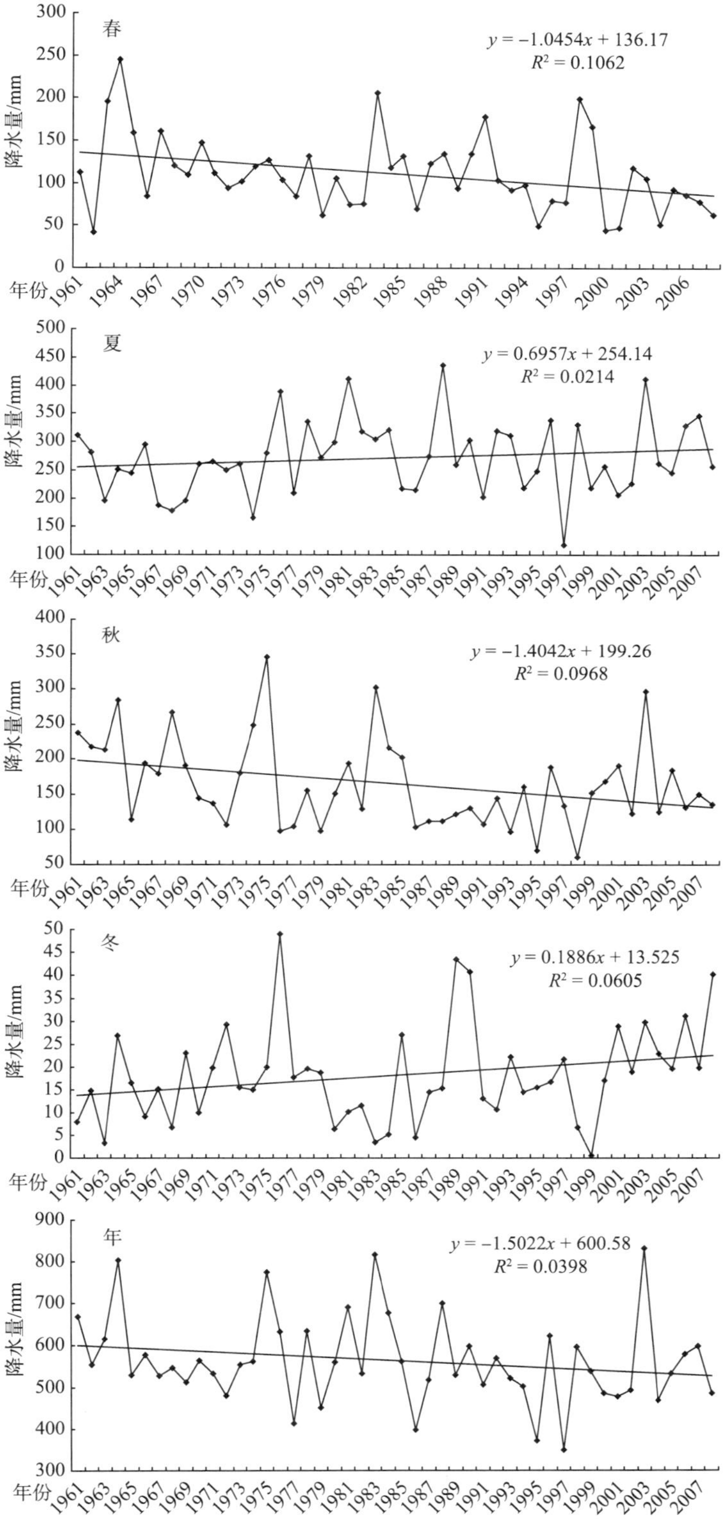

图 24.4　陕西省苹果基地县 1961—2008 年年、季降水变化曲线

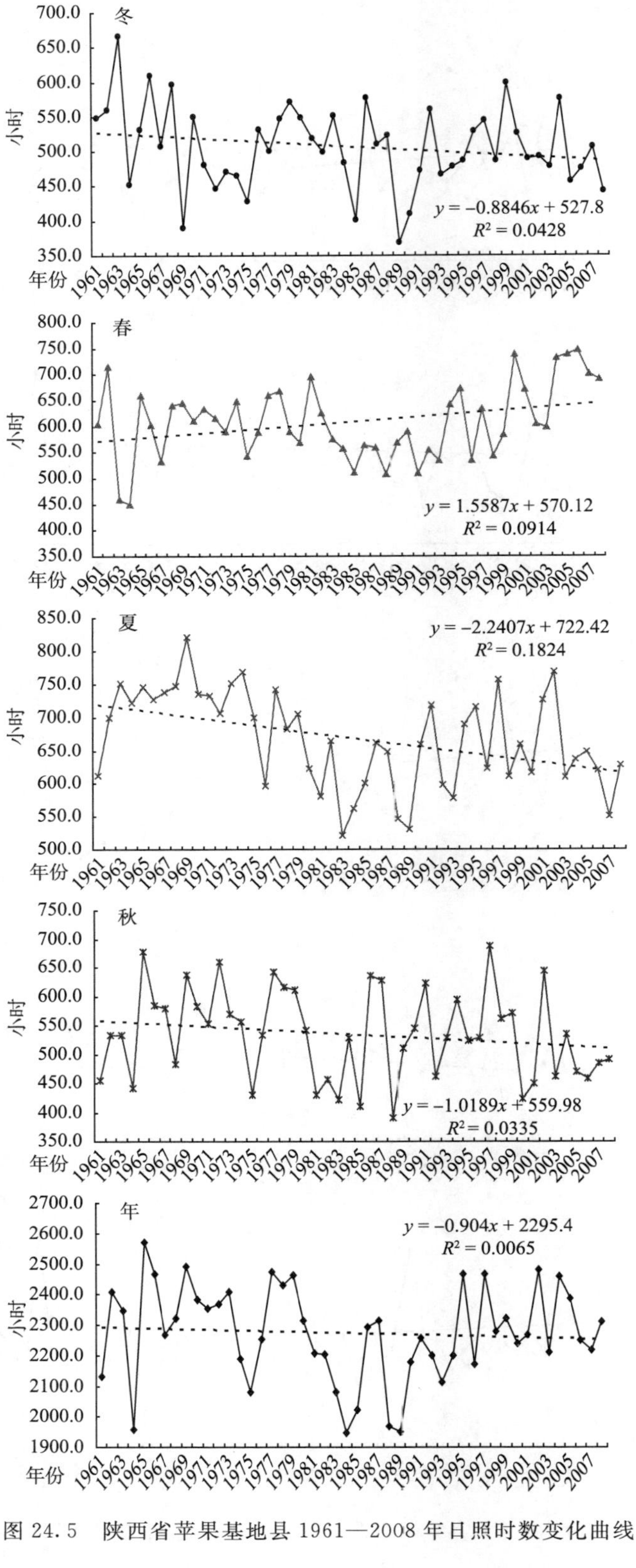

图 24.5　陕西省苹果基地县 1961—2008 年日照时数变化曲线

24.2.3　果区光资源变化

果区的光资源分布北部优于南部、东部优于西部，尤以延安果区光资源较丰，年日照时数为 2382～2539 小时，其次为渭北东部果区，年日照时数为 2285～2517 小时，渭北西部果区较少于渭北东部果区，年日照时数为 1950～2399 小时，光照最少的是关中西部果区，年日照时数为 1929～2102 小时。

整个果区年日照变化总体在波动中呈缓慢减少趋势（－9.0 小时/10 年）。各年代际变化差异较大，其中 20 世纪 80 年代是低谷阶段，果区年平均日照时数为 2116.0 小时，较之 70 年代的峰值相差 223.6 小时，90 年代以后，果区光照呈现缓慢增加趋势。

在果树生长季中，不同时段的光照对果树的生长发育以及产量品质的形成有重要作用。在四季的变化中，除了春季光照呈增加趋势外，其余三季光照均呈减少趋势，尤以夏季减少明显（－22.4 小时/10 年）。夏季是光照最充足的时段，此时段也是果树生长旺盛期，充足的光照条件有利于促进光合作用的进行及养分的积累，但同时夏季的高温与太阳照射的共同作用常造成果树、果实向阳面日灼的发生，夏季日照的减少对于缓解果树高温热害有积极的作用；秋季果区光照呈弱减少趋势（－10.2 小时/10 年），同时，秋季连阴雨趋势却呈增加趋势，尤以 2005 年以后增加显著，这对于苹果果实着色、提高优果率以及顺利采收、贮藏较为不利。

24.3　气候变化与陕西苹果优质区北扩

全球气候变化导致气候资源在时间和空间上的分配也有相应的变化。陕西省经济作物气象服务台组织专家和技术人员通过大量资料统计分析、实地调研和气候论证，于 2008 年提出了“我省苹果种植区可适当北扩”的建议，此建议得到了各级政府的重视并积极推进，北扩区域包括子长、志丹、吴起、绥德、子洲、米脂 6 县。为科学定量评价北扩 6 县的生态气候适应性，采用各县近 50 年（1961—2008 年，其中子洲、米脂为 1971—2008 年）的地面气象观测资料，根据苹果越冬、生长期和品质形成期所需的气象指标，采用中国农业科学院果树研究所苹果气候区划各气候因子评分标准，以洛川为对比县对陕西苹果北扩区进行气候适宜性的综合评价。

表 24.6　陕西省苹果北扩区域与洛川对比气候特征及综合评价

	年平均气温（℃）	年降水量（毫米）	6—8 月平均最低气温（℃）	6—8 月平均相对湿度（%）	冬季日最低气温≤20℃日数（天）	海拔高度（米）	综合评价值	适宜性分区
洛川	9.5	610.0	16.1	70	0.3	1159.8	100	优质
子长	9.2	495.0	15.8	66	1.1	1063.3	90	优质
志丹	8.1	496.0	14.2	70	4.7	1218.2	80	适宜
吴起	8.0	463.2	14.3	66	3.8	1331.4	80	适宜
绥德	9.9	440.9	17.5	61	1.3	929.7	90	优质
子洲	9.3	430.6	16.3	65	2.6	894.0	90	优质
米脂	9.0	417.1	16.2	69	3.9	872.0	90	优质

苹果种植北扩区 6 县中志丹、吴起为适宜区，子长、绥德、子洲、米脂均为优质区，气候条件优势明显：年平均气温除志丹、吴起略低外，其他各县均在优质区范围内，为 9.0～9.9℃；年降水量 410～470 毫米，虽达不到最适下线(501 毫米)，但该区域年内降水呈单峰型分布，70%集中在果实膨大期的 6—9 月，4—10 月降水量占年雨量的 90%，夏季雨热同季伏旱轻，无高温天气是明显的优势；生长季冷凉干燥，夏季平均最低气温 14.2～17.5℃，处于果树最适宜生长范围内，平均相对湿度 61%～70%；冬季低温日数少，≤20℃仅为 1.1～3.9 天；由于海拔较高，光照充足，紫外线强，果实着色鲜艳，蜡质层增厚，糖、酸、维生素 C 等含量增加，硬度增大，果面洁净。

24.3.1 光资源变化

苹果种植北扩区光照充足，对于果树生长、果实着色及品质的提高极为有利。平均年日照时数为 2300～2832 小时，偏东北方向明显优于中部和西部方向，子长、志丹、吴起年日照时数为 2330～2530 小时，东北方向的绥德、子洲、米脂年日照时数为 2631～2832 小时，3 县光照条件均优于洛川；同时，随着全球气候变化，该区域的光照条件也随之变化，更利于果树生长：除子长外，其余各地日照呈增加趋势，尤以米脂显著，倾向率为 114.5 小时/10 年。20 世纪 60—80 年代日照逐渐减少，90 年代大部县日照增加，2000 年以后除绥德外，其余 5 县日照均呈增加趋势，其中子长增加明显，2000 年以后较之 90 年代增加达 210 小时(表 24.7)。

表 24.7 各县日照年代际变化及倾向率 单位：小时

	洛川	子长	志丹	吴起	绥德	子洲	米脂
60 年代	2532.5	2645.3	2348.0	2440.6	2625.3	/	/
70 年代	2599.3	2569.6	2299.0	2386.3	2634.7	2643.3	2760.9
80 年代	2238.3	2470.0	2262.4	2291.7	2504.1	2582.5	2604.1
90 年代	2648.6	2376.4	2335.1	2474.9	2751.9	2656.1	2948.7
2000 年以后	2710.2	2586.6	2419.8	2534.9	2641.9	2643.9	3012.5
多年平均	2545.8	2529.6	2332.9	2425.7	2631.6	2631.4	2831.5
倾向率(小时/10 年)	41.8	−31.7	21.3	28.4	17.6	17.7	114.5

24.3.2 热量资源变化

苹果种植北扩区热量分布不均，偏东地区热量资源优于偏西地区，年平均气温除吴起、志丹县没有达到优质区下限外，其余 4 县均在优质区范围内，年平均气温在 9.2℃以上，绥德为 9.9℃；苹果树旺盛生长期(6—8 月)日较差大，均在 10℃以上，较大的日较差对于果实增大、提高果实含糖量、果面着色、发芽分化及养分积累有重要意义；果树生长季的积温反映了果树生长对热量条件的需求，据分析，苹果果实体积增大与≥10℃的有效积温呈显著的正相关关系。绥德、子洲、米脂大于 10℃的持续日数为 175～180 天，积温为 3450～3570 小时，较洛川偏多 306～430 小时，子长、志丹、吴起热量条件略低于东部方向，大于 10℃持续日数为 160～170 天，积温为 2900～3280 小时；在近 50 年的气候变化中北扩区热量资源均在波动中呈增加趋势，尤以大于 10℃积温增加明显，其次为大于 15℃积温。

24.3.3 北扩区主要气象灾害

北扩区春季干旱、大风沙尘等灾害天气是带有全局性、普遍性的灾害。6 县年平均降水量 420～500 毫米，仅处于苹果种植适宜生长下限水平。年干旱频率在 20%～30%，春旱及冬春连旱灾害突出，春季花期至幼果期，80%降水保证率仅为 28～38 毫米。其他气象灾害如越冬期低温冻害、花期冻害、冰雹等局地性较强，西部白于山区的吴起、志丹灾害风险明显高于东部各县。

第 25 章　陕西林果气象业务服务系统设计

陕西林果气象业务服务系统采用网站技术，建成集管理、查询、分析、预报预警等功能为一体的系统，以实现陕西林果从服务对象选择到关键生育期气象服务、气象灾害预警、病虫害防治和果业生产技术指导的全方位系列服务。

25.1　系统结构

陕西林果气象业务服务系统由数据库管理、主要种植品种产业信息、数据查询、气候资源开发利用、农用气象预报、决策服务、公众服务、周年服务方案及服务流程和系统帮助等模块组成。

网站综合应用了动态网络语言、微软 SQL SERVER 数据库、GRADS(Grid Analysis and Display System，格点分析和显示系统)、Python、FLASH 等技术方法，从而实现将实时原始报文数据和历史档案资料分类解析，建立数据库访问中间件，使得来自客户端的数据请求，能迅速通过中间件得到中转处理，从数据库快速返回数据，并通过格点分析或者站点分处理，最终以图形、表格和文本文件等多种方式输出，并通过网络定期和不定期向用户单位发送传真和邮件，开展业务服务。

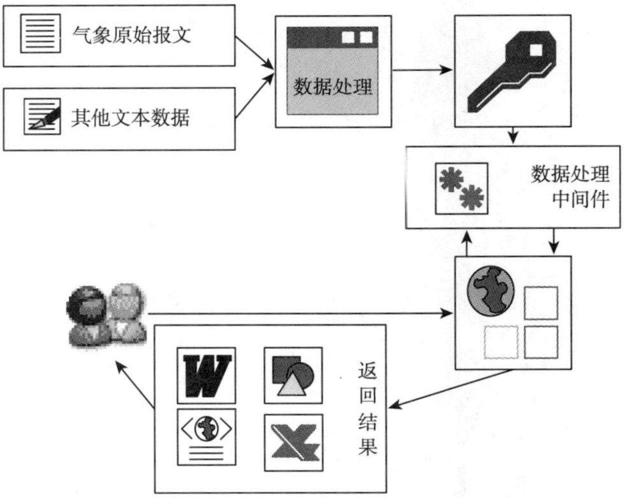

图 25.1　数据流程图

25.2 基础数据库

基础数据库资料包括生态监测数据库、实时气象资料数据库、历史气象资料数据库、农业气象观测试验数据库、图像化观测数据库、气象灾害数据库、农业气候区划气象资料库、病虫害信息资料库、林果种植现状分布信息库等。

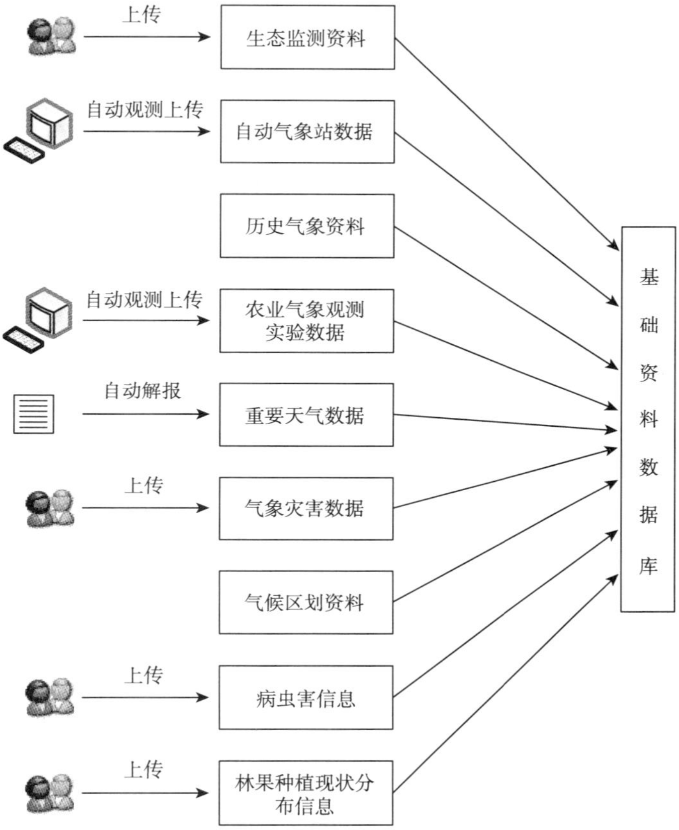

图 25.2　基础数据库结构

25.2.1 生态监测数据库

林果生态监测数据来源于陕西省生态监测网。观测品种包含 12 种经济林果，共 61 个监测点。每旬定期收集包括生育期及出现时间、生长过程及产量因素分析、产量分析、生长状况评定、田间管理工作、本旬气候条件对观测植株生长发育的影响等内容的监测数据。

25.2.2 实时、历史气象资料数据库

包括陕西省 11 地市 100 县的实时和历史数据。实时气象资料数据库包括自动气象站逐小时所有要素数据、农业气象旬月报数据和土壤墒情数据等，历史气象资料数据库包括 1961—2005 年各站逐日地面气象观测资料。

25.2.3 农业气象观测试验数据库

农业气象观测试验数据来源于在陕西省旬邑县和白水县果业气象试验示范基地，此数据为园内外对比观测两套数据，观测内容包括太阳总辐射、线性光合有效辐射(冠层内、外)、叶面湿度、树体温度、雨量、风速风向、1.5 米、3 米、6 米温湿度、10 厘米、20 厘米、30 厘米、40 厘米、60 厘米地温和土壤湿度等数据。

25.2.4 图像化观测数据库

主要包括视频实景观测和图片化观测两类。视频实景观测点包括洛川、铜川、白水、眉县、凤翔、旬邑、城固 7 地的苹果、猕猴桃、柑橘、樱桃共四种林果，图片化观测包含所有林果种植区的所有林果品种，观测内容主要是关键生育期和灾情观测两类。

25.2.5 气象灾害数据库

气象灾害数据主要来源于陕西省气象局灾情直报系统和下乡调查数据。数据按照品种、时间、生育期、灾种存储划分，内容包括灾种、发生时间、地点、具体灾情和损失情况等信息。

25.2.6 气候区划资料库、病虫害信息资料库、林果种植现状分布信息库

气候区划资料包含已完成的陕西省经济林果所有区划成果，包括苹果、梨、红枣、柑橘、猕猴桃等品种，内容有气候适宜性区划、气象灾害风险区划等。病虫害信息资料主要来源于陕西省植保站数据，包括所有林果主要病虫害每年发生的时间、地点、灾情和损失等。林果种植现状分布信息主要来源于陕西省果业局和林业厅，内容包括各林果的种植区域、面积、品种、产值等信息。

25.3 系统功能

25.3.1 数据库管理

从陕西省气象局计算机局域网上调用文件资料，进行报文管理、解译、自动分类等，实现自动提取报文资料功能。入库方式分手动入库和每日定时自动入库两种方式。数据调用采用手动方式，选择调用数据类型、生育期、时间段、地点、输出方式等方法，随时调用各种数据。

25.3.2 农用天气指数预报

分为短期指数预报、生育期指数预报和苹果气象灾害指数预报三类。短期指数预报包括苹果套袋指数、苹果解袋指数、苹果着色指数、农药喷洒指数、果园冬春灌指数、苹果低温冻害指数、苹果高温热害指数和苹果生长期气象干旱指数。生育期指数预报包括苹果(梨)开花适

宜指数、苹果果实膨大指数、苹果着色期光照指数。苹果气象灾害指数包括花期冻害指数、冰雹指数、伏旱指数和连阴雨指数。所有指数的预报技术流程通过系统后台程序实现，并能按要求输出文本或图片格式文件。

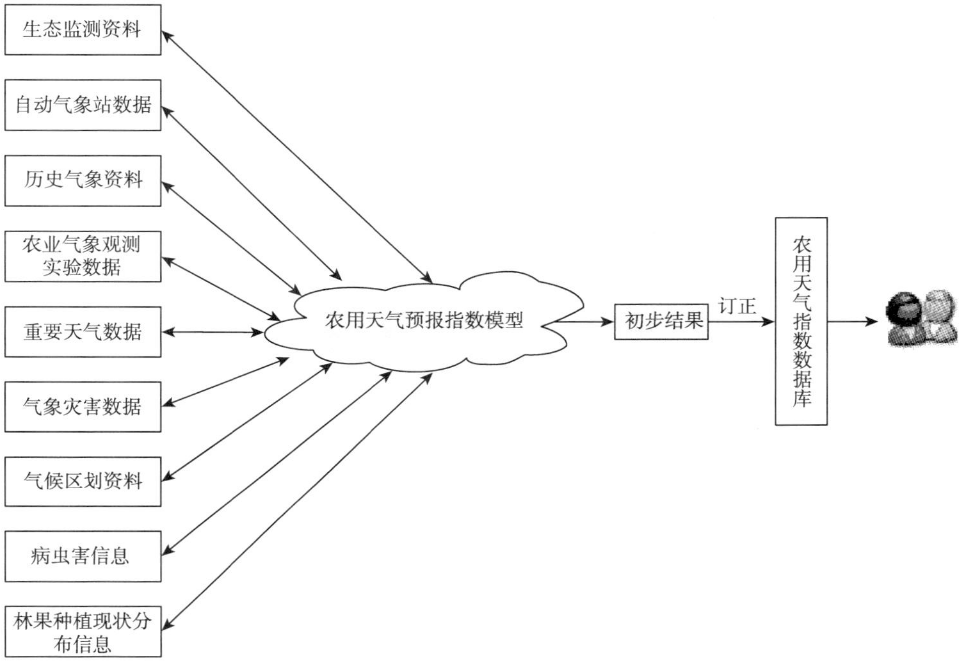

图 25.3　农用天气指数预报流程

25.3.3　服务产品制作及发送

服务产品包括预报预测预警、情报、月刊、《重大气象服务专报》等多种形式。服务产品制作可以通过数据库信息调用，选择相关数据、图片、生产措施等信息快速生成，并通过选择传真或邮件等发送方式，实现自动发送功能。

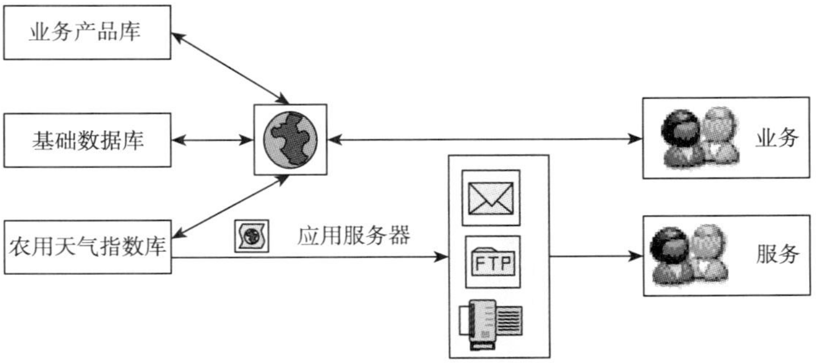

图 25.4　服务产品制作流程

25.4 陕西林果气象业务服务系统框架

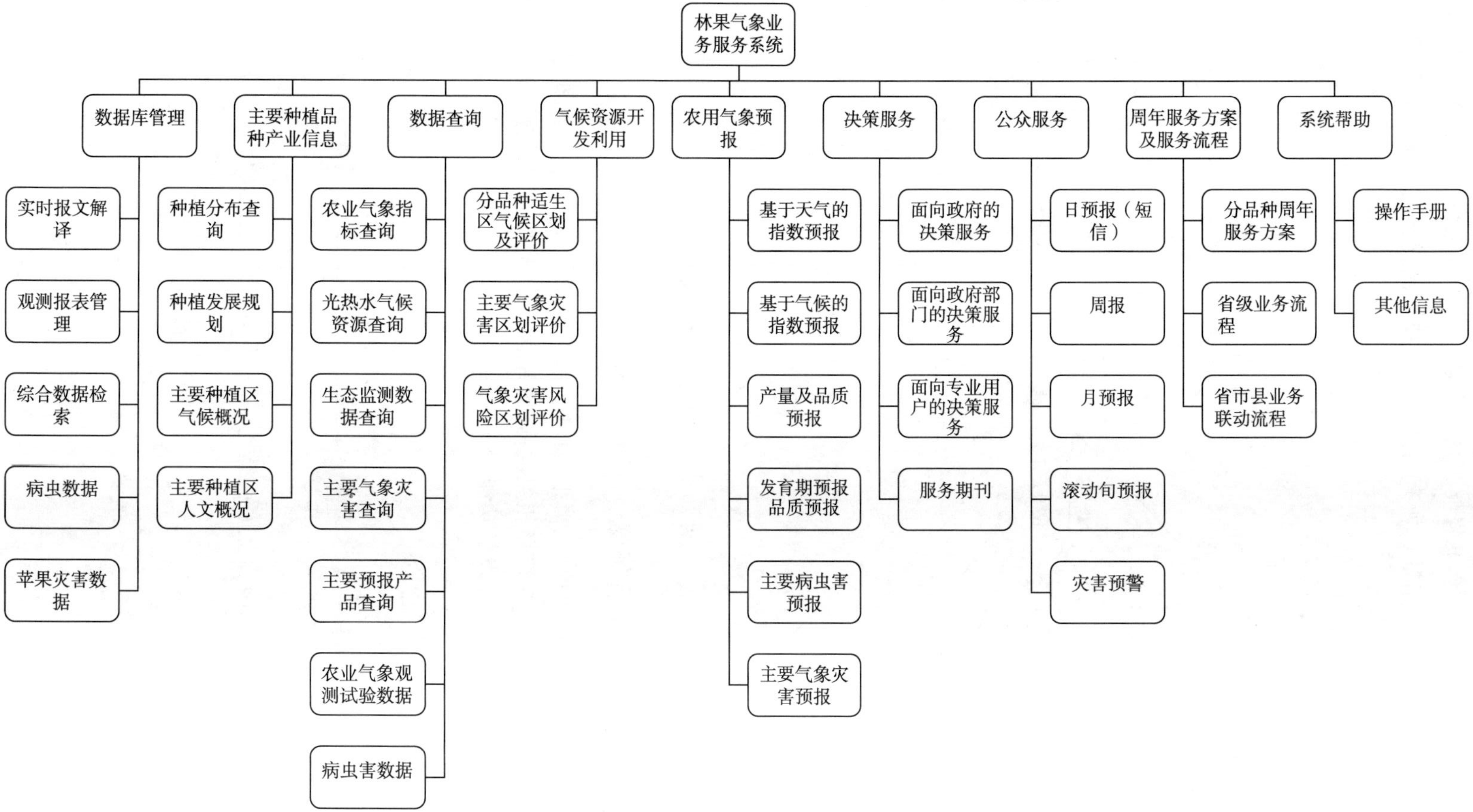

图25.5 陕西林果气象业务服务系统框架图

附录 1　陕西主栽果树种植基地县气象条件(1961—2008)

附录 1.1　苹果主要种植县气象条件

站点（市）	站点（县）	年日照时数(小时)	年平均气温(℃)	年降水量(毫米)	≥10℃积温(℃·d)	无霜期(天)	极端最高气温(℃)	极端最低气温(℃)	7月平均最高气温(℃)	1月平均最低气温(℃)	4—10月平均气温(℃)	6—8月平均最低气温(℃)	6—8月平均相对湿度(%)
榆林	绥德	2631.1	9.9	440.9	3569.4	177	40.5	-24.1	30.2	-12.4	18.2	17.5	60.9
	米脂	2822.0	9.3	417.1	3455.3	155	40.5	-26.8	30.2	-13.8	17.6	16.4	67.4
	子洲	2630.8	9.5	430.6	3477.1	162	41.1	-25.7	30.5	-13.4	17.8	16.5	63.9
延安	子长	2527.2	9.3	494.9	3276.2	177	39.0	-24.1	29.3	-12.3	17.1	15.8	65.4
	吴起	2420.7	8.0	463.2	2911.1	150	38.3	-28.5	28.4	-14.0	15.5	14.2	66.2
	志丹	2329.2	8.2	496.0	2950.7	144	37.4	-28.7	28.4	-14.2	15.8	14.1	69.1
	安塞	2382.0	9.1	503.4	3213.0	161	38.3	-25.5	29.1	-12.4	16.8	15.5	67.9
	延川	2445.1	10.7	467.1	3810.5	183	41.5	-22.5	31.2	-11.0	18.8	17.9	63.1
	延安	2492.6	9.9	530.8	3423.4	183	39.3	-23.0	29.8	-10.9	17.5	16.4	67.4
	延长	2499.4	10.3	515.3	3620.8	188	41.1	-23.0	30.6	-11.2	18.1	16.8	68.1
	甘泉	2362.2	9.0	535.7	3164.7	165	38.8	-27.1	29.2	-12.7	16.5	15.1	72.8
	宜川	2458.9	10.1	537.9	3495.6	185	40.0	-23.3	30.1	-10.7	17.6	16.3	68.8
	富县	2451.7	9.3	555.7	3210.1	170	38.8	-26.3	29.3	-12.3	16.8	15.3	72.8
	洛川	2539.1	9.6	609.9	3144.8	175	37.5	-23.0	27.4	-9.4	16.6	16.2	70.2
	黄陵	2369.0	9.3	634.9	3237.6	192	36.5	-21.4	16.8	-9.6	16.4	15.6	72.4
铜川	铜川	2321.0	10.7	589.4	3427.2	200	37.7	-21.8	28.7	-7.0	17.6	17.2	69.9
	耀县	2290.3	12.6	543.7	4049.1	228	39.7	-17.9	30.4	-5.1	19.6	19.3	65
	宜君	2398.9	9.4	689.6	2895.9	203	34.6	-19.7	25.3	-6.9	15.9	16.5	68.4
宝鸡	陇县	1950.3	10.9	577.6	3507.1	197	40.3	-20.4	29.1	-6.7	17.6	16.8	73.5
	千阳	2048.1	11.3	622.7	3603.4	197	40.5	-20.7	29.5	-6.7	18.1	17.3	72.2
	陈仓	1929.1	13.0	632.6	4138.9	220	41.7	-18.4	30.7	-4.0	19.6	19.5	72.1
	凤翔	2007.1	11.6	607.6	3704.9	209	40.1	-19.2	29.7	-5.9	18.4	17.9	71.1
	岐山	2075.8	12.1	610.4	3857.0	211	41.4	-20.6	30.4	-5.9	19.0	18.6	70.8
	扶风	2040.4	12.6	579.2	4068.9	213	42.7	-21.7	31.0	-5.6	19.6	19.3	71.8
	眉县	1957.4	12.8	583.1	4112.4	217	42.0	-17.2	30.9	-4.4	19.7	19.4	72.7
	凤县	1722.7	11.5	619.5	3561.5	189	37.6	-18.3	29.2	-5.4	17.6	16.1	75.1

续表

站点		年日照时数(小时)	年平均气温(℃)	年降水量(毫米)	≥10℃积温(℃·d)	无霜期(天)	极端最高气温(℃)	极端最低气温(℃)	7月平均最高气温(℃)	1月平均最低气温(℃)	4—10月平均气温(℃)	6—8月平均最低气温(℃)	6—8月平均相对湿度(%)
咸阳	长武	2130.3	9.2	581.3	3065.8	173	37.6	−26.2	27.7	−9.8	16.2	15.4	72.2
	旬邑	2308.0	9.0	593.0	2993.9	177	36.3	−28.2	27.0	−10.1	16.0	15.1	71.6
	彬县	2130.0	11.3	543.1	3689.1	182	40.0	−22.5	30.3	−7.5	18.4	17.5	69.3
	淳化	2201.5	10.4	589.7	3349.0	192	39.4	−21.0	28.2	−7.9	17.1	16.9	71.3
	永寿	2220.7	11.0	579.6	3492.0	203	38.9	−19.0	28.5	−6.1	17.9	17.8	69.2
	乾县	2068.4	12.8	535.9	4131.4	221	41.0	−17.4	30.9	−5.1	19.9	19.7	66.3
	礼泉	2101.6	12.8	536.3	4165.0	213	41.6	−20.8	31.2	−5.4	19.8	19.5	71.2
渭南	韩城	2353.4	13.6	552.5	4495.6	207	42.6	−16.7	31.9	−5.1	21.0	20.6	64.3
	合阳	2493.3	11.8	542.1	3886.2	202	40.1	−21.2	30.3	−7.6	19.2	18.8	67.4
	澄城	2517.8	12.4	529.9	4025.2	202	40.3	−17.9	30.7	−6.6	19.6	19.4	65.4
	白水	2357.0	11.6	569.6	3755.3	211	39.4	−18.4	29.8	−6.6	18.6	18.2	67.5
	蒲城	2285.0	13.5	523.3	4418.9	218	41.8	−16.7	31.9	−5.3	20.9	20.7	64.7
	富平	2366.9	13.3	517.0	4346.6	224	41.8	−18.7	31.8	−5.2	20.6	20.4	66.1

附录 1.2　梨树主要种植县气象条件

站点	年日照时数(小时)	年平均气温(℃)	年降水量(毫米)	≥10℃积温(℃·d)	无霜期(天)	极端最高气温(℃)	极端最低气温(℃)	7月平均最高气温(℃)	1月平均最低气温(℃)	冬季平均气温(℃)	6—8月平均最低气温(℃)
彬县	2130.0	11.3	543.1	3689.1	182	40.0	−22.5	30.3	−7.5	−1.3	17.5
乾县	2068.4	12.8	535.9	4131.4	221	41.0	−17.4	30.9	−5.1	0.3	19.7
陇县	1950.3	10.9	577.6	3507.1	197	40.3	−20.4	29.1	−6.7	−1.0	16.8

附录 1.3　猕猴桃主要种植县气象条件

站点	年日照时数(小时)	年平均气温(℃)	年降水量(毫米)	≥10℃积温(℃·d)	无霜期(天)	极端最高气温(℃)	极端最低气温(℃)	7月平均最高气温(℃)	1月平均最低气温(℃)
陈仓	1929.1	13.0	632.6	4138.9	220	41.7	−18.4	30.7	−4.0
眉县	1957.4	12.8	583.1	4112.4	217	42.0	−17.2	30.9	−4.4
周至	1847.9	13.7	628.0	4444.9	224	42.4	−20.2	31.7	−3.6
户县	1860.2	13.8	635.8	4493.4	222	43.0	−19.0	32.1	−3.5
长安	1988.9	13.4	651.3	4339.8	218	43.4	−17.5	32.2	−4.3
蓝田	2079.4	13.1	718.9	4256.4	211	43.3	−21.2	31.9	−5.4
华阴	2045.2	13.7	570.3	4516.7	210	42.1	−18.6	32.4	−4.7
华县	2028.0	13.4	582.4	4391.8	206	43.3	−18.6	32.5	−5.1

附录 1.4　柑橘主要种植县气象条件

站点＼气象条件	年日照时数（小时）	年平均气温（℃）	年降水量（毫米）	≥10℃积温（℃·d）	无霜期（天）	极端最高气温（℃）	极端最低气温（℃）	7月平均最高气温（℃）	1月平均最低气温（℃）
城固	1553.9	14.4	779.3	4502.7	241	39.1	−10.0	30.4	−1.2
洋县	1716.7	14.5	806.9	4585.8	238	39.4	−11.9	31.1	−1.4
勉县	1571.5	14.3	800.0	4457.8	235	38.0	−10.2	29.7	−0.9
西乡	1534.7	14.6	881.5	4596.2	246	40.1	−10.8	31.1	−1.3
汉阴	1667.4	15.1	889.3	4696.0	257	40.1	−10.1	31.0	−0.5
石泉	1714.4	14.6	876.9	4526.7	242	41.4	−10.8	31.3	−1.0
紫阳	1563.0	15.1	1074.1	4673.0	263	41.3	−8.9	31.6	0.2
旬阳	1768.2	15.5	743.8	4855.4	249	43.1	−11.6	32.1	−0.1
白河	1777.7	15.6	775.9	4908.5	254	42.6	−11.6	32.5	−0.3
平利	1691.9	14.2	937.7	4383.7	254	40.7	−14.6	30.9	−1.2
岚皋	1541.9	15.2	991.0	4710.9	242	34.9	−10.4	31.8	0.0

附录 1.5　石榴主要种植县气象条件

站点＼气象条件	年日照时数（小时）	年平均气温（℃）	年降水量（毫米）	≥10℃积温（℃·d）	无霜期（天）	极端最高气温（℃）	极端最低气温（℃）	7月平均最高气温（℃）	1月平均最低气温（℃）
临潼	2075.9	13.6	582.8	4441.8	218	42.2	−17.0	32.2	−4.6

附录 1.6　葡萄主要种植县气象条件

站点＼气象条件	年日照时数（小时）	年平均气温（℃）	年降水量（毫米）	≥10℃积温（℃·d）	无霜期（天）	极端最高气温（℃）	极端最低气温（℃）	7月平均最高气温（℃）	1月平均最低气温（℃）	花期(4月中旬—5月中旬)平均最低气温（℃）
西安	1783.2	13.9	561.9	4512.5	213	42.9	−18.7	32.3	−3.7	12.2
咸阳	2087.1	13.1	517.8	4275.0	219	42.0	−19.7	31.8	−5.1	10.7
宝鸡	1837.7	13.2	656.1	4200.3	218	41.7	−16.1	31.0	−3.6	11.7
渭南	2154.9	13.7	560.9	4484.4	216	42.8	−16.7	32.5	−4.6	11.2
铜川	2321.0	10.7	589.4	3427.2	200	37.7	−21.8	28.7	−7.0	9.0

附录 1.7　樱桃主要种植区气象条件

站点＼气象条件	年日照时数（小时）	年平均气温（℃）	年降水量（毫米）	≥10℃积温（℃·d）	无霜期（天）	极端最高气温（℃）	极端最低气温（℃）	7月平均最高气温（℃）	1月平均最低气温（℃）	年日照百分率（%）
西安	1783.2	13.9	561.9	4512.5	213	42.9	−18.7	32.3	−3.7	40
宝鸡	1837.7	13.2	656.1	4200.3	218	41.7	−16.1	31.0	−3.6	42
渭南	2154.9	13.7	560.9	4484.4	216	42.8	−16.7	32.5	−4.6	48
铜川	2321.0	10.7	589.4	3427.2	200	37.7	−21.8	28.7	−7.0	52
汉中	1609.4	14.5	848.0	4533.9	237	38.4	−10.0	30.1	−0.7	37
安康	1726.2	15.7	807.6	4966.9	248	41.7	−9.7	32.5	−0.1	39
商洛	2057.9	12.9	684.4	3999.2	206	40.7	−14.8	30.2	−3.7	46

附录 1.8　桃树主要种植县气象条件

站点＼气象条件	年日照时数（小时）	年平均气温（℃）	年降水量（毫米）	≥10℃积温（℃·d）	无霜期（天）	极端最高气温（℃）	极端最低气温（℃）	7 月平均最高气温（℃）	1 月平均最低气温（℃）	花期（3 月下旬—4 月上旬）平均气温（℃）	花期（3 月下旬—4 月上旬）极端最低气温（℃）
眉县	1957.4	12.8	583.1	4112.4	217	42	−17.2	30.9	−4.4	10.3	−4.8
西安	1783.2	13.9	561.9	4512.5	213	42.9	−18.7	32.3	−3.7	11.4	−4
华县	2028	13.4	582.4	4391.8	206	43.3	−18.6	32.5	−5.1	11	−6.7

附录 1.9　核桃主要种植县气象条件

站　点＼气象条件	年日照时数（小时）	年平均气温（℃·d）	年降水量（毫米）	≥10℃积温（℃）	无霜期（天）	极端最高气温（℃）	极端最低气温（℃）	7 月平均最高气温（℃）	1 月平均最低气温（℃）
黄龙	2361.6	8.8	579.1	2972.4	175	36.9	−25.1	27.8	−11.1
宜君	2398.9	9.4	689.6	2895.9	203	34.6	−19.7	25.3	−6.9
洛南	1968.8	11.1	718.8	3486.7	194	38.6	−22.6	28.4	−6.4
宁强	1596.1	12.9	1097.7	3935.1	239	38.3	−11.6	28.8	−1.8
陇县	1950.3	10.9	577.6	3507.1	197	40.3	−20.4	29.1	−6.7
镇坪	1501.9	12.1	1022.2	3592.7	240	37.8	−15.4	28.3	−2.4
宁陕	1603.1	12.3	902.5	3811.5	214	37.4	−16.4	29.2	−3.4
平利	1691.9	14.2	937.7	4383.7	254	40.7	−14.6	30.9	−1.2
山阳	1990.8	13.1	710.6	4113.1	207	40.0	−16.4	30.6	−3.9

附录 1.10　枣树主要种植县气象条件

站　点＼气象条件	年日照时数（小时）	年平均气温（℃·d）	年降水量（毫米）	≥10℃积温（℃）	无霜期（天）	极端最高气温（℃）	极端最低气温（℃）	7 月平均最高气温（℃）	1 月平均最低气温（℃）
佳县	2682.2	10.2	394.0	3765.2	196	42.1	−24.4	31.0	−12.1
清涧	2636.4	9.8	487.1	3471.5	178	40.3	−25.0	30.1	−12.2
绥德	2631.1	9.9	440.9	3569.4	177	40.5	−24.1	30.2	−12.4
吴堡	2647.1	11.4	445.9	4084.8	204	42.8	−20.7	32.0	−10.1
神木	2784.5	8.9	418.7	3415.8	166	41.2	−29.0	30.5	−15.1
延长	2499.4	10.3	515.3	3620.8	188	41.1	−23.0	30.6	−11.2
延川	2445.1	10.7	467.1	3810.5	183	41.5	−22.5	31.2	−11.0
府谷	2851.9	9.3	423.2	3480.8	174	40.7	−25.7	30.2	−13.1
大荔	2323.0	13.5	497.1	4452.8	211	42.8	−17.4	32.2	−5.2
彬县	2130.0	11.3	543.1	3689.1	182	40.0	−22.5	30.3	−7.5
高陵	2114.4	13.5	519.2	4399.4	213	42.9	−18.3	32.2	−4.4
泾阳	2056.6	13.3	507.2	4380.4	212	42.3	−18.5	31.8	−5.0

附录 1.11　板栗主要种植县气象条件

站点＼气象条件	年日照时数(小时)	年平均气温(℃)	年降水量(毫米)	≥10℃积温(℃·d)	无霜期(天)	极端最高气温(℃)	极端最低气温(℃)	7月平均最高气温(℃)	1月平均最低气温(℃)	4—9月平均气温(℃)
长安	1989	13.4	651.3	4339.8	218	43.4	−17.5	32.2	−4.3	21.6
蓝田	2079	13.1	718.9	4256.4	211	43.3	−21.2	31.9	−5.4	21.4
华县	2028	13.4	582.4	4391.8	206	43.3	−18.6	32.5	−5.1	21.8
城固	1554	14.4	779.3	4502.7	241	39.1	−10.0	30.4	−1.2	21.5
镇巴	1289	13.8	1266.4	4220.1	234	38.3	−12.2	30.2	−1.0	20.4
留坝	1733	11.5	848.1	3502.1	213	37.1	−16.0	28.2	−4.2	18.2
岚皋	1542	15.2	991.0	4710.9	242	34.9	−10.4	31.8	0.0	22.0
平利	1692	14.2	937.7	4383.7	254	40.7	−14.6	30.9	−1.2	21.1
镇坪	1502	12.1	1022.2	3592.7	240	37.8	−15.4	28.3	−2.4	18.5
宁陕	1603	12.3	902.5	3811.5	214	37.4	−16.4	29.2	−3.4	19.2
紫阳	1563	15.1	1074.1	4673.0	263	41.3	−8.9	31.6	0.2	21.9
镇安	1887	13.1	777.1	4019.2	212	40.2	−13.7	30.1	−2.6	19.8
柞水	1899	12.3	753.1	3832.9	208	39.0	−17.5	29.8	−4.6	19.4
山阳	1991	13.1	710.6	4113.1	207	40.0	−16.4	30.6	−3.9	20.5

附录 1.12　柿树主要种植县气象条件

站点＼气象条件	年日照时数(小时)	年平均气温(℃)	年降水量(毫米)	≥10℃积温(℃·d)	无霜期(天)	极端最高气温(℃)	极端最低气温(℃)	7月平均最高气温(℃)	1月平均最低气温(℃)
富平	2366.9	13.3	517.0	4346.6	224	41.8	−18.7	31.8	−5.2
彬县	2130.0	11.3	543.1	3689.1	182	40.0	−22.5	30.3	−7.5
商县	2057.9	12.9	684.4	3999.2	206	40.7	−14.8	30.2	−3.7
岐山	2075.8	12.1	610.4	3857.0	211	41.4	−20.6	30.4	−5.9

附录2 陕西主栽果树的物候观测资料

附录2.1 苹果主产地主要物候期(月.日)

产地	芽膨大期	芽开放期	展叶期	始花期	盛花期	末花期	抽梢期	新梢停长期	可采成熟期	叶变色期	落叶期	观测时间	品种
长武	—	—	—	—	—	—	5.10	5.31	10.02	10.31	11.11	2006	红富士
		3.15	4.01	4.10	4.14	4.22	4.30	5.11	6.11	10.11	10.13	10.27	
		—	—	4.01	4.10	4.21	5.01	5.12	6.10	—	11.03	11.13	
		4.01	—	—	4.11	—	—	5.02	—	10.01	—	11.02	
延长	—	—	—	—	—	—	—	6.08	9.30	10.20	10.31	2006	红富士
		3.29	4.03	4.16	—	—	4.24	5.04	—	10.10	10.22	11.02	
		3.21	3.27	4.08	4.10	4.14	4.24	5.01	6.12	9.30	10.23	11.11	
		3.27	4.03	4.07	4.13	4.16	4.20	4.27	6.10	10.12	10.27	11.18	
	—	—	—	—	—	—	—	—	—	—	—	—	
白水	3.10	3.20	—	4.05	4.08	4.19	5.17	—	9.15	—	—	2001	红富士
		3.07	3.12	—	3.28	4.02	4.09	5.20	—	9.20	—	—	
		3.14	3.16	—	4.13	4.15	4.21	5.16	—	—	—	—	
		3.10	—	—	4.03	4.10	—	4.20	—	—	—	—	
		—	—	—	—	—	—	—	—	—	—	—	
		3.21	—	—	4.08	4.10	4.17	4.21	5.16	9.15	10.25	10.31	
		—	3.31	—	4.11	—	4.21	5.01	5.10	9.05	9.26	—	
		3.21	3.31	—	—	4.07	4.18	5.02	—	9.14	10.21	—	
		3.23	—	4.02	—	—	—	—	5.10	9.21	10.21	11.01	
礼泉	3.13	3.17	—	3.30	4.02	4.07	4.13	—	9.21	—	11.20	2001	红富士
		3.19	3.23	—	3.27	3.31	4.03	4.11	—	9.21	—	11.20	
		3.22	3.27	—	4.08	4.13	4.18	4.24	—	—	—	—	
		3.11	3.23	—	3.31	—	4.09	—	—	—	—	—	
		3.13	3.13	—	3.30	4.05	4.12	4.18	—	—	—	—	
		—	—	—	—	—	—	5.10	5.31	9.21	10.26	10.30	
		3.07	3.14	3.25	4.05	4.11	—	4.21	5.30	9.25	10.23	10.25	
		3.08	3.17	3.23	4.02	4.05	—	4.19	6.21	9.28	10.28	11.14	
		3.11	3.21	—	4.07	4.10	4.16	4.17	6.05	9.21	10.15	11.11	

续表

产地	芽膨大期	芽开放期	展叶期	始花期	盛花期	末花期	抽梢期	新梢停长期	可采成熟期	叶变色期	落叶期	观测时间	品种
	3.25	4.03	—	4.07	4.11	4.15	4.27	—	10.17	—	—	2001	
		3.16	3.28	—	4.02	4.08	4.10	4.28	—	10.08	—	9.24	
		3.22	4.02	—	4.07	4.11	4.14	5.03	—	10.17	—	—	
		—	—	—	4.05	4.09	—	4.20	—	10.23	—	—	
凤翔		—	—	—	4.09	4.14	—	4.26	—	—	—	—	红富士
		—	—	—	—	—	—	—	5.18	10.06	11.05	—	
		3.12	3.22	3.29	4.07	—	—	—	6.25	9.22	10.24	11.03	
		—	3.24	3.31	4.06	—	—	4.26	6.28	—	10.28	11.16	
		3.19	3.28	4.02	4.05	4.09	—	4.28	6.20	9.20	10.24	—	
	3.26	4.03	—	4.10	4.16	4.27	5.17	—	10.18	—	10.31	2001	
		3.18	3.29	—	4.05	4.11	4.21	5.21	—	10.19	—	11.03	
		3.25	4.02	—	4.11	4.16	4.24	5.21	10.19	—	—	—	
		3.15	—	—	3.31	4.08	4.15	4.22	—	—	—	—	
铜川		3.27	4.04	—	4.05	4.14	4.21	5.03	—	—	—	—	红富士
		—	—	—	—	—	—	5.10	5.16	10.02	10.13	11.10	
		3.18	3.30	3.30	4.08	4.16	—	4.26	5.16	10.06	10.31	11.08	
		3.17	3.24	3.28	4.09	4.17	4.25	4.28	6.04	10.18	10.31	11.10	
		3.20	3.28	4.01	4.10	4.15	4.20	4.28	—	10.10	10.20	—	
	3.22	4.02	—	4.15	4.18	4.25	5.01	—	9.15	—	11.04	2001	
		3.17	3.28	—	4.13	4.18	4.23	4.27	—	10.01	—	10.29	
		4.01	4.03	—	4.23	4.27	5.03	5.09	—	9.22	—	10.24	
		—	—	—	—	—	—	—	—	—	—	—	
宝塔		3.28	4.05	—	4.16	—	4.28	5.03	—	—	—	—	红富士
		—	—	—	—	—	—	5.01	6.10	9.30	10.17	11.05	
		3.18	3.26	4.05	4.15	4.19	4.23	4.27	6.10	9.26	10.21	11.12	
		3.23	3.28	4.10	—	4.21	4.25	—	6.14	9.30	10.23	11.05	
		3.24	4.01	4.10	4.14	4.18	4.21	4.29	—	9.24	10.27	11.10	
	3.17	3.22	—	4.08	4.16	4.27	5.09	—	9.11	—	—	2001	
		3.13	3.19	—	4.07	4.15	4.25	5.07	—	10.20	—	11.04	
		3.16	3.29	—	4.20	4.25	5.05	5.12	—	10.19	—	—	
		3.17	3.24	—	4.15	4.18	4.24	5.01	—	—	—	11.22	
洛川		3.17	3.25	—	4.11	4.20	4.26	5.04	—	10.09	—	11.23	红富士
		—	—	—	—	—	—	6.01	6.21	9.26	10.21	10.26	
		3.21	3.29	4.05	—	4.21	—	5.01	6.22	9.21	11.01	11.02	
		—	—	4.10	—	—	—	—	—	9.22	—	—	
		3.31	—	4.08	4.21	—	—	4.28	—	—	—	—	

续表

产地	芽膨大期	芽开放期	展叶期	始花期	盛花期	末花期	抽梢期	新梢停长期	可采成熟期	叶变色期	落叶期	观测时间	品种
旬邑	3.17	3.23	—	4.11	4.16	4.25	5.10	—	—	—	—	2004	红富士
		3.20	3.25	—	—	—	—	—	—	—	—	—	
		3.31	4.08	—	—	4.21	4.26	—	6.06	9.26	10.22	10.28	
		3.26	3.31	4.08	4.14	4.20	—	4.30	6.06	—	—	—	
		—	—	4.16	—	4.30	—	5.08	—	10.02	—	—	
		3.24	—	4.02	4.06	—	—	4.30	6.10	—	—	10.30	

附录 2.2　梨主产地物候期(月．日)

产地	芽膨大期	芽开放期	展叶期	始花期	盛花期	末花期	抽梢期	新梢停长期	可采成熟期	叶变色期	落叶期	观测时间	品种
礼泉	—	—	—	—	—	—	—	—	9.21	10.21	10.29	2006	酥梨
		3.10	3.19	3.21	3.30	4.04	—	4.18	5.29	9.22	10.22	10.22	
		3.06	3.15	3.22	3.29	4.01	—	4.17	6.17	9.22	10.25	11.11	
		3.09	3.15	—	3.26	3.29	4.12	4.14	6.02	9.21	10.12	10.26	
延长	—	—	—	—	—	—	5.04	6.01	—	10.20	10.31	2006	砀山酥
		3.21	4.06	—	4.08	4.13	—	—	—	10.10	10.22	11.02	
		3.24	3.31	4.06	4.08	—	4.22	5.01	6.12	9.30	10.23	11.11	
		3.23	3.31	4.02	4.05	4.07	4.16	4.24	6.10	10.05	10.27	11.12	
洋县	—	—	—	—	—	—	—	—	8.11	10.01	12.01	2006	黄金梨
		3.11	3.21	4.01	4.01	—	—	4.11	5.01	8.21	11.02	11.12	
		3.11	3.21	3.21	—	—	—	4.01	—	8.11	10.21	11.11	
		3.12	—	3.21	3.21	—	4.01	4.11	—	8.22	11.01	11.11	
蒲城	3.07	3.16	—	3.22	3.27	4.02	4.05	—	9.16	—	11.15	2001	晋酥
		3.04	3.11	—	3.20	3.25	3.30	4.01	—	9.21	—	11.19	
		3.16	3.25	—	3.31	4.02	4.10	4.15	—	—	—	—	
		3.04	3.09	—	3.18	—	—	—	—	—	—	—	
		3.12	3.20	—	—	—	—	—	—	—	—	—	
		3.16	3.22	—	3.25	3.31	—	—	—	10.01	—	—	
		3.21	3.21	4.01	4.01	—	—	4.21	6.01	9.21	10.21	—	
		3.15	—	4.01	4.01	—	—	4.14	6.02	9.11	10.11	10.21	
		3.20	—	—	4.01	—	—	4.17	6.02	9.08	10.06	10.20	

续表

产地	芽膨大期	芽开放期	展叶期	始花期	盛花期	末花期	抽梢期	新梢停长期	可采成熟期	叶变色期	落叶期	观测时间	品种
彬县	3.18	3.23	—	4.01	4.02	4.11	4.08	—	9.30	—	11.12	2001	砀山酥
		3.09	3.19	—	3.25	4.01	4.11	4.12	—	10.02	—	11.14	
		3.23	3.28	—	4.05	4.10	4.15	4.06	—	9.22	—	11.02	
		—	—	—	—	4.04	4.12	4.10	—	—	—	—	
		—	—	—	—	—	—	—	—	—	—	—	
		3.04	3.18	—	3.29	4.09	4.15	4.18	—	8.27	—	11.6	
		3.14	4.01	4.02	4.04	—	—	4.17	5.14	9.12	—	11.07	
		3.09	3.28	4.02	4.06	4.08	4.17	4.19	5.10	7.28	—	10.16	
		3.04	3.18	—	3.29	4.09	4.15	—	—	—	—	10.27	

附录 2.3　猕猴桃主产地物候期(月．日)

产地	树液流动期	芽膨大期	展叶期	雄花开放期	雌花开放初期	雌花开放盛期	雌花开放末期	可采成熟期	叶变色期	落叶期	观测年份	品种
眉县	—	—	—	—	—	—	—	9.14	11.10	11.30	2006	秦美
	3.18	3.25	3.28	5.05	5.05	5.06	5.07	9.25	11.07	11.18	2007	
	3.18	3.20	3.27	—	5.06	5.08	5.10	9.22	10.30	—	2008	
	3.17	3.20	3.28	—	5.05	5.08	5.10	—	—	—	2009	
周至	—	—	—	—	—	—	—	9.30	11.11	12.01	2006	秦美
	3.02	3.11	4.02	5.06	5.07	5.08	—	9.30	11.01	11.21	2007	
	—	3.24	3.28	5.07	—	5.07	—	—	11.05	11.22	2008	
	2.27	3.18	3.20	5.02	—	5.02	—	8.25	11.04	11.16	2009	
洋县	—	—	—	—	—	—	—	9.01	10.01	12.01	2006	红阳
	3.11	3.21	4.01	—	—	5.01	—	10.01	11.02	11.12	2007	
	3.11	3.21	4.01	5.02	—	5.02	—	8.11	10.21	11.11	2008	
	3.12	3.21	4.01	5.03	—	—	5.11	8.22	11.01	11.11	2009	

附录 2.4　柑橘主产区物候期(月．日)

产地	春芽开放期	显蕾期	始花期	盛花期	末花期	可采成熟期	叶变色期	落叶期	观测年份	品种
城固	—	—	—	—	—	10.18	—	—	2006	宫津
	3.25	4.20	4.25	4.29	5.11	10.18	—	—	2007	
	3.28	—	4.25	—	—	10.22	—	—	2008	
	—	—	—	—	—	10.18	—	—	2009	

附录 2.5　石榴主产地物候期(月．日)

产地	萌芽期	抽梢期	显蕾期	始花期	开花盛期	可采成熟期	叶变色	落叶期	观测年份	品种
临潼 1	—	—	—	—	—	9.10	—	11.11	2006	净皮甜
	3.21	4.06	4.22	—	5.08	9.22	10.20	10.31	2007	
	3.27	4.20	4.16	5.10	5.13	9.10	10.24	10.27	2008	
	4.01	4.22	4.19	—	—	9.17	—	—	2009	
临潼 2	—	—	—	—	—	9.10	—	11.11	2006	净皮甜
	3.25	4.08	4.22	—	5.10	9.21	10.20	10.30	2007	
	3.27	4.18	4.15	5.10	5.14	9.06	10.25	10.29	2008	
	4.01	4.22	4.18	—	—	9.15	—	10.30	2009	

注：临潼 1 为海拔高度 500 米的观测点，临潼 2 为海拔高度 700 米的观测点

附录 2.6　葡萄主产地物候期(月．日)

产地	树液流动期	芽膨大期	芽开放期	展叶期	花序出现期	初花期	盛花期	末花期	可采成熟期	枝条成熟期	观测时间	品种
户县	—	—	—	—	—	5.08	—	5.11	9.01	10.11	2006	户太 8 号
		—	3.30	4.02	4.05	4.15	5.07	5.09	5.14	7.30	10.11	
		3.22	3.25	4.02	4.02	4.19	5.14	5.16	5.18	7.24	—	
		—	—	—	—	4.17	5.11	5.14	5.17	7.29	—	
泾阳	—	—	—	—	—	5.07	5.10	5.11	7.27	9.10	2006	户太 8 号
		3.14	3.16	—	4.04	4.14	—	5.07	5.11	7.15	9.12	
		3.21	3.21	4.01	4.01	4.18	5.14	—	—	7.24	9.20	
		—	3.21	3.30	4.08	4.15	—	5.11	—	7.28	9.10	
眉县	—	—	—	—	—	—	—	—	8.04	10.03	2006	巨峰
	3.27	3.30	4.02	4.05	4.16	5.08	5.09	5.10	8.01	10.04	2007	
	3.24	3.27	4.02	4.04	4.15	5.13	5.15	5.17	7.29	10.08	2008	
	3.26	3.29	4.04	4.06	4.16	5.12	5.15	5.17	—	—	2009	

附录 2.7　樱桃主产地物候期(月．日)

产地	萌芽期	开花期	可采成熟期	落叶期	观测年份	品种
西乡	—	—	—	10.20	2006	中国酸樱桃系列(红樱桃)
	2.12	2.23	4.20	10.22	2007	
	—	3.10	4.30	10.10	2008	
	2.11	3.04	4.25	10.30	2009	

附录 2.8　桃主产县物候期(月．日)

产地	花芽膨大	显蕾期	始花期	盛花期	末花期	叶芽开放	展叶	抽梢	新梢停止生长	硬核期	可采成熟期	叶变色期	落叶期	观测年份	品种
三原	—	—	—	—	—	—	—	—	7.15	7.05	7.26	10.24	11.04	2006	毛桃
	3.22	3.28	4.02	—	—	4.05	4.07	4.14	7.10	6.05	7.20	10.10	10.17	2007	
	3.11	—	3.21	3.30	4.08	—	4.16	4.19	—	6.22	7.21	10.15	12.01	2008	
	3.13	3.17	3.24	—	—	—	—	—	—	6.21	6.21	—	11.21	2009	
眉县	—	—	—	—	—	—	—	—	—	5.30	6.08	10.08	11.24	2006	曙光
	3.17	3.25	3.26	3.27	3.28	—	4.01	4.12	6.14	5.30	6.8	10.02	10.29	2007	
	3.16	3.20	3.24	3.26	4.01	3.18	3.28	4.08	6.13	5.27	6.10	10.24	—	2008	
	3.17	3.20	3.24	3.27	4.01	3.19	3.28	4.09	6.15	5.29	6.08	—	—	2009	
西安	—	—	—	—	—	—	—	—	—	—	7.11	—	11.21	2006	未央2号
	3.11	—	—	4.01	—	—	—	4.11	—	6.01	—	9.11	—	2007	
	—	3.21	4.01	—	—	—	—	4.11	—	—	7.01	9.01	11.11	2008	
	—	3.16	4.01	—	—	4.11	4.21	5.01	—	5.21	7.11	9.11	10.01	2009	
华县	—	—	—	—	—	—	—	—	—	7.17	7.28	10.22	11.15	2006	沙红桃
	3.11	3.19	4.01	—	—	4.08	4.10	5.01	5.13	7.11	7.19	10.08	11.01	2007	
	3.21	3.24	3.27	—	—	4.07	4.11	5.01	5.17	7.11	7.21	10.01	11.01	2008	
	3.15	3.22	3.26	4.02	4.06	4.10	4.12	4.29	5.18	7.05	7.13	10.13	10.28	2009	

附录 2.9　核桃主产地物候期(月．日)

产地	芽膨大期	芽开放期	展叶期	雄花初期	雄花盛期	雄花末期	雌花初期	雌花盛期	雌花末期	可采成熟期	叶变色期	落叶期	观测年份	品种
黄龙	—	—	—	—	—	—	—	—	—	9.22	10.07	10.29	2006	香玲
	4.01	4.20	4.26	—	5.03	—	—	5.06	—	9.08	10.18	10.28	2007	
	4.11	4.16	5.01	5.01	5.06	5.11	5.03	5.08	5.13	9.08	—	10.26	2008	
	3.21	4.11	4.11	—	—	—	—	4.21	—	9.18	—	—	2009	
宜君	—	—	5.02	—	—	—	—	—	—	—	9.21	10.06	2006	香玲
	—	4.10	4.20	—	4.28	—	—	—	5.12	8.22	10.02	10.20	2007	
	—	—	4.10	—	4.19	—	—	4.28	5.10	8.22	9.20	10.17	2008	
	3.31	4.04	4.10	—	4.20	—	—	4.28	—	8.20	9.15	10.20	2009	
陇县	—	—	—	—	—	—	—	—	—	7.01	—	—	2006	
	4.01	4.11	—	—	4.21	—	—	5.01	—	7.22	10.21	—	2007	
	4.11	—	—	—	—	—	—	—	—	7.11	—	9.21	2008	
	—	—	—	4.11	—	4.21	—	—	5.01	—	9.01	10.01	2009	

续表

产地	芽膨大期	芽开放期	展叶期	雄花初期	雄花盛期	雄花末期	雌花初期	雌花盛期	雌花末期	可采成熟期	叶变色期	落叶期	观测年份	品种
商州	—	—	—	—	—	—	—	—	—	8.29	10.05	10.25	2006	中林7号
	2.25	3.21	3.27	4.08	4.14	4.22	4.10	4.16	4.24	8.26	10.09	10.24	2007	
	3.06	3.22	3.26	4.07	4.12	4.18	4.09	4.14	4.19	8.01	10.08	10.20	2008	
	3.01	3.23	4.10	4.09	4.12	4.18	4.10	4.14	4.19	8.17	10.07	10.20	2009	
洛南	—	—	—	—	—	—	—	—	—	9.02	10.10	10.26	2006	
	3.11	3.31	4.10	—	—	—	5.06	5.12	5.16	9.07	10.08	10.23	2007	
	3.27	4.04	4.09	4.15	4.17	4.19	4.22	4.25	4.27	8.30	10.08	10.30	2008	
	3.31	4.03	4.06	4.15	4.17	4.20	4.23	4.26	4.29	9.05	9.21	10.28	2009	
镇巴	—	—	—	—	—	—	5.21	—	—	9.21	10.11	11.11	2006	
	3.01	—	4.01	—	—	—	—	4.11	—	9.01	—	11.11	2007	
	3.11	—	4.01	4.01	—	—	—	—	—	8.11	9.21	11.01	2008	
	—	—	4.01	—	—	—	—	—	—	—	—	11.12	2009	
柞水	—	—	—	—	—	—	—	—	—	—	10.02	11.05	2006	
	3.21	3.25	3.29	—	—	—	—	—	—	—	—	10.22	2007	
	3.12	3.21	4.04	—	—	—	—	—	—	—	10.06	10.26	2008	
	3.14	3.23	3.29	4.12	4.16	4.20	4.16	4.18	4.24	8.24	9.24	10.16	2009	

附录 2.10　枣主产地物候期(月．日)

产地	芽膨大期	芽开放期	展叶期	花序出现期	开花始期	开花盛期	开花末期	硬核期	白熟期	脆熟期	完熟期	叶变色期	落叶期	观测年份	品种
佳县	—	—	—	—	5.23	6.11	7.11	7.31	8.15	9.25	10.10	—	10.26	2006	木枣
	—	4.10	4.30	5.10	5.25	—	—	8.10	8.25	9.15	10.05	—	10.20	2007	
	—	4.12	4.27	5.08	5.24	6.07	—	8.17	8.31	9.02	10.05	—	10.02	2008	
	—	4.14	4.27	5.03	5.26	6.04	6.30	8.20	9.31	10.01	10.11	—	10.18	2009	
吴堡	—	—	—	—	5.21	5.24	6.26	7.10	8.31	9.21	10.11	10.21	11.01	2006	木枣
	—	4.12	4.29	5.09	5.18	5.29	6.16	6.26	8.18	9.10	9.30	10.19	10.29	2007	
	—	4.18	5.07	5.16	5.23	6.02	6.18	—	—	—	—	—	—	2008	
	—	4.15	4.23	5.11	5.25	—	6.13	—	9.03	—	—	—	—	2009	
延川	—	—	—	—	5.21	5.24	6.26	7.10	8.31	9.21	10.11	10.21	11.01	2006	梨枣
	5.01	5.06	5.11	5.21	5.28	6.09	6.25	9.04	—	—	10.18	10.23	11.02	2007	
	4.16	4.24	4.29	5.21	5.24	5.29	6.08	8.23	9.04	9.13	10.16	10.22	11.02	2008	
	4.22	4.29	5.11	5.28	6.06	—	7.11	9.11	—	10.01	—	10.21	10.29	2009	
大荔*	—	—	—	—	5.21	—	—	8.10	—	8.17	—	10.22	10.24	2006	冬枣
	—	3.28	4.19	4.29	5.10	—	—	8.02	—	8.10	—	10.13	10.16	2007	
	—	3.29	4.20	5.2	5.18	—	—	8.07	—	8.13	—	10.14	10.31	2008	
	3.22	4.01	4.18	4.28	5.20	5.22	—	8.04	—	8.20	—	9.26	10.14	2009	

* 表中大荔脆熟期一栏的日期代表冬枣的可采成熟期。

附录 2.11　板栗主要物候期(月．日)

产地	芽膨大期	芽开放期	展叶期	雄花开放始期	雄花开放盛期	雄花开放末期	雌花开放始期	雌花开放盛期	雌花开放末期	可采成熟期	叶变色期	落叶期	观测年份	品种
柞水	—	—	—	6.03	6.06	6.18	6.06	6.10	6.22	9.11	10.02	10.23	2006	柞板 11
	3.28	4.06	4.12	5.30	6.04	6.15	6.05	6.16	6.27	9.07	10.02	10.26	2007	
	3.19	3.30	4.10	5.30	6.08	6.14	6.10	6.15	6.21	9.12	10.06	10.17	2008	
	3.29	4.04	4.12	6.04	6.12	6.25	6.12	6.22	6.28	9.07	9.26	10.18	2009	
镇巴	—	—	—	—	—	—	5.21	—	—	9.21	10.21	11.11	2006	镇安板栗
	3.21	4.01	4.11	4.21	—	—	5.01	—	—	9.21	—	11.11	2007	
	4.01	—	4.11	4.11	—	—	—	—	—	10.01	—	11.01	2008	
	3.01	4.01	4.11	5.01	—	—	—	—	—	9.21	—	11.12	2009	
镇安	—	—	—	—	—	—	—	—	—	9.14	10.6	11.02	2006	
	3.28	4.07	4.12	4.27	5.10	5.20	4.27	5.10	5.20	9.15	—	10.26	2007	
	3.09	3.28	4.08	5.14	5.31	6.20	5.14	5.31	6.20	9.23	10.12	11.14	2008	
	3.24	4.02	4.08	4.30	5.31	6.22	4.30	5.31	6.22	9.18	10.10	11.10	2009	

附录 2.12　柿子主产地物候期(月．日)

产地	芽膨大期	芽开放期	展叶期	始花期	盛花期	末花期	鲜食可采期	加工采收期	叶变色期	落叶期	观测年份	品种
长安	—	—	—	—	5.20	5.25	9.28	—	—	11.05	2006	
	3.22	—	4.11	—	—	—	10.12	—	10.21	10.30	2007	
	4.03	—	4.18	—	—	5.08	—	—	—	—	2008	
	—	—	4.06	—	—	—	—	—	—	—	2009	
富平	—	—	—	5.03	—	—	9.20	—	—	—	2006	富平尖柿
	—	—	4.05	5.06	—	—	—	—	—	—	2007	
	3.22	3.28	4.06	—	5.12	—	9.21	—	10.21	11.10	2008	
	3.18	3.30	4.03	—	5.10	—	9.20	10.01	10.21	11.11	2009	
华县	—	—	—	5.04	—	—	9.19	—	10.27	11.12	2006	
	4.01	4.07	4.13	5.04	5.11	5.13	9.18	10.08	10.23	11.13	2007	
	3.29	4.08	4.17	5.09	5.13	5.17	9.21	10.11	10.21	11.08	2008	
	3.27	4.06	4.10	5.08	5.12	5.18	9.25	10.07	10.21	10.26	2009	
临潼	—	—	—	—	—	—	9.20	9.30	—	—	2006	火晶
	3.11	3.21	4.08	—	—	5.08	9.22	—	10.20	10.28	2007	
	3.28	4.02	4.05	5.10	5.13	—	9.29	—	10.21	10.25	2008	
	—	—	4.20	—	5.06	—	10.15	10.20	—	—	2009	

续表

产地	芽膨大期	芽开放期	展叶期	始花期	盛花期	末花期	鲜食可采期	加工采收期	叶变色期	落叶期	观测年份	品种
千阳	—	—	—	—	5.13	—	9.24	10.26	—	—	2006	富平尖柿
	—	—	4.09	5.12	5.16	5.19	10.07	10.25	10.15	—	2007	
	3.22	—	4.02	5.11	—	5.22	10.02	12.02	10.22	11.02	2008	
	3.26	—	4.12	—	5.12	5.21	—	11.03	10.21	11.01	2009	
商州	—	—	—	—	—	5.07	9.30	10.20	10.27	11.03	2006	火罐柿
	3.22	3.31	4.05	4.30	5.07	5.14	9.26	10.19	10.21	10.27	2007	
	3.16	3.25	3.29	5.07	5.12	5.18	—	10.20	10.23	10.30	2008	
	3.19	3.26	4.04	5.06	5.13	5.18	—	10.20	10.22	10.31	2009	

附录 3　重大决策气象服务材料

附录 3.1

山东苹果遭受严重冻害减产已成定局 我省应及早制定今年苹果产销对策

据气象情报，4 月 24 日—25 日山东省发生了一次严重的强降温霜冻冷害天气过程。此次降温幅度大，最低气温达－4℃，使正处在生长、坐果初期的果树遭受了严重的冻害。冻害的特点是，受灾范围广，面积大，树种多。全省除泰安、菏泽、枣庄三市外，其余 14 个市(地)均遭受了冻害。其中果品主产区烟台、威海、青岛、潍坊及淄博等地市受害最为严重。受灾的果树主要有苹果、梨、葡萄、樱桃等。果树受冻的部位主要是幼果、新梢及嫩叶。据初步统计，全省受灾果树面积 510 多万亩，占果树总面积的 45%。据有关部门调查估计，因冻害造成果品减产幅度约 30%～35%，减产约 350 多万吨，直接经济损失约 50 亿元。

苹果、梨花期、幼果初期冻害常给我国北方黄河中游地区带来严重损失。据调查，受冻害的影响，苹果一般坐果率减少 10%～20%，受害严重的苹果，坐果率减少 30%～60%，减产幅度较大。

鉴于山东苹果大省今年遭受严重冻害，减产已成定局，建议：

1. 我省有关部门要加强合作，对我国苹果主产区的产量、品质进行跟踪、监测。

2. 研究制定我省今年苹果生产、管理、收购、储藏、加工、市场、宣传、营销等方面的对策。

2002 年 5 月 15 日

附录 3.2

受气候影响早期落叶病可能大面积发生

早期落叶病是我省苹果生产中最严重的病害之一，对苹果的产量、品质和来年的生产都有显著影响。早期落叶病发生和蔓延，不仅与前期病害基数有关，主要受当年气象条件影响。春暖多雨，汛雨来得早的年份病害流行；夏季高温多雨有利于病菌的繁殖传播，发病严重。

2002 年我省 50%的果园发生了大面积的早期落叶病，病叶率达 30%，发病基数较大，是近年来发病最重的年份。当果农发现病害发生时，防治为时已晚，错过了防治关键期，导致病害大面积发生。据气象资料分析，今年汛雨早，关中、渭北果区和关中苹果区降水量偏多，气温正常略偏高，有利于早期落叶病的发生大面积流行。另外，4 月下旬到 5 月上旬延安、渭北和关中苹果区气温偏高 0.2～0.9℃，降水量偏多 13～38 毫米，洛川、白水、旬邑等县一些果园目前已出现苹果早期落叶病。为此建议各有关部门，提高警惕，及早动手，有效防御和控制早期落叶病。

1. 注重早期防治。5 月下旬全省将有 2 次降水过程，有利于该病的大发生。应早动手，早防治，提高防御效果。

2. 狠抓发病高峰期防治。在6月上旬和8月发病高峰期，组织力量，加大防治力度，严格控制病害蔓延。

2003年5月19日

附录3.3 近期阴雨过多套袋苹果应及时解袋

今年8月阴雨、低温和寡照天气为历年盛夏之少见。全省果区8月雨量达148～303毫米，较历年同期偏多20%～100%，日照时数56～193小时，偏少20～140小时，平均气温20℃左右，偏低1.6℃。大于0.1毫米的降水日数达12～20天，是历年同期雨日的1.2～2倍。其中8月下旬降水量83.2～198.3毫米，是历年同期降水量的2～5倍，平均气温较常年同期偏低0.4～1.4℃，日照时数较常年偏少20～50小时。阴雨多，气温低，光照严重不足，不仅对苹果的着色成熟十分不利，而且使果树病虫害流行，特别是套袋苹果萼凹黑点病大面积发生，显著影响苹果产量和商品率。据调查，套袋苹果萼凹黑点病在延安、铜川、渭南、咸阳和宝鸡等果区普遍发生，平均发病率为22.8%，发病重者达50%～60%。据中期天气预报，预计9月上旬中、后期仍有阴雨天气。持续阴雨将更加剧套袋苹果萼凹黑点病及其他病害的流行和危害。为此，建议各果区对套袋苹果进行认真检查，对阴雨危害较重的套袋苹果及时解袋，并结合当地实际，加强果园后期管理，排水降湿，改善通风透光条件和果园小气候，最大限度减轻阴雨、低温和寡照天气造成的损失。

2003年9月3日

附录3.4 果实黑红斑点病增多 土法贮藏应及时防范

今年9月份以来，我省陕北南部、渭北主要苹果产区较常年平均降水量增加46.7%，月平均气温升高13.9%，湿度增加17%，适宜的温度和湿度有利于苹果病害传播，加之降水日数为14.8天，增加30%，减少了田间有效工作日，造成多种病原菌密度增大。

10月份以来，各苹果产区以黑红斑点为主要症状的斑点落叶病开始在成熟后期的果实上出现，根据在白水县、洛川县的调查，采用土法（土窑洞等）贮藏黑红斑点病发病率（发现黑红斑点的果实数量与总果实数量之比）为5%～10%。目前气象条件下，此病在土法贮藏室中易于扩大感染传播。由于我省大部苹果贮藏采用了这一贮藏方法，会严重地影响苹果的贮藏效果，降低商品率。预计11月份的降水量将比往年减少，月平均气温7.2℃，与历年同期比较属略升高，有利于病菌的传播。

因此，建议采用土法贮藏的农户应该及时采取措施，减少危害：

（1）及时检查，挑出病果，减少病原；

（2）加强通风除湿，创造一个低温低湿的小环境，抑制病原菌传播；

（3）喷洒农药，直接杀菌。

2003年10月31日

附录 3.5　我省果区冻害、沙尘灾害调查报告

受蒙古国强冷空气东移南下影响，自 4 月 11 日至 14 日我省果区出现一次大风、沙尘和强寒潮天气过程，对苹果、梨、桃等果树开花、授粉、受精及幼果造成严重危害。

一、灾害情况

这次灾害天气过程：4 月 11 日主要是大风和沙尘天气，其中延安和渭北西部果区风力达 6～7 级，局地出现沙尘暴；其他果区风力达 4～6 级，普遍出现扬沙和浮尘天气。强降温主要出现在 12—14 日，过程前后延安果区日平均气温下降 13～15℃，渭北西部果区日平均气温下降 11～12℃，关中西部果区日平均气温下降 10℃左右，渭北东部果区日平均气温下降 12℃左右。其间 30 个苹果基地县中有 22 个县最低气温在 0℃以下，有 9 个县最低气温在－2℃以下。

严重冻害主要出现在延安和渭北西部果区，其中宜君达－6℃，旬邑、洛川分别达－4.7℃和－4.5℃。旬邑、洛川气温在－2℃以下的持续时间分别达 23 和 13 个小时之久。

由于这次大风、沙尘和强寒潮天气是我省十年来最强的一次灾害天气，加之我省关中和渭北东部果区苹果处于盛花期，延安和渭北西部果区苹果处于初花期，桃和仁用杏处于盛花期，对低温和沙尘天气极为敏感，明显加重了沙尘和低温天气对果树开花授粉、受精和幼果的危害。据调查：关中和渭北东部果区主要受沙尘和低温冷害共同危害，致使花药和柱头发黑变干，明显影响果花授粉受精，中心花受损达 30％左右；延安和渭北西部果区主要是低温冻害危害，花药、花柱等花器受冻严重，据果农反映并经实地调查，中心花受冻率达 60％～70％。渭北核桃、陕北仁用杏受到重创，损失在 80％左右。

沙尘、低温冷害、冻害天气不仅造成大量果花不能成果，而且由于果花授粉受精不良，还会造成苹果生理落果期大量落果。对苹果产量、品质和商品率将产生显著影响。

二、预报服务

这次灾害天气预报准确、服务及时。2 月 28 日，我局向省政府相关部门发布《春季气温波动明显，果树花期冻害偏重发生》的送阅件，提出“预计今年我省主要果区，苹果（梨）花期冻害发生强度为中等略偏重趋势，其中延安和渭北西部果区局地冻害相对较重”的预报结论。同时与省果业局联合下发了《关于及早做好果树花期冻害防御工作的通知》，指导果区各地开展果树冻害防御工作。4 月 10 日，我局结合果树花期冻害指标，发布了《果树花期冻害警报》，提出“我省主要果区将出现 6～7 级偏西风，并伴有浮尘或扬沙天气，日平均气温将下降 10～12℃，12—14 日部分果区最低气温将降至 0℃以下。目前我省渭北、关中果区果树正处于开花期，极易遭受低温冻害，将影响果品产量、品质和商品率。请组织广大果农及时做好灌水、熏烟等低温冻害防御工作。”并迅速传真至省政府办公厅农业处。省政府立即将信息通报给各有关单位。我局将过程警报信息通过当晚的省电视台电视天气预报栏目和省农村广播电台整点滚动播放。同时将《果树花期冻害警报》传真到省果业管理局，果业局领导以明传电报方式将灾害信息传至各市、县果业局。

11 日、12 日、13 日我局将果区最低气温预报以《果树花期冻害警报》、14 日以《果树花期冷害警报》及时通过省电视台电视天气预报栏目和省农村广播电台整点滚动播放，并以《果业气象报告—花期专题报告》通知给省果业局。这次过程期间，我局共发布《果树花期冻害警报》4 期，《果树花期冷害警报》1 期，《果业气象报告—花期专题报告》5 期，没有漏报。最低温度预报准确率 100％。

三、灾害防御和补救措施

针对这次过程，各级政府和有关部门都能结合各地实际，采取积极有效的防御措施，如熏烟、灌溉、喷水等减轻灾害损失。如果业大县洛川、淳化，接到《果树花期冻害警报》后，县委、县政府果断决策，要求各乡镇书记镇长在气象、果业和农业局等部门具体指导下，迅速组织果农就地取材，开展自救。适时在果园点柴火、施放烟幕，改善果园小气候。咸阳市领导在市气象局的《果树花期冻害预警》服务材料上作重要批示，要求以明传电报发至各县政府，全力做好防灾救灾工作。淳化县气象局于 4 月 11 日发布夜间将有强降温的灾害天气预警信号后，县委、县政府要求各有关部门立即启动果树花期冻害防御预案，县气象局任志强局长夜间每小时向县长及各有关领导发短信，报一次最低气温资料。

灾害发生后，各级气象部门及时收集情报，调查灾情，深入受灾第一线，指导果农开展灾害补救措施。我局于 4 月 12 日以“送阅件”的形式，及时向省委、省政府领导和有关部门通报果区低温冻害及受灾图表。提出了低温冻害防御对策和灾后加强人工授粉、水肥管理等补救措施。省经济作物气象服务台主要业务人员，深入灾区和田间地头，开展灾害调查，与果农面对面讨论灾后补救措施。有关技术人员接受新闻记者采访，介绍果树花期冻害补救措施，在省电视台陕西新闻和村里村外栏目播放，为防灾减灾发挥了积极作用。

2006 年 4 月 19 日

附录 3.6　　警惕暖春气候影响　谨防果树花期冻害

近年来，果树花期冻害已成为我省果业生产的首要气象灾害，给果品产量、品质和种植效益造成显著影响。尤其是受年初持续低温雨雪冰冻天气影响较大，树势弱、抗逆性差的果园，更应及早动手，做好果树花期冻害防御的技术和物资准备，积极开展花期冻害防御工作。

根据短期气候预测和果树花期冻害趋势预报综合分析，今年早春（3—4 月）我省主要果区气温较常年明显偏高，暖春天气特征明显。据 3 月上、中旬平均气温与历年同期平均值比较，偏高 3.3～4.7℃（见下图），暖春气候已成定局。

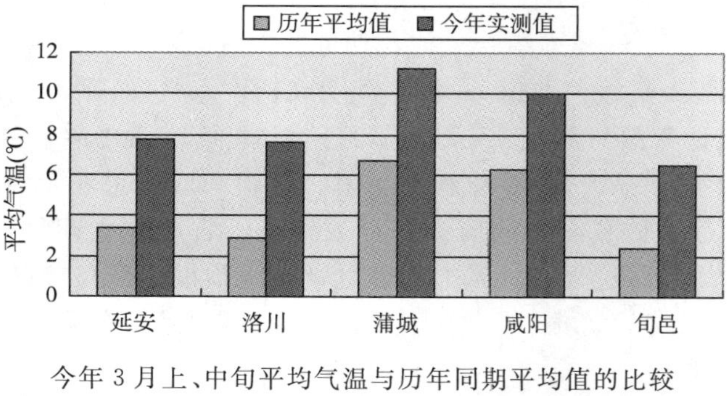

今年 3 月上、中旬平均气温与历年同期平均值的比较

暖春气温波动大，既有利于果树提前萌芽开花又易诱发强寒潮、大风、沙尘等强冷空气侵袭，使果树花期冻害风险增加。预计渭北东部和关中果区苹果初花期在 4 月上旬—4 月中旬初，延安和渭北西部果区初花期在 4 月中旬后期。今年我省主要果区果树花期冻害强度为中等略偏重趋势，4 月上旬后期—中旬前期为花期冻害的多发时段；延安和渭北西部部分果区冻

害相对较重。建议各果区要警惕暖春气候的影响，采取“避”、“抗”、“防”、“补”等系列化综合防御技术，提前做好花期冻害物质和技术准备，通过灾前调控、灾中防御、灾后补救等将果树花期冻害损失减少到最小程度。

一、推迟开花期，避过花期冻害

在果树萌芽开花前，采取果园覆盖、灌水、树干涂白、喷施生长调节剂等降低树体温度和地温，使果树开花期推迟，减小花期冻害发生的风险。

二、推迟疏花时间，避过冻害影响

结合低温冻害预报，建议推迟疏花时间，应在冻害过后开始疏花，提高坐果率，减轻灾害损失。

三、增强树势，提高果树抗冻能力

早春要加强果园水肥管理和修剪，协调果树枝干生长，增强树势，提高果树的抗冻能力和灾后恢复能力，减轻花期冻害的影响和损失。

四、调控果园小气候，积极防御花期冻害

在果树萌芽开花期，根据果树花期冻害预报和警报信息，采取果园灌水、熏烟、果树喷水等措施，适时调控和改善果园小气候，提高果园气温，减小冻害强度。

五、灾后积极采取补救措施，减轻冻害损失

果树遭遇花期冻害后，认真开展灾情调查和评估，针对受灾情况，及时修剪受冻枝条、喷施叶面肥、人工授粉、防治病虫害等补救措施，促进果树正常生长发育，增强果树抗灾和恢复能力，减轻冻害损失。

2008 年 3 月 25 日

附录 3.7　苹果产量创新高　营销对策早绸缪

今年我省苹果生育前期(4—8 月)气候资源基本良好，果树开花期、果实膨大期等关键生育期气象条件优越，花期冻害、高温热害、伏旱、冰雹等灾害性天气和病虫害相对较轻，为今年苹果增产提质提供了基本保证。据全省苹果产量气象因子预报模式和今年苹果生产力水平等因素综合分析，预计今年我省苹果产量为 770 万吨左右，比去年增产 10%左右，优果率将有所提高。

一、苹果生育前期气象条件基本良好，气象因素较有利苹果增产提质

1. 4—8 月气候资源基本良好　据气象资料统计显示：今年 4—8 月主要果区日平均气温≥10℃的积温为 2650～3370 ℃ · d，较常年偏多 7%左右；降水量 290～350 毫米，较常年偏少 12%左右；日照时数 1006～1295 小时，较常年偏多 3%。苹果生育前期光、热、水资源基本满足苹果生育需求，较好的资源为苹果增产提质提供了保证。

2. 关键生育期气象条件较好　今年苹果开花期(4 月上、中旬)主要果区平均气温为 11～16℃，较常年偏高 1℃左右，日照时数为 101～134 小时，普遍较常年偏少，去冬异常多雪，果园底墒充足。开花期气温偏高，光照充足、土壤墒情好，对苹果开花、授粉、受精比较有利；果实膨大期(6—8 月)，主要果区气温正常，日照时数略偏少，降水量为 210～310 毫米，较常年偏少 1%左右，但 6 月多数果区降水量较常年偏多 2 成～1.3 倍，有效的解除了初夏旱情，为苹果果实膨大奠定了水分基础。

3. 花期冻害来得晚、危害轻　今年苹果开花期未出现沙尘暴天气，花期冻害较往年来得晚，仅4月下旬初出现了一次大风降温天气过程，延安和渭北西部果区局地出现轻度冻害，其他果区已处终花期，对苹果产量和品质形成无大影响。

4. 伏旱、高温热害以及冰雹影响不显著　今年7月下旬—8月上旬果区虽出现了伏旱天气，使苹果果实膨大受到一定影响，但35℃以上的高温热害天气相对较少，热害与伏旱叠加不明显。同时，今年冰雹发生次数较少，加上开展人工消雹作业，灾害范围小，危害轻于往年。

5. 病虫害危害较轻　去冬持续低温雨雪冰冻天气使越冬病虫基数明显减少，加之今年夏季的伏旱天气，对苹果病虫害的发生起到了抑制作用。据调查，延安和渭北果区一些老果园原有的腐烂病多数得到有效防治，早期落叶病、食心虫等病虫发生面积较小，危害程度轻，对今年苹果增产提质有利。

6. 不利因素的影响　综合分析气候资源、气象灾害、病虫害和生产力水平等因素的影响，预计今年苹果产量/优果率有中等幅度的增长趋势，但也存在着一些不利因素的影响：去冬低温雨雪冰冻灾害使延安和渭北西部部分果区苹果花芽生长受到影响，花芽质量差、花粉少，对坐果率有一定影响；4月下旬初的花期冻害和持续阴雨使延安和渭北西部部分果区苹果花受冻，落花落果较多，坐果率不高；夏季7月下旬—8月上旬，全省大部分果区，特别是延安南部和渭北东部旱塬果区，受伏旱天气的影响，苹果果实膨大受阻，果个普遍偏小，使今年苹果产量/优果率增长幅度受到限制。

二、投入增加，生产力提高，物候监测呈增产景象

各级政府的优惠政策及苹果市场价格一路走高，果农收入显著增加，极大地调动了广大果农提高苹果标准化生产水平和增加果园投入的积极性。据调查，近年来，广大果农全面推广"四项关键技术"，每年以10.6%的增长率增加果园投入，加大标准化生产力度，为苹果增产提质奠定了物质基础。

另据苹果物候监测资料显示，由于今年是苹果的生产大年，多数果园普遍花量大，成花量较去年偏多15%～20%，多数果区坐果率高于往年。据调查，延安果区，除部分果园受花期冻害影响，坐果率在48%以下外，多数果园和中早熟苹果坐果率均在70%以上；关中西部果区坐果率较好的(>50%)果园达50%～60%，坐果率特别好的占30%左右，坐果率差的(<50%)仅占10%～20%。目前苹果挂果量在140～250个/株，优于去年。平均果径在6.5～7.1厘米，比去年略偏小，但优于往年。多数果区苹果长势良好(见图1,2)，具备增产基础。

图1　白水北井头乡苹果长势

图2　洛川枫栖镇苹果长势

三、对策建议

1. 重视防御连阴雨灾害　持续阴雨、低温、寡照天气易造成苹果裂果、烂果、落果和早期落叶病、套袋苹果黑点病等病害发生，使苹果产量和品质受损。据预测，苹果着色成熟期，关中和渭北果区有中等略偏弱趋势的连阴雨天气（9月下旬—10月上旬），建议各果区做好连阴雨的防御工作。

2. 及早制定营销对策　今年我省苹果产量/优果率有望创历史新高，建议提早制定我省苹果营销策略，做好苹果收购、贮藏、加工、市场宣传和营销工作，大力开拓国内外市场，争取更大的经济效益。

3. 加强果树越冬管理，促进来年增产　连年增产，树体消耗大，加之今年伏期降水少，伏旱对花芽分化不利，应加大投入，狠抓越冬管理，增强树势，促进来年苹果增产增效。

2008年9月22日

附录3.8　陕北优质苹果种植区可适当北扩

黄土高原是生产优质苹果的最适宜气候区之一，以苹果为主的果业是改革开放以来我省农村经济发展最快、效益最好的产业之一，也是省委、省政府确定的全省优势特色产业。目前我省优质苹果种植基地县北缘在安塞、延川一线，但长城沿线以南非果业基地的大部分县，普遍种有苹果，品种以秦冠、红（黄）元帅、国光、美国8号为主。为了充分利用气候资源优势，扩大苹果优质产区的范围，又避免因盲目越区发展而导致不应有的损失，省气象局组织有关专家对榆林、延安市进行了调研、实地勘查，利用新的气候资料对陕北苹果种植生态气候适应性进行评估，从农业气候角度对陕北苹果优质区北界进行论证。

一、苹果生产的气候生态条件

苹果是典型的温带落叶果树，性喜凉干燥，其地域分布主要取决于气候、土壤及地貌等生态条件，其中气候条件是苹果地带性适生分布和品质优劣的前提和基础。

1. 苹果对气象条件的要求

适宜苹果栽培地区的年平均气温为8.0～14.0℃；冬季日最低气温≤－20℃的日数少于24天；苹果生长期（4—10月）的平均气温13.4～18.5℃，全年日平均气温≥10.0℃的日数多于140天；夏季平均最低气温13～18℃。

苹果生长期间降水量以450～500毫米为宜，夏季6—8月空气相对湿度60%～70%对苹果生长最为适宜。

生长季节4—10月日照时数1200小时以上为宜。

2. 苹果对立地条件的要求

地形对苹果的生态作用，主要通过海拔高度、地貌形态、坡度、坡向等来影响光、热、水、气、土壤、植被等生态因子，对苹果质量起重要作用。陕北黄土高原果区海拔800～1300米，年日照时数2300～2800小时，生长季4—10月日照时数1400～1800小时，适宜的海拔高度和充足的光照资源，使果实着色鲜艳，蜡质层增厚，糖、酸、维生素C等含量增加，硬度增大，果面洁净。

苹果适宜中性或微酸性的质地疏松、土层深厚的沙壤土。黄土高原的黄土、黑垆土、褐土均属适宜土类。

二、陕北苹果生态气候适应性评价

从苹果对气候生态条件要求看，在苹果的生态需求中，土壤、地形等主要立地条件在陕北是满足的，即使水肥条件差些也是可以逐步改善和克服的，其影响也是局地的。所以对苹果适生地带性分布构成限制的主要是气候条件。

根据陕北各地近 30 年（1970—2000 年）的地面气象观测资料，采用全国苹果种植区划研究的因子及评分标准，综合考虑海拔高度对气候条件的影响和气候增暖苹果的气象条件变化，陕北苹果气候适应性如图 1 所示。

陕北大部地区温度、光照条件均满足苹果生长要求，主要的限制因素为降水不足。陕北府谷、神木经榆林南端至横山一线为陕北苹果适宜栽培北界；自横山向东南沿海拔 1300 米等高线，顺子洲县西界南下经子长至延河北，再向西北绕安塞南下至甘泉，此线为陕北苹果适宜区分布西界。上述北界以南、西界以东除黄河沿岸土石丘陵带以外的广大地区均为适宜区，其中米脂、子洲、绥德、清涧、延川、延长及子长中东部、安塞南部、延安市和甘泉中南部为最适宜区。

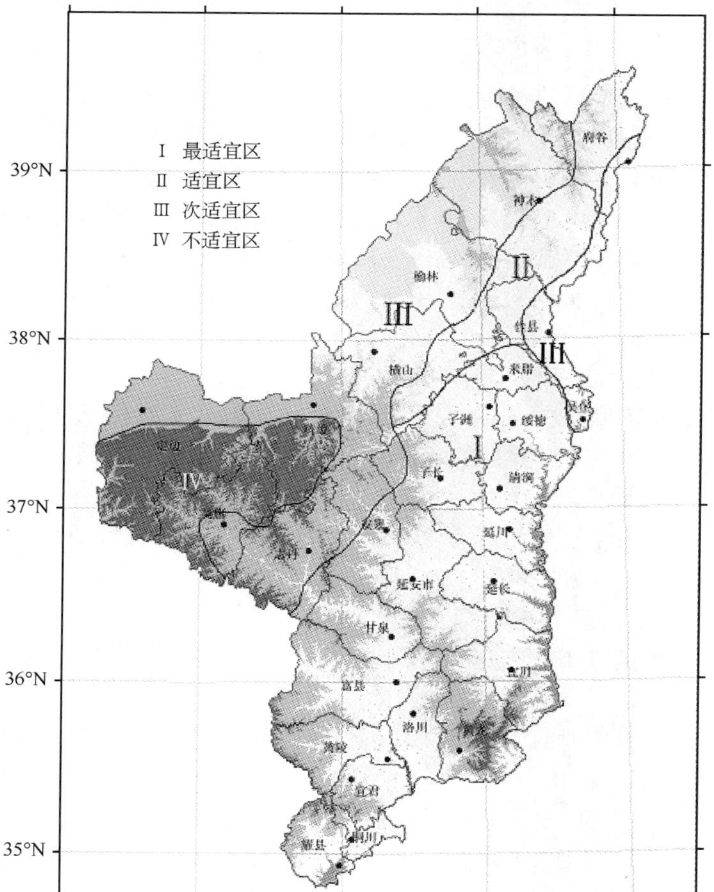

图 1　陕北苹果种植适宜区分布图

苹果优质区确定是根据苹果气候和土壤适宜条件制定的。它只是地带性的趋势分布。生产上由于具体条件差别，以及受气象观测站位置代表性的局限，应将上述区界理解为一个过渡带，优质区、适宜区内不是处处优质、适宜，而次适宜区内也有适宜的地方，应具体掌握以不失其科学指导作用。

三、陕北苹果适宜种植区气象灾害风险

1. 花期冻害

苹果花期≤－2℃（受冻的临界温度）出现的频次，以西部白于山区的吴起、志丹，长城沿线以北地区的榆林、神木、靖边、定边和延安南部的甘泉等地出现频次最多，一般每年出现1～2次，冻害风险走势呈西北向东南方向减少，黄河沿岸基本无冻害发生。

2. 干旱

最适宜区北界的米脂、子洲、绥德、清涧、子长降水均不足500毫米，且降水年际变率大，米脂、绥德和子洲年降水量仅为410～430毫米，年雨量超过400毫米年份仅占51%～55%，另有近一半年份雨量不足400毫米，因雨量不足而导致果实小而失去市场竞争力是这些地区苹果生产主要问题。

四、建议

1. 从气候条件来看，陕北优质苹果基地北侧的绥德、米脂、子洲、子长、清涧属于苹果种植的最适宜区，优苹果种植区北界还可适当向北延伸。这一区域尽管果实颜色、风味俱佳，但生长期降水量普遍偏少，成品果果个较延安、渭北果区明显偏小，影响其市场竞争力。建议优质苹果种植北扩过程中应重点解决降水不足这一限制因素，在该地区有条件进行灌溉（滴灌或集雨措施灌溉）的地方可发展苹果种植业，同时选择适合当地的品种，既增加我省苹果产品类型，也增加其市场竞争力。

2. 甘泉虽然主要气象条件在最适宜范围，但该地区花期冻害发生频率高，低温强度大，日最低气温≤－2℃出现频次为1.39次/年，其中能引起严重冻害最低气温≤－4℃出现频次为0.42次/年，属花期冻害重度风险区。所以，甘泉县苹果园选择一定要根据地形特点，因地制宜，尽量不要将果园建在低温冻害严重的谷地，且每年花期要做好防御霜冻的工作。

3. 吴起和志丹属白于山区，90%以上地区海拔在1300米以上，两地虽光照条件好，但气温偏低，降水不足。气象灾害除干旱外，还有大风、冰雹和霜冻危害。尤其是春季花期冻害，是该地苹果生产中主要气象灾害。两县花期冻害不仅频次最多，日最低气温≤－2℃出现频次分别为1.73次/年和1.93次/年；且强度最大，能引起严重冻害最低气温≤－4℃出现频次分别为0.50次/年和0.69次/年；此外幼果期遭遇冻害的频次也最多，分别为0.53次/年和0.89次/年，白于山区是果树花期冻害重度风险区，发展苹果生产必须考虑气象灾害所带来的风险。

2008年9月24日

附录3.9　今年全省苹果有望增产提质

一、苹果关键生育期气候条件比较优越

1. 今春干暖气候对果树萌芽开花有利

去冬今春（去年12月—今年4月）我省主要果区平均气温为3.4～7.1℃，较常年偏高

2.2～2.8℃，降水量48～78毫米，较常年偏少5～20毫米，日照时数860～1085小时，较常年偏多20～210小时。干暖气候特征显著，果园干旱持续，使果树正常休眠和花芽发育受到不利影响，但有利于果树安全越冬。苹果开花期气温偏高，光照充足，降水量略少，对苹果萌芽开花十分有利。

2. 长达8天的连阴雨为苹果幼果生长奠定了水分基础

5月8日—15日，我省主要果区出现了一场长达8天、过程降水量达25～85毫米的连阴雨过程。其中，延安果区过程降水量为25～52毫米，渭北东部果区为51～85毫米，渭北西部果区为29～75毫米，关中果区为36～77毫米，这是近10年来少有的。这场连阴雨彻底解除了各果区的冬春持续干旱，为苹果幼果膨大奠定了良好的水分基础。

总体看，自5月以来，光、热、水等气象条件对苹果生长比较有利，各果区气温略偏高、光照充足、土壤墒情好，对苹果幼果膨大十分有利。

二、局地遭受气象灾害、病虫害轻于往年

1. 大多数果区避过花期冻害

4月下旬前期，吴旗、富县一带出现了极端最低气温低于0℃的低温冻害天气过程，极端最低气温达－2～－3℃，使部分果园苹果遭受花期冻害。但我省其他果区此时已处终花期，避过了花期冻害，均未受到影响，气象条件对苹果开花、授粉和坐果十分有利。

2. 局地冰雹对苹果幼果造成危害

5月16日下午，白水、蒲城、澄城、礼泉等县果区遭受冰雹暴雨袭击，持续20分钟左右，冰雹最大直径2厘米；6月14日延长、宜川也出现了短时冰雹天气，使一些乡镇果园不同程度受灾，对今年苹果产量将造成一定影响。虽然今年初夏冰雹次数较多，由于持续时间较短，一般为10～20分钟，冰雹直径一般为1～2厘米，小于往年，所以损失轻于往年。

3. 病虫害发生较轻

据调查，延安和渭北果区，当前主要果区除少数果园发现有梨黑星病和蚜虫外，未发现其他病虫危害。一些老果园的果树腐烂病多数都得到了有效防治。关中西部果区，目前苹果褐斑病、轮纹病有少量发生，危害较轻。

三、多数果区坐果率是多年来最高年份，苹果生长指标优于去年

1. 苹果花量大，坐果率是多年来最高年份

据果区实际调查和苹果物候观测资料分析，今年苹果开花期气象条件较好，绝大多数果区避过了花期冻害，果树花量大。延安、渭北东部果区花量较去年偏多30%以上；渭北西部、关中西部果区较去年偏多20%以上。坐果率延安、渭北东部果区较去年偏高40%以上；渭北西部、关中西部果区较去年偏高20%以上，坐果率普遍是多年来最高的一年。

2. 苹果生产指标优于去年

据调查，今年主要果区幼果数为200～300个/株，较去年偏多20%左右，幼果直径为3～4厘米，较去年同期偏大0.5～1.0厘米。生长指标明显优于去年。目前多数果区苹果长势普遍良好(见图1、2)。

另外，随着“优果工程”贯彻力度的逐年加大和苹果市场价格上扬的影响，多数果区加大了对果园的投资、投工和精细化管理，今年套袋苹果显著增多，为苹果增产提质创造了有利条件。预计今年全省苹果有望中幅度增产，优果率将比去年有所提高。

图1 白水县杜康乡苹果幼果长势

图2 洛川县凤栖镇苹果幼果长势喜人

四、后期苹果防灾减灾建议

1. 做好高温干旱防御工作

据短期气候预测，夏季(6—8月)多数果区气温较常年偏高，降水量偏少，盛夏(7月中旬—8月上旬)关中和渭北果区有15天左右的轻伏旱天气。高温热害和伏旱将对苹果品质形成和果实膨大造成严重危害，建议各果区认真做好伏旱和高温热害防御工作。

2. 积极防御冰雹灾害

夏季(6—8月)是苹果品质和产量形成的关键时期，也是冰雹灾害的多发期和重发期。建议各果区密切注意天气变化，积极开展果园防雹，确保苹果增产提质。

3. 加强连阴雨灾害防御

据短期气候预测，今年苹果着色成熟期(9月下旬—10月上旬)，关中东部和渭北东部果区有弱的连阴雨天气。持续低温、阴雨、寡照天气易造成苹果裂果、烂果和病害发生，影响苹果产量和品质，应及早加强防御。

2009年7月7日

参考文献

曹敞银主编.2008.石榴标准化生产技术.北京:金盾出版社
曹俊仪.1985.坡地小气候差异及对油茶生长的影响.浙江富阳:亚林科技,(1)
陈海江,邵建柱,张殿生编著.2005.桃高效栽培教材.北京:金盾出版社
陈海江主编.2009.落叶果树周年作业历.石家庄:河北科学技术出版社
陈焕武,屈志成.2009.榆林黄河流域枣树虫害发生与气候因子的分析.陕西气象,(3)
陈尚谟,黄寿波,温福光.1998.果树气象学.北京:气象出版社陈尚谟等.1988.果树气象学.北京:气象出版社
程铁宏等.1982.国光苹果树光照条件下的反应调查.山西晋中:山西果树,(4)
方利英.1982.苹果果实生长速度与气象条件.石家庄:河北气象科技,(2,3)
方利英.1984.苹果果实生长过程的气象条件与预报方法的初探.石家庄:河北气象科技(增刊)
冯秀藻,陶炳炎.1991.农业气象学原理.北京:气象出版社
冯学文.1984.诱发金冠果锈的农业气象条件.河北昌黎:果树科技通讯,**14**(1)
伏洛钦斯基等.1985.农药的应用和环境保护.陶为民译.北京:农业出版社
傅抱璞.1983.山地气候.北京:科学出版社
高新一,马元忠,王玉英编著.2009.枣树高产栽培新技术(第2版).北京:金盾出版社
高与柽.1983.柑橘红蜘蛛的生态与药剂防治研究.北京:植物保护学报,(4)
广东省果品食杂公司.1976.广东柑橘果实贮藏温度的初步研究.浙江黄岩:柑橘科技通讯,(3)
郭民主著.2003.陕西省优质苹果生产关键技术周年管理操作规程(试行).西北园艺
郭仁卿.1988.植物体温的初步探讨.秦皇岛:河北农业技术师范学院学报,**2**(1)
国家科委科研成果管理办公室.1985.水果蔬菜贮藏保鲜技术.北京:科学技术文献出版社
国家气象局编订.1993.农业气象观测规范(下).北京:气象出版社
韩礼星主编.2008.猕猴桃标准化生产技术.北京:金盾出版社
韩湘玲.1991.作物生态学.北京:气象出版社
汉纳.1984.坡向与坡位对土壤有效水分的影响.姚芝娟译.西宁:青海农业科技译丛,(5)
侯保林.1987.果树病害.上海:上海科学技术出版社
胡毅等.2005.应用气象学.北京:气象出版社
黄辉白等.1986.水分胁迫对甜橙果实发育的影响.北京:园艺学报,**13**(4)
黄寿波著.2009.果树气象与茶树气象研究(黄寿波论文选集).杭州:浙江大学电子音像出版社
江爱良.1981.柑橘生态气候和我国亚热带山区的柑橘栽培问题.北京:生态学报,**1**(3)
江爱良.1983.橡胶树北移几个农业气象问题.南京:农业气象,**4**(1)
李爱贞,刘厚凤.2004.气象学与气候学基础.北京:气象出版社
李崇高等.1988.贮藏温度对红橘采后生理生化影响.重庆:中国柑橘,**17**(3)
李化龙,赵西社主编.2010.陕西黄土高原果业气候生态条件研究及应用.北京:气象出版社
李丽等.1989.光照对密植苹果产量与品质的影响.河北昌黎:河北果树,(1)
李隆术.1980.橘全爪螨发生规律的初步研究.北京:植物保护学报,**7**(1)
李士高著.2007.二十四节气与农事活动.陕西:陕西科技出版社
李世平.1986.苹果果锈的发生原因及其控制措施.重庆:四川果树科技,(2)
李瑶.1987.安徽省淮北地区苹果炭疽病发生流行因子探析.合肥:安徽农学院学报,**14**(1)
李正之.1988.光合作用和果树生产.山东泰安:山东农业大学学报,**19**(1)

栗进朝主编.2008.欧洲甜樱桃绿色果品生产栽培技术.郑州:河南科学技术出版社
辽宁省果树区划组.1982.辽宁省大苹果经济栽培北界初步探讨.辽宁兴城:中国果树,(1)
刘灿盛等.1987.元帅系苹果品质与气象条件关系的研究.北京:园艺学报,**14**(2)
刘海涛,张新峰,周伟斌著.2004.柑橘.北京:中国林业出版社
刘捍中,程存刚主编.2008.怎样提高葡萄栽培效益.北京:金盾出版社
刘捍中主编.2008.葡萄栽培技术.北京:金盾出版社
刘清和.1986.臭氧与果蔬保鲜贮藏.银川:宁夏农业科技,(1)
刘绍友,陈汤臣主编.2003.果树主要病虫无公害综合防治技术.杨凌:西北农林科技大学出版社
刘宇等.1986.山核桃全生育期气象条件分析及产量预报模式.杭州:浙江林业科技,**6**(1)
卢华永,何钦智,张友平主编.1989.秦岭巴山柑橘.陕西:陕西科学技术出版社
吕庆凤.1986.石榴干腐病的发生及防治.山东泰安:落叶果树,(3)
吕忠恕.1982.果树生理.上海:上海科学技术出版社
栾景仁,梁丽娟主编.1997.柿树丰产栽培图说.北京:中国林业出版社
毛春云等.1982.苹果虎皮病的发生规律及防治措施.辽宁兴城:中国果树,(3)
梅镇安等.1987.光合作用.北京:北京大学出版社
牟吉元等.1997.昆虫生态与农业害虫预测预报.北京:中国农业科技出版社
木村和义等.1982.关于降水和植物反应的研究之二——晴天时人工(模拟)降雨对作物叶子干物质生产的影响.温文保译.杭州:农业科技译丛,(1)
木村和义等.1986.雨和植物——雨的沥滤作用.陈福兴等译.北京:国外农学——农业气象,(1)
内岛善兵卫.1981.农业与气候.冯玉香译.北京:国外农业——农业气象,(1)
潘青华,张玉平等编著.2009."图说果树良种栽培"丛书(枣).北京:北京科学技术出版社
潘兴主编.2007.葡萄标准化生产技术.北京:金盾出版社
潘一山等.1987.国外水果蔬菜保鲜贮运技术现状.福州:福建农业科技,(3)
迁政雄等.1985.高温下李子果实的贮藏性和品质变化.王庸生译.北京:国外农业——果树,(2)
清永义.1986.不同采收期对元帅苹果品质的影响.兰州:甘肃农业科技,(6)
曲泽洲,王永惠主编.1993.中国果树志(枣卷).北京:中国林业出版社
曲泽洲等.1988.果树生态.上海:上海科学技术出版社
任国兰主编.2004.枣树病虫害防治.北京:金盾出版社
任伊森等编著.2004.柑橘病虫害防治手册.北京:金盾出版社
陕西省果业管理局.陕西省猕猴桃产业发展规划(2009－2015年)
陕西省气象局区划办公室.1988.陕西农业气候区划.西安:陕西省气象局印
沈兆敏,柴寿昌主编.2008.中国现代柑橘技术.北京:金盾出版社
矢吹万寿.1979.作物生长环境对光合作用的影响.武建业译.南宁:广西农业科学,(7,8)
四川省农科院果树研究所.1981.梨黄粉蚜生物学及防治研究.重庆:四川果树科技资料,(3)
滕葳,柳琪,陈琦著.1997.我国40种主要优良梨品种的地域分布及感官性状研究.中国果品研究,(1)
天野胜司.1978.果树光合作用研究(第一报)——环境条件对光合强度的影响.陕西果树研究所育种室译.辽宁兴城:中国果树,(2)
天野胜司等.1983.果树光合作用研究(第2报)——光合强度的季节变化.中国农科院果树研究所育种室译.辽宁兴城:中国果树,(3,4)
王春清等.1989.葡萄幼树若干光合特性的研究.北京:园艺学报,**16**(4)
王道藩.1986.柑橘与气象.福州:福建科学技术出版社
王国平,窦连登主编.2002.果树病虫害诊断与防治图谱.北京:金盾出版社
王国平,窦连登主编.2002.果树病虫害诊断与防治图谱.北京:金盾出版社

王国英，王立国编著. 2006. 北方果树整形修剪技术百问百答. 北京：中国农业出版社
王建国. 1987. 试论茶树色光栽培. 长沙：茶叶通讯，(2)
王利溥. 1990. 干热河谷的形成问题和对策. 攀枝花：攀枝花市林业科技，(2)
王利溥. 1995. 经济林气象. 昆明：云南科技出版社
王世伟. 1987. 苹果银叶病的发生和防治. 北京：植物病理学报，**17**(3)
王锡文等. 1985. 国外水果保鲜技术. 北京：科学技术文献出版社
王毅，张跃宁，宋晓斌等. 2005. 陕西板栗病虫害调查与主要病害发生特点. 西北林学院学报，**20**(3)
王云尊. 1980. 栗皮夜蛾发生习性及其防治. 中国果树，(1)
温商霖等. 1989. 葡萄田间光合作用的研究. 北京：园艺学报，**16**(3)
温陟良，丁平海，杜国强编著. 2008. 高效栽培技术(柿. 核桃. 板栗). 石家庄：河北科学技术出版社
温陟良主编. 2009. 柿、核桃、板栗高效栽培技术. 石家庄：河北科学技术出版社
翁笃鸣等. 1981. 小气候与农田小气候. 北京：农业出版社
翁笃鸣等. 1985. 山地湿度条件与云雾现象. 北京：气象，**11**(8)
夏春森，王兰英. 1981. 红星苹果在贮藏中果肉发绵生理过程的研究. 园艺学报，**2**
夏廉博. 1986. 人类生物气象学. 北京：气象出版社
小林章. 1964. 果树的营养生理. 曲泽洲等译. 北京：农业出版社
小林章. 1975. 果树环境论. 东京：养贤堂
小林章. 1983. 适地适栽果树环境论. 北京：农业出版社
谢佩华. 1988. 柑橘木虱耐寒性研究. 北京：植物保护，(1)
徐继忠，边卫东，邵建柱编著. 2006. 樱桃优良品种及无公害栽培技术. 北京：中国农业出版社
徐凌飞，赵政阳著. 2000. 如何调整优化陕西梨品种结构. 西北园艺，(6)
徐荣江. 1981. 二氧化碳在水果贮藏和运输中的应用. 辽宁兴城：中国果树，(2)
徐志英，关崇梅，康克功. 2004. 陕西柿树主要病虫害及其综合防治技术体系研究. 西北农业学报，(3)
许昌燊等编著. 2004. 农业气象指标大全. 北京：气象出版社
鸭田福野等. 1986. 1984 年日本气象反常造成果树的生育异常. 钟思强译. 北京：国外农业——农业气象，(3)
颜景义，姚元印，陈耆验. 1989. 柑橘品质的形成与气象条件. 南京气象学院学报. (2)
杨庆山等. 2007. 果品无公害生产技术. 郑州：中原农民出版社
杨文衡等. 1986. 果树生长与结实. 上海：上海科学技术出版社
杨振伟. 1984. 前一年＞5℃积温与成龄国光苹果当年产量的相关分析. 河北昌黎：果树科技通讯，(3)
叶殿秀，肖永全，阮士文等. 2000. 陕西引种黑核桃气候生态条件分析及适生区区划. 西安：陕西气象，(3)
叶于芳等. 1981. 太阳辐射与苹果树腐烂病早春发病的关系以及树干保护的防腐作用. 北京：植物病理学报，**11**(3)
于国合编著. 2005. 大樱桃. 北京：中国农业大学出版社
张凤舞. 1983. 桃小食心虫在大枣产区越冬及发生期的观察. 保定：河北农业大学学报，**8**(2)
张洁编著. 2003. 猕猴桃栽培与利用. 北京：金盾出版社
张美勇主编. 2008. 核桃优质高效安全生产技术. 济南：山东科学技术出版社
张铁强，师光禄，刘素琪编著. 2008. 优质鲜枣无公害生产关键技术问答. 北京：中国林业出版社
张一萍主编. 2006. 葡萄整形修剪图解. 北京：金盾出版
张毅主编. 2008. 板栗优质高效安全生产技术. 济南：山东科学技术出版社
张玉星主编. 2006. 果树栽培学各论. 北京：中国农业科学技术出版社
张志善编著. 2003. 枣树良种引种指导. 北京：金盾出版社
章文才. 1985. 现代果品防腐保鲜贮藏、运销加工研究的进展. 郑州：果树科学，(1)
赵改荣，李四俊主编. 2009. 樱桃精细管理十二个月. 北京：中国农业出版社
赵国令等. 2009. 陕西气候. 西安：陕西科学技术出版社

赵红茹,冯锁牢等编著. 2007. 柿子栽培管理技术. 西安:陕西科学技术出版社
赵敬钊. 1988. 温度对黄褐新圆蛛历期和繁殖力的影响. 北京:生态学报,**8**(2)
赵聚宝. 1979. 水分对农作物生长发育的影响. 北京:中国科学院栾城自然资源考察队农业气候资源考察技术资料(第二集)
赵忠仁等. 1987. 苹果贮藏期病害防治研究. 山东泰安:落叶果树,(1)
郑宝林. 1984. 果树盛花物候期预报方法的初步研究. 北京:农业科学,(5)
郑振华,君广斌著. 2010. 物理方法防治苹果园病虫害技术. 果农之友,(2)
中华人民共和国农业部组编. 2009. 猕猴桃技术 100 问. 北京:中国农业出版社.
中华人民共和国农业部组编. 2009. 葡萄技术 100 问. 北京:中国农业出版社
钟仲贤. 1988. 果蔬贮藏中的冷害及其控制. 上海:上海农业学报,**4**(3)
周国忠等. 1984. 硬毛猕猴桃果实采后呼吸作用的研究. 保定:河北农业大学学报,**9**(3)
周慧文编著. 1990. 桃树丰产栽培. 北京:金盾出版社
朱更瑞主编. 2004. 桃树良种引种指导. 北京:金盾出版社
朱琳,郭兆夏,李怀川等. 2001. 陕西省富士系苹果品质形成气候条件分析及区划. 北京:中国农业气象,**22**(4)
庄恩及. 1987. 论果树植物的徒长. 上海:上海农业科技,(5)
Anderson. 1984. 植物对空气污染的反应. 刘富林译. 北京:科学出版社
B. T. shaw . 1965. 土壤物理条件与植物生长. 冯兆林译. 北京:科学技术出版社
Collison . 1965. 土壤物理条件与植物生长. 冯兆林译. 北京:科学技术出版社
Couey H. M. . 1984. 热带亚热带水果贮藏冷害. 吴厚玖译. 北京:国外农业——果树,(3)
Elyaten S. M. 等. 1986. 石榴果实采后生理与贮藏特性. 刘建军译. 北京:国外农业——果树,(1)
J. R. Kul . 1986. 温度对苹果真菌性腐烂的影响. 北京:国外农业——植物保护,(2)